# 怎样适应气候变化

郑大玮　潘志华　等　编著

## 内容简介

气候变化是人类面临的最大环境挑战，中国是受全球气候变化影响最大的国家之一。本书针对目前应对气候变化工作，适应明显滞后于减缓的现状，全面论述了气候变化对我国自然系统与社会经济系统的影响，阐述了适应气候变化的意义、内涵、机制与技术途径，分析了目前适应气候变化工作存在的误区及原因，提出了科学有序适应气候变化的基本原则。在总结国内现有研究成果的基础上，提出了不同领域、行业和地区适应气候变化的基本对策，试图通过初步建立具有中国特色的适应气候变化理论与技术体系的框架，以推动适应气候变化行动在全社会的开展。为便于公众理解，采取问答的形式，共分九大部分219个问题。本书是一本高级科普读物，可供从事应对气候变化管理工作的各级干部、应对气候变化相关科研人员和关注气候变化的公众阅读。

## 图书在版编目（CIP）数据

怎样适应气候变化 / 郑大玮等编著. -- 北京：气象出版社，2022.6
ISBN 978-7-5029-7700-9

Ⅰ．①怎⋯ Ⅱ．①郑⋯ Ⅲ．①气候变化－对策－研究－中国 Ⅳ．①P467

中国版本图书馆CIP数据核字(2022)第073691号

Zenyang Shiying Qihou Bianhua

**怎样适应气候变化**

郑大玮　潘志华　等 编著

出版发行：气象出版社
地　　址：北京市海淀区中关村南大街46号　　邮政编码：100081
电　　话：010-68407112（总编室）　010-68408042（发行部）
网　　址：http://www.qxcbs.com　　E-mail：qxcbs@cma.gov.cn
责任编辑：王元庆　　　　　　　　　　　　终　　审：吴晓鹏
责任校对：张硕杰　　　　　　　　　　　　责任技编：赵相宁
封面设计：艺点设计
印　　刷：三河市君旺印务有限公司
开　　本：710 mm×1000mm　1/16　　　　印　　张：20.5
字　　数：413千字
版　　次：2022年6月第1版　　　　　　　印　　次：2022年6月第1次印刷
定　　价：88.00元

本书如存在文字不清、漏印以及缺页、倒页、脱页等，请与本社发行部联系调换。

# 《怎样适应气候变化》编委会

**主　　编**：郑大玮　潘志华

**副主编**：王　靖　伦　飞　潘学标

**编　　委**：(按姓氏笔画顺序)

| | | | | |
|---|---|---|---|---|
| 门靖宇 | 马玮哲 | 马尚谦 | 王立为 | 王佳琳 |
| 王　娜 | 王晓煜 | 王雪姣 | 王　琦 | 王　森 |
| 王晶晶 | 王　靖 | 王　旗 | 王潇潇 | 毛思程 |
| 龙步菊 | 代晶晶 | 白　蕤 | 冯利平 | 吕晓琴 |
| 伍　露 | 伦　飞 | 刘志娟 | 安萍莉 | 孙　爽 |
| 李　宁 | 李克南 | 李秋月 | 李彦磊 | 李　娜 |
| 杨　宁 | 杨英达 | 杨晓光 | 吴　昊 | 何奇瑾 |
| 宋　玉 | 张子源 | 张立祯 | 张祯祯 | 张婧婷 |
| 陈　俦 | 邵长秀 | 罗宇超 | 周　翼 | 郑大玮 |
| 郑冬晓 | 赵　闯 | 赵　锦 | 胡起源 | 胡　琦 |
| 施生锦 | 姜会飞 | 姜　康 | 顾生浩 | 顾鸿钰 |
| 徐　琳 | 高浩然 | 高继卿 | 高嘉辰 | 黄　娜 |
| 黄彬香 | 黄　蕾 | 崔国辉 | 葛伊娟 | 葛禹铭 |
| 董智强 | 赫迪 | 潘志华 | 潘学标 | 霍　伟 |
| 戴　彤 | 魏　培 | | | |

# 序 一

气候变化是人类可持续发展面临的最大挑战之一。我国一贯高度重视应对气候变化,持续实施积极应对气候变化国家战略。2020年9月22日,习近平主席在第七十五届联合国大会一般性辩论时郑重宣布,中国将提高国家自主贡献力度,采取更加有力的政策和措施,二氧化碳排放力争2030年前达到峰值,努力争取2060年前实现碳中和。这充分展现了我国积极应对气候变化、推动全球可持续发展的责任担当,也为我国应对气候变化和绿色低碳发展提供了方向指引,擘画了宏伟蓝图。

减缓与适应是应对气候变化的两大基本对策,二者相辅相成、缺一不可。应对气候变化,不仅要减少温室气体排放,也要采取积极主动的适应行动,通过加强管理和调整人类活动,充分利用有利因素、防范不利因素,减轻气候变化对自然生态系统和经济社会系统产生的不利影响和风险。中国一直以来坚持减缓和适应并重,把适应气候变化作为实施积极应对气候变化国家战略的重要组成部分,纳入国民经济和社会发展中长期规划,不断强化适应行动和实践。

为统筹推进适应气候变化工作,2013年中国首次发布《国家适应气候变化战略》,明确了2014至2020年国家适应气候变化总体要求、重点任务、区域格局和保障措施。各部门、各地方在战略指导下开展了大量综合性、系统性的工作,取得积极成效。但由于气候变化具有长期性、复杂性等特点,当前也仍然存在气候变化影响和风险评估不足、适应气候变化基础性工作欠账较多、适应意识和能力仍然相对薄弱等问题,适应气候变化工作力度仍亟待提升。

为进一步强化适应气候变化行动举措、提高气候风险防范和抵御能力,近日生态环境部联合相关部委印发《国家适应气候变化战略2035》,在深入评估气候变化影响风险和适应气候变化工作成效与挑战机遇的基础上,明确了当前至2035年适应气候变化指导思想和目标原则,并依据各领域、区域对气候变化不利影响和风险的暴露度和脆弱性,进一步明确适应气候变化重点领域、区域格局和保障措施。下一步,我们将坚持"主动适应、科学适应、系统适应、协同适应"的理念和原则,进一步加强统筹指导和协调配合,强化信息共享和试点示范,推动各方面积极开展气候变化影响和风险评估,有针对性地采取和强化各项适应气候变化行动举措,确保《国家适应气候变化战略2035》落到实处。

2016年气象出版社出版的《气候变化适应200问》是一本内容丰富、可读性强的适应气候变化科普书。该书主要编者长期从事适应气候变化相关研究，先后参与了2011年版《适应气候变化国家战略研究》、2013年版《国家适应气候变化战略》和《国家适应气候变化战略2035》的研究编写。配合《国家适应气候变化战略2035》的发布与实施，有关编者结合近年来国际国内适应气候变化的新形势和最新研究成果，将《气候变化适应200问》全面改写增补，以《怎样适应气候变化》的书名再次出版。该书以问答形式，全面论述了全球气候变化对我国若干重点领域、敏感产业和各大区域的影响与气候风险，阐述了适应气候变化的基本概念、意义、机制、基本技术途径和主要对策，并附有相关名词术语解释，是从事适应气候变化工作人员十分有用的工具书，同时也有助于广大公众深入了解适应气候变化的意义和如何参与适应行动。

在此，谨对本书编者辛勤付出表示衷心的赞赏和感谢，并希望今后继续积极参与我国应对气候变化工作，讲好应对气候变化的"中国故事"，为保护好人类赖以生存的地球家园，推动构建人类命运共同体和建设美丽中国做出新的贡献。

（生态环境部应对气候变化司司长　李高）

2022年5月7日

# 序 二

人类当前面临的新冠疫情严峻考验并没有减缓气候变化的无情发展,极端天气加上新冠疫情给数百万人造成了双重打击。全球气温上升正推动着世界各地发生毁灭性的极端天气,对经济和社会产生了螺旋式影响。过去五年的全球平均温度为有记录以来最高。最新的IPCC第六次评估报告紧急而明确地提醒我们,气候变化的速度及规模超乎想象,给全人类尤其是脆弱人群带来的影响将无法估量。

面对气候变化这一世纪性挑战,人类需要共同勉励。当前世界比以往任何时候都更加紧密相连。各国政府为应对新冠疫情将紧缩开支,集中解决内务。然而,只有通过相互支持,为共同危机——从疫情到气候变化——共同寻找解决方案,我们才能更有效地克服困难、并变得更强大。

其次,变革性的变化即将发生。自新冠疫情暴发以来,我们的生活和工作方式被颠覆,以我们从未想过的方式发生了根本性改变。各国政府以前所未有的规模投入大量资源支持就业、生计、维持整个经济民生的健康发展。在短短几个月内,原本政治层面不可能的事情变成了经济层面不可或缺的事情。评估和管理各种风险的新方法必须融入我们社会的每个角落。

再者,拖延行动代价高昂。及早应对已知风险可以挽救生命。无论是抗击疫情,还是准备应对严重风暴,我们越早采取行动,损失就越小。为避免损失、建立韧性、创造新的发展和就业机会而进行的前期投资不仅能带来经济效益,也是我们每个人应尽的拯救生命的道德义务。

最后,政策需要以科学为指导。坚持不懈地把最好的科学知识转化为行动,是应对危机的最佳途径。科学需要以最有效的方式呈现给家庭、社区和政府,以便采取最有效的各方协调方式、更好地总结经验教训,为应对将来的危机打下坚实的基础。

IPCC第六次评估报告不仅敦促我们迫切需要减少碳排放,同时以有力的科学依据描述了当今和未来几十年气候变化的影响。适应这一变化、增强气候韧性刻不容缓!世界正在吸取惨痛的教训:危机加剧是新常态的一部分。气候影响将加剧当前和未来的危机,包括和平冲突或疾病造成的危机。

中国已经意识到了气候变化适应的重要性并做出了积极的努力。中国是世界最大的发展中国家,需要举国之力养育全球18%的人口①。这无疑是困难的,然而中国以事实向全球证明了自己的实力。2020年中国经济在新冠疫情冲击下仍增长2.3%②,引领全球的经济复苏。但是高速发展的同时,中国也遭受着气候变化的冲击。由于国土面积广大、地质类型复杂以及人口密度较大等原因,长期以来,因极端天气事件造成的损失重大。2000—2019年间,全球受灾最多的国家前十名中有八个位于亚洲,其中,中国共发生577起严重气候灾害事件,居全球首位③。2005年黑龙江洪灾、2008年寒潮、2009年四川凉山山火、2010年云南大旱灾……及至2021年7月河南的罕见特大水灾,灾难至今仍历历在目,中国急需提高应对和适应这类灾难的意识和能力。2007年中国发布《中国应对气候变化国家方案》,首次提出了减缓与适应并重的应对气候变化原则,并分重点领域提出增强适应气候变化能力的具体目标与任务要求。自此以后,中国在气候变化适应领域展开了不懈的探索和行动,2013年发布《国家适应气候变化战略》,2015年的《城市适应气候变化行动方案》,将城市行动作为国家适应气候变化的切入点④。经过多年发展,中国的适应气候变化体系已经形成一定范式和规模,"海绵城市"试点行动成为适应全球气候变化行动典范。然而全球的急剧变暖警示我们目前采取的适应行动是远远不够的。适应气候变化不仅需要从政策层面努力,同时也是一场价值观的变革。中国人口众多,这是挑战也是机遇,提高适应气候变化知识在中国的传播,可以提高全球18%的人口的适应意识以加速适应行动,这一力量无比强大!

全球适应中心(GCA,Global Center on Adaptation)是目前全球唯一一个致力于气候变化适应的国际组织,作为寻找和促成适应解决方案的媒介,与公共和私营部门合作,从国际、国家到地方层面促进加快适应行动和支持适应解决方案的设计规划以及落地执行,推动社会各界相互交流,为建设具有气候韧性的未来共同努力。2019年,GCA在北京成立了第一个地区办公室,国务院总理李克强、荷兰首相马克·吕特以及第八任联合国秘书长潘基文共同在人民大会堂为GCA中国办公室揭牌,为GCA与中国生态环境部以及国家应对气候变化战略研究和国际合作中心的合作伙伴关系奠定了坚实的基础。自其成立以来,中国办公室

---

① http://www.gov.cn/xinwen/2021-05/12/content_5605914.htm
② http://www.gov.cn/xinwen/2021-03/03/content_5589999.htm
③ https://www.undrr.org/news/drrday-un-report-charts-huge-rise-climate-disasters
④ 付琳,周泽宇,杨秀. 适应气候变化政策机制的国际经验与启示[J]. 气候变化研究进展,2020,16(5):641-651.
FU Lin, ZHOU Ze-Yu, YANG Xiu. Experience and enlightenment on policy mechanisms for the international adaptation to climate change[J]. Advances in Climate Change Research,2020,16(5):641-651.

致力于提供一个国际合作平台、支持中国气候变化适应工作的推进;同时也帮助中国与国际社会分享自己的经验和专业知识,帮助各国有效应对气候变化影响。2021年,我们持续支持中国应对气候变化,包括为生态环境部制定《国家适应气候变化战略2035》的工作提供支撑;也通过为中外专家提供技术经验交流平台,为北京水生态修复设计规划项目助力,为城市层面国际气候适应交流提供典范等。未来,我们将加大工作力度,为提高中国全民、全社会应对气候变化的能力不懈努力。

本书是一部全面讲解气候变化适应概念、产生机理、影响以及行动的中文专著,通过简单易懂的语言帮助读者深入了解气候变化适应问题。我相信,知识拥有无穷的力量,通过政策引领、目标导向、知识传递、行动激励,能够提高更多国人的适应意识,号召全民加入气候变化适应行动、为建立一个具有气候韧性的社会共同努力。

全球适应中心(GCA)中国区负责人:陈爱萍<br>
2022年2月14日

# 自　序

气候变化已成为当前人类面临的最大环境挑战。近年来全球气候变化引起的极端天气气候事件日益频繁，危害加大。如2021年北半球夏季多地发生高温热浪，欧洲与中国河南等地遭遇极端强降水，冬季北美与东亚出现极端低温，美国冬季发生罕见强龙卷，南美极端干旱波及全球农产品贸易等。2022年2月28日IPCC发布的第六次气候变化评估报告第二工作组报告指出，人为造成的气候变化正给自然界造成危险而广泛的损害，全球大约有33亿至36亿人生活在气候变化高脆弱环境中，强调采取适应行动的紧迫性和提升人类与自然气候韧性的必要性。

习近平主席在2021年"领导人气候峰会"上发表的重要讲话中指出，"气候变化给人类生存和发展带来严峻挑战。面对全球环境治理前所未有的困难，国际社会要以前所未有的雄心和行动，共商应对气候变化挑战之策，共谋人与自然和谐共生之道，勇于担当，勠力同心，共同构建人与自然生命共同体"。我国高度重视应对气候变化，实施积极应对气候变化国家战略，坚持减缓和适应气候变化并重，不断强化自主贡献目标，在向国际社会作出2030年以前碳达峰和2060年以前实现碳中和的庄严承诺后，又组织编写发布《国家适应气候变化战略2035》，对中长期的适应气候变化工作进行了全面部署。

虽然多年来我国在农业、水资源、生态系统、海洋、健康与城市等重点领域开展了大量有组织或自发的适应工作并取得重要成效，但与减缓相比仍是明显短板。这种情况在国外也普遍存在，为此，2021年11月公约缔约方第26次气候大会通过的《格拉斯哥气候协议》敦促提供更多关注与资金以实现减缓和适应之间的平衡。

虽然国际社会公认减缓与适应是应对气候变化同等重要和相辅相成的两大对策，但在现实工作与生活中适应工作仍明显滞后，主要原因在于气候变化影响与适应工作的复杂性，加上宣传报道不够，大多数公众至今对适应气候变化的意义、内涵和方法仍不甚了解。为配合国家发展改革委等九部门2013年联署发布的《国家适应气候变化战略》的实施，我们曾在2016年编写出版了《气候变化适应200问》一书，为国内有关适应气候变化唯一的科普书。近年来国内外气候治理进入新阶段，适应气候变化的理论与实践都有重大进展。新版《国家适应气变化战略2035》以习近平生态文明思想为指导，与国家"十四五"和2035年远景规划纲要相衔接，将成为推动中国适应气候变化工作与气候韧性发展的重要里程碑。为配合《国家适应气候变化战略2035》的发布、贯彻和落实，在国家重点研发计划项目"京津冀超大城市和城市群的气候变化影响和适应研究"课题"京津冀地区适应增暖路径及社会经济代价综合评估研究"（2018YFA0606303）的资助下，我们对2016版《气候变化适应200问》全面改写，删去一些过时的内容和提法，努力体现习近平生态文明思想和国际适应气候变化的新理念，反映具有中国特色的适应气候变化理论与实践，在内容与案例上都做了很大的充实与改进，以《怎样适应气候变化》为题全新面貌出版。

本书属中高级科普著作，目录兼有中英文，书后附有包括适应气候变化相关术语、缩略语和主要参考文献，对于从事适应气候变化工作的人员也可作为一本有用的工具书。

本书编写受到生态环境部应对气候变化司和全球适应中心中国办公室的重视，有关领导分别为本书撰写了序言。主编在此对参与本书编写的在读和已毕业研究生以及付出辛勤劳动的审稿与编辑人员，一并表示衷心感谢。

由于适应气候变化领域的研究与实践仅有20多年历史，理论与方法尚不够完善，受编者水平限制与所收集资料不够充分，难免存在不足之处，希望读者不吝批评与指教。

本书编写者<br>
2022年3月

# 目 录

序一
序二
自序

## 一、气候变化及其应对 ································································ 001

  1. 什么是气候变化？ ································································ 001
  2. 地质时期的气候是怎样变化的？ ················································ 001
  3. 历史时期的气候是怎样变化的？ ················································ 003
  4. 近代全球气候发生了什么变化？ ················································ 004
  5. 近代中国气候发生了什么变化？ ················································ 006
  6. 气候变化是什么原因引起的？ ···················································· 008
  7. 地球气候的温室效应是怎样产生的？ ·········································· 008
  8. 土地利用与土地覆盖变化对气候有什么影响？ ······························ 010
  9. 气候变化与全球变化有什么区别和联系？ ···································· 010
  10. 什么是人类圈和人类纪？ ······················································ 011
  11. 什么是地球系统科学与全球变化科学？ ······································ 012
  12. 什么是气候情景，气候情景在气候变化预估中有什么应用？ ············ 013
  13. 气候变化、气候波动与气候突变有什么区别和联系？ ···················· 014
  14. 什么是极端天气气候事件？ ···················································· 015
  15. 联合国气候变化框架公约的主要宗旨是什么？ ······························ 016
  16. 什么是应对气候变化"共同但有区别的责任"？ ····························· 017
  17. 国际社会应对气候变化设立了哪些组织机构？ ······························ 018
  18. 国际社会应对气候变化采取了哪些重大行动？ ······························ 019
  19. 全球气候治理有什么意义，怎样进行？ ······································ 021
  20. 什么是低碳经济，怎样构建低碳社会？ ······································ 022
  21. 什么是碳达峰与碳中和，怎样实现碳中和？ ································ 023
  22. 巴黎气候大会取得了哪些重大成果，实施效果如何？ ···················· 024
  23. 影响全球气候变化有哪些正反馈与负反馈因素？ ·························· 026

24. 什么是气候变化临界点或阈值,我们是否已经临近阈值? ········ 027
25. 什么是气候公正,怎样实现气候公正? ········ 029
26. IPCC第六次评估报告提出了哪些新理念? ········ 029

## 二、气候变化的影响 ········ 032

27. 气候变化对自然系统和人类系统有哪些主要影响? ········ 032
28. 气候变化引起了哪些生态失衡? ········ 033
29. 气候变化带来了自然灾害的哪些新特点? ········ 035
30. 为什么在气候变暖背景下我国霜冻灾害反而加重? ········ 036
31. 为什么全球气候变暖背景下反而频繁出现极寒天气? ········ 037
32. 为什么全球变暖会导致风速减弱和多数地区的荒漠化减轻? ········ 038
33. 为什么气候变化会加剧城市的雾霾和大气污染? ········ 039
34. 气候变化对我国水资源有什么影响? ········ 040
35. 气候变化对我国水环境有什么影响? ········ 041
36. 气候变化与海平面上升有什么关系,产生了什么影响? ········ 043
37. 气候变化对海洋生态系统有什么影响? ········ 044
38. 气候变化和海平面上升对海岸带生态环境与经济发展有什么影响? ········ 045
39. 气候变化对我国森林生态系统和林业有什么影响? ········ 046
40. 气候变化对我国湿地生态系统产生了什么影响? ········ 047
41. 气候变化对土壤肥力产生了什么影响? ········ 048
42. 气候变化对生物多样性产生了什么影响? ········ 049
43. 气候变化与有害生物入侵有什么关系? ········ 051
44. 气候变化对冰冻圈产生了什么影响? ········ 052
45. 气候变化对城市气候产生了什么影响? ········ 053
46. 气候变化对城市生命线系统有什么影响? ········ 054
47. 气候变化对城市园林景观有什么影响? ········ 055
48. 气候变化对城市社会生活有什么影响? ········ 057
49. 气候变化对城市经济有什么影响? ········ 058
50. 气候变化对历史文化遗产有什么影响? ········ 060
51. 什么是气候贫困,气候变化与生态脆弱地区贫困化有什么关系? ········ 061
52. 气候变化对人体健康有什么影响? ········ 063
53. 气候变化对人们的行为与生活方式将产生什么影响? ········ 064
54. 气候变化对国际贸易可能产生什么影响? ········ 065
55. 气候变化对未来的国际政治格局可能产生什么影响? ········ 066

### 三、适应气候变化的意义与类型 ········································································· 068

  56. 什么是气候变化的适应对策,有什么意义? ········································· 068
  57. 为什么必须坚持减缓与适应并重? ························································ 069
  58. 国际社会有哪些重大的适应行动? ························································ 070
  59. 适应对策与减缓对策有什么区别和联系,怎样做好协同? ············· 072
  60. 为什么说适应气候变化的关键在于对自然系统和人类系统进行
    调整? ················································································································· 075
  61. 为什么说适应气候变化是生物进化与人类社会进步的一种驱动力? ····· 075
  62. 为什么说适应气候变化对于发展中国家尤为现实和紧迫? ············· 077
  63. 适应气候变化与减灾有什么区别和联系? ··········································· 078
  64. 适应气候变化与扶贫有什么区别和联系? ··········································· 079
  65. 适应气候变化与环境保护有什么区别和联系? ·································· 081
  66. 什么是被动适应和主动适应? ································································· 082
  67. 什么是预先适应和补救适应? ································································· 082
  68. 什么是计划适应和盲目适应? ································································· 083
  69. 什么是适应不足和过度适应,为什么要提倡适度适应? ··················· 084
  70. 什么是后果不确定适应,为什么要提倡无悔适应或少悔适应? ····· 085
  71. 什么是自发适应和自觉适应? ································································· 086
  72. 什么是趋利适应和避害适应? ································································· 087
  73. 什么是虚假适应(伪适应)和不良适应,怎样做到有效适应? ········· 088
  74. 生物自适应与人为支持适应、人类系统适应有什么区别和联系? ····· 089
  75. 增量适应、转型适应和整体转型适应有什么区别? ·························· 090
  76. 长期、中期、近期和应急等不同时间尺度的适应有什么区别和联系? ····· 091
  77. 个人、家庭、社区、区域、国家、全球等不同空间尺度的适应之间有
    什么区别和联系? ·························································································· 092
  78. 什么是无序适应和有序适应? ································································· 093
  79. 为什么说从无序适应到有序适应是一个无限循环的渐近过程? ····· 094

### 四、气候变化影响评估与适应机制 ·································································· 096

  80. 什么是气候变化风险,怎样识别与评估? ··········································· 096
  81. 什么是气候变化机遇,怎样识别与评估? ··········································· 097
  82. 怎样对气候变化的影响进行综合评估? ··············································· 097
  83. 怎样评估气候变化的负面因素、危险或有利因素? ·························· 098
  84. 怎样分析和评估气候变化受体的暴露度? ··········································· 099
  85. 怎样分析和评估受体对于气候变化影响的敏感性? ·························· 101

86. 怎样评估气候变化受体的脆弱性？ ……………………………………… 102
87. 怎样评估气候变化受体系统的综合适应能力？ ………………………… 103
88. 怎样了解和评估受体系统的适应需求？ ………………………………… 104
89. 怎样进行气候变化与人类活动影响的归因分析？ ……………………… 105
90. 什么是气候变化影响链，与灾害链有什么区别？ ……………………… 106
91. 受体对于气候变化的响应有些什么阈值？ ……………………………… 107
92. 受体韧性与自适应机制有什么局限性，怎样弥补？ …………………… 109
93. 什么是适应气候变化的基本路线图？ …………………………………… 110
94. 适应气候变化有哪些基本的技术途径？ ………………………………… 111
95. 不同气候变化情景和适应机制下的受体系统演化前景和适应策略有何不同？ …………………………………………………………… 112
96. 试从气候风险与机遇的构成要素说明降低风险和利用机遇的基本对策 ……………………………………………………………… 113
97. 试从风险理论的角度说明应对气候变化风险的主要策略 ……………… 115
98. 区域生态—经济—社会系统适应气候变化有哪些基本的技术途径？ …………………………………………………………………… 117
99. 为什么说边缘适应可以成为适应工作的抓手与突破口？ ……………… 118
100. 适应气候变化存在哪些制约因素？ ……………………………………… 120
101. 适应气候变化为什么存在阈值或硬限制，能否改变？ ………………… 121
102. 怎样针对气候变化及其影响的不确定性开展适应工作？ ……………… 122
103. 什么是气候变化的剩余风险，怎样减轻？ ……………………………… 123
104. 什么是适应差距，怎样弥补？ …………………………………………… 124
105. 什么是过冲风险，怎样权衡其利弊？ …………………………………… 125
106. 怎样预估未来气候变化风险和开展相应的预研究？ …………………… 126

## 五、适应气候变化的目标与能力建设 ……………………………………… 129

107. 怎样确定适应气候变化规划的目标？ …………………………………… 129
108. 什么是气候智慧型经济，怎样构建？ …………………………………… 130
109. 什么是气候适应型社会，怎样构建？ …………………………………… 131
110. 建设气候适应型社会与气候资源利用有什么关系？ …………………… 132
111. 建设气候适应型社会与气候环境容量有什么关系？ …………………… 133
112. 怎样分析适应气候变化的成本和经济效益？ …………………………… 134
113. 怎样编制适应气候变化规划？ …………………………………………… 135
114. 怎样开展适应气候变化的能力建设？ …………………………………… 137
115. 怎样构建分区域、领域和产业的适应气候变化对策与技术体系？ …… 138
116. 怎样编制适应气候变化的技术清单？ …………………………………… 139

117. 怎样进行示范社区的适应气候变化能力建设? ······ 140
118. 适应气候变化领域有哪些主要的国际合作渠道? ······ 141
119. 怎样进行适应气候变化的体制与机制建设? ······ 142
120. 怎样筹集适应气候变化的资金? ······ 143
121. 什么是气候投融资,怎样推进? ······ 145
122. 为什么要把适应气候变化纳入生态文明建设? ······ 146
123. 怎样开展适应气候变化的科研、教育和科普培训? ······ 147
124. 怎样看待适应气候变化的局限性? ······ 148
125. 什么是基于自然的解决方案,怎样实施? ······ 149
126. 什么是气候韧性,怎样增强社会经济系统的气候韧性? ······ 150
127. 怎样构筑具有中国特色的适应气候变化科技体系? ······ 151

## 六、自然系统与人类系统适应气候变化的对策 ······ 153

128. 适应气候变化有哪些重点领域? ······ 153
129. 水资源管理怎样适应气候变化? ······ 155
130. 陆地自然生态系统保护怎样适应气候变化? ······ 156
131. 怎样帮助濒危野生动物适应气候变化? ······ 157
132. 海岸带怎样适应气候变化? ······ 158
133. 海洋生态系统怎样适应气候变化? ······ 158
134. 冰冻圈怎样适应气候变化? ······ 159
135. 气候变化情景下怎样遏制土壤肥力下降和保护黑土地? ······ 161
136. 森林生态系统和林业适应气候变化有哪些关键措施? ······ 162
137. 在气候变化条件下怎样保持和促进人体健康? ······ 163
138. 卫生防疫工作怎样适应气候变化? ······ 163
139. 制造业生产怎样适应气候变化? ······ 164
140. 气候变化对交通运输业的影响和怎样适应? ······ 165
141. 气候变化对建筑业的影响和怎样适应? ······ 167
142. 矿业生产怎样适应气候变化? ······ 169
143. 气候变化对能源产业的影响和怎样适应? ······ 170
144. 气候变化对旅游业的影响和怎样适应? ······ 171
145. 商业与服务业怎样适应气候变化? ······ 172
146. 城市规划建设怎样适应气候变化? ······ 173
147. 城市基础设施怎样适应气候变化? ······ 175
148. 重大工程建设怎样适应气候变化? ······ 176
149. 金融和保险业怎样适应气候变化? ······ 177

## 七、城乡社区与区域气候变化适应对策 …… 180

- 150. 城市社区怎样适应气候变化？ …… 180
- 151. 城市社区怎样应对极端天气气候事件？ …… 180
- 152. 沿海城市怎样适应气候变化？ …… 181
- 153. 内陆干旱缺水城市怎样适应气候变化？ …… 183
- 154. 南方城市怎样适应气候变化？ …… 184
- 155. 北方城市怎样适应气候变化？ …… 185
- 156. 高原城市怎样适应气候变化？ …… 187
- 157. 农村建筑怎样适应气候变化？ …… 188
- 158. 农村社区怎样应对极端天气气候事件？ …… 189
- 159. 黄淮海平原适应对策要点 …… 190
- 160. 东北地区适应技术要点 …… 191
- 161. 黄土高原适应对策要点 …… 192
- 162. 北方牧区与农牧交错带适应对策要点 …… 193
- 163. 华东地区适应对策要点 …… 195
- 164. 华中地区适应对策要点 …… 196
- 165. 西北干旱区适应对策要点 …… 197
- 166. 西南地区适应对策要点 …… 198
- 167. 华南地区适应对策要点 …… 200
- 168. 青藏高原适应对策要点 …… 201
- 169. 生态脆弱与气候贫困地区怎样适应气候变化？ …… 202
- 170. 怎样抓住"一带一路"倡议实施的机遇促进区域经济发展？ …… 203

## 八、气候变化对农业的影响与适应对策 …… 205

- 171. 怎样评估气候变化对我国农业的总体影响？ …… 205
- 172. 气候变化对我国的农业气候资源有什么影响？ …… 206
- 173. 气候变化对我国的粮食安全有什么影响？ …… 207
- 174. 气候变化对我国的种植制度有什么影响？ …… 208
- 175. 气候变化对我国的作物和品种布局有什么影响？ …… 209
- 176. 农业系统适应气候变化的基本对策和技术途径有哪些？ …… 210
- 177. 什么是气候智慧型农业，怎样发展气候智慧型农业？ …… 212
- 178. 怎样利用生物多样性原理促进农业适应气候变化与波动？ …… 213
- 179. 气候变化对我国的小麦生产有什么影响和适应对策？ …… 215
- 180. 气候变化对我国的玉米生产有什么影响和适应对策？ …… 217
- 181. 气候变化对我国的水稻生产有什么影响和适应对策？ …… 218

182. 气候变化对我国的大豆生产有什么影响和适应对策? ······ 220
183. 气候变化对我国的棉花生产有什么影响和适应对策? ······ 221
184. 气候变化对我国的果树生产有什么影响和适应对策? ······ 222
185. 气候变化对我国的蔬菜生产有什么影响和适应对策? ······ 223
186. 气候变化对我国的花卉生产有什么影响和适应对策? ······ 225
187. 气候变化对我国的草坪生产有什么影响和适应对策? ······ 226
188. 气候变化对我国油料作物生产有什么影响和适应对策? ······ 227
189. 气候变化对我国糖料作物生产有什么影响和适应对策? ······ 228
190. 气候变化对我国茶叶生产有什么影响和适应对策? ······ 229
191. 气候变化对我国烟叶生产有什么影响和适应对策? ······ 230
192. 气候变化对我国中药材生产有什么影响和适应对策? ······ 230
193. 气候变化对植物病虫害有什么影响,怎样调整防控措施? ······ 231
194. 气候变化对我国草地畜牧业生产有什么影响和适应对策? ······ 232
195. 气候变化对我国的农区畜牧业有什么影响和适应对策? ······ 235
196. 气候变化对我国的淡水养殖业有什么影响和适应对策? ······ 237
197. 气候变化对我国海洋水产业有什么影响和适应对策? ······ 238
198. 气候变化对养虫业有什么影响和适应对策? ······ 240
199. 气候变化对观光农业有什么影响和适应对策? ······ 241
200. 气候变化对农业服务业有什么影响和适应对策? ······ 242

## 九、适应气候变化的中国行动 ······ 245

201. 我国应对气候变化有哪些组织机构? ······ 245
202. 我国在应对气候变化方面采取了哪些行动,取得了什么效果? ······ 247
203. 我国在适应气候变化方面采取了哪些行动,取得了什么效果? ······ 248
204. 现有适应气候变化工作存在哪些不足? ······ 250
205. 现有适应气候变化工作与相关研究存在哪些误区和问题? ······ 251
206. 科技部组织编写的《适应气候变化国家战略研究》主要内容是什么? ······ 253
207. 《国家适应气候变化战略》(2013)编制的背景是什么,有什么实施效果? ······ 254
208. 气候适应型城市建设试点取得了哪些进展和经验? ······ 255
209. 《国家适应气候变化战略2035》编制的背景是什么? ······ 256
210. 《国家适应气候变化战略2035》提出适应工作的指导思想和原则是什么? ······ 257
211. 《国家适应气候变化战略2035》提出的适应工作战略目标是什么? ······ 258
212. 《国家适应气候变化战略2035》提出了哪些重点领域的适应任务? ······ 259

213.《国家适应气候变化战略 2035》的区域格局是怎样规定的？ ……… 260
214.《国家适应气候变化战略 2035》提出了哪些保障措施？ ……… 261
215. 实施《国家适应气候变化战略 2035》与构建"人类命运共同体"和"人与自然生命共同体"有什么关系？ ……… 262
216.《国家适应气候变化战略 2035》与以往相关文件相比有哪些主要的创新点？ ……… 263
217. 全球适应中心中国办公室揭牌以来开展了哪些工作？ ……… 264
218. 怎样开展适应气候变化的南南合作？ ……… 265
219. 中国在适应气候变化方面应该怎样体现大国担当和历史责任？ ……… 266

**参考文献** ……… 268
**术语表** ……… 273
**缩略语** ……… 291

# Content

Preface Ⅰ
Preface Ⅱ
Author's Preface

**Part A. Climate change and coping with** ⋯⋯ 001

1. What is climate change? ⋯⋯ 001
2. How does the climate change over geological time? ⋯⋯ 001
3. How does the climate change over historical time? ⋯⋯ 003
4. How has the global climate changed in recent times? ⋯⋯ 004
5. How has the Chinese climate changed in recent times? ⋯⋯ 006
6. What causes of climate change? ⋯⋯ 008
7. How does the greenhouse effect in the earth's climate come about? ⋯⋯ 008
8. What are the impacts of land cover and land use change on climate? ⋯⋯ 010
9. What are the differences and connections between climate change and global change? ⋯⋯ 010
10. What are the anthroposphere and the Anthropocene? ⋯⋯ 011
11. What are Earth System Science and Global Change Science? ⋯⋯ 012
12. What are climate scenarios and their applications in climate change projections? ⋯⋯ 013
13. What are the differences and connections between climate change, climate fluctuation and climate abrupt change? ⋯⋯ 014
14. What are extreme weather and climate events? ⋯⋯ 015
15. What are the main objectives of the United Nations Framework Convention on Climate Change? ⋯⋯ 016
16. What is the principle of "common but differentiated responsibilities" for climate change? ⋯⋯ 017
17. What organizations have the international community set up to address climate change? ⋯⋯ 018

18. What major actions has the international community taken to address climate change? ⋯⋯ 019
19. What is the significance of global climate governance and how is it carried out? ⋯⋯ 021
20. What is low-carbon economy and how to build a low-carbon society? ⋯⋯ 022
21. What is carbon peak and carbon neutral, and how to achieve carbon neutral? ⋯⋯ 023
22. What are the major achievements of the COP hold in Paris and how effective are they? ⋯⋯ 024
23. What are the positive and negative feedback factors affecting global climate change? ⋯⋯ 026
24. What is the climate change critical point or threshold, and are we close to that threshold? ⋯⋯ 027
25. What is climate justice and how can it be achieved? ⋯⋯ 029
26. What kind new ideas were put forward in the 6th IPCC Assessment Peport? ⋯⋯ 029

## Part B. Impacts of climate change ⋯⋯ 032

27. What are the major impacts of climate change on natural and human systems? ⋯⋯ 032
28. What ecological imbalances are caused by climate change? ⋯⋯ 033
29. What new characters of natural disasters have climate change brought? ⋯⋯ 035
30. Why do frost disasters increase in China under the background of climate warming? ⋯⋯ 036
31. Why do extreme cold weather occur frequently in the context of global warming? ⋯⋯ 037
32. Why should global warming lead to reduced wind speeds and desertification in most areas? ⋯⋯ 038
33. Why is climate change exacerbating urban smog and air pollution? ⋯⋯ 039
34. What is the impact of climate change on China's water resources? ⋯⋯ 040
35. What is the impact of climate change on China's water environment? ⋯⋯ 041
36. What is the relationship and impact of climate change to sea level rise? ⋯⋯ 043

37. What are the effects of climate change on marine ecosystems? ......... 044
38. What are the impacts of climate change and sea level rise on coastal ecological environment and economic development? ............ 045
39. What is the impact of climate change on forest ecosystems and forestry in China? ................................................................... 046
40. What is the impact of climate change on wetland ecosystems in China? ................................................................................ 047
41. What are the effects of climate change on soil fertility? ............... 048
42. What is the impact of climate change on biodiversity? ................ 049
43. What is the relationship between climate change and biological invasion? ............................................................... 051
44. What is the effect of climate change on the cryosphere? ............ 052
45. How does climate change affect urban climate? ......................... 053
46. What is the impact of climate change on urban lifeline systems? ............................................................................. 054
47. What is the impact of climate change on urban landscape? ............ 055
48. What is the impact of climate change on urban social life? ............ 057
49. What are the effects of climate change on urban economies? ............ 058
50. What is the impact of climate change on historical and cultural heritage? ................................................................ 060
51. What is the relationship between climate change and the impoverishment of ecologically fragile areas? ................................ 061
52. What are the effects of climate change on human health? ............ 063
53. How will climate change affect people's behavior and lifestyle? ...... 064
54. What are the likely effects of climate change on international trade? ............................................................... 065
55. What is the likely impact of climate change on the international political landscape in the future? .............................................. 066

## Part C. The significance and types of adaptation to climate change ............ 068

56. What is adaptation to climate change and its significance? ............ 068
57. Why must we insist on both mitigation and adaptation? ............ 069
58. What are the major adaptation actions of the international community? ........................................................................ 070
59. What are the differences and connections between adaptation

and mitigation strategies and how to coordinate them? ……………… 072
60. Why is the key of adapting to climate change of adjust natural system and human systems? ……………………………………… 075
61. Why is adaptation to climate change a driving force for biological evolution and human social progress? ………………………… 075
62. Why is adaptation to climate change particularly realistic and urgent for developing countries? ………………………………… 077
63. What are the differences and links between adaptation to climate change and mitigation? ………………………………………… 078
64. What are the differences and links between adaptation to climate change and poverty alleviation? …………………………………… 079
65. What are the differences and connections between adaptation to climate change and environmental protection? …………………… 081
66. What are passive adaptation and active adaptation? ……………… 082
67. What are pre-adaptation and remedial adaptation? ……………… 082
68. What is planned adaptation and blind adaptation? ……………… 083
69. What are under adaptation and over adaptation, and why should moderate adaptation be advocated? ……………………………… 084
70. What are adaptation with the consequences of uncertain and adaptation without regret? ………………………………………… 085
71. What is spontaneous adaptation and conscious adaptation? ……… 086
72. What are beneficial adaptation and harm avoidance adaptation? …… 087
73. What is maladaptation and how to achieve effective adaptation? …… 088
74. What are the differences and connections between biological adaptation, human support adaptation and human system adaptation? ………… 089
75. What are the differences between incremental adaptation, transformational adaptation and transformation adaptation? ……………………… 090
76. What are the differences and connections between adaptation at different time scales, such as long term, medium term, near term and emergency? ………………………………………………… 091
77. What are the differences and linkages between individual, family, community, regional, national and global adaptation at different spatial scales? ……………………………………………………… 092
78. What are disordered adaptation and ordered adaptation? ………… 093
79. Why is it an infinitely cyclic asymptotic process from disordered

adaptation to ordered adaptation? ……………………………………… 094

**Part D. Climate change risk assessment and adaptation mechanism** ……………… 096

80. What are climate change risks and how are they identified and assessed? ……………………………………………………………… 096
81. What are climate change opportunities and how are they identified and assessed? ………………………………………………………… 097
82. How to assess the impacts of climate change comprehensively? …… 097
83. How to assess the negative factors, risks or benefits of climate change? ……………………………………………………………… 098
84. How to analyze and assess exposure to climate change receptors? ………… 099
85. How to analyze and assess the sensitivity of receptors to climate change impacts? ……………………………………………………… 101
86. How to assess the vulnerability of climate change receptors? ………… 102
87. How to assess the combined adaptation capacity of climate change receptor systems? …………………………………………………… 103
88. How to understand and assess the adaptive needs of the recipient system? ……………………………………………………… 104
89. How to conduct attribution analysis of climate change and human activities? ……………………………………………………… 105
90. What is the climate change impact chain and what is the difference between it and disaster chain? ………………………………… 106
91. What are the thresholds for the response of receptors to climate change? ……………………………………………………… 107
92. What are the limitations of receptor resilience and adaptive mechanisms, and how can they be remedied? ……………………………… 109
93. What is the basic roadmap for adaptation to climate change? ………… 110
94. What are the basic technological pathways for adaptation? ………… 111
95. What are the evolutionary prospects and adaptation strategies of receptor systems under different climate change scenarios and adaptation mechanisms? ………………………………………………… 112
96. Explaining the basic countermeasures to reduce risks and utilize opportunities from the elements of climate risks and opportunities. ……………… 113
97. Explaining the main strategies to deal with climate change risk from the perspective of risk theory. ………………………………………… 115

98. What are the basic countermeasures for regional eco-economy-social system to adapt to climate change? ………………………………… 117
99. Why can edge adaptation become the grip and breakthrough of adaptation work? ……………………………………………………… 118
100. What are the constraints to adaptation to climate change? ………… 120
101. Why is there a threshold or hard limit for adaptation to climate change, and can it be changed? …………………………………… 121
102. How to adapt to the uncertainties of climate change and its impacts? …………………………………………………………… 122
103. What are the residual risks of climate change and how can they be mitigated? ……………………………………………………… 123
104. What is the adaptation gap and how can it be filled? ……………… 124
105. What is overshoot risk and how to weigh its advantages and disadvantages? …………………………………………………… 125
106. How to estimate future climate change risks and conduct research accordingly? ……………………………………………… 126

## Part E. Goals and capacity building for adaptation to climate change ………… 129

107. How to determine the goals of adaptation programmes? ………… 129
108. What is climate smart economy and how to build it? ……………… 130
109. What is a climate resilient society and how to build it? …………… 131
110. What is the relationship between building a climate-resilient society and climate resource utilization? …………………………………… 132
111. What is the relationship between building a climate-resilient society and climate environmental capacity? ………………………………… 133
112. How to analyze the costs and economic benefits of adaptation to climate change? …………………………………………………… 134
113. How to plan adaptation to climate change? ………………………… 135
114. How to build capacity to adapt to climate change? ………………… 137
115. How to build a system of climate change adaptation strategies and technologies in different regions, sectors and industries? ………… 138
116. How to compile an inventory of adaptation strategies or technologies? ……………………………………………………… 139
117. How to build the capacity of model communities to adapt to climate change? …………………………………………………… 140

118. What are the main channels of international cooperation in the field of adaptation to climate change? ……………………… 141
119. How to build institutions and mechanisms to adapt to climate change? ……………………………………………… 142
120. How to finance adaptation? ………………………………… 143
121. What is climate investment and financing and how can it be promoted? ………………………………………………… 145
122. Why should climate change adaptation be included in ecological progress? ……………………………………… 146
123. How to carry out scientific research, education and popular science training on adaptation to climate change? ……………… 147
124. What about the limitations of adaptation? ………………… 148
125. What is the nature-based solutions and how to implement? ………… 149
126. What is climate resilience and how can it be enhanced in socio-economic systems? ……………………………………… 150
127. How to build a scientific and technological system with Chinese characteristics to adapt to climate change? ……………… 151

**Part F. Countermeasures of natural and human systems adapting to climate change** ……………………………………………… 153

128. What are the focus areas for adaptation? ………………… 153
129. How does water management adapt to climate change? ………… 155
130. How does terrestrial natural ecosystem conservation adapt to climate change? ……………………………………… 156
131. How to help endangered wildlife adapt to climate change? ………… 157
132. How can coastal zones adapt to climate change? ………… 158
133. How can marine ecosystems adapt to climate change? ………… 158
134. How does the cryosphere adapt to climate change? ………… 159
135. How to stop the decline of soil fertility and protect black land in a warming climate? ……………………………………… 161
136. What are the key measures for forest ecosystems and forestry to adapt to climate change? ……………………………… 162
137. How to maintain and promote human health in a changing climate? ……………………………………………… 163
138. How can health and epidemic prevention adapt to climate change? ……………………………………………… 163

139. The impact of climate change on manufacturing industry and how to adapt? ········· 164
140. The impact of climate change on transportation industry and how to adapt? ········· 165
141. The impact of climate change on the construction industry and how to adapt? ········· 167
142. The impact of climate change on mining production and how to adapt? ········· 169
143. The impact of climate change on the energy industry and how to adapt? ········· 170
144. The impact of climate change on tourism and how to adapt? ········· 171
145. Impact of climate change on business and service industry and how to adapt? ········· 172
146. How can urban planning and construction adapt to climate change? ········· 173
147. How can urban infrastructure adapt to climate change? ········· 175
148. How can major engineering construction adapt to climate change? ········· 176
149. How can finance and insurance adapt to climate change? ········· 177

**Part G. Adaptation to climate change in urban and rural communities and regions** ········· 180

150. How can urban communities adapt to climate change? ········· 180
151. How do urban communities cope with extreme weather and climate events? ········· 180
152. How can coastal cities adapt to climate change? ········· 181
153. How can cities in arid inland regions adapt to climate change? ········· 183
154. How can southern cities adapt to climate change? ········· 184
155. How can northern cities adapt to climate change? ········· 185
156. How can plateau cities adapt to climate change? ········· 187
157. How can rural buildings adapt to climate change? ········· 188
158. How do rural communities cope with extreme weather and climate events? ········· 189
159. Key points of adaptation countermeasures in Huang-Huai-Hai Plain ········· 190
160. Key points of adaptation countermeasures in North-East Plain ········· 191

161. Key points of adaptation countermeasures in the Loess Plateau ...... 192
162. Key points of adaptation in northern pastoral area and ecotone ...... 193
163. Key points of adaptation countermeasures in East China ............ 195
164. Key points of adaptation countermeasures in Central China ......... 196
165. Key points of adaptation countermeasures in Northwest China ...... 197
166. Key points of adaptation countermeasures in Southwest China ...... 198
167. Key points of adaptation countermeasures in South China ........... 200
168. Key points of adaptation strategies in Tibetan Plateau ................ 201
169. How can ecologically fragile and climate-poor regions adapt to climate change? .................................................................. 202
170. How to seize the belt and Road Initiative to promote regional economic development? ...................................................... 203

## Part H. Impacts of climate change to agriculture and adaptation strategies ...... 205

171. How to assess the overall impact of climate change on China's agriculture? ...................................................................... 205
172. What is the impact of climate change on agricultural climate resources in China? ...................................................................... 206
173. What is the impact of climate change on China's food security? ......... 207
174. What is the impact of climate change on China's cropping system? ............................................................................ 208
175. What is the impact of climate change on crop and variety distribution in China? ...................................................................... 209
176. What are the basic countermeasures and technical approaches for agricultural systems to adapt to climate change? ...................... 210
177. What is climate-smart agriculture and how to develop it? ............ 212
178. How to use biodiversity principles to adapt agriculture to climate change and fluctuations? ................................................... 213
179. What are the effects of climate change on wheat production in China and its adaptation strategies? ............................................. 215
180. What are the effects of climate change on maize production in China and its adaptation strategies? ............................................. 217
181. What are the effects of climate change on rice production in China and its adaptation strategies? ................................................... 218
182. What are the effects of climate change on soybean production in China and its adaptation strategies? ...................................... 220

183. What are the effects of climate change on cotton production in China and its adaptation strategies? ⋯⋯ 221
184. What are the effects of climate change on fruit production in China and its adaptation strategies? ⋯⋯ 222
185. What are the effects of climate change on vegetable production in China and its adaptation strategies? ⋯⋯ 223
186. What are the effects of climate change on flower production in China and its adaptation strategies? ⋯⋯ 225
187. What are the effects of climate change on lawn production in China and its adaptation strategies? ⋯⋯ 226
188. What are the effects of climate change on oil production in China and its adaptation strategies? ⋯⋯ 227
189. What are the effects of climate change on sugar production in China and its adaptation strategies? ⋯⋯ 228
190. What are the effects of climate change on tea production in China and its adaptation strategies? ⋯⋯ 229
191. What are the effects of climate change on tobacco production in China and its adaptation strategies? ⋯⋯ 230
192. What are the effects of climate change on Chinese herbal medicine production in China and its adaptation strategies? ⋯⋯ 230
193. What is the impact of climate change on plant pests and diseases, and how can control measures be adjusted? ⋯⋯ 231
194. What are the effects of climate change on China's grassland animal husbandry production and adaptation strategies? ⋯⋯ 232
195. What are the effects of climate change on animal husbandry in agricultural areas of China and its adaptation strategies? ⋯⋯ 235
196. What are the impacts of climate change on freshwater aquaculture in China and its adaptation strategies? ⋯⋯ 237
197. What are the impacts of climate change on China's marine aquaculture industry and its adaptation strategies? ⋯⋯ 238
198. What are the impacts of climate change on insect farming and adaptation measures? ⋯⋯ 240
199. What are the effects of climate change on tourism agriculture and its adaptation measures? ⋯⋯ 241
200. What are the impacts of climate change on agricultural services and their adaptation strategies? ⋯⋯ 242

## Part I. China's actions adapting to climate change ········ 245

201. What organizations does China have to deal with climate change? ········ 245
202. What actions has China taken to address climate change and what results have been achieved? ········ 247
203. What actions have China taken to adapt to climate change and what results have been achieved? ········ 248
204. What are the shortcomings of existing adaptation efforts? ········ 250
205. What are the misunderstandings and problems in the current work and research on adaptation to climate change? ········ 251
206. What is the main content of the National Strategy Study on Adaptation to Climate Change compiled by the Ministry of Science and Technology? ········ 253
207. What is the background of the release of the National Climate Change Adaptation Strategy (2013), and what is the effect of its implementation? ········ 254
208. What progress and experience have been made in the pilot projects of building climate-resilient cities? ········ 255
209. What is the background of the National Climate Change Adaptation Strategy 2035? ········ 256
210. What are the guiding ideas and principles for adaptation proposed in the National Strategy for Climate Change Adaptation 2035? ········ 257
211. What are the strategic goals for adaptation set out in the National Strategy for Climate Change Adaptation 2035? ········ 258
212. What are the priority areas of adaptation tasks set out in the National Climate Change Adaptation Strategy 2035? ········ 259
213. What is the regional pattern of the National Climate Change Strategy 2035? ········ 260
214. What supporting measures are proposed in the National Climate Change Adaptation Strategy 2035? ········ 261
215. What is the relationship between the implementation of The National Climate Change Strategy 2035 and building a community with a shared future for mankind and a community of life for man and nature? ········ 262
216. What are the major innovations of the National Climate Strategy 2035 compared with previous documents? ········ 263
217. What has the China Office of the Global Adaptation Centre done since

its opening? ································································· 264
218. How to carry out South-South cooperation on climate change
    adaptation? ··························································· 265
219. How should China fulfill its responsibility as a major country and
    its historical responsibility in adapting to climate change? ············ 266
**References** ································································· 268
**Glossary** ··································································· 273
**Abbreviations** ······························································ 291

# 一、气候变化及其应对

## 1. 什么是气候变化？

气候变化（climate change）是指气候状态在统计意义上的变化或持续较长一段时间的气候变动，不但包括平均值的变化，也包括变率的变化。在1992年通过的《联合国气候变化框架公约》(UNFCCC)中将"气候变化"定义为："经过相当一段时间的观察，在自然气候变化之外由人类活动直接或间接地改变全球大气组成所导致的气候改变。"该定义将因人类活动改变大气组成导致的"气候变化"与归于自然原因的"气候变率"区分开来。

气候变化的时间尺度从最长的几十亿年到最短的年际变化，分为地质时期的气候变化、历史时期的气候变化和近代气候变化。

(1) 地质时期。指地球形成以后有地层记录的漫长时期，气候变化尺度为万年到亿年，主要根据动植物化石及各种遗迹的间接研究考证地球气候经历过的冰期与间冰期交替变化过程。

(2) 历史时期。指人类文明产生至有仪器观测记录之前的时期，气候变化尺度为百年到千年，主要依据历史文献记录、动植物种群与物候变化、树木年轮分析等手段研究。其间经历过温暖期与寒冷期、干期与湿期的交替变化，全球不同地区既有同步变化，又有反向变化。

(3) 近代气候。指有气象仪器观测记录的时期，变化尺度以年代计，主要根据系统的气象观测记录。从19世纪末到20世纪上半叶，北半球气候回暖，南半球变化不大。20世纪50年代到70年代明显变冷，以后全球又迅速变暖。

气候变化的自然原因包括天文因素和地球因素，前者指太阳辐射、地球轨道参数及潮汐等因子的变化，后者指海陆变迁、海气相互作用、大气环流、地球大气中痕量气体积累及火山尘埃增减等因子的变化。但20世纪70年代以来，人类活动对气候的影响迅速增大，成为现代气候变化的主要驱动力。

## 2. 地质时期的气候是怎样变化的？

地质时期指地球历史中有地层记录的漫长时期，目前已发现最老地层的同位素年龄值约46亿年。各地质时代的气候主要根据地质考察的各种证据推断，包括物质成分、沉积岩结构特点和生物化石等。

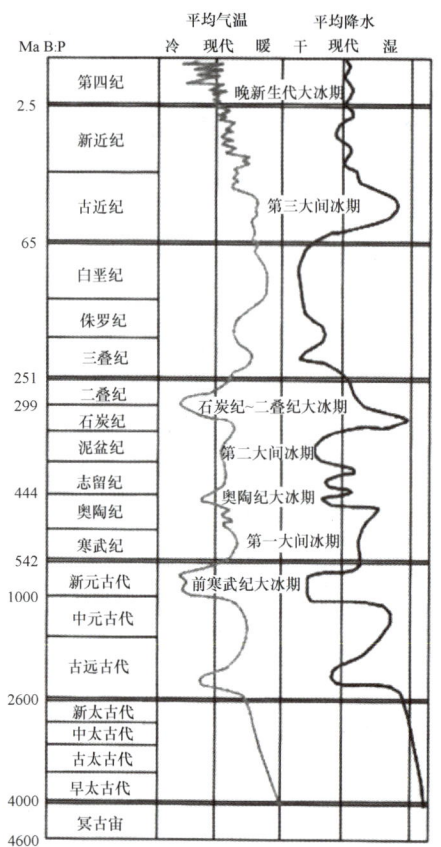

图 1-1 地球形成以来平均气温与降水示意图
(朱诚 等,2017)

在地质史的几十亿年中,全球规模的冰雪覆盖扩展和退缩,寒冷期和温暖期相互交替,分别称为冰期和间冰期。如图 1-1,在冰期时,冰原或冰川以较大幅度向低纬度地区推进,全球山岳雪线普遍下降。在间冰期,冰川消融退缩,气候带向高纬地区移动,最暖时期的海面可能比现代高出 15~30 m 甚至更多。与气候带相应,生物群落也随之南北迁移。这种寒暖波动的时间尺度约百万年到上亿年。前寒武纪以来 90% 以上的时间两半球的极地无冰。但全球至少出现过三次大冰期:前寒武纪大冰期(距今约 6 亿年以前)、石炭-二叠纪大冰期(距今 2 亿~3 亿年)和第四纪大冰期(距今 200 万~300 万年至 1 万~2 万年)。此前还可能有另外的大冰期,但因资料不足无法判断。一般认为,对地质时期温度的估计从中生代(距今 2.3 亿~0.67 亿年)起比较可靠,年平均气温两极附近为 8~10 ℃,赤道为 25~30 ℃。第三纪(距今 0.67 亿年至 200 万~300 万年)中纬度地区气温缓慢降低,约在 1400 万年前,地球气温急剧下降,在南极首先出现冰盖,250 万年前冰岛出现山岳冰川,紧接着北半球高纬度地区也形成冰盖。第四纪气候以极地冰川和中高纬度山岳冰川覆盖为主要特征,又可划分出几次冰期和间冰期,温度振幅海洋约为 6 ℃,大陆温度波动较大,冰盖边缘地区如欧洲约为 12 ℃,但高山雪线处只 4～6 ℃。冰后期从距今一万多年起,冰川覆盖面积缩小,海平面上升,地球气候进入较温暖时期。

关于地质时期气候变化的原因有许多种假说,主要有:①天文学假说。特别是地球轨道偏心率、黄道倾斜和岁差等天文因素。②大气物理学假说。认为太阳辐射能或大气透明度变化可以引起气候变化。由于太阳活动强度和地球上火山活动引起大气透明度的变化而导致气候变化。③地质地理学假说。认为南北两极点的移动、海陆变迁大陆漂移和地质构造运动可以引起气候变化。

## 3. 历史时期的气候是怎样变化的?

历史时期是指人类文明出现到有仪器观测资料之前的时期,其时间上限尚无定论。在中国指仰韶文化(公元前 5000 年—前 3000 年)以来的气候,其他国家一般指公元前 4000 年自古埃及文化出现以来的气候。

自公元前 4000 年以来,世界气候经历了多次冷暖干湿的变迁:

公元前 4050—前 2650 年,温暖多雨,平均气温比现代高 2.5 ℃,热带雨量约为现代 3 倍。

公元前 2650—前 2050 年,气候转寒,海平面比现代约低 4 m。

公元前 2050—前 1500 年,气候转暖。

公元前 1500—前 750 年,气候寒冷干燥。

公元前 750—前 150 年,气候暖湿。

公元前 150—公元 350 年,气候干凉,冰川一度扩展。

公元 350—700 年,气候干暖,但热带多雨潮湿。

公元 600—800 年,西北欧转冷,热带降雨减少。

公元 800—1200 年,为近 2000 年最暖。西北欧气候暖干,墨西哥热湿。

公元 1200—1450 年,西北欧冷湿,美洲冷干。

公元 1450—1550 年,世界性海平面升高,赤道雨量丰富。

公元 1550—1890 年,气候转冷,世界大部冰雪达上次冰期结束以来最大值,史称小冰期,以 17 世纪气候最为恶劣,严冬频繁,潮湿冷夏导致作物歉收。

根据历史文献和考古发掘资料,中国历史时期气候变迁与世界大致相似。

因受西伯利亚高压控制,我国东部温度升降比较统一。自竺可桢开始,科学家大多以冬季温度升降作为我国气候变动指标。近 5000 年的前 2000 年即仰韶文化到安阳殷墟时代是温暖期,1 月温度比现今高 3～5 ℃,但距今 4000 年左右气候曾一度转寒。后 3000 年有一系列冷暖波动,年平均气温波幅 2～3 ℃,有 4 次明显的寒冷期,分别出现在公元前 1000 年前后(殷末周初)、公元 400 年前后(南北朝)、公元 1200 年前后(南宋与金)和公元 1700 年前后(明末清初),其间的秦汉、隋唐和元代为温暖时期。最温暖的殷墟时代,黄河流域绿竹繁茂,野象、犀牛出没林莽,年平均气温比现今高2℃左右。最冷时期如南宋和明末寒冬屡现,太湖、洞庭湖和鄱阳湖多次封冻,热带地区冰雪频繁,江南柑橘和福建荔枝历遭冻毁,年平均气温比现今约低1℃多。纵观整个5000年,总的趋势是逐渐变冷。

近500年的史料更为丰富,记载有3次明显冷暖交替过程。寒冷时段分别在公元1470—1520年、1620—1720年和1840—1890年,温暖时段分别为1550—1620年、1770—1830年和1900—1950年。自20世纪60年代以来开始第4次寒冷时段。近500年气温波动振幅为1.8~2.0℃,最冷10年平均冬温比现今低1℃多。如图1-2所示。根据史料有关旱涝记载推断干湿变化有明显的阶段性,16—17世纪较干旱,18—19世纪较湿润,20世纪以来又趋向干旱。

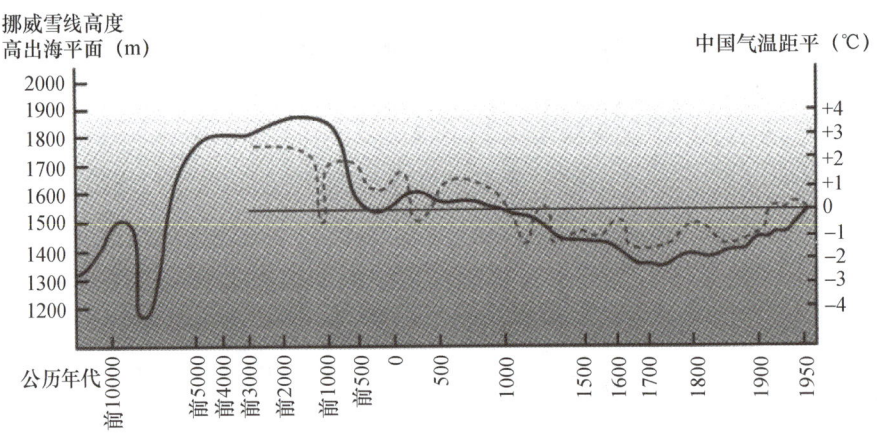

图1-2　一万年以来挪威雪线高度(实线)与竺可桢重建5000年来中国气温变迁图(虚线)
(丁一汇,2016)

## 4. 近代全球气候发生了什么变化?

近百年来全球气候发生了明显的变化。与前几次评估报告相比,IPCC第六次评估报告的架构更加综合,涵盖气候系统大尺度变化特征、物理过程的理解和区域气候信息三大部分内容。客观、全面地评估呈现了大量气候变化科学方面的新证据。确定了人类活动对气候系统影响的事实。人类的影响使大气、海洋和陆地变暖。大气、海洋、冰冻圈和生物圈都发生了广泛而迅速的变化(翟盘茂,2021)。

温度:IPCC第六次评估报告指出,2001—2020年的全球地表温度(GMST)比1850—1900年高0.99℃。2011—2020年的全球地表温度比1850—1900年高1.09℃。1850年以来,最近40年每个10 a的全球地表温度都比此前任何一个10年要暖。自2012年以来全球地表急剧升温,2016—2020年这5年至少是自1850年有器测记录以来最热的5年。

从1850—1900年到2011—2020年,陆地温度升高(1.59[1.34～1.83]℃)比海洋(0.88[0.68～1.01]℃)更快。全球空气温度(GSAT)与地表温度长期变化相同,但估计值的不确定性扩大,从1850—1900年到1995—2014年的评估变化为0.85[0.67～0.98]℃。如图1-3和图1-4所示。

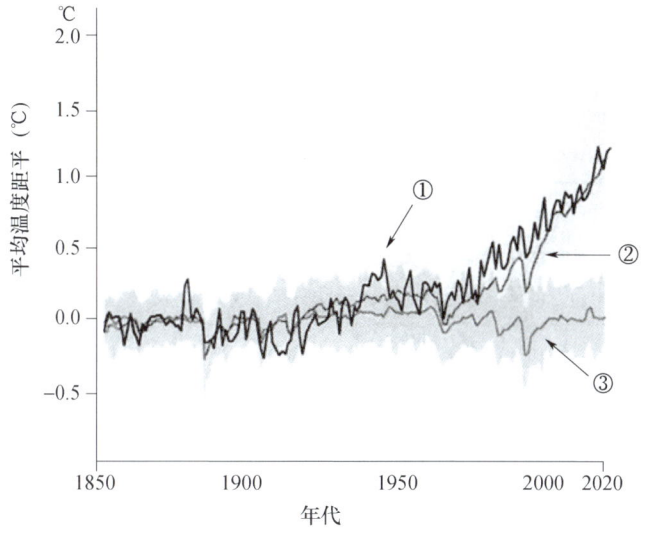

图1-3 1850年以来全球平均温度变化(①号线为观测值,②号线为人类活动因素与自然因素综合作用模拟值,③号线为自然因素作用模拟值)(据IPCC第六次评估报告第一工作组报告)

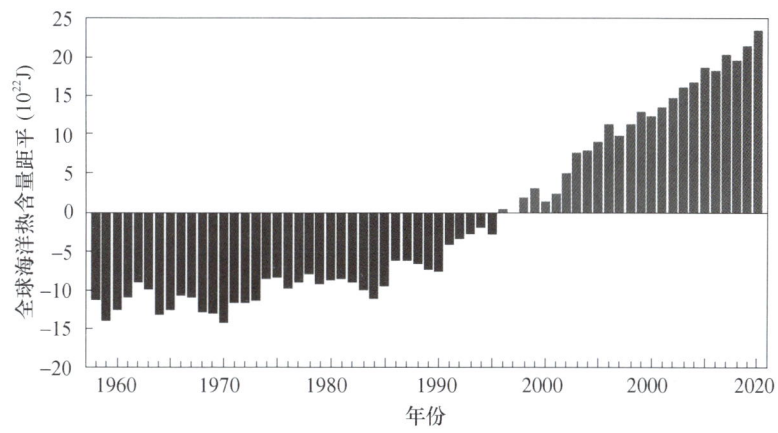

图1-4 1958—2020年全球海洋热含量(上层2000 m)距平变化(国家气候中心,2021)

降水:自1950年以来,全球陆地平均降水量可能增加,自20世纪80年代以来增速更快,中纬度风暴路径可能在两个半球都向极地移动,趋势具有明显的季节性。对于南半球,人类影响很可能促成了与夏季密切相关的温带急流向极地移动。

海平面：1901—2018 年，全球平均海平面上升了 0.20[0.15～0.25]m。1901—1971 年，海平面平均上升速率为 1.3[0.6～2.1]mm/a，1971—2006 年增加到 1.9[0.8～2.9]mm/a，并在 2006—2018 年进一步增加到 3.7[3.2～4.2]mm/a。至少自 1971 年以来，人类影响很可能是这些增长的主要驱动力。

冰雪覆盖：自 20 世纪 90 年代以来全球冰川退缩，1979—1988 年和 2010—2019 年间北极海冰面积减小（9 月减小约 40%，3 月减小约 10%）。2011—2020 年平均北极海冰面积达到 1850 年以来最小，夏季北极海冰面积至少是过去 1000 年里最小的。

1979—2020 年，由于区域趋势相反，内部变异大，南极海冰面积没有明显变化。自 1950 年以来，人类影响很可能导致北半球春季积雪减少，并导致过去 20 年观察到的格陵兰冰盖表面融化，包括人类对南极冰盖质量损失的影响。

生物圈：自 1970 年以来陆地生物圈变化与全球变暖一致，气候带在两个半球都向极地转移，自 20 世纪 50 年代以来北半球温带地区的生长季节平均每十年延长两天。

极端天气气候事件：自 20 世纪 50 年代以来，全球尺度暖昼和暖夜天数增加，冷昼和冷夜天数减少；最暖日温度和最冷日温度均呈升高趋势，且陆地区域平均的最冷日温度上升幅度比最暖日温度上升幅度大；热浪强度和频次增加，持续时间延长。全球尺度陆地强降水事件的频次和强度可能增加。大陆尺度上，除欧洲和北美外，亚洲区域强降水事件可能也增多增强。干旱缺水问题也会加重，如果 21 世纪末全球温升能控制在 1.5 ℃，全球暴露于水资源短缺、热浪以及荒漠化中的干旱地区人口将有 9.5 亿人，但如温升达到 2 ℃ 则将增加到 11.5 亿人。自 20 世纪 80 年代以来全球强台风（飓风）占比增加，西北太平洋热带气旋达到最大风力时的位置向北移动。20 世纪 50 年代以来，全球热浪和干旱复合事件增多，欧洲南部、欧亚北部、美国和澳大利亚等地利于野火发生的复合天气事件变得越来越频繁，一些沿海和河口地区的洪涝复合事件增多。

## 5. 近代中国气候发生了什么变化？

中国是全球气候变化的敏感区和影响显著区，近百年来气候变化趋势与全球基本一致，但具有区域特点。

1951—2019 年，中国年平均气温每 10 年升高 0.24 ℃，升温速率明显高于同期全球平均水平；近 20 年为 20 世纪初以来最暖，2019 年全国平均偏高 +0.69 ℃，为 1901 以来 10 个最暖年之一。如图 1-5 所示。

年降水量 1901—2019 年平均无明显趋势性变化，但存在显著 20～30 年尺度年代际振荡。如图 1-6 所示。1961—2019 年，平均年降水量呈微弱增加趋势，平均年降水日数呈显著减少趋势，极端强降水事件呈增多趋势，年累计暴雨（日降水量 ≥50 mm）站日数平均每 10 年增加 3.8%。1961—2019 年，中国各区域降水量变化趋势差异明显，青藏地区降水呈显著增多趋势；西南地区降水呈减少趋势；其余地区降水无明显线性变化趋势。

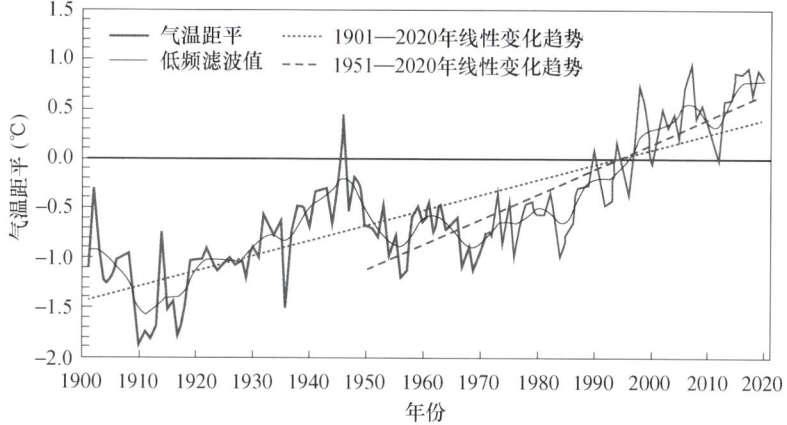

图 1-5 1901—2020 年中国地表年平均气温距平(国家气候中心,2021)

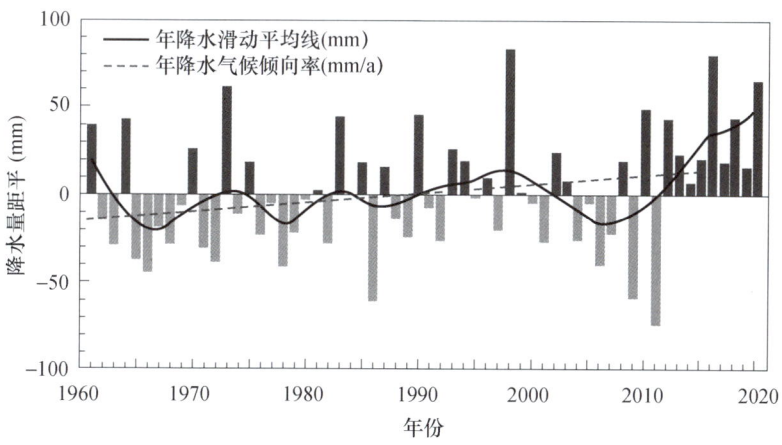

图 1-6 1961—2020 年中国平均年降水量距平(国家气候中心,2021)

1980—2019 年,中国沿海海平面变化总体呈波动上升趋势,上升速率为 3.4 mm/a,高于同期全球平均水平。1985 年以来,西部冰川均呈加速消融趋势。1981—2019 年,青藏公路沿线多年冻土区活动层厚度呈显著增加趋势,平均每 10 年增厚 19.6 cm;多年冻土退化明显,2019 年,青藏公路沿线多年冻土区平均活动层厚度为 243 cm,为有观测记录以来的第二高值。2002—2019 年,中国主要积雪区积雪覆盖率总体呈弱下降趋势,年际振荡明显;2019 年,东北及中北部积雪区积雪覆盖率为 2002 年以来的最低值,而青藏高原积雪区积雪覆盖率为 2002 年以来的最高值。

20 世纪 90 年代中期以来,中国极端高温事件明显增多;20 世纪 90 年代后期以来登陆中国台风的平均强度波动增强。1961—2020 年,中国气候风险指数呈升高趋势。全国大雾日数略减,东部霾日明显增加。北方地区沙尘暴发生频率总体呈显著减少趋势。

## 6. 气候变化是什么原因引起的？

关于气候变化的原因有多种观点与假说,概括起来可分为自然原因与人类活动原因两大类。

自然因素主要涉及宇宙环境、太阳活动、地球轨道参数、大气环流、海洋环流、海气耦合变化及地球自身运动等。如太阳绕银心(即银河系的核心)运动周期为2.8亿～3.2亿年,与地质史上的四次大冰期及间冰期的周期大致吻合。太阳活动的11年、22年和世纪周期均会引起到达地球表层的辐射能变化。地球轨道偏心率、赤黄交角及岁差等参数的长期变化也会导致地球气候的显著变化。地壳板块运动和海陆分布的变化、大洋环流变化、地磁场变化、地球内能释放、外来星体碰撞等也会在不同时空尺度上改变地球的气候。

人类依赖于自然生存和发展,同时也在不断改变着自然环境。从古至今,人们不断对下垫面进行破坏和建设,各种土地利用方式极大改变了全球土地覆被状况,诸如砍伐森林、开垦草原、围湖造田、修建水库、灌溉土地等,改变了地表反照率和植被表面的蒸腾作用,直接或间接影响着区域乃至全球的气候,尤其是城市下垫面产生了热岛效应并形成特殊的城市气候。

大气成分的改变对全球气候变化有重大影响,人类活动大量排放的二氧化碳、甲烷和其他微量气体具有明显的温室效应,人类活动导致的温室气体、气溶胶及气溶胶前体物在大气中的浓度发生变化,它们可以通过扰动地球大气顶的辐射能量收支平衡从而影响气候和气候变化,但烟尘(硫酸盐气溶胶)大量增加可造成阳伞效应,促使云量、降水量和雾霾增加而对地表起到冷却作用,气溶胶及其有效辐射强迫的变化主要是导致地表温度降低,从而部分抵消了人为排放温室气体所引起的变暖。二氧化硫的排放对气溶胶-云相互作用相关的有效辐射强迫有着决定性贡献。氟利昂等物质的排放可破坏大气臭氧层,使到达地面的紫外辐射增加。人类在生产和生活中不断消耗能源还向大气释放了大量废热。

工业化以前由于人类活动规模较小,全球气候变化主要由自然因素引起;但工业革命以后由于人类大规模改变土地利用格局和大量排放温室气体,人类活动越来越成为全球气候变化的主要驱动因素。与以往历次 IPCC 评估报告相比,第六次气候变化评估报告将人为信号的检测从第五次评估报告的 1951 年提早到 1850 年,明确指出自工业革命以来的气候变化主要是由人类活动造成的(孙颖,2021)。

## 7. 地球气候的温室效应是怎样产生的？

1896 年 4 月,瑞典科学家阿伦纽斯(Svante Arrhenius)在"伦敦、爱丁堡、都柏林哲学与科学杂志"上发表题为"空气中碳酸对地面温度的影响"的论文,首次对大气二氧化碳浓度对地表温度的影响进行量化评估。Wood 于 1909 年首先在大气—地球系统中使用了"温室效应(Greenhouse Effect)"一词。

根据物理学原理,自然界的任何物体都在向外辐射能量,温度越高,辐射强度越大,而且短波辐射所占比重越大;温度越低,辐射强度越小,长波辐射所占比例越大。太阳表面温度约为 6000 K,辐射最强波段位于可见光;地球表面的平均温度约 288 K,辐射最强波段位于红外区。白天太阳辐射透过大气层到达地表,被岩石、土壤和水面吸收,使地球表面温度上升;与此同时,地球表面物质也在向大气发射红外辐射,尤其是在夜间。由于大气层中存在水汽、$CO_2$、$CH_4$、$N_2O$ 等能强烈吸收红外辐射并向地面反射的气体成分,使得地球表面需要达到较高的温度才能保持从太阳辐射获得热量与向外发散热量的相对平衡,这就是大气的温室效应,这些具有温室效应的气体被称为温室气体。温室气体在大气中的浓度增加时,大气的温室效应加剧,全球平均气温会升高。如果大气层中没有这些微量温室气体,地球表面的平均温度应为 $-18\ ℃$,不会有液态水存在,也就不会有生命。由于温室气体的作用,使目前全球地表平均温度保持在 $15\ ℃$,为动植物生存提供了基本条件。但如大气层中的温室气体含量过多,地球表面温度就会超过正常水平,不适合生物与人类的生存。金星的大气就是主要由浓度很高的 $CO_2$ 所组成,强烈的温室效应使金星表面温度高达 $400\ ℃$ 以上,任何生物都不能生存。如果人类无节制地向大气排放温室气体,地球就会变得像金星一样。

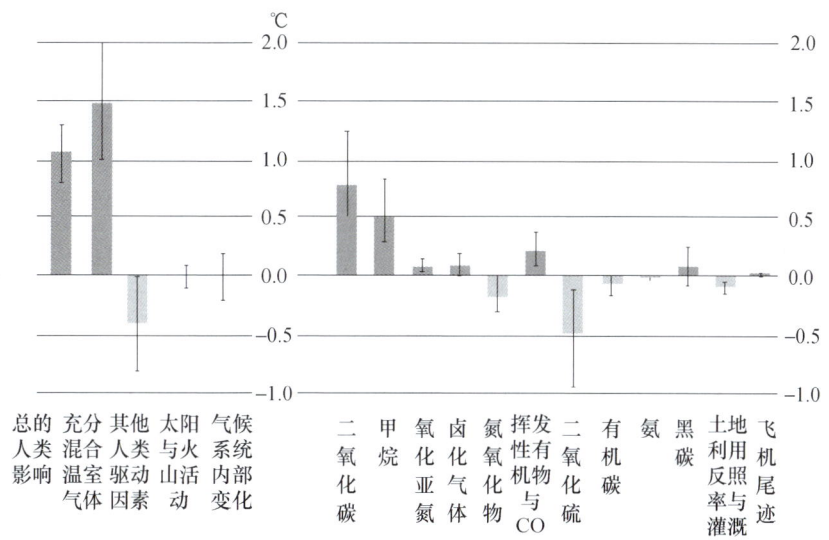

图 1-7　2010—2019 年相对于 1850—1900 年全球平均增温贡献的两种互补评估(IPCC,2020)
(左:自然因素与人为因素的贡献归因;右:大气与地面辐射强迫因子的贡献)

IPCC 第六次评估报告第一工作组报告指出,2019 年大气 $CO_2$ 浓度达到 410 ppm[①],至少是 200 万年以来的最高值,$CH_4$ 和 $N_2O$ 浓度也是 80 万年以来最高的,分别比 1750 年提高了 47%、156% 和 23%。2019 年人类活动引起的辐射强迫比 1750 年增大了

---

① 1 ppm=$10^{-6}$。

$2.72 \text{ W/m}^2$，比第五次评估报告的 2011 年又增加了 $0.43 \text{ W/m}^2$，其中 $0.34 \text{ W/m}^2$ 要归因于温室气体浓度的增加。

从图 1-7 可以看出，二氧化碳对于全球增温的贡献最大，其次是甲烷。气溶胶具有降温效应，但远不能抵消温室效应。水汽的温室效应虽然比二氧化碳更强，由于其在大气中的含量相对稳定，而且一旦成云或以雨雪降落还能反射阳光，目前认为大气中的水汽含量不直接受人类活动影响，不列入导致全球增温的辐射强迫因素之列。

## 8. 土地利用与土地覆盖变化对气候有什么影响？

研究表明，土地利用与土地覆盖变化（Land Use and Cover Change，LUCC）是除温室效应以外，导致现代全球气候变化的又一重要驱动力。

土地利用是指人类利用土地的自然和社会属性来满足自身需求的行为过程，反映了一定区域范围和时间段的土地利用类型、数量、质量、分布、效益等。土地覆盖是指自然营造物和人工建筑物所覆盖的地表诸要素的综合体，包括植被、土壤、湖泊、沼泽湿地及各种人工建筑物（如道路、楼房等），具有特定的时间和空间属性，其形态和状态可在多种时空尺度上变化。土地覆盖与土地利用有着密切的关系，是研究地表自然过程必不可少的因素，也是各种地表过程的产物。全球气候变化与土地利用—土地覆盖变化存在着相互作用。一方面，全球气候变化通过影响地表植被分布间接改变土地利用方式和土地覆盖状况；另一方面，土地利用—土地覆盖变化通过改变地表覆盖状况和地理特征，并通过排入大气的烟尘与温室气体影响地表与大气的能量和水分交换过程，从而影响气候。

研究表明，土地利用与土地覆盖变化对气候的影响主要通过两个途径：一是化石燃料燃烧及土地利用与土地覆盖变化等人类活动使大气中温室气体的含量增多，如砍伐森林和开垦草原使植被光合作用对 $CO_2$ 的固定减少，工业化和城市化使煤炭、石油、天然气等化石燃料消耗增加，从而导致排放到大气中的 $CO_2$、$CH_4$、$N_2O$ 等的浓度持续增大，由此产生的温室效应导致全球气候变暖和波动加剧。二是土地利用—土地覆盖变化使地球表面的反射率、下垫面粗糙度、植被叶面积及植被覆盖比例等发生改变，引起地表的温度、湿度、风速及降水发生变化，最终导致区域水分循环和热量平衡的改变和局地与区域的气候变化，尤其城市化土地利用形成热岛效应是改变局地气候的最好例证。

## 9. 气候变化与全球变化有什么区别和联系？

全球变化（global change）是指由自然因素或人类因素驱动，在全球范围发生，对人类现在和未来生存与发展有重要直接或潜在影响的地球环境变化或与全球环境有重要关联的区域环境变化，包括气候、土地生产力、海洋、陆地水资源、生态系统等的全球或区域性变化，以及使地球承载生命能力发生的改变。

气候变化与全球变化有密切联系。气候对人类现在和未来的生存与发展有重要的直接或潜在影响,气候变化是全球变化的重要表现和主要内容之一。但全球变化还包括其他内容,如生物地球化学循环改变、土地利用与覆盖改变、生物多样性减少、环境污染等。由于大气圈是地球表面各圈层中最活跃和变化最快的圈层,气候变化是全球环境变化最重要的驱动力之一,可引起全球水循环、碳循环、氮循环和其他物质循环的改变,并引起全球生态系统分布、结构、功能和演替的改变,从而对全球环境产生深远的影响。对气候系统的认识也已不限于大气圈,而是一个包括大气圈、水圈、陆地表面、冰雪圈和生物圈在内,能够决定气候形成、分布和气候变化的统一的物理系统。另一方面,地球其他环境因素的变化,特别是人类向大气排放污染物质和土地利用与覆被的变化,也会影响到全球气候的状况(图1-8)。

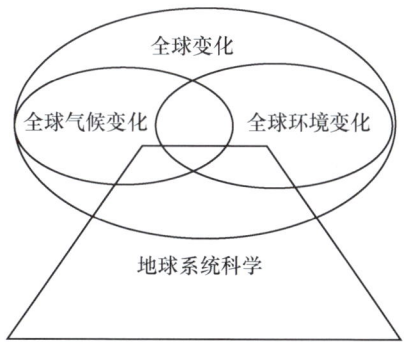

图1-8　气候变化与全球变化的关系(曲建升 等,2008)

## 10. 什么是人类圈和人类纪?

人类圈(anthroposphere)又称智慧圈,是地球表层系统中最高级和最复杂的圈层。1999年Schellnhuber首次把人类从生物圈中分离出来,称为"人类圈",确立了人类在地球系统中的特殊地位。人类圈是由生物圈进化而产生的,是要素众多、结构复杂、区域明显的大系统,其基本组成包括地球上的人群、人类主观能动作用创造的人造物质环境,如乡村、城市、农田、人工牧场、人工林场、水利设施、交通工具、宇宙飞船、道路、通信设施、工厂等,以及作为人类大脑活动产物的文化。人类圈是一个具有耗散结构的开放系统,通过与地球表层其他圈层不断地进行物质和能量交换,一方面从环境获取负熵以维持自身的生存和发展,同时也引起环境的熵增即环境退化。太阳辐射作为外部负熵输入,维持了地球表层系统各大圈层的稳定与平衡,并在人类圈中转化为各种人造物和以信息储存形成人类文化。人类圈区别于其他圈层的主要特征是具有自我调控能力,可以将人类圈引起的环境熵增控制在允许范围内,保持人类与自然环境的协调发展。

由于人类文明的不断发展,人类已经成为影响全球地形和地球进化的重要地质驱动力,改变了根据地层和古生物划分地质年代的传统格局。自全新世以来,人类对地球的影响愈来愈大。为强调人类的核心作用,生态学家尤金·斯托莫(Eugene

Stoermer)和保罗·克鲁岑(Paul Crutzen)2000年在《全球变化通讯》发表文章,正式提出了一个全新的地质时期——人类纪(Anthropocene),又称人类世(朱剑峰,2019)。他们指出,自18世纪末以瓦特发明蒸汽机为起点的工业革命以来,大量使用化石燃料引起大气层二氧化碳和其他温室气体含量日益增加。全球人口在过去三个世纪增长了10倍,自然资源消耗增长了16倍,物种消亡速率是人类出现以前的1000倍。诸多证据表明,人类已成为地球系统的核心,人类活动成为影响和改变地球的主导力量,人类已经成为地球环境变化的主要驱动力,无序的人类活动使地球环境迅速恶化,并将威胁到人类自身的存在。我们要通过有序的人类活动实现人类社会与自然界的和谐相处和可持续发展。

2009年,国际地层委员会专门成立了由34名专家组成的"人类纪"工作小组,2019年5月21日,在国际地层委员会会议上,该小组投票通过了以20世纪中期为起点定义"人类纪"的决议。《自然》杂志上发表的报告称,2020年人造物质总量已超过1.1兆t,首次超过地球上的活生物量,而且每20年就要翻一番,为定义新地质时代人类纪提供了有力的证据(辛雨,2020)。

## 11. 什么是地球系统科学与全球变化科学？

全球环境问题的严重性在于当前人类对环境的影响已经接近和超过自然变化的强度和速率,正在并将继续对未来的生存环境产生长远的影响。这些重大全球环境问题已远远超出单一学科的范围,迫切要求从整体上研究地球环境和生命系统的变化,从而提出了地球系统的概念,即由大气圈、水圈、陆圈(包括地核、地幔和地壳岩石圈)、生物圈和人类圈组成的一个整体。现代观测技术的发展,特别是卫星遥感提供了对整个地球系统行为进行监测的能力;计算机技术的发展为处理大量地球系统信息和建立复杂的地球系统数值模式提供了工具,为地球系统科学(earth system science)的产生创造了条件。地球系统科学是研究地球系统各组成部分之间相互作用以及发生在地球系统内的物理、化学和生物过程之间相互作用的一门新兴学科。1983年11月,美国国家航空航天局(NASA)顾问委员会任命的地球系统科学委员会组织撰写了《地球系统科学》一书,首次介绍了"地球系统科学"的观点,系统阐述了其概念和内涵(毕思文,2004)。

全球变化学(studies on global change)是研究地球系统整体行为的一门科学。它把地球的各个圈层作为一个整体,研究地球系统过去、现在和未来的变化规律、原因和控制这些变化的机制,建立全球变化预测的科学基础,并为地球系统的管理提供科学依据。全球变化科学的产生和发展是人类为解决一系列全球性环境问题的需要,也是科学技术向深度和广度发展的必然结果(符淙斌,2000)。

全球变化研究已成为一门跨地球科学、环境科学、生物学、天体科学、遥感技术以及有关社会科学的综合性、交叉性和系统性的科学体系,研究对象是地球系统各圈层及其相互作用,即地球系统中的物理、化学、生物和人类等子系统过程及其相互作用。地球系统科学是全球变化学的重要理论基础。

近30年来,通过国际地圈生物圈计划(IGBP)、全球变化人文因素计划(IHDP)、世界气候研究计划(WCRP)、生物多样性计划(DIVERSITAS)等重大科学研究计划,全球变化科学研究取得了显著进展,揭示出许多人类前所未知的事实,为人类社会采取全球协调一致的行动,应对各种全球性环境挑战提供了重要的科学依据。

## 12. 什么是气候情景,气候情景在气候变化预估中有什么应用?

情景(scenario)是对未来世界发展可能性的一种描述,一个情景由许多相互关联的变量组成,在一系列连贯的有关主要发展驱动力及其相互关系所作的协调一致和合理解释的基础上,形成对未来世界的总体描述,各种不同情景构成了可供选择的未来世界发展蓝图。

气候情景(climate scenario)是情景的一种特殊类型,建立在一系列科学假设基础之上,对未来气候状态时间、空间分布形式的合理描述;是在预设的温室气体排放与社会经济发展情景下,运用全球气候模型模拟的未来气候可能变化状态。

由于未来气候变化一方面取决于气候自身演变规律,通常以各种气候模式描述;另一方面又与不同社会经济发展情境下由温室气体排放水平形成的辐射强迫有关,通常以不同温室气体排放情景来描述。由于存在大量不确定因素,运用各种模式推算未来可能出现的气候状况称为气候预估,而不能称为气候预测。

(1)温室气体排放情景

1990年的IPCC排放情景包括A、B、C、D四种,A情景为不采取减排措施,B、C、D为采取不同控制措施的减排。2000年IPCC第三次评估报告发布的SRES情景包括A1、A2、B1、B2四个系列40个情景,所考虑影响温室气体排放主要因子包括人口、经济、技术、能源和农业(土地利用)等。2011年发布的新一代情景称为"典型浓度目标",分别称RCP8.5、RCP6、RCP4.5及RCP2.6,反映不同辐射强迫与2100年将达到的$CO_2$当量浓度,第五次评估报告仍沿用该情景系列。第六次评估报告采用新的气候情景,涵盖了文献中发现的气候变化人为驱动因素的未来可能发展范围,并预估了从很低排放到很高排放的不同情景下,未来近期、中期和远期可能的全球平均温升程度及其范围(表1-1),更加精确模拟了不同减缓力度下的增温趋势,为制定全球气候治理对策提供了更加充实的科学依据。

表1-1 按照不同温室气体排放路径情景预估的全球平均增温趋势(据IPCC,AR6 WGⅠ)

| 情景 | 排放路径 | 近期、中期和远期预估全球温升及可能范围(℃) | | |
|---|---|---|---|---|
| | | 2021—2040年 | 2041—2060年 | 2080—2100年 |
| SSP1-1.9 | 很低,21世纪中期降为0,以后负排放 | 1.5(1.2~1.7) | 1.6(1.2~2.0) | 1.4(1.0~1.8) |
| SSP1-2.6 | 低,21世纪中后期降为0,以后负排放 | 1.5(1.2~1.8) | 1.7(1.3~2.2) | 1.8(1.3~24.) |
| SSP2-4.5 | 中,2050保持当前排放水平 | 1.5(1.2~1.8) | 2.0(1.5~2.5) | 2.7(2.1~3.5) |
| SSP3-7.0 | 高,2015—2050年排放翻番 | 1.5(1.2~1.8) | 2.1(1.7~2.6) | 3.6(2.8~4.6) |
| SSP5-8.5 | 很高,2015—2050年排放翻番 | 1.5(1.3~1.9) | 2.4(1.9~23.0) | 4.4(3.3~5.7) |

（2）气候模式

气候模式是研究气候的理论体系。全球气候模式（global climate model，GCM）是构建未来气候情景并进行气候变化分析的有效工具，但由于分辨率仅几百千米，难以描述区域尺度复杂地形、植被分布和物理过程，对区域尺度气候及变化，尤其降水的模拟和预测能力较差。生成气候情景进行区域气候变化影响预估时需通过降尺度分析方法添加局地信息。随着气候变化研究的不断深入，全球气候模式不断改进。目前第六阶段耦合模式比较计划 CMIP6 已广泛应用，能更好模拟极端气候变化。区域气候模型（regional climate model，RCM）具有较高分辨率和相对完善的物理过程，对区域气候的模拟更加接近实际。目前世界各国已开发出多种 GCM 和 RCM 气候模式，英国哈得来气候中心开发，2004 年发布的 PRECIS 区域气候模式系统可提供区域水平高分辨率的气候情景及数据，与不同温室气体排放情景模式相结合广泛应用于世界各地的区域气候情景模拟。自 2003 年引进中国以后已广泛应用于不同领域气候变化影响研究，运用历史气候数据验证也取得了较好效果。

## 13. 气候变化、气候波动与气候突变有什么区别和联系？

气候变化是指气候平均状态统计学意义上随时间的巨大变化，而气候波动（climate variation）是指气候要素值围绕多年平均值的脉动变化。气候突变（climate sudden change）又称"气候跃变"，指气候在较短时期内从一个稳定气候阶段向另一个稳定气候阶段过渡的现象，过渡期长度远小于各气候阶段的持续时期。

气候变化、气候波动和气候突变虽然都反映气候状态的改变，但有明显区别。气候变化具有明显的长期趋势与倾向性，如全球气候变暖或某区域气候持续变干或变湿。气候波动则没有明显趋势，围绕气候要素平均值上下波动，通常具有一定的准周期性，如地质史上冰期与间冰期交替、太阳活动 11 年或 22 年周期引起旱涝灾害发生改变等。气候突变通常由天文或地球物理因素使气候状态在较短时期发生显著变化，如火山喷发和小行星撞击地球导致的一段时期内气候变化。

另一方面，气候变化与气候波动和气候突变之间又有着密切联系。如近百年来以变暖为主要特征的全球气候变化就伴随极端天气气候事件的增加；剧烈气候波动往往是气候发生突变的前兆，如东汉末与三国时期频繁发生的寒冷事件标志着公元 3—6 世纪小冰期的到来。

从时空尺度上看，气候变化通常指较大时空，包括全球和大区域的空间尺度及年代际到世纪的时间尺度；气候波动既可以指冰期与间冰期的大时空尺度，也可以指局地和逐日变化的小时空尺度，任何时间和空间下都存在气候的波动；气候突变则通常具有较大空间尺度和相对较短的时间尺度，只在气候转折时期发生。从变化幅度看，气候变化的气候要素值在短时期内变化不很大，但长期积累的结果明显偏离气候变化前的多年平均值；气候波动的气候要素值可以在短时期内有较大改变，但长时期变化不会明显偏离多年平均值；气候突变时的气候要素值可在短时期内发生很大变化,但突变后将围绕新的平均状态上下发生小的波动。以气温为例,气候变化、气候波动和气候突变的气候要素变化可用图 1-9 的曲线表示。

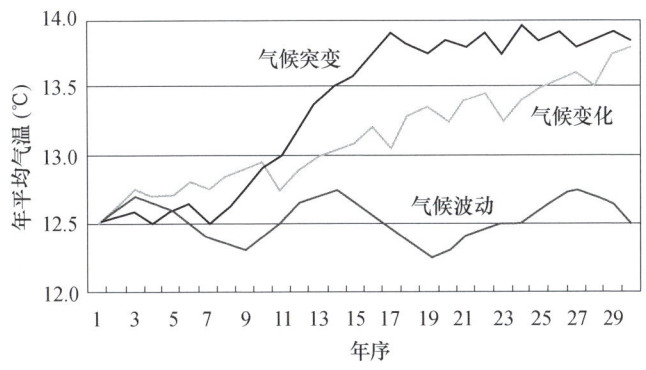

图 1-9　气候变化、气候波动、气候突变示意图

## 14. 什么是极端天气气候事件?

极端天气气候事件是指气象要素出现异常值时的天气或气候现象。世界气象组织规定当气候要素(气压、气温、湿度等)的时、日、月、年值达到 25 年一遇,或者与相应的 30 年平均值之差超过标准差的两倍时,可归为极端天气。

极端天气事件是在某一特定地点和时间发生概率很小的天气事件,通常只占该类天气现象的 10% 或更低。极端气候事件则是在给定时期内,大量极端天气事件的平均状况,这种平均状态相对于该类天气现象的气候平均状态是极端的。二者的极端性均体现在超出一定阈值的天气或气候极端值及其发生的极低概率,如某气象要素所出现的正负距平超出某一临界值或以极低的概率发生。

极端天气气候事件主要分为三类,三者之间是相互关联的。

(1) 极端的天气和气候变量(如温度、降水、风速等);

(2) 影响极端天气或气候变量发生或本身是极端的天气和气候现象(如季风、厄尔尼诺、其他变率模态、热带气旋、温带气旋等);

(3) 对自然环境的影响(如干旱、洪水、风暴潮、海水侵蚀、冰川退缩、地面下沉、沙尘暴等)。

全球变暖正导致一些地区暴雨、洪涝、干旱、台风、高温热浪、寒潮、沙尘暴等极端天气气候事件频繁发生,强度增大。IPCC 第六次评估报告指出,全球高温日数每 10 年增加 2~8 d,近年高温日数比 1961—1990 平均增加了 3 倍,多数地区的极端降水次数增加,平均每 10 年增加 1%。尤其 2021 年中国与世界的极端事件之频繁与严重为历史罕见。

中国 2021 年 1 月上旬的强寒潮,华北 50 余国家基本气象站最低气温达到或突破建站以来最低纪录。2021 年 2 月 19—21 日华北南部与黄淮最高气温普遍超过 20 ℃,

部分站甚至在冬末出现夏季才有的29～30 ℃高温。2021年3月13—18日强沙尘暴过程为近10年来最强,沙尘天气波及17个省(区、市),影响面积超过380万 km²。7月中下旬受台风"烟花"与副热带高压影响,河南中北部与河北南部发生特大洪涝,郑州市7月20日24小时降水624.1 mm,其中16—17时201.9 mm破我国大陆小时雨量最高纪录。9月到10月上旬山西、陕西、河南雨量比常年偏多2.3倍,发生严重秋涝。11月上旬东北与华北普降暴雪,多地积雪厚度破百年纪录。2021年全球极端事件也十分频繁。2月中旬北美大部强寒潮袭击,多地最低气温破历史极值,夏季美国西部发展成世纪性极端干旱,加州山火3500多起。7月欧洲中西部极端降水引发严重洪涝。过去"几十年一遇"甚至"百年一遇"的极端天气气候事件正变得越来越常见。

## 15. 联合国气候变化框架公约的主要宗旨是什么?

《联合国气候变化框架公约》(United Nations Framework Convention on Climate Change,UNFCCC)(简称《公约》)是1992年5月22日联合国政府间谈判委员会就气候变化问题达成的公约,6月4日在巴西里约热内卢由各国政府首脑参加的联合国环境与发展大会上签署,是世界上第一个为全面控制二氧化碳等温室气体排放,以应对全球气候变暖给人类经济和社会带来不利影响的国际公约,也是国际社会应对全球气候变化进行国际合作的基本框架。为支持该《公约》的实施,联合国还专门设立了秘书处。

(1)《联合国气候变化框架公约》的产生

早在1898年就有科学家警告说,二氧化碳排放可能导致全球变暖。但直到20世纪70年代对地球大气系统才有更深入的了解,并引起公众的广泛关注。为了让决策者和社会公众更好地理解这些科研成果,联合国环境规划署(UNEP)和世界气象组织(WMO)于1988年成立了政府间气候变化专门委员会(IPCC),并于1990年发布了第一份评估报告。该报告经数百名顶尖科学家和专家的评议,确定了气候变化的科学依据,影响了后续气候变化公约谈判。1990年,世界气象组织、联合国环境署和其他国际组织共同举办的第二次世界气候大会期间,由137个国家加上欧洲共同体进行部长级谈判,呼吁建立一个气候变化框架条约。

1990年12月,联合国大会通过第45/212号决议,决定成立由全体会员国参加的气候公约政府间谈判委员会(INC),立即开始起草《公约》的谈判。1991年2月至5月召开了5次会议,150个国家的代表最终确定于1992年6月在巴西里约热内卢举行的联合国环境与发展大会签署公约。

(2)《公约》提出的目标和原则

《公约》第二条规定,"本公约以及缔约方会议可能通过的任何相关法律文书的最终目标是:根据本公约的各项有关规定,将大气中温室气体的浓度稳定在防止气候系统受到危险的人为干扰的水平上。这一水平应当在足以使生态系统能够自然地适应气候变化、确保粮食生产免受威胁并使经济发展能够可持续地进行的时间范围内实现。"

为实现上述目标,《公约》确立了五个基本原则:一、"共同但有区别的责任"原则,要求发达国家应率先采取措施应对气候变化;二、要考虑发展中国家的具体需要和国情;三、各缔约方应采取必要措施,预测、防止和减少引起气候变化的因素;四、尊重各缔约方的可持续发展权;五、加强国际合作,应对气候变化的措施不能成为国际贸易的壁垒。

(3)《公约》的生效与履行

迄今已有 190 多个国家批准了《公约》,各缔约方作出了许多旨在解决气候变化问题的承诺。每个缔约方都必须定期提交专项报告,内容包括温室气体排放信息和实施《公约》所执行计划及具体措施。《公约》已于 1994 年 3 月正式生效,奠定了应对气候变化国际合作的法律基础,是具有权威性、普遍性、全面性的国际框架。

从 1995 年起每年举行一次《公约》缔约方大会,简称"联合国气候变化大会"(COP)。1997 年 12 月,第 3 次缔约方大会通过了《京都议定书》,对 2012 年前主要发达国家减排温室气体的种类、时间表和额度作出具体规定。以后历次大会经过反复和艰苦的谈判取得有限进展,就减排和适应气候变化达成若干协议,但多数发达国家并未充分履行。

## 16. 什么是应对气候变化"共同但有区别的责任"?

"共同但有区别的责任"的理念萌芽于 1972 年 6 月 16 日在斯德哥尔摩召开的联合国人类环境会议,会议呼吁发达国家为环境保护做出主要贡献,同意在国际环境法体制内给予发展中国家特别的、有差别的待遇。1992 年签署的《联合国气候变化框架公约》进一步明确了这一原则。1997 年签订的《京都议定书》以"共同但有区别的责任"原则为基础制定。目前,该原则被认为是国际环境法的基本原则之一。具体内容是,由于全球生态系统的整体性,以及考虑到全球环境退化的各种不同因素,国际环境法各主体均应共同承担起保护和改善全球环境并最终解决环境问题的责任,但在承担责任的领域、大小、方式、手段以及时间等方面应当结合各主体的基本情况区别对待。

工业革命以来的人为化石燃料排放已经对大气温度、海洋热容量、海冰覆盖率等气候系统重要因子带来显著影响,美国《外交》杂志 2021 年的文章承认,"从 19 世纪中叶至今,富裕国家对全球近 70% 的二氧化碳排放负有责任。"此外,还通过国际贸易将排放责任转移到发展中国家,仅 1990—2005 年期间就占到排放总量的 9.4%。减缓全球变化的过程必须考虑发达国家对全球环境变化所应承担的历史责任、贸易转移排放及相对于发展中国家绝对的经济和技术优势。发展中国家已经成为全球气候变化后果的主要承担者和受害者,这些国家现阶段的排放主要是生存排放和国际转移排放,而不是发达国家的消费排放。此外,发展中国家还肩负着经济和社会发展及消除贫困的重任。相对于减排,适应气候变化对于发展中国家是更为紧迫的任务。"共同但有区别的责任"原则维护了国际秩序中的公平与正义,有利于发展中国家的建设,明确了各国应尽的职责和义务,对减缓全球气候变化意义重大。

## 17. 国际社会应对气候变化设立了哪些组织机构?

气候变化已成为世界各国面临的最大环境挑战,国际社会为应对气候变化成立了一系列组织机构,除联合国已有的世界气象组织、环境规划署等机构外,主要还有以下国际机构:

(1)政府间气候变化专门委员会(Intergovernmental Panel on Climate Change,IPCC)

1988年由世界气象组织(WMO)和联合国环境规划署(UNEP)建立,其任务是评估气候与气候变化科学知识的现状,分析气候变化对社会、经济的潜在影响,并提出减缓、适应气候变化的可能对策。其作用是在全面、客观、公开和透明的基础上,对世界上有关全球气候变化最好的现有科学、技术和社会经济信息进行评估。IPCC下设三个工作组和一个专题组:第一工作组评估气候系统和气候变化的科学基础,第二工作组评估限制温室气体排放并减缓气候变化的选择方案。第三工作组研究减缓气候变化或停止导致气候变化的人为因素。另设专题组负责IPCC《国家温室气体清单》计划的编制。后经调整,第二工作组评估气候变化影响、脆弱性与气候变化的适应,第三工作组评估气候变化减缓的相关问题。

(2)气候议程机构间委员会(Inter-Agency Committee on the Climate Agenda,IACCA)

1997年由联合国粮农组织(FAO)、国际科学理事会(ICSU)、联合国环境规划署(UNEP)、联合国教科文组织(UNESCO)及其政府间海洋学委员会(IOC)、世界卫生组织(WHO)、世界气象组织(WMO)等联合协商建立。其作用是提供气候议程的整体协调与指导,成员包括气候议程科学委员会主席、政府间气候变化论坛的代表、气候变化框架公约秘书处、联合国防治荒漠化公约秘书处以及国际主要气候研究创始与计划发起者、管理者的高级代表等。

(3)世界气候计划(World Climate Program,WCP)

1980年由世界气象组织(WMO)、国际科学理事会(ICSU)和政府间海洋学委员会(IOC)共同组织。WCP由世界气候资料计划(World Climate Data Program,WCDP)、世界气候应用计划(World Climate Application Program,WCAP)、世界气候影响计划(World Climate Influence Program,WCIP)和世界气候研究计划(World Climate Research Program,WCRP)4个子计划组成,WCRP是其中最主要的组成部分,总目标是研究气候能够预测到什么程度和人类活动对气候能影响到什么程度,主要内容包括气候模式、气候的可预报性、气候的敏感性、气候诊断、对气候资料的要求等。

(4)清洁发展机制执行理事会

清洁发展机制(Clean Development Mechanism,CDM),是《京都议定书》引入的灵活履约机制之一,允许发达国家和发展中国家进行项目级减排量抵销额转让与获得。执行理事会负责监管CDM实施,并对成员国大会负责。

（5）"一带一路"绿色发展国际联盟

2017年5月,中国国家主席习近平在"一带一路"国际合作高峰论坛开幕式演讲中倡议建立。中国将同有关国家一道实施"一带一路"应对气候变化南南合作计划,以促进"一带一路"沿线国家开展生态环境保护和应对气候变化,实现绿色可持续发展。联盟定位为一个开放、包容、自愿的国际合作网络,秉持"授人以渔"理念,通过多种形式务实合作,帮助发展中国家提高应对气候变化的能力。

（6）二十国集团

是一个政府间论坛,由世界最大经济体的19个国家和欧盟组成,致力于解决与全球经济相关的重大问题。联合国秘书长已明确表示,气候行动必须由二十国集团国家牵头。

（7）国际组织世界绿色气候机构

国际组织世界绿色气候机构（International Organization-World Green Climate Association）是随着气候变化,为了地球和人类以及一切有机体、无机体的生存,通过国际绿色验证和认证（IO-WGCA IGC）实现国际绿色技术产品使用的国际机构,由许多国际非政府组织组成,通过完成宪章义务,向世界传播绿色科技产品,对地球乃至宇宙范围内的人类生命甚至无机物进行永久性保护。

（8）E3G

是一个独立的欧洲气候变化智库,旨在推动全球加速向气候安全的世界过渡。由气候变化政治经济学领域的世界领先战略家组成,致力于确保地球的气候稳定及安全。E3G建立了跨部门联盟,并与政府、政治、商业、公民社会、科学、媒体、基金会和其他志同道合的合作伙伴密切合作。

（9）全球适应委员会

2018年10月16日,由荷兰、中国等17国发起,关注世界气候问题的国际性组织全球适应委员会（Commission on Global Adaptation）在荷兰海牙正式成立,旨在推动国际社会提高适应气候变化力度和加强伙伴关系,帮助气候脆弱型国家提升适应能力,实现可持续发展目标。委员会主席由联合国前秘书长潘基文担任,时任生态环境部长李干杰担任中方委员。全球适应中心是全球适应委员会的执行机构。2019年6月27日,李克强总理同荷兰首相吕特、联合国前秘书长潘基文共同出席了位于北京的全球适应中心中国办公室揭牌仪式。

此外,世界各国还成立了许多应对气候变化的区域性专门机构与大量环保民间组织。

## 18. 国际社会应对气候变化采取了哪些重大行动？

气候变化是全人类面临的重大挑战,国际社会采取了一系列协调一致的行动来应对全球气候变化。

(1)签订国际公约

国际公约是世界各国采取联合行动,共同应对气候变化的主要依据。1992年联合国政府间谈判委员会就气候变化问题达成《联合国气候变化框架公约》,1997年基于《公约》通过了《京都议定书》并于2005年2月16日正式生效,2015年12月12日,第21届世界气候大会一致通过了具有里程碑意义的《巴黎协定》,形成2020年后的全球气候治理格局。2021年11月13日,197国在COP26达成《格拉斯哥气候协议》,强调将全球升温控制在1.5℃的目标承诺,达成2030年将全球温室气体排放减少45%的共识,还通过了关于碳市场的决议。

(2)建立国际标准

国际标准作为减缓全球气候变化的一种有效技术途径,通过提供国际公认的创新、措施、指南和最佳规程,在减缓气候变化中发挥着重要作用。目前ISO(国际标准化组织)、IEC(国际电工委员会)和ITU(国际电信联盟)三大国际标准化组织已就应对气候变化制定和发布了一系列标准化解决方案。ISO于2007年成立了温室气体管理标准化分技术委员会(SC7),致力于温室气体管理标准体系研究及相关系列标准制定,制定出一套包括碳核算、产品、适应领域等的气候行动工具包。

(3)主要国家和地区的政策和行动计划法案

欧盟:一直是温室气体减排的积极推动者,设立了首个国际碳排放交易市场,致力于推动欧洲清洁能源转型。2003年6月做出规定,从2005年1月起,包括电力、炼油、冶金、水泥等12000个设施须获得许可才能排放二氧化碳等温室气体。2007年6月发布了《欧洲适应气候变化——欧盟行动选择》,2009年4月1日发布了《适应气候变化白皮书:面向一个欧洲的行动框架》。2019年12月,通过《欧洲绿色新政》(European Green Deal),首次提出欧盟2050年的碳中和目标。2021年6月通过了《欧洲气候法》,以立法形式设立具有法律约束力的目标:2030年排放量相比1990年水平减少55%的中期目标及2050年实现净零排放的远期目标,并宣布了一系列立法提案。继2013年发布适应气候变化战略后,又于2021年6月发布了题为"打造具有气候韧性的欧洲"的新版适应气候变化战略。

英国:将自己定位为G20国的气候变化政策领导者。于2008年通过《气候变化法案》并在同年发布《适应英国的气候变化》,是首个设定具有法律约束力减排目标的G20国家。2021年4月宣布计划在2035年将排放水平相比1990年水平下降78%,以实现2050年达到净零排放(碳中和)的目标。为实现经济低碳转型和净零排放目标,2020年公布了《绿色工业革命十项计划》,2021年发布了《工业低碳化发展战略》。

美国:是世界温室气体历史累积最大排放国。2009年通过了《美国清洁能源与安全法案》,许多州也建立设定了各自的政策法规。在2021年4月的线上气候峰会承诺十年内将排放量相对2005年水平减少50%~52%。美国国土安全部2021年10月发布了应对气候变化战略框架。

日本：2008年3月发布《凉爽地球能源创新技术计划》，提出大幅度减排二氧化碳的21项技术，同年5月发布《面向低碳社会的12大行动》，7月29日通过了《建设低碳社会行动计划》。

德国：1991年出台《可再生能源发电并网法》，2008年12月17日通过了《德国适应气候变化战略》。

法国：2005年发布了《法国适应气候变化战略》。

俄罗斯：2009年发布俄罗斯联邦气候学说，2011年发布了2020年前俄罗斯联邦气候学说综合实施方案。

澳大利亚：2007年4月13日发布《国家气候变化适应框架》。2015年首次提交《国家自主贡献（NDC）》，宣布2030年将温室气体排放量比2005年水平减少26%至28%。

（4）相关技术研究开发与创新

世界各国应对气候变化的技术研发包括减缓与适应两大方面。在减缓方面，主要有可再生能源开发技术、核能开发利用技术、生物质能开发技术、节能与能源高效利用技术、碳捕集技术、废弃物利用技术、造林与再造林技术等，发达国家投入了大量资金用于风力涡轮机、太阳能电池、生物质能源、氢能为主的低碳系能源的开发与应用研究，如德国计划每年拨款10亿欧元用于现有民用建筑的节能改造。在适应方面包括气候变化及其影响的风险评估与监测预警技术、气候变化及影响建模与分析技术、适应工程技术、灾害防控技术、农业生产的应变栽培与饲养技术、产业结构与布局调整等，在农业、水利、海洋、生态系统保护和基础设施建设与重大工程等重点领域和产业，正逐步梳理现有适应技术，构建适应技术体系和对若干工程技术标准进行适当的修订。

## 19. 全球气候治理有什么意义，怎样进行？

全球治理委员会提出的治理（governance）定义：各种公共的或私人的个人和机构管理其共同事务的诸多方式的总和。治理是相互冲突的或不同的利益得以调和，并且采取联合行动的持续过程。IPCC第六次评估报告指出，气候治理是指私人和公共行为者用以减缓和适应气候变化的结构、过程和行动。由于气候变化已成为最大的全球环境挑战并上升至国家战略和国际安全的高度，演化为带有复杂系统特征的全球气候政治。但由于各国利益博弈、现实技术水平与成本约束、治理资金短缺与技术转移困难及治理机制激励约束力不足等因素，使得全球气候治理困难重重。气候变化不仅是环境问题，更是发展问题。全球气候治理进程不是零和博弈，而是关乎全人类利益的大事。

由于发达国家与发展中国家之间在气候变化历史责任、气候变化影响程度、经济社会发展水平与应对气候变化能力等方面的差异和利益冲突，建设全球气候治理体系的关键是公平合理、合作共赢。《气候变化框架公约》确立了应对气候变化的基本原则,包括发达国家与发展中国家之间共同但有区别的责任原则、充分考虑发展中国家的具体需要和特殊情况原则等。《巴黎协定》首次明确将全球升温控制在2℃以内并努力争取控制在1.5℃以内的长期目标,开创了"自下而上"由各国以国家自主贡献承诺控制温室气体排放目标的模式,为今后一个时期的全球气候治理奠定了基础。

目前在落实《巴黎协定》的谈判和合作进程中面临一些新的关键问题和严峻挑战。一些发达国家忽视和淡化"共同但有区别的责任"原则,向发展中国家施加减排压力,不顾与发展中国家经济发展阶段的巨大差别和坐享发展中国家高耗能商品进口的事实,强制要求发展中国家在现有人均排放量与历史累积排放量都很低的水平上同步实现碳中和,以转移排放责任和转嫁减排成本。为此,要以全球共同利益为引导,坚持《公约》"共同但有区别的责任"原则,协调各方关系,找到各方利益的契合点,共同推进全球生态文明建设,促进公平正义、合作共赢的全球气候治理制度建设(邹骥 等,2015)。

中国一贯秉持人类命运共同体的理念,积极参与和引领全球气候治理的进程。2021年10月27日,国务院在《中国应对气候变化的政策与行动》白皮书中提出了牢固树立共同体意识、贯彻新发展理念、以人民为中心、大力推进碳达峰碳中和、减污降碳协同增效五项中国应对气候变化新理念,为全球气候治理贡献了独特的中国智慧。作为拥有14亿多人口的发展中国家,面临发展经济、改善民生、污染治理、生态保护等一系列艰巨任务。尽管如此,中国迎难而上,积极制定和实施一系列应对气候变化的战略、法规、政策、标准与行动,推动中国应对气候变化实践不断取得新进步。基于自身国情和发展阶段,提出了负责任和务实的减排目标,为碳达峰、碳中和的目标制定了具体的时间表并致力于执行。作为可再生能源的全球驱动力,中国大力发展绿色能源新技术并向其他国家普及。在继续维护发展中国家和自身正当权益的同时,以人类命运共同体理念引领和凝聚全球气候治理共识,以"共商共建共享"的全球治理观引领构建全球气候治理体系。

## 20. 什么是低碳经济,怎样构建低碳社会?

工业革命以来人类创造了巨大的生产力,实现了经济飞速发展,但与此同时也产生了全球气候变暖、能源危机与生态失衡等诸多负效应,人类社会的可持续发展形势极为严峻。发展低碳经济、构建低碳社会应运而生。

低碳经济概念首先见于英国2003年的《我们未来的能源——创建低碳经济》白皮书。该书指出,低碳经济是正在兴起的经济模式,其核心是在市场机制基础上,通过制度框架和政策措施的制定和创新,推动提高能效技术、节约能源技术、可再生能源技术和温室气体减排技术的运用,促进整个社会经济朝向高能效、低能耗和低碳排放的模式转型。中国环境与发展国际合作委员会2009年发布《中国发展低碳经济途径研究》报告,将"低碳经济"定义为:一个新的经济、技术和社会体系,与传统经济体系相比在生产和消费中能够节省能源、减少温室气体排放，同时还能保持经济和社会发展的势头。国内外学者还从不同研究角度提出对低碳经济概念、实现可能性、市场价值等方面的理解，但基本内涵都是在不影响经济和社会发展的前提下，通过技术创新和制度创新，尽可能最大限度地减少温室气体排放，减缓全球气候变化，实现经济和社会的清洁发展与可持续发展。

经济系统只是整个社会系统的一部分，要实现低碳发展，不仅要在技术层面实行低碳经济，更要推动整个社会的变革。目前，构建低碳社会与实现人类社会的低碳发展已经成为国际社会的共识，主要通过以下四个方面进行：

（1）以政府为主导施行长期稳定的政策支持

欧美发达国家和部分发展中国家从1990年制定《非化石燃料公约》开始，已多次制定《能源白皮书》《碳封存研究计划》《能源法》《低碳经济法案》等政策与法案，对构建低碳社会实施长期稳定的政策支持和法律保障。

（2）加强环境保护教育，培养低碳参与意识

公众意识和观念在推进低碳社会建设中发挥积极的作用并直接决定其参与程度。只有公众真正理解构建低碳社会的意义并付诸行动和节约资源，低碳社会才能得以构建。

（3）实行环境经济政策以促进低碳经济发展

环境经济政策是指按照市场经济规律的要求，运用价格、税收、财政、信贷、收费、保险等经济手段，调节或影响市场主体的行为，以实现经济建设与环境保护协调发展的政策手段。主要形式有收取资源、环境税费，排污权交易，完善低碳融资渠道等，是国际社会解决环境问题最有效和最能形成长效机制的办法。

（4）加大低碳技术研发投入，推进产业结构调整

技术进步是发展低碳经济、构建低碳社会的重要途径之一。发达国家不断加大节约能源技术、可再生能源技术和碳捕捉与封存技术研发推广的投入并取得显著成效。我国的低碳技术研发也取得重要成果，到2020年已超额完成"十三五"期间单位GDP二氧化碳排放比2005年下降40%～45%的约束性目标，水电、风电、太阳能发电、生物质发电等可再生能源装机容量稳居世界第一。但煤炭等高碳能源占比仍居高不下，能源效率与发达国家仍有较大差距，必须加快低碳技术研发推广，建立国家与企业低碳科技创新体系。

## 21. 什么是碳达峰与碳中和，怎样实现碳中和？

碳达峰（peak carbon dioxide emissions）是指某个地区或行业年度二氧化碳排放量达到历史最高值，然后经历平台期进入持续下降过程，是二氧化碳排放量由增转降的历史拐点，标志着碳排放与经济发展实现脱钩。

碳中和（carbon neutral 或 carbon neutrality）是指国家、地区、企业、团体或个人测算在一定时间内直接或间接产生的温室气体排放总量，通过植树造林、节能减排

等形式,以抵消自身产生的二氧化碳排放量,实现二氧化碳"零排放"。

测算碳达峰或碳中和,其他温室气体通常按照其温室效应大小折算成二氧化碳当量。

2020年,中国向世界承诺,二氧化碳排放力争于2030年前达到峰值,努力争取2060年前实现碳中和。发达国家大多于20世纪90年代实现了碳达峰,并承诺于2050年左右实现碳中和的目标。中国承诺到2030年碳排放强度下降60%~65%将是全球最大降幅,还将用相当于发达国家一半的历史上最短时间从碳排放峰值实现碳中和,体现了最大的雄心力度,需要付出艰苦卓绝的努力。

实现双碳目标,不但体现了作为最大发展中国家和世界第二大经济体应对气候变化的大国担当,而且也有利于改善国内的环境质量和能源安全供给,并将在经济、能源和环境等方面,给中国乃至全球带来深刻影响。

实现双碳目标,近期需要提出更有力度的约束性指标,制订科学合理的落实方案,强化相关的监督检查,把碳强度目标作为倒逼机制的重要抓手,开展二氧化碳排放达峰行动计划,加快推进全国碳排放交易市场建设。

实现"碳中和"的具体路径大致可分为4种:碳替代、碳减排、碳封存、碳循环。

碳替代:用清洁能源和非化石能源替代化石能源。如发展水电、风电、光伏发电、生物质发电等。

碳减排:节约能源、提高能效是最经济、最直接的减排措施。推广节能工艺和器具,调整产业结构,推进农业、工业、服务业绿色低碳转型,大力发展绿色低碳产业。

碳封存:在高度集中的碳排放场景,如大型火力发电、炼钢厂、化工厂等,捕集和封存二氧化碳,使之彻底隔绝在大气碳循环之外。

碳循环:利用化学和生物手段促进大气二氧化碳吸收,包括人工碳转化和森林碳汇。前者是指利用化学或生物手段转化为有用的化学品或燃料,后者是指植物通过光合作用将大气二氧化碳吸收并固定在植被与土壤中,以降低大气二氧化碳浓度。

上述路径的实施都需要进行广泛的技术创新,并将涉及能源结构、产业结构和经济社会结构的转型。同时还要加大适应气候变化行动的力度,最大限度地减轻气候变化的不利影响和利用某些有利因素,以降低减碳和脱碳的经济、社会与生态代价,为减缓行动的实施创造有利条件。

由于气候系统的巨大惯性,即使世界各国都已实现碳中和目标,海洋和陆地已吸收的多余温室气体还会不断释放到大气中,全球气候在相当长时期内仍将继续暖化,人类仍需继续开展应对气候变化的行动。

## 22. 巴黎气候大会取得了哪些重大成果,实施效果如何?

2015年12月12日,参加巴黎气候大会的《联合国气候变化框架公约》近200个缔约方经过13天的艰苦谈判,一致通过了具有里程碑意义的《巴黎协定》。中国气候变化事务特别代表解振华在大会发言中表示,《巴黎协定》是一个公平合理、全面平衡、富有雄心、持久有效、具有法律约束力的协定,传递出全球将实现绿色低碳、气候适应型和可持续发展的强有力积极信号。

《巴黎协定》共29条,坚持了"共同但有区别的责任"原则、公平原则和各自能力原则,包含减缓、适应、资金、技术、能力建设、透明度等全球应对气候变化的关键要素。按照协定,发达国家将继续带头减排,并加强对发展中国家的资金、技术和能力建设支持,帮助后者减缓和适应气候变化。

《巴黎协定》提出了全球应对气候变化的目标,即把全球平均气温较工业化前水平升高控制在2℃之内,并为把升温控制在1.5℃之内而努力。全球将尽快实现温室气体排放达峰,21世纪下半叶实现温室气体净零排放。各方将以"自主贡献"的方式参与全球应对气候变化行动。截至会议期间已有180多国提交了自主贡献文件,涉及全球95%以上的碳排放。

《巴黎协定》还规定从2023年开始,每5年将对全球行动总体进展进行一次盘点,以帮助各国提高力度、加强国际合作,实现全球应对气候变化长期目标。

《巴黎协定》是历史上第一份全体缔约方通过的持续有效、具有法律约束力的协议。中国代表团团长解振华指出"《巴黎协定》凝聚着各方最广泛的共识,……体现了世界各国利益和全球利益的平衡,是全球气候治理进程的里程碑。"

中国一直积极推动巴黎谈判取得成功,在会前提交了国家自主贡献文件,并对2015年协议谈判提出了若干意见。习近平主席就此多次与有关国家领导人发表联合声明,并出席巴黎大会开幕式,系统阐述加强合作应对气候变化的主张,为谈判提供了重要政治指导。中方团队本着负责任、合作精神和建设性态度参与谈判,为促成巴黎大会达成协议做出了重要贡献。解振华指出,中国作为一个负责任的发展中国家,应对气候变化既是推动本国可持续发展的内在需要,也是打造人类命运共同体的责任担当。中方将主动承担与自身国情、发展阶段和实际能力相符的国际义务,继续兑现2020年前应对气候变化行动目标,积极落实自主贡献,努力争取尽早达峰,并与各方一道努力,按照公约的各项原则,推动《巴黎协定》的实施,推动建立合作共赢的全球气候治理体系。

适应气候变化也是巴黎气候大会上的重要议题。习近平主席在开幕式上的讲话明确指出要"坚持减缓与适应气候变化并重。"《巴黎协定》要求各方在适应气候变化、损失和损害、各国可持续发展和消除贫困等方面进一步加强合作。并规定发达国家应协助发展中国家,在减缓和适应两方面提供资金资源,将"2020年后每年提供1000亿美元帮助发展中国家应对气候变化"作为底线,提出各方最迟应在2025年前确定新的资金资助目标。《巴黎协定》提出在21世纪以内将全球升温控制在2℃以内的目标,也给适应气候变化工作提出了新的内容。

虽然《巴黎协定》已生效多年并取得一定进展,但在此后几次联合国气候变化大会上,各方未能就《巴黎协定》实施细则的核心遗留问题完成谈判。尤其是《巴黎协定》第六条因涉及经济利益,各方存在严重分歧。该条款主要解决如何通过市场及非市场机制,帮助各国实施其在协定下的"国家自主贡献"。在2009年哥本哈根气候变化大会上,发达国家集体承诺,在2020年之前每年提供至少1000亿美元资金,帮助发展中国家应对气候变化挑战。但许多发达国家迟迟未能履行这一承诺,尤其美国仅完成应尽份额的不足20%,还甚至在2020年一度退出《巴黎协定》。一些国家甚至试图把私营领域绿色投资和与气候变化无关的传统基建项目也列入官方的"气候出资",实际提供的有效资金远低于官方通报数据。中国作为最大的发展中国家,在自身积极应对气候变化,强化自主贡献目标,推动全球气候治理的同时,还对其他发展中国家提供了力所能及的帮助和支持。

## 23. 影响全球气候变化有哪些正反馈与负反馈因素?

反馈(feedback)是控制论的基本概念,就是将一个系统的输出回输到输入端,从而对系统的运行过程进行调节和控制。如果反馈过程能够使系统的运行得到进一步的发展,称为正反馈;反之,称为负反馈。在气候系统内部发生的相互作用中,存在着大量的反馈过程,它们起着从内部调节气候系统的作用。在IPCC第六次评估报告中,针对气候反馈有着严格的界定,即产生气候反馈的物理、生物地球物理(化学)过程必须是由全球地表气温变化引起的(赵树云 等,2021),正反馈作用使气候要素的异常增大,因而使气候的稳定性减小;负反馈作用使气候要素的异常减小,因而使这些要素值接近于各自的气候标准值。气候系统中的反馈机制使地气系统的辐射收支发生变化,继而引起一系列气候响应,对气候变化具有很大的意义,影响全球气候变化的正反馈过程有:

(1) 水汽-辐射反馈

大气不容易让地面放射的长波辐射通过的原因是因为大气中存在温室气体,水汽是非常重要的温室气体。随着全球地表温度升高,空气中的水汽含量增加将吸收更多的地面长波辐射,使低层大气温度进一步升高。地球进入寒冷周期时,空气中的水汽减少削弱温室效应,也使低层大气温度进一步降低。

(2) 冰雪-反射率反馈

冰雪覆盖的地球表面具有较大反射率。当气温升高时,冰雪部分消融,地表反射率降低,对太阳辐射的吸收增加,从而使下垫面温度增高,又促使冰雪消融进一步加快。冰雪覆盖与反射率这种耦合作用是气候变化正反馈的一个明显例证。反之,当气温降低时,冰雪覆盖面积加大,地表反射率提高,对太阳辐射的吸收减少,使下垫面地表温度降低,又促使冰雪覆盖面积进一步增大。

(3) 二氧化碳-海洋-大气反馈

大量燃烧化石燃料使大气中二氧化碳含量增加,导致低层大气温度升高,海洋表层水温随之升高,海水垂直稳定度加大,降低了海洋吸收二氧化碳能力。同时,海洋已吸收的二氧化碳由于海温升高而使海水酸度增加,同样降低海面表面吸收二氧化碳的能力。其结果是大气中二氧化碳增速越来越大,低层大气增温越来越明显。

影响全球气候变化的负反馈过程有：

（1）云量-地面气温反馈

地面温度随着吸收更多的太阳辐射而升高，将促使地面蒸发加剧，从而导致大气中水汽含量增加，促使云得到发展，云量的增加使入射到达地表的太阳辐射减少，地面温度随之降低。与此相反，干燥寒冷天气由于云量减少，使到达地面的太阳辐射增加，促使迅速回暖。

（2）二氧化碳促进光合固碳

由于二氧化碳浓度增高的施肥效应，在水分供应能满足的情况下能促进植物光合作用来将二氧化碳固定在植物体内，从而削弱温室效应。二氧化碳浓度降低时，光合固碳量也随之减少，使温室效应不至削弱过快。

（3）地球表面辐射散热量随地表温度增高而加大

根据斯蒂芬-波尔兹曼定律，$W=\varepsilon\sigma T^4$，一个黑体表面的单位面积在单位时间内发射的总能量与黑体本身绝对温度的四次方成正比。其中 $\varepsilon$ 为黑体辐射系数，若为绝对黑体则 $\varepsilon=1$；斯特藩-玻尔兹曼常数 $\sigma=5.67\times10^{-8}$ W/(m²·K⁴)。地球表面温度增高后，向外发射的能量也迅速增加，地表温度不至过快升高。反之，地球表面温度降低后，向外辐射散热也会减少。

显然，正反馈机制促使地球的气候系统不稳定，要么促使地球持续增温，要么不断降温；而负反馈机制促使地球的气候系统趋于稳定，不至于一直变热或一直变冷。关键在于哪种机制占优势。由于人类大量排放温室气体，目前各种正反馈因素的作用趋向于超过负反馈因素的作用，使全球变暖和气候异常日益加剧，对人类社会可持续发展形成巨大挑战。

除地球气候系统自身的正反馈和负反馈因素外，在气候系统以外还存在影响地球气候系统的天文和地球物理因素，如太阳活动的强弱变化、地球运动轨道参数的改变、火山与地震活动、海陆变迁等，但这些因素的周期很长且带有很大的不确定性。在可预见的将来，我们不可能指望利用这些因素来遏制地球的气候变化。

## 24. 什么是气候变化临界点或阈值，我们是否已经临近阈值？

临界点是一个量变到质变的转折点。气候临界点并非新概念，定义为：全球或区域气候从一种稳定状态到另一种稳定状态的关键门槛（Lenton et al.，2008；IPCC，2021）。气候临界点存在以下特性：①不可逆性：一旦气候临界点被激活，气候系统将无法回到原来的稳定状态。②多样性和区域特征：气候临界点具有广义性，并非一个特定值。气候系统的每一个组成部分均有其临界点，不同受体系统的临界点定义和界限均不同；既存在全球整体性临界点，也存在区域性临界点。③不可预测性：气候临界点往往不是独立存在，而是有许多交叉气候临界点，激活一个气候临界点后可能会加速其他气候临界点的到来，通常称为级联效应（Cai et al.，2016）。超越临界点后的气候状态是目前无法预测的，超过气候临界点后会对受体系统造成什么影响也是未知的。例如：当气候临界点被逐一激活后，气候系统依然可以达到一个新的稳定态，但人类是否能适应新的气候态不得而知。

阈值是与临界点相联系的概念，通常指某一件事情开始或者改变的点或者水平，相对于临界点更为平缓，并不是一个不可逆的状态。气候变化阈值指当气候状态长期呈波动变化，这一波动是基于足够长时间序列得到的平均状态，但随后波动开始出现一定频率越过这一平均状态的波动，该平均状态就是气候变化的阈值。在研究中，气候变化阈值通常与受气候变化影响受体系统的关联性更大，即表现为受体受到气候变化影响后，系统状态发生（非不可逆）改变的边界，该阈值的高低与受体系统状态和性质直接相关。以农业系统为例，玉米生长发育开始需要一定温度，低于 10 或 12 ℃停止生长；22~30 ℃对生长发育最有利，超过 35 ℃会造成不利影响导致生长缓慢，达到 40~45 ℃时将导致玉米死亡(Lobell et al.，2011)。

气候系统的临界点并不是唯一的，涉及不同气候要素和气候系统。已有研究表明，一些气候临界点在 1~2 ℃升温时就会出现(IPCC，2018，2019)。当前由于人类活动加剧，我们已经接近甚至跨过多个气候变化的临界点。研究指出，当前升温水平已使地球上 15 个气候临界点被激活 9 个(图 1-10)，分别是：北极海冰减小、格陵兰冰盖加速流失、北方针叶林火灾和虫害频发、永冻土不停消融、大西洋经向翻转环流不断减弱、亚马孙雨林频繁性干旱、暖水珊瑚大规模死亡、西南极冰盖加速流失、东南极威尔克斯盆地加速流失(Lenton et al.，2019)。这些气候临界点的跨越会产生一系列正反馈过程，进一步加剧其他气候临界点的到达速率。同样也将加剧受体系统气候变化响应阈值的跨越，调整受体系统的气候变化响应阈值对于应对剧烈的气候变化尤其迫切。

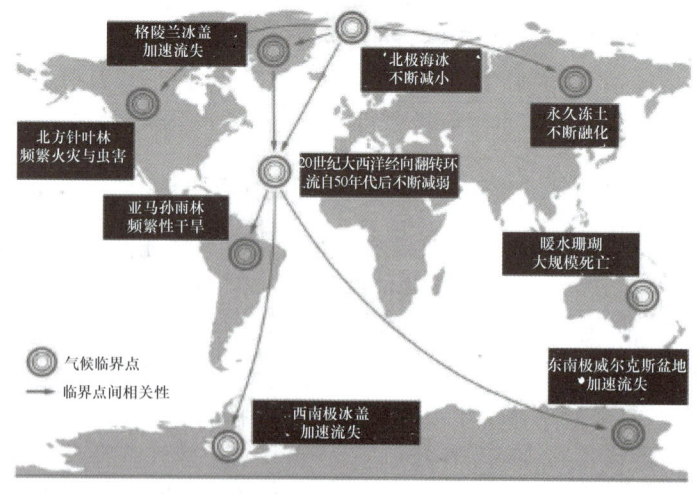

图 1-10　全球已激活的气候临界点(Lenton et al,2019)

## 25. 什么是气候公正,怎样实现气候公正?

20世纪90年代以来,伴随着国际气候制度的发展和演变,国际社会对气候公正的内涵从时间维度、空间维度、基本单位和衡量标准等方面不断深入。首先,就时间维度而言,气候公正涉及代内公平(Intra-generational Equity)与代际公平(Inter-generational Equity),即衡量同一时代或不同时代的人之间义务和责任的分配。第二,就空间维度而言,气候公正涉及国际公正(International/global Justice)与国内公正(Domestic Justice),即气候变化的历史责任评估、发展权利的公平配置和合理维护等问题。第三,就基本单位而言,气候公正涉及个体公平(Individual Equity)或群体公平(Collective Equity)。个体公平从自由主义和个人主义的伦理观和价值观出发,群体公平则将群体利益视为实现个体自由的必然途径。第四,从衡量标准角度看,气候公正考虑气候变化所引发的种种伦理和分配问题是否实现了程序公平(Procedural Equity)或结果公平(Consequential/outcome Equity),即气候制度形成的程序过程是否满足伦理标准或道义要求,或气候制度下的利益分配是否符合伦理标准或道义要求(郑艳 等,2011)。

公平本质上是一种分配原则,气候谈判的核心议题就是对全球碳排放空间的分配。在气候公正的具体实现上,1992年签署的《联合国气候变化框架公约》明确提出了"共同但有区别的责任"原则,基于此原则形成了实现"气候公平"的两大主流论点,分别为:"平等人权论(Equal Human Rights)"和"历史责任论(Historical Responsibility)"。"平等人权论"强调排放权和免于气候损害权平等,将全球减排目标按人口分摊,在此基础上考虑如何以平等的机会和道义责任进行减排。而"历史责任论"关注减排责任和分配正义(Distribute Justice),强调发达国家有对因其工业化时期的历史排放导致的气候变化后果对发展中国家进行赔偿或补偿的道德义务,认为历史排放责任越大、能力越强的国家和个体应该承担更多的减排任务和适应成本(柴麒敏 等,2013)。

在《公约》和后续谈判及2012年召开的里约+20联合国可持续发展峰会的成果中,进一步提出"各自能力原则(Respective Capabilities)",强调气候公平中责任和能力兼顾的重要性。坎昆气候大会(COP16)之后,"公平获得可持续发展(Equitable Access to Sustainable Development)"原则上强调了长期发展中的气候公平问题。有一种观点认为,"共同但有区别的责任"强调综合考虑气候公平,但侧重于追溯历史,主要解决历史责任问题;各自能力原则是立足于现在的,主要针对发展阶段差别;"公平获得可持续发展"是面向未来的,主要考虑长期发展权问题,三者共同构成了联合国气候制度的公平体系。

## 26. IPCC第六次评估报告提出了哪些新理念?

2021年8月IPCC发布了第六次评估报告第一工作组报告《气候变化2021:自然科学基础》,2022年2月发布了第二工作组报告《气候变化2022:影响,适应和脆弱性》，2022年4月发布了第三工作组报告《气候变化2022：减缓气候变化》，综合报告也将于2022年中发布。第六次评估报告比以往历次评估报告的内容更加丰富和翔实，并提出了一系列新的证据和理念，对于指导和推动世界各国应对气候变化行动，加快全球气候治理进程具有重要意义。

第一工作组报告共3900多页，包括主报告（分12章）及若干附录。报告肯定人类活动是造成目前全球相比工业革命前温升1.1℃的主要原因，其中能归咎于自然因素的不到0.1℃。预估到21世纪30年代初可超过1.5℃，比2018年IPCC的预测提前十年之多。但如采取迅速的转型变革，21世纪末控制在1.5℃以内仍可实现。气候变化将在全球范围造成规模空前的影响且无一角落能够幸免，每0.1℃温升都将带来更危险的后果和更高昂的代价。气候变化正在给不同地区带来多种不同的组合性变化，尤其冰盖融化、海平面上升、生物多样性丧失和海洋酸化等，随着温室气体的排放增多将进一步加剧。

报告凝聚了近年来国际气候学界对气候变化的最新科学认知，与以往历次评估报告相比，内容更加丰富，证据更加充实，必将有力推动全球应对气候变化行动并为之提供坚实的科学依据，同时也给加强全球气候治理，实现温升控制目标增强了信心。

第二工作组报告共3600多页，其中主报告分为18章，另设跨章节论文和附录。报告的决策者摘要（SPM）指出，人类活动引起的气候变化和极端事件对自然界和人类社会造成广泛的不利影响和损失与破坏，很多已超出自然界变化的阈值并造成不可逆转的影响，不可持续的发展模式使生态系统和人类社会越来越容易遭受气候灾害影响。全球温升如近期达到1.5℃将不可避免加剧多种气候灾害，对生态系统和人类社会带来多重风险，其程度取决于脆弱性、暴露度、社会经济发展和适应水平。控制温升水平可大幅减少损失但无法完全避免。多种气候与非气候风险发生相互作用并在不同部门和地区间叠加，形成复合性、级联性风险，部分应对措施还会导致新的影响和风险。如果采取过冲模式，即未来几十年内温升暂时超过1.5℃，然后再降到1.5℃以下，人类社会和自然系统将面临更多和更严重的风险。现有适应规划的实施已带来多种效益，但全球很不平衡，许多举措优先考虑减缓当前或近期气候风险而失去了转型适应的机会。报告将适应局限分为软上限和硬上限，指出部分生态系统已经达到难以克服的气候适应硬性上限。许多行业和地区存在的不适当适应可能产生脆弱性、暴露度和风险的锁定效应，导致难以改变且代价高昂，进一步加剧现有的不平等。报告提倡采取综合性跨领域和有针对性的解决方案，制定灵活和具有包容性的长期适应规划。报告强调开展气候韧性培育行动的紧迫性，提出需要政府部门、民间社会和私营部门选择减少风险、保障公平和正义为优先项的包容性发展模式，并需要创造有利的扶持条件，包括政治承诺、制度框架、明确目标及优先事项、制定配套政策和工具、加深对气候影响及解决方案的认识、调动并确保充足资金的可得性、开展监测和评估、具有包容性治理进程。报告提出保护生物多样性和生态系统是实现气候韧性发展的基础,至少需要有效公平保护地球30%～50%的陆地、淡水和海洋。

第二工作组报告更加深刻和全面地剖析了气候变化对自然生态系统和人类社会的复杂影响与气候风险及各种影响因素,提出要避免过冲模式、触及适应上限、短期行为和不良适应,提倡转型适应和综合性、包容性气候治理,提出培育气候韧性的理念,对于促进各国有序开展适应气候变化行动具有重要的指导意义。

IPCC第六次评估报告第三工作组报告有3900多页,包括主报告(分12章)和若干附录。报告较全面归纳总结了第五次评估报告发布以来国际科学界在减缓气候变化领域新进展,科学地评估了全球温室气体排放、不同温升水平下的减排路径以及可持续发展背景下的气候变化减缓和适应行动。揭示如要将全球温升水平控制在不超过工业化前2℃以内,全球需在21世纪70年代初达到二氧化碳净零排放;如控制在1.5℃以内则需在21世纪50年代初达到二氧化碳净零排放并大力控制非二氧化碳温室气体排放。为此,必须实施全行业温室气体深度减排,特别是能源系统减排的重要性和迫切性。报告强调在可持续发展、公平和消除贫困的背景下设计和实施气候变化减缓行动更容易被接受、更持久和更有效。

# 二、气候变化的影响

### 27. 气候变化对自然系统和人类系统有哪些主要影响？

气候变化已成为不争的事实,在此背景下,大气圈、水圈和生物圈都发生了广泛而迅速的变化(IPCC,2021),同时人类社会的生存与发展也正在经受着前所未有的挑战。

(1) 对大气圈的影响

① 气温升高:大气运动更为活跃,引起环流格局改变。

② 气体成分改变:随着工业化和城镇化的发展,人为排放导致大气圈中温室气体含量逐步增加。2019 年大气 $CO_2$、$CH_4$ 和 $N_2O$ 年平均浓度分别达到 410 ppm、1866 ppb[①] 和 332 ppb,对比 1750 年前水平分别增加 47%、156% 和 23%。气候变化同时导致平流层 $O_3$ 含量下降,对流层 $O_3$ 含量上升,大气气溶胶浓度在工业革命开始到 20 世纪 70 年代呈上升趋势,70 年代至今呈下降趋势。

③ 极端天气气候事件频发:气温升高使高温危害加重;水面蒸发加大改变了水循环过程,极端降水事件频率增加;局地温度场异常也会引起龙卷风、强雷暴、风暴等强对流天气。

(2) 对水圈的影响

① 降水:全球陆地平均降水量有所上升,但不同区域差异很大,有些地区减少。

② 海平面上升:气候变暖导致两极和高山冰雪融化,永久冻土解冻,加上海水的热膨胀,使全球海平面不断升高,并引起海岸侵蚀、海水入侵和沿海土壤盐渍化等。

③ 海温升高、海水酸化和脱氧化:海洋表面温度升高导致海水含氧量下降;大气 $CO_2$ 含量增加促进 $H_2CO_3$ 形成,使海水 pH 下降,引起海洋酸化,并由此导致海洋灾害加剧和海洋生态变异,如赤潮、咸潮、珊瑚礁白化等。

(3) 对生物圈的影响

① 生物多样性减少:气候变化使得动植物的地理分布、生活习性、栖息地和物种间食物链关系发生改变,生存能力下降,大量物种濒临灭绝。

② 植物初级生产力:大气 $CO_2$ 浓度增加促进光合作用,从而提高初级生产力。但气候波动和极端天气气候事件频发给植物生长带来不确定性。

---

① 1 ppb=$10^{-9}$。

(4) 对人类系统的影响

① 影响人类健康：城市下垫面的改变和化石能源消耗导致城市温度高于乡村，形成热岛效应并与温室效应叠加，对城市居民身心健康造成不利影响。全球平均风速减弱加上建筑物的阻挡，使得城市上空污染气团难以扩散稀释。气候变暖使有害生物的分布向更高纬度与海拔扩展，繁殖世代增多，媒传疾病加重。

② 改变人类生活方式：气候变化将改变人类传统的生活方式与行为，促进生态文明和绿色生活方式，但气候恶化地区居民的生计更加困难，甚至出现气候难民。

③ 影响社会经济发展：气候变化对高暴露的农业、交通、建筑、能源、旅游等产业有明显的直接影响，对其他产业则通过消费行为、产业链与贸易链等产生深远的间接影响。气候变化引起不同区域自然资源禀赋与环境容量的改变，导致某些产业优势产地的转移，可能加剧国际经济社会发展的不平衡，引发资源争夺与国际纠纷。同时也会促进气候智慧型经济与低碳经济的发展和气候适应型社会与低碳社会的转型。

## 28. 气候变化引起了哪些生态失衡？

生态系统（ecosystem）是指由生物之间、生物与其生存环境之间通过相互作用，不断进行物质循环和能量流动而呈现出整体功能的综合体系，由英国生态学家坦斯利于 1935 年首次提出。生态系统包括自然生态系统与人工生态系统两大类，前者分为森林、草地、湿地、淡水水体、海洋等各类生态系统，后者包括农田、畜牧场、城市园林等多种生态系统，整个生物圈构成地球上最大的生态系统。

生态平衡（ecological equilibrium）是指在一定时间内，生态系统中的生物和环境之间以及各生物种群之间，通过能量流动、物质循环和信息传递，使相互之间达到高度适应、协调和统一的状态。系统各组分之间保持一定比例关系，能量、物质输入与输出在较长时间内趋于相等，结构和功能相对稳定，受到外来干扰时能通过自我调节恢复到初始稳定状态。生态系统内部的生产者、消费者、分解者之间和与非生物环境之间，在一定时间内保持能量与物质输入、输出的动态相对稳定。

气候变化引起生物生存环境和物种间关系的巨大改变，虽然在有些地区有时也存在某些有利因素，但更多的是引起不同层次的多种生态失衡，严重威胁全球的生态安全和人类社会经济的可持续发展，主要表现在以下几个方面：

(1) 生物与环境的失衡

光照、温度、水分、养分是植物的必需生活因子，不同物种对这些因子的要求有很大差异。气候变化使得有些植物的生活因子不能得到充分满足，有些植物则相反。气候变暖对喜温物种的生长与繁衍有利，耐寒物种的生存则受到较大抑制。气候变化导致极端天气气候事件频发与危害加重，使植物与动物的生存环境在短时间内突然恶化，造成严重损伤甚至死亡。气候变化还使部分地区的水土流失加重，土壤有机质加快分解，水体富营养化和大气污染加重，海水酸化和溶氧量降低，都会影响到许多生物物种的生存与发展。气候变化驱使物种分布向更高纬度与海拔扩展或转移,但人类活动与剧烈的环境变化使得许多物种难以通过迁徙来适应气候变化,因而导致种群数量减少甚至许多物种的灭绝。

(2)物种关系与生态系统结构的改变

生态系统由绿色植物等生产者、动物与非光合植物等消费者,以及作为分解者的微生物组成,通过食物链紧密连接。快速的气候变化引起三者关系失调,会导致生态系统的结构失衡。如珍稀动物大熊猫以竹子为食,气候变暖使得原栖息地的竹子生长不良,严重威胁大熊猫的生存。气候暖干化引起内蒙古中部草地退化,承载力下降,不得不对部分草场实行围封禁牧。气候的急剧变化还导致土壤微生物种群区系发生改变,影响作物的养分供应。

(3)气候变化引起生态系统能量输入与输出的失衡

气候变暖使得高寒地区植物生长期延长,可利用光能增加,植被更加茂盛,净初级生产力得以提高,生态系统的固碳制氧功能增强;但降水减少和温度过高地区的光合作用受到抑制,植被退化,温室气体排放增多。气候变暖加速了土壤有机质分解,高寒地区冰雪消融还释放大量覆盖下的温室气体,进一步增强了全球温室效应。

(4)气候变化引起生态系统物质循环的改变

气候变暖使土壤有机质分解和植物对土壤养分的吸收加快,如不能及时补充会导致植被生产力下降。气候变化引起不同地区降水的时空分布改变,降水增多地区洪涝灾害频发,可能加剧水土流失;降水减少地区的植物水分亏缺加重,虽然气候变暖加快黄土高原新植林木的生长,但由于水分供不应求,深层土壤已形成明显干层,导致树木生长变慢和作物产量降低。二氧化碳浓度增高虽然促进了光合作用,但大气与土壤碳氮比的提高也造成植物体和农产品蛋白质含量下降,对动物和人体的生理与健康产生影响。植株蛋白质含量的降低又会增大植食性昆虫的摄食量,加剧其繁殖速度与危害。

(5)气候变化引起生物节律的紊乱

气候变暖使得春季物候提前,秋季延后,物种原有的生物节律被打乱。但植物由于不能移动,主要通过改变物候期来适应逐渐升高的全球气温,适应速度明显慢于动物,可能产生物种间食物链关系的失衡。如许多迁徙鸟类和洄游鱼类正在改变旅行日程,冬季变暖使昆虫蛰伏时间缩短,蛇类提前结束冬眠,青蛙提前产卵,都有可能因可食植物资源不足而导致种群数量减少甚至灭绝。植物在春季提前开花,如果昆虫的发育提前与此不同步,就有可能采不到蜜而限于饥饿。

(6)不同物种适应方式与能力的差异

由于北极圈内迅速变暖使浮冰覆盖范围减少,依赖浮冰生存的北极熊数量减少。随着雪覆盖减少,北极狐丧失了毛色浅躲避捕食者的优势,被更具竞争力的红狐替代。随着春季变暖,欧洲斑姬鹟由于需要光周期的诱导,在气候变暖后季节性迁徙和到达目的地西非后产卵并未显著提前,但当地毛虫却提前产卵孵化。由于鸟类以体温孵化的速度不变,而毛虫卵孵化随环境温度升高而加快。导致雏鸟出壳后毛虫数量高峰期已过,食物资源缺乏导致斑姬鹟的多度下降了90%(Hannah,2014)。

气候变化引起的上述种种生态失衡严重威胁着各类生物的生存和人类社会的可持续发展,我们应该秉承人类命运共同体和地球生命共同体的理念,积极参与保护全球气候与生物多样性的生态文明建设。

## 29. 气候变化带来了自然灾害的哪些新特点?

近几十年来,气候变化引起极端天气气候事件强度增加,发生愈加频繁,加剧了自然灾害的发生与发展。对于不同灾种和不同地区,气候变化的影响表现出较大的差异。全球尺度上,高温灾害加重,低温灾害有所减轻;极端降水与洪涝事件增加,部分地区的干旱缺水加重;风暴潮与赤潮等海洋灾害加重;沙尘暴减少。

21世纪以来,虽然中国灾害经济损失值不断增加,但灾情指数总体呈下降趋势,应对自然灾害的能力增强,然而不同灾种的发生频率及强度变化差异较大,并表现出显著区域差异。

气象灾害:华北、东北和西北东部气候持续暖干化,干旱缺水日趋严重,但极端降水事件的频率、强度也在增加,致灾性强。如2021年7月份出现4次特强降雨过程,其中,7月中下旬河南省与河北省南部遭受特大暴雨洪涝灾害,郑州最大小时降水量201.9 mm,破中国大陆小时降雨强度最高纪录。由于副热带高压异常偏北偏强,9月底到10月上旬山西、陕西、河南等地发生破纪录的秋涝。西南地区冬春干旱和长江流域伏旱等季节性干旱加重,干旱与高温相结合时的危害更大。长江流域和新疆、青藏等西部地区的降水增加,洪涝灾害加重且多次发生旱涝急转,例如2021年6月15日,向来少雨的南疆盆地迎来大范围强降水,其中和田地区洛浦3 h雨量52.9 mm,超过当地年平均降水量。

伴随着气候变暖,我国大多数地区的高温灾害明显加重,热浪酷暑严重影响人体健康;低温灾害总体减轻,但霜冻灾害明显加重,尤其是黄淮地区。虽然冬季总的趋势在变暖,但北极迅速变暖驱使极涡偏离,近十多年东亚频繁出现冬季阶段性极寒天气,给越冬作物与人畜造成很大伤害。

伴随着冷空气活动和平均风速减弱,沙尘暴、大风、雷电和冰雹等灾害的发生频率有所下降。但气溶胶增多、风速和太阳辐射减弱使雾霾天气明显增多,阴害加重。

地质灾害:虽然水土保持取得显著成绩,黄土高原土壤侵蚀大大减轻,但突发暴雨和旱涝急转仍然造成一定程度的水土流失和地质灾害,尤其是台风路径异常,深入内陆时常引发严重的山体滑坡与泥石流灾害。

海洋灾害:海平面不断升高使沿海地区风暴潮、咸潮、海水入侵与海水侵蚀等灾害明显加重。针对沿海地区台风的相关研究表明,台风登陆次数未见增加或略有减少,但强台风和超强台风的次数增加,危害加重。过去台风影响东北约十年一遇,但2019—2021年连续发生台风深入或影响东北事件。

生物灾害：气候变暖还造成有害生物的越冬基数增加，发育提前，引起病虫害的危害期延长，并且向更高纬度与海拔蔓延，传染病对人体健康的威胁加大。

环境灾害：平均风速减弱导致冬季静稳天气增多，不利于污染物扩散稀释，加剧了城市大气污染。陆地水体增温和面源污染物排放导致部分水体富营养化和水质恶化。海温升高与污染物排放导致部分近海污染加重，赤潮频发。

林草火灾：气候暖干化地区的森林、草原火灾风险明显增大，异常高温干燥天气易引发特大火灾。

## 30. 为什么在气候变暖背景下我国霜冻灾害反而加重？

虽然气候变暖使我国的低温灾害总体上有所减轻，但对于霜冻却是一个例外，近几十年来明显加重，尤其是黄淮地区。

霜冻是指作物在气候转换季节由接近0℃的短时0℃以下低温造成的伤害。我国大部地区霜冻主要发生在春秋两季，分别称为春霜冻和秋霜冻。随着气候变暖，低温事件强度总体减弱，春季的终霜冻提前结束，秋季的初霜冻推迟到来，全年无霜期延长，有霜期缩短，气候学意义上的霜冻无疑是减轻的。但植物的生长发育随着气候变暖也在同步改变，春季萌芽与开花提前，秋季落叶与休眠推迟，只要冬季还没有消失，霜冻灾害就不会因气候变暖而减轻。

那么，为什么我国大部分地区的霜冻灾害还会加重呢？首先，在气候变暖的同时，气候的波动也在增大。多年平均气温在升高，但有些年份还会出现强烈的低温，例如2010年4月28日山西和陕西部分地区强烈降温还下了雪，正在开花的苹果树严重受冻；2012年河北省中南部迟至4月20日还下了雪，因处于拔节期仍有一定抗寒性，加上最低气温出现时有雪覆盖麦苗受冻不明显。但未下雪且处在孕穗期或已抽穗的河南东部与安徽北部，小麦严重受冻。这两次的霜冻与降雪之晚都打破了气象观测记录。2006年9月7—10日的一场霜冻，使得内蒙古中部地区玉米大面积枯死，秋霜冻发生之早，也打破了当地的气象记录。其次，气候变暖诱导了植物抗寒力降低。植物抗寒性通常在春季随着气温升高而逐渐降低的。过去发生霜冻前的气温不太高，现在发生霜冻前植物往往处于较高温度下活跃生长，细胞内能使冰点下降的保护性物质浓度明显降低，在同等低温强度下，由于降温幅度更大，植物更加不适应。第三，农民为了充分利用气候变暖所增加的温度资源，往往在春天提早播种和移栽，并使用生育期更长或抗寒性较差的品种，秋季收获也推迟了。尽管平均而言无霜期是延长了，但由于作物发育期在春季提前和在秋季延迟，霜冻危害风险并未降低。

春霜冻危害的加重在黄淮平原中东部尤为明显，这与该地区的地形有关。黄淮海平原春季发生强冷空气入侵时，北部的海河平原由于作物发育较晚，对于低温尚有较强抵抗力，加上气流越过燕山和太行山的下沉增温效应，春霜冻危害较轻。黄淮平原作物发育明显提早，春季强冷空气入侵时，黄淮西部由于山脉阻挡，对作物的危害较轻。但中东部由于远离山脉，已不存在下沉增温效应，冷空气沿黑龙港到豫东、鲁西和皖北长驱直下,成为我国东部地区春霜冻灾害最严重的地区。近年来危害最大的霜冻灾害当属华北、西北东部和黄淮北部2018年清明节前后的一次强霜冻。3月下旬到4月初,该地区平均气温比常年偏高4～12 ℃,有的地方甚至出现30 ℃左右的最高气温,导致许多小麦提前进入孕穗期,苹果等果树提前开花。4月4—7日最低气温普遍降到零下,苹果、核桃、猕猴桃、樱桃、梨、杏等花朵或幼果遭受中至重度冻害,坐果率下降50%～90%,陕西省苹果减产约五成(王有明,2018)。长江中下游及江南北部的部分春茶遭受轻至中度冻害。黄淮地区处于孕穗期的部分小麦花粉失活导致空壳。

我国也有霜冻危害减轻的地区。过去青藏高原在夏季也经常发生霜冻,使尚未成熟的青稞、小麦和油菜等作物受冻。现在随着夏季温度升高,霜冻灾害有所减轻。华南南部过去霜冻灾害主要发生在冬季。随着气候变暖,有些地方气候学意义上的冬季基本不存在了,霜冻发生频率有所降低。

## 31. 为什么全球气候变暖背景下反而频繁出现极寒天气?

全球气候变暖已是不争的事实,但与此同时,寒冷事件仍不断发生,2008年1—2月的南方长时间低温冰雪造成1500多亿元的直接经济损失。东北最北部近十几年多次出现-40 ℃以下的极寒天气。2021年1月上旬的强寒潮,我国东部有60个气象站最低气温突破建站以来历史极值,6日北京观象台最低气温-19.5 ℃,为1966年以来最低。济南最低气温-17.9 ℃,为1953年以来最低。2021年2月中旬美国遭受强寒潮与暴风雪,得克萨斯州的达拉斯最低气温-19 ℃,为1930年以来最低,全州400多万户停水停电。2021年11月上旬,华北北部和东北受强寒潮与暴雪袭击,部分地区积雪厚度30～40 cm,内蒙古通辽市降雪持续46 h,积雪厚度59 cm,破最大积雪历史极值。

其实,极寒事件频繁发生与全球变暖有密切联系,如图2-1所示。1971—2019年北极变暖速度是全球平均水平的三倍,并通过气候系统反馈效应影响到全球,形成北极放大效应。中高纬的温度梯度减小使欧亚大陆上空西风减弱。减弱的西风和增强的乌拉尔地区高压脊有利于西伯利亚高压增强,导致东亚冷平流显著增强,从而有利于北极冷涡南下和极端低温事件的出现。经向环流的增强还使气候的冷暖波动加剧,极端高温事件也相应增加(效存德 等,2020)。

另一个原因与海温分布有关。进入21世纪初期,赤道中东太平洋以拉尼娜现象占优势,太平洋海温分布东低西高,西太平洋的相对暖池上空为热带辐合低压带,也有利于吸引西伯利亚冷高压爆发南下。通常拉尼娜年我国东部冬季会偏冷。

尽管近十几年世界多地寒冷事件频繁发生,但全球平均温度仍保持持续升高的态势,2016年以来甚至加快变暖。现在的极寒事件都是阶段性的,寒潮过后往往天气迅猛回暖,很少再发生20世纪50—70年代常见的冬季长时间持续严寒。冬季的频繁冷暖骤变给越冬作物、野生动植物、人体健康和交通安全都带来了新的威胁,需要采取更有力的适应措施。

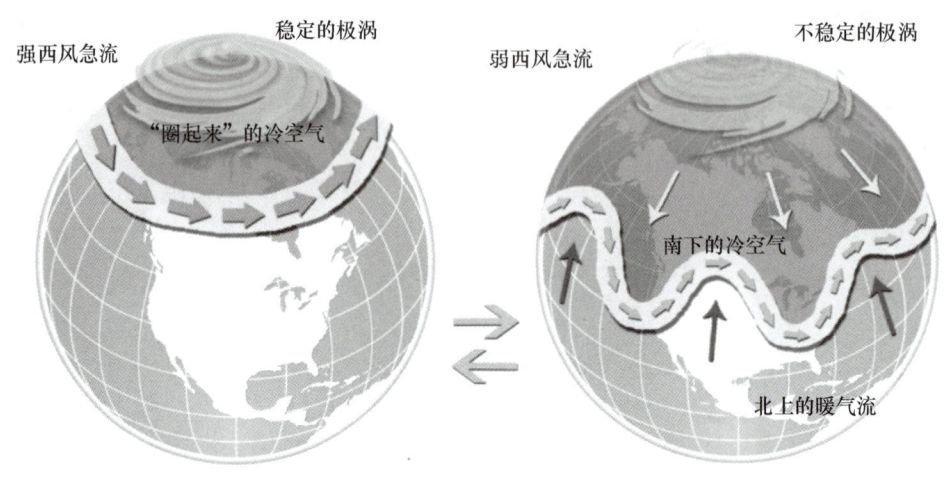

图 2-1　西风带与极涡（赵晓妮 等，2021）

## 32. 为什么全球变暖会导致风速减弱和多数地区的荒漠化减轻？

风速减弱在全球具有普遍性，这是因为中高纬度的气候变暖明显大于低纬度地区，冬季变暖程度又明显大于夏季。由于高低纬度之间的空气密度差变小，导致气压梯度缩小和风速减弱。在中国具体表现为西伯利亚高压减弱，海陆温差和气压差减小，亚洲纬向环流加强、经向环流指数减弱，亚洲冬季风和夏季风减弱导致全国的平均风速减小，根据《中国气候变化蓝皮书2020》，1961—2019年全国平均风速以每十年 0.12 m/s 的速率减小，大风灾害总体呈减轻态势。如图2-2所示。但不排除发生极端天气事件时，短时间发生瞬时风速的极大值，特别是沿海地区出现超强台风或龙卷风时。

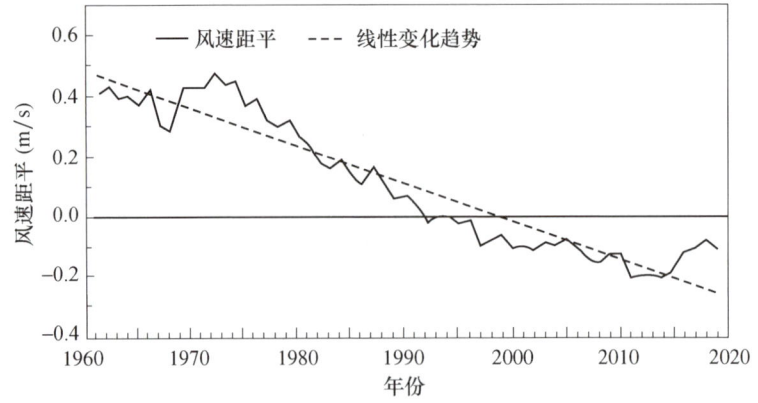

图 2-2　1961—2019 年中国平均风速距平（国家气候中心，2020）

荒漠化是指包括气候变异和人类活动在内的各种因素造成的干旱、半干旱地区和亚湿润干旱地区土地退化。20 世纪 50—90 年代，我国沙质荒漠化土地面积不断扩大，带来严重经济损失。随着全球气候变化和多年综合治理，近二十多年荒漠化扩展趋势得到逆转。第五次全国荒漠化和沙化监测结果，截至 2014 年，我国荒漠化土地面积 261.16 万 $km^2$，沙化土地面积 172.12 万 $km^2$。相比 2009 年分别减少 12120 $km^2$ 和 9902 $km^2$，沙尘天气次数年均减少 20.3％，植被平均盖度增加 0.7 个百分点。1961—2019 年北方平均沙尘天数以每十年 3.4 d 的速率减少。西北地区风速减弱、降水与融雪增多都对遏制土地沙化起到了一定作用。如图 2-3 所示。

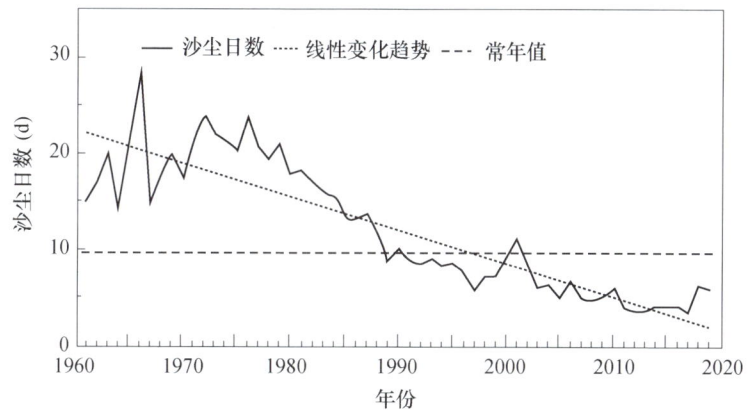

图 2-3　1961—2019 年中国北方地区沙尘日数（国家气候中心，2020）

## 33. 为什么气候变化会加剧城市的雾霾和大气污染？

气候变化对城市雾霾和大气污染有很大的影响。研究表明，气温升高可能会使臭氧（$O_3$）的主要前体物即挥发性有机物（volatile organic compounds，VOCs）的排放量增加，从而使大气中的臭氧浓度增加，尤其是在城市区域，超过安全浓度会危害人体健康。气候变化对大气颗粒物的影响更加复杂，降水频率和混合层厚度是颗粒物浓度最重要的影响因子，但不确定性也最大，气候变暖引发的火灾可能是颗粒物污染加剧的元凶。但城市雾霾天气增多最主要的原因是化石能源消费增多造成大气污染物排放量的逐年增加，主要污染源包括热电厂、重化工业、汽车尾气、冬季供暖、居民生活以及地面尘土。由于高纬度地区增温幅度要大于低纬度地区，又以冬季最为明显，气压差变小导致风速减弱，不利于污染物的扩散和稀释。城市排放的大气污染物比乡村多得多，大量燃烧化石能源排放的气溶胶可成为水汽的凝结核，密集的人工建筑和所形成的城市地貌进一步削弱了风速，使大气污染物更容易累积和更难于扩散，气候变化导致我国北方的冷空气活动减少，空气湿度增大但降水很少，在静稳天气下更容易出现严重的雾霾污染天气。气溶胶在白天的"阳伞效应"使到达地面的太阳辐射减少，也将减弱近地面的空气对流，延长雾霾存在的时间。

目前我国雾霾污染最严重的是华北平原,一方面是由于重化工业的盲目扩展和机动车数量的迅速增加导致排放到大气中污染物浓度空前加大;另一方面也与气候变化导致华北地区降水显著减少和风速明显降低有关。华北平原由燕山、太行山和泰沂山地组成的类似盆地地貌也不利于大气污染物的扩散。由于山地与平原热力差异形成的山谷风本来能起到一定的扩散稀释大气污染物的作用,但在城市面积数十倍扩大后已形成稳定的城市气团,非得刮大风或下大雨才能有效转移和扩散城市上空的污染气团,风雨过后,随着污染物的不断累积,空气质量逐日恶化。必须采取强有力的措施大幅度削减污染源,才能从根本上改善本地区的大气环境质量。北京市经近20年持续治理空气质量明显改善,2020年细颗粒物($PM_{2.5}$)年平均浓度38 $\mu g/m^3$,首次降到40 $\mu g/m^3$ 以下,但与发达国家仍有较大差距。

## 34. 气候变化对我国水资源有什么影响?

水资源是指由大气降水补给,具有一定数量,可供人类生产生活直接利用且年复一年循环再生的淡水。其他水体如城市和工业废水和海水经加工或淡化处理,以及空中水汽经人工催化,也可以成为非常规水资源。

水是生物和人类赖以生存的重要自然资源和环境条件。虽然地球上总储水量约有13.8亿 $km^3$,但其中淡水资源只占2.53%,目前人类能够直接利用的地表径流和浅层地下水只占淡水总量的0.3%,加上分布不均和人口迅速增长,目前在世界大多数地区已成为一种稀缺资源。中国人均水资源量仅为世界人均的1/4且时空分布极不均匀。长江流域及以南地区国土面积占36.5%,人口占54.7%,水资源却占全国的81%;北方人均水资源量只有南方的28%,其中海河流域人均仅260 $m^3$,京津两市甚至不足100 $m^3$,为世界缺水最严重地区之一。

一个区域的水资源数量和水循环状况很大程度上取决于气候,气候变化将改变全球水文循环,引起水资源时空重新分配,直接影响降水、蒸发、径流、地下水补给等水文要素(宋晓猛 等,2013)。

(1)对降水量的影响

气候变化导致华北大部、东北西南部、西北东部和西南地区的降水减少,南方大部、新疆和青藏高原的降水增加,加上经济发展和人口增加导致用水量加大,北方大部地区水资源日益紧缺。南方虽然降水总量略增,但季节差异增大,旱季缺水也变得更加突出。气候变化还导致小雨次数减少,大雨暴雨次数增加,降水的有效性降低,径流损失加大。

(2)对径流的影响

近50年来,特别是1980年以来,由于降水减少和用水量增加,我国北方实测径流普遍下降,其中海河流域1980年以来下降4~7成,各大支流普遍断流,黄河中下游径流也明显下降。但降水增多与冰雪消融较快使长江上游与黄河上游的径流量近十几年明显增加。长江中下游冬季和伏旱期间水位显著下降,经常发生断航,雨季水位迅速抬高,洪涝风险增大。1999年以来,新疆的内陆河径流量显著增加,频繁发生融雪性洪水。但未来如西部地区降水增加不多,冰雪大量消融后也有可能导致河川径流量的萎缩。

(3)对蒸散量的影响

气候变暖无疑会加大土壤水分蒸发与植被蒸腾速率,但由于太阳辐射和风速普遍减弱,全国大多数气象站和水文站的实测水面蒸发量在减少,同时也抑制了植被的蒸腾。$CO_2$浓度增高使叶片气孔的开度缩小,阻力加大,也是遏制蒸腾的一个重要因素。对于缺水最严重的黄淮海平原,理论计算的潜在蒸散量也在下降。但另一方面,气候变暖导致植物生长期延长和生物量增加也会加大水分消耗,气候变暖后农田与生态系统的实际蒸散是增加还是减少仍需进行实测和研究,不同地区和不同作物以及不同栽培管理的结果可能很不相同。

(4)对地下水的影响

地下水补给主要来自降水与河川径流渗漏。气候变化通过对降水时空分布与河川径流的改变间接影响到地下水资源。近几十年来我国大部地区的小雨次数减少,阵性降水增多,河川径流量的季节差异显著变大,不利于对地下水的补给。但目前气候变化对地下水位下降的影响远不及人为超采的影响大。

(5)对需水量的影响

气候变暖和社会经济发展使工业冷却用水、居民生活用水和城市生态用水都明显增加,挤占农业用水与河流生态用水。虽然植物叶面蒸腾速率未见增大,但由于生长期延长和生物量增加,总耗水量也将增加。

## 35. 气候变化对我国水环境有什么影响?

水环境是指自然界中水的形成、分布和转化所处空间的环境,按照水体类型可分为海洋环境、湖泊环境、河流环境和地下水环境等。

我国水环境经多年治理虽然有明显好转,但仍存在不少问题,尤其地下水污染物超标较多。根据《2020中国生态环境状况公报》,全国地表水国控断面水质优良(Ⅰ~Ⅲ类)断面比例为83.4%,劣Ⅴ类断面比例为0.6%。在监测的112个重要湖泊(水库)中,Ⅰ~Ⅲ类水质占76.8%,劣Ⅴ类占5.4%。水利部门10242个地下水水质监测点中,Ⅰ~Ⅲ类水质占22.7%,Ⅳ类占33.7%,Ⅴ类占43.6%,主要超标指标为锰、总硬度和溶解性总固体。全国重点流域水生态状况以中等—良好状态为主,优良状态断面(点位)占35.7%,中等状态占50.4%,较差及很差状态占14.0%。2013年的评价,黄河、辽河、淮河水质较差,海河水质为劣。部分地区的水环境恶化表现在江河断流、湖泊萎缩、湿地减少、水生物种减少和生境退化。虽然大量排放污染物是水环境恶化的主要原因,但气候变化的影响也是一个重要因素,具体表现在以下方面。

(1)温度升高的影响

水温是水体对气候变化最直接的响应。气温增高除直接促使水温升高外,还改变了水体温度层的分布,加大温跃层深度,延长分层期。温度上升会引起水中含氧量减少,尤其是湖泊或水库底部沉积物发生一系列微生物厌氧反应,产生有毒气体和盐类,并随水体季节性对流转移到表层,在适宜温度下导致浮游生物大量生长和繁殖,引起富营养化。水温升高虽然可加快污染物的降解,但往往导致重金属的毒性增大。生物体新陈代谢速率增加使水生态系统中原有难降解的有毒物质在体内积累增加。

水温每升高 3 ℃,水体饱和溶解氧量会减少 10%。水温升高还加快了水体有机物降解转化,增加生物化学反应的需氧量,也会导致水体溶解氧含量降低,鱼类和水生动物大量死亡,有机物厌氧降解还会生成 $CH_4$、$CO_2$、$H_2S$ 等有害气体和厌氧微生物,使水体变黑变臭。

(2)气候变化与水体富营养化

气温升高使农田施用化肥与农药的挥发加快,阵性降水使污染物和过量施用 N、P 肥料冲入水体。降水减少地区因缺水不能及时更新,污染物难以稀释扩散而不断累积,尤其流速较低的湖泊升温和流量减少,导致浮游植物过量繁殖与腐烂分解,严重威胁水环境和水生态。

(3)$CO_2$ 浓度增高的影响

人类向大气排放大量 $CO_2$ 增大了水体溶解的 $CO_2$ 含量,引起水质酸化并降低溶解氧浓度,影响水生生物的生长和繁衍。

(4)极端事件的影响

洪涝、干旱等水文极端事件改变污染物的迁移转化和水体稀释能力,控制藻类生存条件及浮游植物种类组成和存量,直接影响水体环境。

降水减少地区的河道或湖泊径流量减少,导致水温增高,悬浮固体颗粒、N、P 等营养物质和有机物溶解度增大,促使藻类浮游植物过量生长和腐烂而加重污染。水滞留时间延长使水体污染物迁移转化和稀释能力下降,浓度增加。但低流量时一些污染物含量减少,流速降低增强底泥吸附和络合作用,又可减少水体重金属含量,泥沙沉积也改善了水体透明度,藻类植物适度生长可提高溶解氧含量。降水增加地区由于水交换量增大,能加大水层混合,破坏藻类等浮游植物的繁殖和生存条件,减缓富营养化进程和降低水华发生频率。雨量减少的干旱区进入湖泊水量减少,盐分含量增加,可导致淡水湖变为咸水湖;反之,降水与融雪明显增加的高原湖泊也再由咸变淡。如青海湖随着入湖径流增加,湖面扩大,湖水盐度明显降低。

在人类大量排放污染物引起水质恶化的情况下,雨量和径流增大有利于改善水质,但暴雨和洪水冲刷侵蚀也会造成泥沙与污染物输入量增加,特别是长期干旱后更容易给水体带来严重的污染负荷。持续干旱突降暴雨常使城市下水道与河口排水失去控制,冲刷城乡排放垃圾与废水进入河道造成严重污染。

综上所述,气候变化对水环境的影响有利有弊,但总体上弊大于利。

## 36. 气候变化与海平面上升有什么关系,产生了什么影响?

海洋并不是一个平面,不同地方的海平面高度并不相同,人类关心和观测到的是沿岸海平面。影响沿岸海平面变化的因素很多并具有不同的时间尺度。

人类很早就对沿岸海平面变化进行了观测,从公元 1 世纪到 1900 年,地中海海平面变化幅度没有超过正负 25 cm,年内变化为 0~2 mm。19 世纪后半期有了观潮仪,才能对所有大洋的洋面高度进行监测,发现海平面有加速上升趋势。IPCC 第六次评估报告指出,1901—2018 年全球海平面平均上升了 0.2 m,1901—1971 年、1971—2006 年、2006—2018 年间海平面上升的平均速率分别为 1.3 mm/a、1.9 mm/a、3.7 mm/a,呈明显加快态势。1900 年以来的海平面上升速率至少是 3000 年以来最快的。中国的观测表明,1980—2020 年沿海海平面上升速率为 3.4 mm/a,高于同期全球平均水平。如图 2-4 所示。

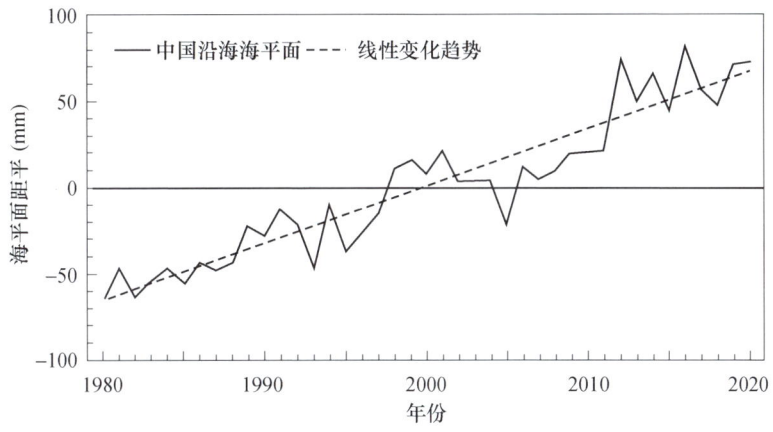

图 2-4　1980—2020 年中国沿海海平面距平变化
（相对于 1993—2011 年平均值）(国家气候中心,2021)

海平面上升的原因,一是海水增温引起的水体热膨胀和冰川融化,具有全球性,称为绝对海平面上升;二是区域性的相对海平面上升,由于沿海地区地壳构造升降、地面下沉及河口水位趋势性抬升等所致。研究表明,自 1993 年以来,全球海平面涨幅的一半是由海洋热膨胀造成,另一半是由于冰川融化造成。沿海地区,特别是位于河流出海口的天津、上海及珠江三角洲,地质构造以泥质和沙质为主,具有一定的可压缩性。由于经济迅速发展,地下水过量开采和大型建筑物群的地面负载加速了地面沉降,也造成了海平面的相对上升。

气候变化引起某些海域的洋流路径改变也会引起海平面的变化,甚至可以在全球海平面普遍上升的情况下,少数海岸的海平面反而有所下降。目前最大的海平面上升发生在太平洋西部和印度洋东部,整个大西洋海平面除了北大西洋部分地区外基本上都在上升,但太平洋东部的部分地区和印度洋西部,由于离岸洋流增强,海平面实际在下降。

总的看,气候变暖是全球海平面上升的主要驱动力。如继续变暖使两极和高原冰雪大量消融,全球海平面还将加速上升,沿海低地和一些小岛屿将被淹没。

## 37. 气候变化对海洋生态系统有什么影响?

海洋生态系统是海洋中由生物群落及其环境相互作用所构成的自然系统。海洋面积占全球的71%,具有储存及交换热量、$CO_2$和其他活性气体的巨大能力。海洋生态系统对全球变化有着至关重要的调节作用,也为全世界提供了丰富的优良动物蛋白资源。海洋渔业年获量约1.2亿t,提供了全球约20%的动物蛋白质。全球有近半数人口集中在离海岸100 km以内的沿海区且仍在快速增长。海洋生物多样性是全球生物多样性的重要组成部分,如海洋动物门类达35个,远高于陆地的11个门类。海岸带及近海生态系统为社会经济发展提供了巨大的产品与服务,同时也承载着巨大的压力,资源与环境在不断恶化。由于海洋的特殊物理性质,海洋生态系统比陆地生态系统更为复杂,稳定性也远比陆地低。

气候变化引起的海洋表层温度、$CO_2$浓度增高和海平面上升、降雨量变化、海洋水文结构变化以及紫外辐射增强等是对海洋生态系统最重要的影响因子。

全球平均海水表层温度上升速率约为陆地的55%,2011—2020年相比1850—1900年,全球陆地地表平均温度上升了1.55 ℃,海洋表面平均上升0.88 ℃。1958—2020年,全球2000 m以上的海洋上层热含量呈显著增加趋势,并在20世纪90年代以后加速变暖。海温上升影响一些海洋生物的生理过程和海水流体物理过程,导致冷水层下降和海冰漂浮,海洋生物物种分布和组成发生变化,对热带海域物种组成的影响尤其严重。随着全球持续变暖,大范围珊瑚礁白化起初每10~20年发生1次,估计未来几十年内可能与恩索事件①的发生频率同步即每3~4年一次,再过30~50年甚至将在大多数热带海区每年发生1次。海温升高还促进了暖水物种向更高纬度海域迁移。

海水$CO_2$分压升高导致pH值下降到至少200万年以来的最低值,使海水酸化,估计过去200年海水pH值已下降了0.1,不利于珊瑚礁和许多海洋生物的骨骼钙化,直接影响贝类、石珊瑚、浮游有孔虫、球石藻、翼足类以及珊瑚礁钙质藻等钙化物

---

① 注:恩索事件 ENSO(El Niño–Southern Oscillation)是厄尔尼诺与南方涛动的合称。厄尔尼诺(El Niño)事件是指热带中、东太平洋海表面大范围持续异常偏暖的现象,拉尼娜(La Nina)又称反厄尔尼诺,是指热带中、东太平洋海表面大范围持续异常偏冷的现象。南方涛动(Southern Oscillation)是指热带太平洋、印度洋之间气压的一种大尺度起伏振荡。赤道东太平洋气压偏低是海面气温偏高的结果,即厄尔尼诺现象;气压偏高则海面气温偏低,即拉尼娜现象。二者密切相关,合称"厄尔尼诺/南方涛动",简称恩索(ENSO)。厄尔尼诺也称 ENSO 暖事件,拉尼娜也称 ENSO 冷事件。ENSO 事件是全球尺度年际变化最突出的例子,对全球大气环流和气候异常有重要影响。

种的钙化速率,导致珊瑚礁骨骼脆弱化,侵蚀概率上升,物种组成和群落结构改变,最终导致珊瑚礁分布范围缩小和向低纬度海区移动,严重威胁依赖珊瑚礁生境的物种生存。过去30年中国海域的活造礁石珊瑚覆盖率呈下降趋势,2010年以来,南海珊瑚热白化现象不断出现,2020年,受夏季海水温度持续偏高影响,南沙群岛、西沙群岛、海南岛、台湾岛、雷州半岛和北部湾等海域均出现严重的珊瑚热白化事件。从1880—2002年,我国南沙珊瑚礁生态系平均钙化速率已下降12％,预计到2100年将减少33％。

海平面上升将促使退潮搁浅生物暴露在空气中而干死,并导致沿海大片湿地丧失,大部分海岸带生态系统向内陆方向迁移,从而改变生物栖息地生境,威胁海洋生物多样性,改变局部营养盐循环。海平面上涨和海温升高已造成部分红树林的消失。

海温升高加上近岸海域富营养化加剧微生物活动,使溶解氧减少,影响海洋生物的呼吸。表层海水升温还加剧了海水的层化,使海水的垂直对流运动减弱,不利于海底有机质的上升和溶解氧的下传,可能降低海洋的净初级生产力和底栖物种的生存。

海平面上升和海温的变化还将引起洋流路径和鱼类洄游时间与路线的变化,导致渔业资源分布格局的改变。

## 38. 气候变化和海平面上升对海岸带生态环境与经济发展有什么影响？

全球一半以上人口居住在海拔不超过200 m的沿海地区,平均人口密度较内陆高出约10倍,而且大都是经济最发达的地区。其中海拔10 m以下聚集了世界10％以上人口。全球气候变化及其所引起的海平面上升越来越受到国际社会,尤其是沿海国家和小岛屿国家的关注。2006—2018年全球海平面上升速率高达3.7 mm/a,几乎是1901—1971年期间速率的3倍。IPCC第六次评估报告预估未来2000年后,全球温升分别控制在1.5 ℃、2 ℃和5 ℃时,平均海平面将分别上升2～3 m,2～6 m和19～22 m,并在以后几千年内继续上升。对人类生存与发展构成严重威胁,尤其是对沿海低地和小岛屿国家会形成灭顶之灾。

(1) 对海岸带生态环境的影响

海平面上升将导致沿海沼泽、潮间带、红树林和珊瑚礁等湿地面积减少,原有栖息物种将被迫迁徙以适应环境变迁。

海平面上升使沿海城市排污难度加大甚至发生倒灌,沿海江河受到潮水顶托的范围上溯,不仅引起河道泥沙沉积改变,还威胁到沿海地区淡水供应和饮用水水质。海平面上升加剧海岸侵蚀和土壤盐渍化,导致一些地区地下水的咸化。

(2) 对海岸带经济的影响

虽然海平面上升能扩大沿海水域面积,有利于发展水产养殖业,但所引起的风暴潮、海浪、赤潮等灾害加重会损毁养殖设施和损伤养殖生物。更重要的是海侵将减少沿海陆地面积,造成海岸带城市和工业用地、耕地和盐田的巨大损失。台风、海浪、海冰、赤潮等海洋灾害频繁发生将使海上航运、油气开采、海洋捕捞、海岛旅游等海洋产业的损失加重。

(3)对海岸带灾害的影响

气候变化虽然未增加沿海台风登陆次数,但强度明显增大,强台风、超强台风频繁出现,对海岸带居民生命财产和设施构成极大威胁。风暴潮、海浪、海啸、咸潮等灾害也会加剧,并顶托壅高陆地洪水,加重沿海地区洪涝灾害。

## 39. 气候变化对我国森林生态系统和林业有什么影响?

森林生态系统是陆地面积最大和最重要的自然生态系统。林业是指保护生态环境,保持生态平衡,培育和保护森林以取得木材和其他林产品,并利用林木自然特性以发挥其生态功能的生产部门。随着社会经济的发展和生态文明建设的推进,林业经营的重点从木材与林产品生产转变为生态环境保护与生态服务功能发挥。气候变化的影响表现在如下方面。

(1)对森林生态系统结构与功能的影响

随着气候变暖,20世纪50年代以来北半球热带以外地区植物生长季每10年延长2 d。

植被类型分布向极地和高海拔扩展,群落结构改变。1961—2003大兴安岭的兴安落叶松和小兴安岭及东部山地的云杉、冷杉、红杉可能分布范围和最适分布范围北移。我国东部常绿阔叶林分布范围北扩。但森林生态系统演替要比气候变化滞后数十到一二百年,灌丛和树线向更高纬度与海拔上升则快得多。预估 $CO_2$ 浓度倍增时,10%~50%的冻土带将被森林替代,但暖干化地区树木可能退化甚至大量死亡,被灌木和草本替代。

气候变暖和 $CO_2$ 施肥效应导致森林净初级生产力提高,IPCC第五次评估报告估计,2000—2007年全球未破坏森林每年从大气固定23.0±4.9亿t碳,被砍伐热带森林的重新生长每年固定17.2±5.4亿t碳。但由于土地利用改变(主要在热带)每年减少的森林碳汇功能为11.0±8.亿t碳。由于北方增温更显著和西部降水增加,中国森林净初级生产力变化率由东南向西北递增,2020年中国年平均归一化植被指数(NDVI)较2000—2019年平均值提高7.6%。然而长期测定表明,全球土壤呼吸在过去20年以每年1亿t碳的速率增加,一旦土壤呼吸速率超过净初级生产力,以森林为主的陆地生态系统将由碳汇变为碳源(中国气候变化蓝皮书,2021)。

气候变暖改善了高寒地区交通条件,有利于森林生态与避暑旅游的发展。

(2)对森林火灾的影响

中国东北和西南林区气候暖干化增加了可燃物积累,森林防火期明显延长,东北早春和初夏及西南地区秋冬森林火灾多发,分布范围扩大。大兴安岭林区过去夏季很少发生林火,现在发生次数有时甚至超过春季防火期。2006年夏秋川渝大旱时,过去夏秋几乎没有林火的重庆市发生158起。其他极端天气事件也增加了森林火灾风险,如2008年初南方冰雪灾害使森林底部易燃物增加2~10倍,湖南省当年3月森林火灾次数超过1999—2007年同期的总和。但林火频发有利于耐火树种竞争和丰度增大,高寒林区随着气候变暖,针叶林比例减小,阔叶林比例增大,也有利于降低森林火灾风险。气候变化还导致人类活动区域和行为的改变,从而影响森林火灾的人为火源分布。

(3)对森林有害生物的影响

气候变暖扩大了有害生物分布范围。我国北方油松毛虫一直在向北向西扩展。20世纪50—60年代白蚁只在广东危害严重,后扩散到江南和江淮,70年代扩展到徐州,2000—2001年已在京津发现。过去东南丘陵常见的松瘤象、松褐天牛、切梢小蠹等目前在辽宁和吉林危害严重。气候暖干化地区的森林鼠害也日益加重。

(4)极端天气气候事件

气候变化使极端天气气候事件增多,2008年初的低温雨雪冰冻灾害全国林地受灾3.13亿亩[①],森林蓄积损失3.71亿 $m^3$。2009—2010年的西南大旱使许多树木枯死,还引发大量森林火灾。1993年5月北半球中纬度持续干旱多风,在中国东北、俄罗斯远东、南欧与加拿大引发多起森林火灾,以我国大兴安岭森林火灾损失最为惨重。冬季变暖使冻害和日烧病等越冬灾害总体减轻,但气候暖干化地区干旱频发加剧冬末早春苗木与嫩枝抽条。

(5)土地退化与荒漠化

气候暖干化地区森林和草原植被退化加剧土地荒漠化。但冷空气活动和风速减弱使沙尘暴发生次数减少又有利于遏制土壤风蚀和减轻土地荒漠化。近几十年我国南方多次旱涝急转,前期受旱山坡土壤变疏松和植被生长不良,突降暴雨会加剧水土流失,破坏森林植被。

(6)对林业生产作业的影响

气候变暖导致森林春季物候提早,秋季落叶与休眠推迟,以及降水量季节分配的改变,也将影响到植树、苗木抚育、林地整理、间伐等林业生产作业时间和方式。

## 40. 气候变化对我国湿地生态系统产生了什么影响?

湿地是世界最具生产力的生态系统之一。全球湿地面积约5.7亿 $hm^2$,占陆地面积的6%,包括湖泊、沼泽、沿海滩涂和洪泛平原,其中各类沼泽面积占到76%。1 $hm^2$ 湿地生态系统每年创造的服务价值高达1.4万美元,是热带雨林的7倍,是农田生态系统的160倍。

2014年公布的第二次湿地资源调查结果,中国湿地总面积5360.26万 $hm^2$,占国土面积5.58%,其中自然湿地占87.37%,人工湿地占12.63%。湿地具有涵养水源,

---

① 1亩≈666.7 $m^2$。

减缓洪水,补充地下水,控制侵蚀,稳定海岸线,保持碳、营养物、沉淀物和污染物等重要生态功能,被称为"地球之肾"。湿地通过碳汇效应与蓄热作用对全球气候变化起到重要缓冲作用。湿地还提供洁净水、鱼类、木材、泥炭、野生动物资源等经济产品。目前世界与中国的湿地退化都很严重,中国1950年以来面积减少400万$hm^2$,尤其沿海、长江中下游、新疆、三江平原等地减少较多。湿地受到威胁主要体现在生物多样性降低、生态功能退化、不合理利用等,主要因素已从过去的围垦和非法狩猎转为环境污染、人类过度干扰、开发活动、气候变化及外来物种入侵等。

气候变化对湿地的影响主要包括:

(1) 水文变化对内陆湿地的影响

气候变化引起区域降水量与蒸发量的变化,从而影响到河流、湖泊、沼泽等陆地湿地,干旱和半干旱地区的湿地对降水变化尤其敏感。如20世纪70年代由于降雨减少,若尔盖泥炭地的孕海湖面积由2000 $hm^2$减少到400 $hm^2$,水位降低还导致泥炭地的退化。西部冰川积雪加速融化,近十多年来青藏高原湖泊面积扩大,但未来大量冰川消失后水量将会减少。温度升高导致中东部富营养化湖泊水质下降,促进外来物种入侵和蔓延。

(2) 海平面上升对沿海湿地的影响

海平面上升将淹没大量沿海滩涂和湿地,气候暖干化地区河流入海径流与泥沙减少加剧了河口三角洲的海水侵蚀,尤其是黄河三角洲,20世纪80年代以后已由历史上长期淤长增生陆地转变为岸线蚀退,海平面如上升48 cm,黄河三角洲约40%将被淹没。世界许多三角洲是迁徙禽类的重要停歇地,海平面上升和其他气候相关因素引起湿地变化将威胁水鸟和其他野生动物的生存。海平面上升还将导致大量盐沼和红树林丧失。

(3) 气候变化对与湿地相关农业生产的影响

水稻是热带和亚热带居民的主粮,气温升高、极端降水事件和强台风都对水稻生产有不利影响。气候变化导致我国江南旱季更旱,雨季更涝,河流与湖泊水位季节变化剧烈,增加了水稻生产和淡水养殖的不稳定性。

(4) 气候变化改变人类活动而间接影响湿地

气候暖干化地区由于水资源严重短缺和超采地下水导致许多河流干涸,湖泊消失。但气候变暖有利于水稻种植向北扩展,大面积扩种和长期围垦导致三江平原湿地面积到2010年比新中国成立初期减少了80%。

## 41. 气候变化对土壤肥力产生了什么影响?

土壤是陆生生物赖以生存的物质基础和陆地生态系统物质能量交换的重要场所。土壤有机碳是土壤肥力的重要构成要素,气候变化通过影响土壤中外源有机碳的输入和土壤有机碳的分解,直接影响土壤有机碳的蓄积。

20世纪60年代我国农业土壤耕层有机质平均含量为1.782%,80年代为

2.390%,全国农业土壤存储碳量为31.03亿t。30多年来尽管农业产量升高使有机质还田增多,但东北和西南地区土壤有机质呈减少趋势。研究表明,南方水稻土有机质在升温条件下分解程度小于旱地土壤,温带要比热带、亚热带明显,如黑龙江省气象局2005年调查,松嫩流域土壤有机碳含量在1951—2000年期间平均下降了2.73个百分点,降幅约为38.7%。

土壤有机碳处于特定环境下的动态平衡,环境条件的改变会影响其代谢过程。气候变化从两方面对土壤碳储量产生影响:一方面影响植物生长,从而改变每年加入土壤的植物残体输入量;另一方面通过改变微生物生存条件而改变植物残体和土壤有机碳的分解速率。

(1)温度升高对土壤微生物和有机碳的影响

温度升高促进土壤微生物种群数量增长与活性加大,加速了土壤有机碳分解,并使土壤贮藏碳释放到大气中,对气候变化形成正反馈。

(2)$CO_2$浓度升高和温度升高对土壤有机碳的综合影响

$CO_2$是植物光合作用的重要原料,田间试验表明高$CO_2$浓度下土壤有机质增加。但气温升高和降雨量增加时,凋落物和土壤有机碳的分解速率也将加快。寒冷地区可能温度影响占主导,而温暖地区$CO_2$浓度的影响可能会更明显,气候变暖有可能导致土壤有机碳储量在温暖区域增加,在寒冷区域减少。

(3)温度升高与降水变化对土壤有机碳的综合影响

降水减少导致植物生长减慢,植株变小。降水模式改变会影响植物生长季长度。干湿交替可促进微生物的活性,加速土壤有机质分解。气候变化导致降水量分布的变化将导致土壤碳释放和生态系统贮藏碳的改变。降水对陆地生态系统土壤呼吸速率的影响较为复杂,往往与温度变化共同产生影响。气候变化使区域植被类型、分布、物种构成和生物量发生改变,从而影响到回归土壤凋落物的数量及其分解速率。如气候暖干化地区由于蒸发加大不利于植物生长,使枯落物减少;气候暖湿地区的植被生物量及其凋落物数量都会增加;但温度升高会提高土壤有机质分解速率,导致土壤有机碳储量减少。

(4)极端事件的影响

极端降水事件对土壤的侵蚀和淋溶导致有机质与养分损失。干旱气候区如降水量增加不足以补偿蒸散量增大时,土壤盐渍化会加重,海平面上升与海水入侵也会加剧沿海地区土壤的盐渍化。沙尘暴对农田表土的风蚀是干旱区土壤肥力下降与土地荒漠化的主要原因。

## 42. 气候变化对生物多样性产生了什么影响?

联合国1992年《生物多样性公约》将生物多样性定义为:所有生物的多样化程度,包括陆地、海洋和其他水生生态系统及其构成的生态复合体,包括种内、种间和生态系统多样性。根据这一定义,生物多样性包括遗传多样性(或基因多样性)、物种多样性和生态系统多样性 3 个层次。

生物多样性是指一定空间范围内多种活有机体的总称,是生物及其与环境之间复杂关系的体现和生物资源丰富的标志。生物多样性作为人类赖以生存的基础,不仅给人们提供了基本的生活环境,丰富的生物资源还为人类的生产和生活提供了保障。IPCC 的评估报告指出:过去的气候变暖已经对生物多样性产生了极大影响,物种的物候、行为、分布和丰富度、种群大小和种间关系、生态系统结构和功能等都已发生不同程度改变,甚至引起个别物种的灭绝。预计未来全球升温幅度超过 1.5~2.5 ℃时,目前已评估过的 20%~30%的物种灭绝的风险将增加;温度升高超过 2~3 ℃,目前地球上 25%~40%的生态系统的结构与功能将发生巨大改变(吴建国,2008)。

我国是世界上生物多样性最丰富的 12 个国家之一,拥有森林、灌丛、草甸、草原、荒漠、湿地等地球陆地生态系统和海洋生态系统;高等植物 34984 种居世界第三位;脊椎动物 6445 种占世界总种数 13.7%;已查明真菌种类 1 万多种,占世界总种数 14%。目前部分生态系统的功能退化,野生高等植物濒危比例达 15%~20%,有 233 种脊椎动物面临灭绝,约 44%的野生动物数量下降,一些农作物野生近缘种的生存环境遭受破坏,一些地方传统和稀有品种资源丧失(中华人民共和国国务院新闻办公室,2021)。

气候变化对生物多样性的影响主要表现在:生境退化与消失,物种向气候相对适宜的地方迁移,物候期改变,某些物种的濒危或消失等。

气候变化在基因、物种和生态系统水平上对全球生物多样性都产生了影响。在基因水平上,生物体为适应新的气候条件,物种基因序列可能发生改变,影响生物的遗传多样性;在物种水平上,研究表明,到 2050 年气候变暖将导致全球 5 个地区 24%的物种灭绝;在生态系统水平上,降雨和温度的改变将使生态系统分界线发生移动,某些生态系统可能扩展,某些生态系统将萎缩。

气候变化导致脆弱的生境逐渐退化甚至消失,栖息于中的物种和生态系统受到威胁,濒危物种增加。物种分布是区域生态因子长期作用达到平衡的结果,气候变化打破了这种平衡,迫使许多物种向高纬度和高海拔迁移,途中可能遭到食物缺乏等障碍,还可能遇到天然或人为障碍,当物种无法迁移时就会造成地方性甚至全球性的灭绝。

气候变化改变了物种的物候期,引起生态紊乱。如春天提前到来会使昆虫产卵和生长高峰期提前,使长途迁徙到此的鸟类错过昆虫生长高峰期而造成食物短缺并影响繁殖,或被迫改变原有的迁徙路径和目的地。

由于各种人为和自然干扰,中国各类生态系统存在不同程度的退化,约 15%~20%的动植物物种受到威胁。生物多样性的减少直接降低了生物圈调节平衡的能力,最终会影响到人类的生存和发展。

## 43. 气候变化与有害生物入侵有什么关系?

有害生物入侵是指有害生物由原生存地经人为或自然的途径侵入到另一个新环境,并在自然或人为生态系统中定居、自行繁殖和扩散,对入侵地的生物多样性、农林牧渔业生产、人类健康和食品安全等形成危害,造成经济损失或生态灾难的现象或过程。物种对于生态系统和人类的有害或无害是相对的。由于自然界的物种之间存在复杂的食物链关系,一些在原栖息地本来无害的物种,迁入新环境后由于缺乏天敌或制约因素而无限制地繁衍扩展,也有可能成为有害物种。如欧洲家兔引入澳大利亚养殖发生逃逸,成为野兔并大量繁殖,一度造成对草原的严重破坏。截至2020年6月5日,中国已发现660多种外来入侵物种,其中71种对自然生态系统已造成或具有潜在威胁并被列入《中国外来入侵物种名单》。

气候变化对有害生物入侵的影响表现在以下几个方面:

(1) 影响外来物种的入侵途径与传播过程

气候变化使全球人流、物流和农业生物产品及品种市场需求和引种等的格局发生改变,使原来传入概率较低的物种获得更多传入机会。气候变化可能改变大气与海洋环流的格局,气候变暖使候鸟、昆虫迁徙与鱼类洄游的时间和路径发生改变,加上极端天气的发生都为外来物种增加了新的传入机会,如超强台风可以把一些害虫与微生物携带到很远的地方。气候变化形成的新环境可以为受气候要素限制的外来物种提供存活定殖的机遇,尤其是抗逆性和定殖能力强的外来物种将率先占领气候扰动造成的空缺生境与生态位并建立种群。气候变暖使喜温外来物种向高海拔和高纬度地区迁移,加快虫媒病害的蔓延和异地传播;温度升高还减少了昆虫的世代历期,增加越冬存活率和一年中发生的世代数,促使已经定殖的外来入侵物种扩大分布范围和种群数量。

(2) 气候变化加剧外来物种入侵的生态恶果

生物入侵过程分为传入、定居和扩散三步,过程的实现取决于当地原有生态系统的抗干扰程度。在没有外来干扰时,原来生态系能够抵抗外来物种的入侵。气候变化有可能使现有物种对外来生物的抗性弱化并激活外来物种的活性,从而间接促进外来生物对本土物种的竞争和替换。如在顶级森林生态系统中,入侵物种很难在郁闭林冠下发芽生长;但在林冠遭受自然灾害或人为干扰而破坏后就容易发芽、生长和扩散。气候暖干化可能导致更加频繁的火灾、干旱和病虫害,使入侵物种有机可乘。外来物种入侵后通过扩散和繁殖占据新的领地,改变了原有生态系统的组成、结构和功能,破坏了生态平衡,将带来一系列的生态环境和社会经济问题,甚至引发生态灾难。

(3) $CO_2$ 浓度增高对外来物种入侵的影响

$CO_2$ 浓度升高使农田生态系统中的 $C_3$ 类杂草更具竞争力,$C_4$ 植物为优势种的群落易被 $C_3$ 植物入侵。$CO_2$ 浓度增高还导致植物体内蛋白质含量降低,促使害虫寻找蛋白质含量或生物量相对较高的植物群落。

(4)气候变化与土地利用变化的综合影响

人类活动导致的土地利用方式改变使原有生态系统结构发生根本改变,也是导致物种入侵的一个重要因素。大量森林和草原开垦成农田进行单一种植,使生物多样性和有害生物的天敌锐减,为外来生物入侵提供了有利条件。城市和工业用地由于下垫面性质改变不利于原有物种的繁衍,外来物种会乘虚而入。气候变暖促进了高纬度与高海拔地区的土地开发利用和人口聚集,增加了这些地区外来物种入侵的风险,与此同时,低纬度和低海拔地区的外来物种入侵问题会变得相对较轻。

## 44. 气候变化对冰冻圈产生了什么影响？

冰冻圈是指地球表层由山地冰川、极地冰盖、积雪、冻土、海冰等固态水组成的圈层,是气候系统的重要组成部分。我国冰冻圈的主体是高纬度高海拔地区广泛分布的冰川、冻土和积雪,不仅有重要的气候效应,还是维系干旱区绿洲经济发展和确保寒区生态系统稳定的重要水源保障。

(1)气候变化对中国冰冻圈及寒区生态环境的影响

《中国气候变化蓝皮书2021》指出,全球山地冰川整体处于消融退缩状态,1985年以来山地冰川消融加速。2020年,全球参照冰川总体处于物质高亏损状态,平均物质损失量为982 mm水当量。中国是世界中低纬度地区冰冻圈最为发育的国家,在全球变暖背景下,20世纪90年代以来约82%的冰川处于退缩或消失状态,面积缩小2%~18%。张正勇等(2018)分析,1970—2010年间,天山冰川面积减少1274 $km^2$,退缩13.9%,年均冰川储量减少40.8亿 $m^3$。安国英等(2019)调查,1999—2015年间,中国喜马拉雅山区冰川数量减少85条,面积减少4200 $km^2$,冰储量减少23.85亿 $m^3$。青藏高原多年冻土退化迹象明显,1981—2020年,青藏公路沿线多年冻土区活动层厚度呈显著的增加趋势,平均每10年增厚19.4 cm。21世纪初以来,中国西北积雪区和东北及中北部积雪区平均积雪覆盖率均呈弱的下降趋势。未来冰冻圈的变化将持续对中国西部地区生态与环境安全以及水资源的可持续利用产生广泛而深远的影响。

早春黄河上游河床解冻,流冰在中游堆积成冰坝常形成凌汛灾害,气候变暖将使凌汛发生提前。

东北地区1961—2019年最大冻结深度以每十年5.2 cm的速率递减。随着气候变暖和冻土层变薄,春耕春播等农事活动相应提前,水稻种植面积北扩。

气候波动使积雪与海冰范围的季节和年际变化更加明显。在内蒙古草原,积雪太厚和积雪期过长将形成白灾,牲畜觅食困难、冻饿掉膘甚至死亡;积雪太少则会形成黑灾,牲畜因缺乏饮水而患病、掉膘或死亡。我国的渤海与北黄海是世界上纬度最低的海冰发生海区,1969年、2010年、2012年等都发生过严重的冰情,大量船只和油气开采平台被困和损坏。

(2)冰冻圈变化对全球和区域气候变化的影响

秦大河(2017)指出,冰冻圈对于气候变化的响应极为敏感。随着气候变暖,世界各地冰川不断退缩,1950年以来北半球冬季最大季节冻土面积减少约7%,我国减少了10%~15%。如果全球冰川融化,海平面将要比现在高60多米,沿海城市和低地将被淹没。北极冰雪快速消融,大量淡水注入海洋导致北大西洋热盐环流变慢乃至停滞,将对全球气候变化产生重大影响。西伯利亚多年冻土囚锢的温室气体是每年化石燃料燃烧进入大气温室气体量的75倍,气候持续变暖和多年冻土退化可能导致这些温室气体逐渐释放,从而影响全球气候变化。

雪冰具有极高的反照率,其时空变化显著影响全球能量平衡及水循环过程,从而改变区域或全球尺度气候动力过程;全球冰量的变化通过改变海洋盐度和温度而触发大洋环流逆变,改变全球气候格局;多年冻土的变化不仅通过改变地气水热交换过程而影响气候系统,同时还通过改变冻土碳库而影响到全球碳循环和气候变化。

青藏高原积雪变化对大气环流的反馈作用显著,对印度气压场和热带东风急流强弱存在显著影响,高原积雪的多或少会造成夏季风的弱或强,进而影响长江流域的涝或旱。

## 45. 气候变化对城市气候产生了什么影响?

城市气候是一种在城市作用下形成,有别于大区域背景气候的局地气候。城市气候形成与扩展可看成全球气候变化的组成部分,气候变化也对城市气候的形成起到了重要促进作用。

(1)城市气候与"五岛效应"的形成

城市除受当地纬度、大气环流、海陆位置、地形等区域气候因素的作用外,还受到人类释放热量及水汽的影响。由于人类活动集中,建筑物密集,下垫面性质改变和大量消耗能源,形成了特殊的城市气候。"城市热岛效应"(urban hot island effect)就是由于城市化发展导致城市中气温高于外围郊区气温的现象。如北京城区的平均气温通常要比远郊高出2~3℃。城市由于下垫面粗糙度大,又有热岛效应,机械湍流和热力湍流都强于郊区,通过湍流垂直交换,底层水汽向上层空气的输送量比郊区多,导致城区近地面水汽压和相对湿度小于郊区,形成"城市干岛"。但由于城市风速减小,湍流减弱,下垫面凝露较少,使城区近地面水汽压高于郊区,又形成"城市湿岛"。随着城市中高大建筑物密度不断增加,尤其在盛夏建筑物空调和汽车尾气超常排放热量,使对流增强,有利于产生降水,通常城市区域的年降水量明显多于郊区,称为"雨岛效应"。城市大量排放废气与颗粒物,使空气中的气溶胶浓度增大,能见度要比郊区差,低云和雾霾出现频率高,形成"城市混浊岛"现象。城市气候尤其是上述"五岛效应"的形成对城市生态环境、居民生活和经济发展产生了深刻影响。

虽然密集高大建筑群使城区风速明显小于郊区,但与风向平行的并排建筑之间会形成"风廊效应"(wind corridor effect),使局地风速突然增大,易造成广告牌倒塌和高层建筑阳台物品坠落,伤害行人和损坏车辆。

(2)气候变化对城市气候的影响

全球气候变化使城市气候的特征更加明显。气候变暖与城市热岛效应叠加,使得城市区域的高温热浪更加突出,对人体健康和生产、生活的影响变得更大。由于全球风速与太阳辐射普遍减弱,城市中的污染空气更加不容易扩散和稀释,雾霾更加频繁。尤其是华北平原与中原,由于降水减少和冷空气活动减弱,静稳天气增多,加上三面环山的地形不利于扩散和重化工业企业及机动车数量的迅速增长,已成为我国大气污染最严重的地区。气候变化使极端降水事件增多,城市下垫面性质的改变一方面增强了局地对流,使得城市暴雨频率增加,强度加大,同时还由于透水性下降而增大了径流系数,使得城市地面在降暴雨时迅速积水内涝,严重影响交通和居民生活,并通过对生命线系统破坏的连锁效应将灾害损失放大。

## 46. 气候变化对城市生命线系统有什么影响?

城市生命线系统(urban life-system)是指保证城市系统正常运转和维系城市功能的基础性工程,主要包括电力、交通、输油、供气、供水、排水、排污、通信、网络等。现代城市生命线系统以地下和地上管网形式密布城市区域,具有公共性高,涉及面广,相互关联性强的特点。城市基础设施的功能类似人体各个器官,如城市供电和输油气管道输送能量的作用类似血液系统,物资和商品的输入和消费类似消化系统,排水排污和垃圾处理系统的作用类似排泄器官,传输信息的通信与网络系统类似神经系统,因而被称为城市生命线系统。

(1)城市生命线系统的脆弱性

城市生命线系统极大提高了经济社会服务功能,给居民生活提供许多便利,但随着我国城市化进程不断加快,有些新城或新区建设缺乏科学规划,基础设施建设往往滞后于城市发展,使城市生命线系统超负荷运行,出现极端天气时易引发事故,尤其是有些旧城区的管网系统陈旧且多年失修,城乡接合部和地下空间等外来人口集聚地的生命线系统不完善,私接电线和违章建筑较多,安全隐患更加突出。

关联性强是城市生命线系统脆弱性的主要原因。城市管网局部受损可产生连锁放大反应,尤其枢纽部位受损可使整个城市的功能陷于瘫痪。

现代社会对生命线系统的高度依赖也极大增加了城市的脆弱性。经济不发达的城市,居民大多住在平房,做饭与取暖用煤炉,家用电器很不普及,仅照明少量用电,出行多用自行车或公共交通,很少有人出远门。由于对城市生命线系统的依赖程度较低,1954年冬季我国南方的持续严寒冰雪天气对城市运行和居民生活的影响有限。但2008年规模相近的严寒冰雪天气,由于交通、供电、通信等系统的瘫痪,直接经济损失高达1516.5亿元。交通中断造成数百万旅客滞留车站和机场,汽车堵塞在公路上，人员和物资无法运出，司机与乘客饥寒交迫；长时间停电使居民无法取暖和用炊，工作和学习受阻；给排水管道冻裂导致供水中断和粪污横流；通信中断还造成严重的社会恐慌。北美 2003 年 8 月 14 日大停电事故影响到美国和加拿大东部的 5000 万人口，经济损失高达 300 亿美元。居住在几十层高楼上的老年居民，由于供水供电中断和电梯停运，无法外出购买食物和饮用水，一度发生生存危机。

（2）气候变化对城市生命线系统性能的影响

气温升高后电线热胀容易下垂着地引发触电事故。冬季变暖使冻土层变浅和不稳定，必须修订输油气和给排水管道埋藏深度和保温技术标准，并影响高寒地区的铁路、公路的路基建设。气温升高与热岛效应使沥青路面更易熔化，加上气溶胶增加导致城市能见度下降，增大了城市交通事故的风险。气温升高还使城市居民夏季空调降温用电和洗浴用水量急增。

（3）极端天气气候事件增大了城市生命线系统的事故风险

对城市生命线系统损害最大的极端天气包括热浪、冰雪、暴雨和内涝、严重雾霾污染、大风和雷电等。沿海城市还容易受到台风和风暴潮的袭击，西部绿洲城市融雪性洪水与沙尘暴频发，山地城市容易遭受暴雨引发的山洪、滑坡与泥石流等灾害。

热浪发生期间用电用水负荷急剧增大，常引发局部区域供电供水中断或限时限量供应。

冰雪严重阻断城市道路交通，冻雨可导致高压线塔与通信塔倒塌与供电、通信系统的瘫痪。严寒天气还经常冻坏给排水和排污管道，给居民生活带来极大困难。

下垫面性质改变导致城市暴雨内涝频繁发生，使交通陷于瘫痪。久旱之后突降暴雨还经常造成局部路面和地面塌陷。2012 年 7 月 21 日北京城区发生的特大暴雨除造成交通阻断外，风雨还折断电杆，冲开排水井盖，导致行人伤亡。2021 年 7 月 20 日郑州市的特大暴雨中，洪水冲倒挡水墙，灌入 5 号线地铁隧道，被困列车有 14 人因窒息、溺水和失温遇难。

风速减弱和气溶胶增多使城市雾霾天气增加，并往往伴随严重的大气污染，除直接危害人体健康外，还可诱发输变电系统的"污闪"（contaminated flashover）事故，1990 年 2 月 16—17 日华北区域电网大面积污闪，数十条高压输电线路掉闸断电。为保证居民取暖，北京市对 200 多个工业大企业实行拉闸停电并对远郊区县限电，造成严重的经济损失。

现代城市虽然由于高楼林立并普遍安装避雷针，直击雷已很少造成人员伤亡，但感应雷对供电、通信和网络系统的危害却在增大。

## 47. 气候变化对城市园林景观有什么影响？

园林是在一定的地域运用工程技术和艺术手段，通过改造地形、种植树木花草、营造建筑和布置园路创作而成的美观自然环境和游憩境域。城市化过程使原有生物群落大为减少或不复存在，导致生态恶化和污染加重。为保持良好环境，我国规定新建城市绿地覆盖率应占30%,改建城市不应低于25%。发达国家有些城市园林占地高达60%~70%,但目前我国多数城市的园林绿地覆盖率还比较低,远不能适应现代化建设的需要。

(1) 园林绿地对城市气候与环境的效应

城市园林具有显著的生态效益、社会效益和经济效益。

① 改善城市气候 首先是遮阴降温,减轻热岛效应。重庆市区的观测表明,城市林地比裸地降温5~7℃,草地与灌丛降低1~2℃。园林绿化覆盖率越高,气温下降越多。其次,园林植物通过蒸腾散失水汽和截留降水,减少地表径流和保持土壤水分,可提高相对湿度10%~20%,还具有一定防风作用。

② 减轻城市环境污染 城市建筑群间的园林绿地有利于污染空气扩散稀释和新鲜空气输入。园林植物遮蔽可降低噪光和噪声,吸附和减少空气含尘量。许多园林植物还能吸收$HF$、$SO_2$、$NO_2$、$O_3$等有毒气体并杀菌,对污水也有一定净化作用,并减轻土壤侵蚀。

③ 有益人体健康 园林植物固碳制氧改善了空气质量,绿化覆盖率35%~60%的地方负离子浓度为覆盖率小于7%地方的两倍,还提供了赏心悦目的景观和休闲娱乐场所。

(2) 气候变化对城市园林的影响

城市园林生态系统的生物种类较少,食物链较简单,遇自然灾害或人为干扰时结构容易破坏,自我调节能力较低,气候变化对城市园林的影响表现在以下方面:

① 物候的改变 气候变暖使植物的春季物候普遍提前,全球气温每升高1℃,我国木本植物物候期约提前3~4 d。城市由于热岛效应的叠加,植物物候的提前更加明显,且纬度越高,城市越大,提前得越多。据中国物候观测网,北京玉兰、沈阳刺槐、合肥垂柳、桂林枫香树、西安色木械等代表性树种1963—2019年间的展叶期每10年分别提前3.3 d、1.4 d、2.2 d、2.9 d和2.5 d。研究表明未来沈阳平均气温每升高1℃,芽萌动期将提前9 d,展叶期提前10 d。异常暖冬常使一些树木提前萌芽甚至开花而容易遭受冻害,但对于需要一定时期低温刺激才能打破休眠的植物,冬季变暖有可能导致芽萌动和开花期的推迟。在气候明显暖干化地区的城市,有些草本植物也可能因水分不足而推迟返青,木本植物则推迟萌芽。

气候变暖使得城市林木的春季开花与观赏期提前,秋季变色与落叶推迟使红叶与银杏树黄叶的最佳观赏期也相应延迟。如过去北京香山的红叶最佳观赏期是在10月中旬末和下旬初,现已推迟到10月下旬末和11月初。

② 对植物种类的影响 随着气候变暖,原有树种、草种可能会变得不适应,但北方城市过去不适宜栽种的喜温和相对不耐寒的树种、草种会变得能够存活。降水变化也会影响到植物种类的分布,如北京市由于降水减少和水资源短缺,提倡种植耐旱树种和灌木,城市草坪也尽量采用耐旱草种。

③ 极端天气气候事件的影响 气候变化导致极端天气气候事件频繁发生。园林

植物在前期气温明显偏高和发育提前的情况下再遇强烈降温,更容易遭受低温冻害。如北京市2010年1月上旬城区极端最低气温降到−20～−19℃,为40多年来所未有,冻害最严重的植物有石榴、紫薇、大叶黄杨、丝兰等,竹子和雪松冻害也较严重。但冬季异常偏暖时,北方城市有些早花植物会出现二次开花,因消耗养分长势衰弱也易遭受冻害。持续干旱缺水对园林植物生长也十分不利,20世纪80年代以来北京市同一树种的生长速度已明显慢于20世纪50—60年代。由于缺水对京密引水渠实施衬砌后,渠畔树木大量枯死。2008年1—2月南方城市的低温冰雪灾害更导致大量树木倒折。

④ 对植物病虫害的影响　气候变暖使城市园林生态系统的生物种群结构发生改变,植物病虫害越冬基数增加,发生提前,危害期延长。如济南市2008—2009年秋季气温偏高且少雨,食叶害虫、蛀干害虫和地下害虫为害期延长了10～20 d。由于城市区域气温明显高于郊外,加上植物种类不同,园林植物病虫害种类和发生规律与乡村有很大差异。

## 48. 气候变化对城市社会生活有什么影响?

城市是以非农业产业和非农业人口集聚为主要特征的居民聚落,是人类文明发展的产物,通常是周围地区的政治、经济、文化中心。随着生产力的发展,由以农业为主的乡村型社会向以工业和服务业等非农产业为主的城市型社会转变是历史发展的必然趋势。改革开放以来我国城市化进程明显加快,但有些地区缺乏科学规划的盲目扩建也带来许多环境与社会问题,气候变化在一定程度上加剧了这些"城市病",不利于城市社会经济的可持续发展。

气候变化对城市社会生活的影响表现在以下几个方面。

(1) 影响人体健康

气候变化将对城市居民健康产生不利影响,包括夏季更热使人体感到不适,增加中暑和患病的危险;有害生物向更高纬度与海拔扩展增大了媒传疾病传染风险;$CO_2$浓度增高会改变某些农产品的养分构成,打破人体摄取食物的营养平衡;但气候变暖对于高寒地区城市居民的健康有可能利大于弊,尤其是减轻了冬季易发疾病和冻伤。

(2) 作息与出行规律改变

气候变暖使炎热地区的居民延长午休和调整上下班时间,高寒地区居民的冬季出行条件则得到改善,建筑与工程的施工期延长。

(3) 极端天气气候事件的危害

气候变化与城市扩展导致热浪、局地暴雨内涝、雾霾污染等极端天气气候事件频繁发生,除直接危害人体健康外,还严重影响居民生活、工作与城市功能运转。

(4) 影响社会活动

气候变暖使高寒地区城市的冬季室外活动增加,不再"猫冬";但中低纬度城市夏季更加炎热,不利于公共场所政治、商贸展销、展览、文化和体育活动等的开展。

(5)影响城市规划与土地利用

气候变化导致不同地区的资源与环境条件发生改变,如气候暖干化地区水资源日趋短缺,沿江地区洪涝加重,使城市扩展和人口承载受到限制,而气候改善地区的城市将吸引更多人口迁入。为减轻城市热岛效应,城市不得不留出更多土地用于绿化和水面。

(6)影响城市基础设施

我国许多城市的基础设施建设滞后于城市发展,气候变化使这一矛盾更加突出,目前大多数城市的排水系统只能应对一年或半年一遇的大雨或暴雨,不利天气下交通拥堵严重,盛夏炎热天气经常限水限电。极端天气如使城市生命线受到破坏甚至瘫痪,后果更加严重。

(7)影响城市环境

气候变暖使得城市园林和绿地原有植物和生态系统变得不适应,需要调整物种结构和加强抚育管理。缺水城市不得不改种耐旱树木和减少水体更新用水,水体增温使富营养化水体微生物加速繁殖,污染加重。气候变暖还使得城市园林植物的病虫害种类改变和危害加重。除人为因素外,气候变化导致全球平均风速与太阳辐射减弱,是许多城市雾霾污染加重和沙尘暴灾害减轻的主要原因。

(8)适应气候变化的产业结构调整导致的就业变化

气候变化使不同区域的自然资源禀赋与环境容量发生改变,对不同城市与产业的影响有利有弊,将加剧区域间社会经济发展的不平衡,在产业布局与结构调整过程中,有些城市和产业部门的就业形势看好,有些则看差,由此产生一系列民生问题。

(9)观念和意识的改变

气候变化对生态环境和社会经济的巨大影响促使人们高度关注全球环境危机,可持续发展与构建地球生命共同体的理念更加深入人心,环境保护类民间社团如雨后春笋纷纷成立,环保志愿者队伍日益壮大,广泛开展建设低碳经济和适应型社会的活动。

(10)气候移民与生态难民

随着气候变暖,原来不适于人类居住的高寒地区变得比较适宜,炎热地区和缺水严重地区变得不适宜居住,将使气候移民增加。目前,冬季去华南,夏季去东北和西北的候鸟式迁徙已成为许多城市居民的时尚。有些气候恶化生态脆弱地区的城市居民可能成为生态难民,尤其是在经济不发达的发展中国家。

## 49. 气候变化对城市经济有什么影响?

城市经济以城市为载体和发展空间,以二、三产业为主,生产要素高度聚集,具有规模效应、聚集效应和扩散效应,构成区域经济的核心与主体。城市经济的发展取决于区域资源禀赋、生态环境、地理位置、交通条件、人口分布与消费需求等诸多因素,气候变化通过对上述因素的影响而直接或间接影响城市经济。

(1) 消费需求的改变

消费需求是产业发展的根本动力。随着气候变暖,夏令商品畅销,冬令商品需求减少。对安全防护、节能节水、空气净化、洗浴、医药等的需求也在增加。

(2) 对气候敏感产业的影响

对气候变化敏感的产业包括高暴露、高耗能、高耗水、高污染、原料高依赖、消费高敏感等类型。

高暴露产业指主要在露天条件下进行生产活动的建筑业、交通运输业、旅游业、露天采矿与油气开采等。气候变暖使冬季作业条件改善,夏季作业条件恶化。极端天气气候事件增加使得露天作业时人员伤亡和设施损毁的风险加大。

高耗水产业包括造纸、冶金、纺织、皮革、化工、食品、洗浴等产业,气候变暖增加了冷却和洗涤用水,气候干旱化的城市,这些产业的发展因缺水而受到严重制约或因成本提高而经济效益明显降低。节水器具生产和节水型产业发展将受到鼓励。

高污染产业包括化工、农药、电镀、制革、造纸、水泥、能源等产业。气候变化加剧了大气污染,增强了污染物的毒性,降低了城市环境容量,严重制约高污染产业的发展,但有利于环保产业和环境友好型产业的发展。

食品、纺织、服装、餐饮、木材加工等产业以农林产品为原料,气候变化对农林业产品产量和质量的影响会直接延伸到这些原料依赖型产业。

气候变化改变了人们对食品、餐饮、服装、居室环境调控、旅游等的消费习惯,从而影响到这些产业的发展。

(3) 对能源产业和高耗能产业的影响

高耗能产业包括冶金、建材、能源、化工、机械制造等。由于现代气候变化主要是人类大量排放温室气体所造成,遏制气候恶化要求加大节能减排的力度,要求高耗能产业实行节能技术改造和改用低碳或非碳能源。由于碳税的逐步推行,对低耗能产业的发展有利。

(4) 对交通运输业的影响

气候变暖使高纬度高海拔地区和冬季出行条件改善,低纬度地区和夏季出行条件恶化,并对交通设施的性能和交通工程建设标准提出了新的要求。极端天气事件频发和能见度降低增大了交通事故发生的风险。

(5) 对旅游业的影响

气候变化使自然物候、气象景观、出行规律和旅游消费需求都发生了改变,将引起旅游业时空分布和经营项目的调整。

(6) 对商业与贸易的影响

气候变化引起的自然资源禀赋和环境容量改变,必然导致国内不同区域之间和世界各国之间产业分布格局的改变,气候恶化地区原有的一些主产区可能优势不再,气候变化有利地区可能迅速转变成优势产区,导致国内国际商业和贸易的格局发生改变。

(7)对文化产业的影响

气候变化引起消费需求、行为方式、心理、观念、社会结构、国际政治经济格局的一系列变化,尤其是保护环境和可持续发展的理念日益深入人心,必将反映到文化产品中。气候变化,尤其是极端天气气候事件还对历史文化遗产的保存造成了威胁。

(8)对金融、保险业的影响

为减轻气候变化的负面影响和利用所带来的某些机遇,许多产业与行业需要额外增加适应资金,联合国环境规划署2014年12月发布的报告称,2020年以前全球适应气候变化的成本将高达每年上千亿美元,是之前预计成本的三倍。如果根据各国政府之前已经同意的将温度升高控制在2℃范围以内,2025—2030年适应成本将上升到1500亿美元,到2050年适应成本为每年2500亿~5000亿美元。极端天气气候事件频发极大增加了对灾害保险的需求。

(9)对医药产业的影响

气候变暖将导致许多媒传疾病的北扩,增加热应激引发的中暑和心脑血管疾病的风险,气温升高增加水环境污染的风险,将导致一些发展中国家肠道传染病的流行。冬季变暖使与低温相联系的疾病有所减轻。极端天气事件增加了人员伤亡的风险,这些都对医药产业提出了新的要求。

(10)对科技、教育的影响

气候变化对经济、社会与生态的巨大影响,要求国际社会和各国加强对于地球系统科学与全球变化科学、节能减排和新能源开发技术、不同产业的适应对策与技术、生态系统调控与环境保护、构建低碳经济与建设气候适应性社会等方面的研究,并要求将应对气候变化的知识和技能列入教学计划,加强应对气候变化相关领域人才的培养。

## 50. 气候变化对历史文化遗产有什么影响?

历史文化遗产是指具有一定历史意义,存在历史价值的文物,其中物质文化遗产是具有历史、艺术和科学价值的文物,非物质文化遗产是指各种以非物质形态存在,与群众生活密切相关,世代相承的传统文化表现形式。全球气候变化不仅给人类社会的经济、农业、工业、科技等领域带来重大而深刻的影响,引发人类对以上领域进行不同程度的变革,而且对历史文化遗产也带来了不容忽视的影响。联合国教科文组织发布了汇聚来自世界各地50个专家的研究报告《气候变化与世界遗产案例分析》,详细阐述了气候变化给世界自然和文化遗产的影响,包括英国的伦敦塔、突尼斯伊其克乌尔国家公园和澳大利亚的大堡礁等。

(1)气候变化对古建筑的影响

历史文化遗产中的古建筑不但年代久远,地基也很脆弱,中国古建筑以土木结构为主。气候变化引起的土壤水分状况改变、土温升高或冻土层变浅,会使地基更加不稳固,从而加大了对古建筑的保护难度。气候变化带来的海平面上升和洪水、风暴等灾害性天气也会对历史文化遗产产生严重破坏。以秘鲁昌昌城为例,厄尔尼诺现象所造成的降雨量变化破坏了这个全球著名土砖城结构的古城。在欧洲、非洲和中东的历史名城,气候变化导致的洪涝灾害和海水上涨的破坏也很大。洪水引起土壤湿度增加,导致建筑物表面因盐分结晶增加而受到侵蚀,还容易造成地面隆起或下沉。江河水位的急剧变化对沿岸历史文化遗址的保存也带来很大困难。气候变暖使白蚁的分布北扩,对我国南方木质古建筑造成严重威胁。

(2)气候变化对珍贵艺术品与历史文献的影响

珍贵艺术品一般由帆布、木材、纸或皮革制成,在暖湿环境下容易发霉并吸引微生物和昆虫,如缺乏保护将会腐烂或变质。历史文献包括竹简和典籍,在气候暖湿化地区真菌和微生物的繁殖加快,使馆藏书籍容易发霉或滋生蠹虫,而气候暖干化容易使竹简干裂。二氧化碳浓度和酸性颗粒物增加导致空气酸化甚至形成酸雨,会腐蚀古代文物和古建筑。

(3)气候变化对宗教文化遗址的影响

古代宗教文化反映在各地的石窟艺术或古城遗址,如洛阳龙门石窟、甘肃敦煌莫高窟、重庆大足石刻和泰国东北部素可泰古城遗址等。气候变化导致局地极端降水事件增加,可能引起不同尺度的地质灾害,给依山而建的石窟文化遗产带来一定的危害。联合国环境规划署和联合国教科文组织曾经发表的一份报告中指出,由于气候变化导致的洪涝灾害,使泰国东北部素可泰古城遗址和大城遗址遭受了很大破坏。气候变化导致敦煌空气中的湿度和$CO_2$浓度增加,这种酸化的空气对敦煌莫高窟的石刻佛像和壁画都是一种潜在的威胁。

(4)气候变化对地下埋藏文物的影响

中国古代陵墓埋藏着许多珍贵的文物,在稳定的气候条件下能够长期保存。气候变化导致土壤、地质或水文环境的改变,将严重威胁埋藏文物的保存。气候变暖导致冻土层变浅和土壤温度升高,原来由于低温环境得以保存的北方古代陵墓中的陪葬物品容易霉烂变质。降水增加的地区,地下水位抬高将浸没古代墓葬。新疆的气候暖湿化将导致一些古代陵墓中的干尸腐烂和陪葬物品变质。

(5)对少数民族文化遗产的影响

气候变化使大量土著部落将失去自己的传统习俗、文化艺术及语言。有的地方为保存自己的文化习俗而不得不迁移,但有些偏远地区的小部落将会灭绝。一些少数民族在气候移民后,由于社会环境的变迁可能导致本民族原有文化丧失。

为应对气候变化的这些不利影响,必须加大对历史文化遗产的保护力度,还使得维护成本大大增加。

## 51. 什么是气候贫困,气候变化与生态脆弱地区贫困化有什么关系?

(1)气候贫困与致贫因素

气候贫困(climate poverty)是指由于全球气候变化带来的影响及产生的灾害导

致的贫穷或使得贫穷加剧的现象。贫困的产生有社会与经济的原因,也有资源与环境的原因。中国的集中连片贫困地区一般都是生态脆弱区,大多位于生态过渡和植被类型交错区,主要分布在北方干旱半干旱区、南方丘陵区、西南山地区、青藏高原区及东部沿海水陆交接地区(张志强 等,2021)。

气候变化扩大了贫困范围,气候变化的不确定性较高,造成的贫困问题比传统的收入贫困更具复杂性,致贫因素与作用机制更加复杂,除收入外还包括生产多样性不足、基础设施及适应能力缺乏等,对贫困人群的潜在影响更大。气候风险和生态脆弱的叠加是导致气候贫困的根本原因。2009 年 6 月 17 日,国际环保组织绿色和平与国际扶贫组织乐施会共同发布《气候变化与贫困——中国案例研究》报告,指出气候变化已成为贫困地区致贫甚至返贫的重要原因。气候变化正在影响这些地区的粮食生产、用水条件、房屋设施、牲畜养殖等基本生活生计,还造成了外出移民和返贫等后果。同时,由于受资源匮乏、基础设施薄弱、教育及卫生等基本社会服务水平低下的限制,贫困地区应对气候变化与灾害的能力更为薄弱。

(2)气候贫困的类型

按照气候致贫原因可分为以下三类:

突发性气候贫困。贫困人群暴露在突发极端天气气候事件中,生产生活方式遭到冲击,难以维持原有生计。尤其暴雨洪涝、超强台风、高温热浪、极寒天气等突发性气象灾害以及病虫害等次生灾害,严重危害人们的生命财产安全,是导致贫困的主要原因。

缓发性气候贫困。某地区生态环境不断恶化,超出其资源承载力或环境容量,无法满足基本生活需求,就会引发贫困现象。如长时间干旱导致灌溉与人畜饮用水不足,水土流失导致的沙漠化、石漠化与植被退化等。

适应型气候贫困。贫困地区和贫困人口的基础设施不完善,防灾减灾能力薄弱,气候恶化与灾害发生时的适应能力低,导致贫困进一步严重。

(3)气候贫困的分布

生态过渡地区由于边缘效应对气候变化特别敏感。如北方农牧交错带随着气候暖干化和降水减少,草地退化,虫鼠害加剧,草地载畜能力下降,干旱对作物生产的威胁加大。西南岩溶山区的洪涝与季节性干旱频发,且经常发生旱涝急转加重水土流失、植被退化与石漠化。

(4)气候变化对生态移民的影响

人口迁移在人类历史上由来已久,以寻找更好土地、适宜气候和宜居环境为目的是主动开发性移民,以逃避恶化环境与灾害为目的的是被动逃生性移民。气候移民指由于气候环境改变而催生的迁徙行为,包括针对海平面上升和资源枯竭的渐变性气候风险导致的永久性人口迁移、洪涝、干旱、冰雪、风暴、沙尘暴等突发性极端天气气候事件风险导致的人口迁徙,以及与应对气候变化有关的水利、交通、围垦等引发的工程移民。对于气候致贫地区,最常见的是因气候资源渐变恶化和极端气象事件引发的被动逃生性移民,也称气候难民。盲目迁徙的气候难民对国际社会和迁入地的社会秩序已造成严重冲击,乐施会估计1998—2007年间,全球每年的气候难民人数约2.43亿人,随着全球气候的进一步变化,气候难民还会增加。中国目前不存在生态难民,有组织的生态移民主要发生在中西部水土流失与地质灾害严重地区、土地荒漠化与草原退化严重地区和北方缺乏饮用水源的干旱石质山区。即使像中国这样的有组织安置,移民对迁入地的社会、经济与人文、气候环境也需要相当长的适应过程,而且容易与原住民发生种种利益冲突。

中国经多年努力已于2020年消除绝对贫困,但基础仍不牢固,相对贫困人口仍有较大比例,气候恶化地区一旦受灾还有返贫危险。为此,国家决定实施乡村振兴战略,逐步实现产业兴旺、生态宜居、乡风文明、治理有效、生活富裕的总要求。

## 52. 气候变化对人体健康有什么影响?

气候变化对人体健康的影响是多尺度、全方位和多层次的,虽然全球变暖对改善某些地区的人体健康有利,例如温和气候中冬季死亡减少以及高纬度地区的粮食产量提高,但气候变化对人体的健康的整体影响很可能主要是负面的(许吟隆 等,2013a,2013b)。

(1) 极端气象事件的直接影响

气候变暖导致暴风雨、飓风、干旱、水灾等灾害性极端天气的发生概率增加,如登陆我国的台风次数虽然没有增加,但强度与破坏力增大。气候波动加剧导致南方经常发生旱涝急转,加剧水土流失和滑坡、泥石流灾害。有时台风在沿海登陆并未造成多人死伤,但深入内陆山区引发的山洪和地质灾害却造成更严重的伤亡。气候变暖与降水增加导致西北地区融雪性洪水频发,严重威胁当地居民的生命安全。在全球总体变暖的总趋势下,由于气候波动加剧,冬季极端寒冷事件仍不断发生。如2008到2021年我国东北与新疆北部多次出现极寒天气,2008年1月下旬到2月上旬南方广大地区的雨雪冰冻因灾死亡132人,失踪4人,紧急转移安置166万人。健康的人较能适应外界气候变化,但气象条件急剧变化超过人体调节机能时仍会感到不适或诱发伤疤痛、风湿痛、心肌梗死、栓塞、感冒、中风、多发性关节炎、风湿病和一些传染病,脆弱人群甚至可能致命。

(2) 对媒传疾病的影响

气候变暖引起气候带整体向更高纬度移动,热带传染病扩大到温带。气候变暖使疾病媒介或病原体生存繁衍的适宜时空范围扩大,细菌、病毒存活时间延长,繁殖系数增大,导致传染病传播范围和时间增加。如引发肠道传染病的霍乱弧菌(埃尔托生物型)在外界水体存活温度为16℃,全球变暖使具备这样水温的区域和传播范围扩大。气候变暖带来的热浪和高温使病菌和寄生虫更加活跃,损害人体免疫力和抵抗力。如登革热原来只在热带地区流行,但广东省截至2014年10月21日零时,当年20个地市累计报告38753例,其中重症20例,死亡6例。在台湾省也迅速蔓延,尤其台南。极地与高原高山冰雪加快消融,有可能导致一些被掩埋的古老病毒和细菌复苏。气候变化导致生物多样性减少和有害物种入侵,家畜和野生动物对疾病的抵抗力下降,也使人兽共患病呈发展加重趋势。

(3) 与高温热浪有关的疾病

气候变暖导致与热浪相关的中暑和心血管、呼吸道系统疾病的发病率和死亡率增加。如2003年夏季西欧创纪录的高温使死亡人数比往年同期多7万例以上,仅法国8月因热浪及其引发疾病死亡人数就达1.4万。

(4) 气候变暖导致环境恶化的影响

高温还使臭氧和其他污染物含量上升,风速减弱使城市空气污染物不易扩散稀释,估计全球城市空气污染每年造成约120万人死亡。超常高温中花粉及其他气源性致敏原水平也较高,可引起哮喘。水温升高会加速水体的富营养化和污染,近年来各地多次发生因饮用水源污染危害居民健康的事故。气象灾害除直接导致死亡和伤残外,洪涝与高温等灾害还为传染性疾病提供了诱发环境。

(5) 对人体养分平衡的影响

气候变暖将降低人们的食欲,对高脂肪和高蛋白食物的摄取减少,对清淡食物和清凉饮料的需求增加。$CO_2$浓度增高、太阳辐射减弱和气温日较差减小将影响到许多农产品的养分构成,特别是使一些农产品的蛋白质含量下降。因此,在气候变化背景下,需要加强对居民饮食的营养指导。

## 53. 气候变化对人们的行为与生活方式将产生什么影响?

气候变化在对生态环境和社会经济产生巨大影响的同时,也将改变当代人传统的生活方式与行为。

(1) 倡导低碳生活方式

人类大量燃烧化石能源的高碳消费大量释放温室气体和破坏自然植被是气候恶化的根本原因,为遏制气候继续变暖,低碳生活成为人类生活方式的必然选择。低碳生活方式是绿色生活方式的重要内容之一,要求人们树立地球生命共同体的理念,学会与大自然和谐相处,杜绝一切浪费资源、能源和破坏环境的不文明行为。如通过垃圾分类与回收利用,在日常生活中从点滴做起,节电、节水、节油、节气、节约各种物质材料;积极参与植树造林与环境保护的活动。提倡借助低能量、低消耗、低开支的生活方式,尽可能降低能量消耗,减少温室气体的排放,保护地球环境。建立在科学、高效利用能源、资源与加强环境保护基础上的低碳生活,是一种经济、健康、幸福的生活方式,不但不会降低人们的幸福指数,相反会使我们的生活更加幸福。

(2) 气候适应型生活方式

由于气候系统的巨大惯性,即使能够在较短时期内把全球温室气体的平均浓度降低到工业革命前的水平,气候变暖仍将延续数百年。除提倡低碳生活方式外,还必须提倡气候适应型生活方式,即顺应气候环境的变化,调整人们在日常生活中的行为。包括根据天气变化及时增减衣着,调整饮食结构,加强营养指导;调整出行时间与活动内容,防范在气候变化条件下易发疾病与风险;加强极端天气气候事件的预防和预警,掌握灾害发生时的避险、自救与互救技能;对生态脆弱地区的气候致贫人群施以援手,积极参与所在区域与社团的适应气候变化行动等。气候适应型生活方式并非都是消极和被动的,它体现了人类与自然和谐相处和"天人合一"的理念。与老天爷"对着干",必然会遭受大自然的惩罚。顺应自然,按照自然规律办事和生活,才能趋利避害,提高生活质量和幸福指数。

气候变化关系到全人类的前途和命运,推广低碳生活方式和气候适应型生活方式,都需要全民的积极参与。尤其是发达国家长期享受高碳消费的人群,理应率先摒弃奢侈浪费的生活方式。发展中国家则应避免重蹈发达国家走过高碳工业化弯路,努力实现社会经济的可持续发展。

## 54. 气候变化对国际贸易可能产生什么影响?

气候变化导致全球资源禀赋与生态环境的深刻变化,必然带来对国际贸易的巨大影响。

(1)向低碳经济转轨带来的影响

为应对气候变化,发展低碳经济已成为全球的共识,对煤炭等高碳能源的需求减少,对低碳、非碳能源和节能技术与产品的需求增加,高能耗、高污染产业将由于成本提高和征收碳税而被迫压缩或转产,低能耗、低污染和节能的气候友好型产品与技术将大受欢迎。在非碳和可再生能源开发技术取得进一步突破后,目前十分富裕的产油国如不能及时调整产业结构,也许会变得贫穷,可再生与非碳能源资源丰富的国家将迎来重要的发展机遇,这些都将深刻影响国际贸易的格局。

(2)交通条件改变带来的影响

气候变暖使得高纬度高海拔地区的运输条件改善,将促进这些地区的国际贸易。随着气候变暖,北冰洋夏季通航时间显著延长,北极航线的开通将大大缩短西北欧到东亚的运输距离,降低贸易成本。西伯利亚冬季冰雪减少和气温上升将大大减轻冬季欧亚大陆桥的运输困难。冬季变暖使青藏高原修筑铁路和公路的条件改善,将促进我国与南亚、西亚国家的贸易,但冻土层不稳定和融雪性洪水频发也带来了新的困难。海平面上升使原来水深不够的海港能够停泊巨轮,但海洋灾害加重也使远洋贸易的自然风险增大。

(3)消费需求改变带来的影响

气候变暖导致对御寒衣物的需求下降,对防暑用品的需求上升;高寒地区的出行更加方便,炎热地区的出行意愿降低;生态脆弱的气候致贫地区人口减少,消费能力与市场需求下降;气候变化有利地区的人口增加,经济加快发展,消费能力与市场需求增大;这些都会影响到国际贸易格局的改变。

**(4) 资源环境格局导致优势产地改变带来的影响**

气候变暖有利于高寒地区的农业生产,气候过热和明显干旱化地区的农业将萎缩,将影响国际农产品贸易格局。低纬度发展中国家的粮食有可能变得更加紧缺,目前还十分荒芜的俄罗斯东部和加拿大北部,未来有可能成为新的世界粮仓,如俄罗斯已由20世纪90年代的主要粮食进口国之一跃居世界最大小麦出口国。过去由于严寒难以勘探的高纬度陆地与北冰洋海底矿产资源将能开发利用。海温和洋流的变化也会导致海洋渔业资源分布和水产品贸易格局的改变。

因此,需要开展气候变化对国际贸易格局影响的调研,及时调整我国的贸易策略,并就未来气候进一步变化对国际贸易的影响与适应对策进行必要的预研究。

## 55. 气候变化对未来的国际政治格局可能产生什么影响?

政治是经济的集中表现,而经济发展有赖于资源开发利用和一定的环境条件。气候变化对自然资源分布与气候环境产生了巨大影响,加剧了世界社会经济发展的不平衡,必然对国际政治格局产生深刻影响。

**(1) 减排与国际气候变化政治格局**

为应对气候变化,自20世纪90年代启动国际气候谈判进程以来,发达国家阵营与发展中国家阵营南北对立的基本格局贯穿始终。同时,在不同时期或不同议题上,发达国家集团内部与发展中国家集团内部又都存在许多不同的利益集团,不同利益集团之间的利益关系复杂多变。作为气候谈判的发起者,欧盟一直是推动气候变化谈判最重要的政治力量,但以美国为首,包括日本、加拿大、澳大利亚等国的"伞形"集团对于减排相对消极。发展中国家阵营一直以"77国集团加中国"模式参与谈判,但小岛屿联盟由于担心海平面上升后的灭顶之灾,支持激进的减排目标主张。发达国家累计排放的温室气体约占工业革命以来全球增量的70%以上,在推进气候谈判时不肯承担气候变化的历史责任,给予受害的发展中国家足够的补偿和技术援助,同时又要求人均排放水平不高的发展中国家也要大幅度减排和同步实现碳中和,实际是在剥夺发展中国家的发展权。由于大多数发展中国家位于中低纬度,受到气候变化的负面影响更加突出,在应对气候变化的同时还要维护自身的发展权。在国际气候变化谈判的政治格局中这种南北对立还将延续。

**(2) 气候变化与国际资源争夺**

气候变化引起的资源分布格局改变将引起国际资源争夺。降水减少地区的跨境河流沿岸国家有可能为争夺水资源发生冲突,北极航线开通和北冰洋海底资源开发的前景诱使各国纷纷参与对该海域主权和开发权的争夺并日趋激烈。能源紧缺导致一些国家对海洋油气资源与运输要道的争夺与控制日益激烈。气候变化导致的渔业资源分布变化也导致沿岸国家的争夺。如北大西洋的鲭鱼资源过去由欧盟、挪威、法罗群岛等各方根据协议分配捕捞配额。但近年来由于气候变暖渔场北移,大量鱼群进入冰岛和法罗群岛专属经济区及附近海域。2000年起,冰岛和法罗群岛大幅提高捕捞量,招致一些欧盟成员国和挪威的强烈不满,在欧洲称为"鲭鱼战争"。

(3)气候变化与非传统安全

全球环境变化与经济全球化使得传统安全与非传统安全之间的界线日渐模糊,气候变化可能引发一系列非传统安全问题。如全球变暖导致的海平面上升将引发海岛与沿海低地国家的难民潮、严重疫情、水源紧缺和洪水泛滥,降水减少地区的干旱与荒漠化加剧将使中东、非洲和亚洲一些地区的不稳定局势恶化,甚至可能引发战争,或由此引起混乱成为内战、种族屠杀和恐怖主义扩张的温床,不同立场域外大国的介入使得这些地区的矛盾更加复杂难解。目前从非洲和中东跨海偷渡欧洲的非法移民日益增多,带来严重的社会问题与人道危机,究其原因,除西方的政治干预外,也与气候变化导致的环境恶化和减排导致石油掉价经济低迷等有关。一国发生的重大灾害还通过产业链与贸易链传递到世界各地,使灾害损失连锁放大。

在以气候变化为主要驱动力的全球变化日益凸显和经济全球化的背景下,世界各国必须树立人类共同体的理念,建立公平、公正的国际政治、经济新秩序,同舟共济,协调行动,实现人类社会的可持续发展。

# 三、适应气候变化的意义与类型

## 56. 什么是气候变化的适应对策,有什么意义?

适应(adaptation)概念最初来自生物学,指生物在生存竞争中适合环境条件而形成一定性状的现象,是自然选择的结果。后来人们把适应概念扩展到文化和社会经济领域。

在气候变化领域中,《IPCC第六次气候变化评估报告(2022)》给出的定义是:在人类系统中,对实际或预期的气候及其影响进行调整的过程,以减轻损害或利用有益的机会。在自然系统中,对实际气候及其影响调整的过程;人为干预可能有助于调整预期的气候及其影响。国际社会公认适应与减缓是人类应对气候变化挑战的两大基本对策。

适应定义中的关键词是调整。并非所有的人类活动都属于适应,只有针对气候变化及其影响,对自然系统或人类系统进行趋利避害的调整才属于适应气候变化的活动。

适应的内涵包括适应全球与区域气候变化的基本趋势;应对极端天气气候事件;适应气候变化带来的一系列生态后果和社会经济后果,如海平面上升、冰雪消融、海洋酸化、生物多样性改变、生态系统演替、资源环境格局与产业结构改变、国际经济社会发展不平衡加剧、气候致贫与气候难民问题等。

适应体现了人与自然和谐相处的理念,人类必须按照自然规律调整和规范自己的行为来适应环境,而不是盲目改造和征服自然。

适应是一个动态过程。自大气圈形成以来全球气候一直在演变,生物在不断的适应中实现物种进化。人类本身也是地质史上气候变化的产物:第四纪大冰期到来迫使类人猿直立行走,在与恶劣气候的斗争中学会制造、使用工具并产生语言,形成原始社会形态。几千年的文明史是人类对气候不断适应,科技与社会不断进步的过程,人类社会是在对气候不适应—适应—新的不适应—新的适应的循环往复过程中发展起来的。因此,适应并非都是消极和被动的,在一定的意义上,适应是生物进化和人类社会进步的一种动力(郑大玮 等,2015)。

气候变化的影响有利有弊,总体上以负面影响为主。适应的核心是避害趋利。避害指最大限度减轻气候变化对自然系统和人类系统的不利影响,趋利指充分利用气候变化带来的某些有利机遇。

气候变化及其影响的长期性决定了必须长期坚持适应与减缓并重的方针。与减缓的目标是发展低碳经济和建设低碳社会相对应,适应的长期目标是发展气候智慧型经济和建设气候适应型社会,这也是全球可持续发展的一个重要内容。

## 57. 为什么必须坚持减缓与适应并重?

应对气候变化的对策包括减缓与适应。习近平主席2015年在气候变化巴黎大会开幕式上的讲话中指出"中国把应对气候变化融入国家经济社会发展中长期规划,坚持减缓和适应气候变化并重。"我国政府也多次重申坚持减缓与适应并重的原则,两者相辅相成,不可互相替代。

温室气体的减排与增汇是遏制全球变暖的根本途径,适应气候变化虽然不能直接减排,但通过采取适应行动,尽可能减轻气候变化带来的不利影响并利用某些机遇,与减缓同样促进了经济社会的可持续发展,而且能给减缓提供有力支撑。由于气候系统的巨大惯性,即使人类能够在不久的将来把温室气体浓度降低到工业革命前的水平,甚至实现碳中和,自然界长期累积存储的温室气体和热量还会继续释放,全球气候变暖趋势仍将至少维持数百年,采取趋利避害的措施来适应气候变化是人类社会的必然选择。

应对气候变化还必须正确把握和全面权衡适应、减缓与发展三者之间的关系。气候变化框架公约的最终目标是稳定大气中温室气体浓度,使生态系统自然地适应气候变化,确保粮食生产免受威胁,并使经济能够可持续发展。但由于科学上的不确定性等原因,公约并未确定具体的浓度指标。随着对气候变化事实和影响认识的深入,2015年的《巴黎协定》确定了把全球相对于工业化前平均温升控制在2℃之内,并努力限制在1.5℃以内的目标。2021年的《格拉斯哥气候协议》提出到2030年全球二氧化碳排放要在2010年的基础上减少45%,并在21世纪中期左右达到零排放,同时大量减排其他温室气体。全球控制温室气体浓度目标的选择本质上是公平发展问题。严格限控温室气体排放,减小大气温升幅度,可以减少气候变化的负面影响和损失,降低不可逆灾害发生的风险,但同时也极大压缩了化石能源消费的空间,影响发展中国家经济发展与稳定和谐,严重制约发展中国家的现代化进程。发展中国家还面临其他自然灾害、贫困、卫生及教育等同样急迫和重要的问题及现实威胁,这都需要在发展中逐步解决。发展中国家持续、健康的发展也有利于增强适应和减缓气候变化的能力。减缓气候变化是一项长期的、艰巨的战略任务,需要几代人不懈地努力。在未来几十年内,即使全球做出最迫切的减缓努力,也不能避免气候变化影响的进一步加剧。对发展中国家而言,当前首要的任务是应对气候变化的近期影响,尤其是近年来全球气候越来越异常,极端天气气候事件及其关联灾害频繁发生危害加重,适应气候变化已成为一项现实而紧迫的任务。采取积极的适应气候变化的措施可以减少气候变化负面影响的损失,同时也为减缓行动创造强大的物质基础和有利的社会氛围。

由于各国所处自然环境和条件、经济和社会发展阶段与特点、各自利益取向不同,所强调的侧重面也不同。欧盟等发达国家已具有较高经济发展水平、人均能源消费水平和技术创新能力,有条件实施温室气体减排并在国际行动中提升自身竞争优势,适应重点更强调北极冰面消融、海平面上升等长远的气候灾害和生态危机;小岛国主要担心海平面上升后被淹没,更侧重于强调立即减缓温室气体排放。大多数发展中国家则更着眼于发展,没有合理的 $CO_2$ 排放空间,其现代化进程将会夭折,落后的经济不可能具备应用高新技术减排增汇和适应气候变化的能力。强调在可持续发展框架下应对气候变化,只有发展才能增强应对气候变化的能力,更好地适应和抵御气候变化的负面影响,更有效地开发和应用减缓温室气体排放的先进技术和对策。同时,发展中国家也要在力所能及的范围和国际援助的条件下积极开展减缓行动,不仅是为尽到保护地球的责任做出自主贡献,而且有利于改善本国生态环境和居民健康,促进经济转轨和高质量发展。

## 58. 国际社会有哪些重大的适应行动？

(1) 历次世界气候大会对适应工作的推动

1990年IPCC第一次气候变化评估报告就已将适应作为与减缓并列的应对气候变化措施提出。以后历次评估报告对适应气候变化的定义进一步完善和充实(孙傅等,2014)。

1992年在巴西里约热内卢召开环境与发展世界大会通过的《气候变化框架公约》中6次提到适应并纳入总体目标。以后的历次气候大会都对适应气候变化做出了一定安排,尤其是2006年第12次缔约方大会(COP12)在肯尼亚内罗毕取得了2项重要成果:一是达成包括"内罗毕工作计划"在内的几十项决定,以帮助发展中国家提高应对气候变化的能力;二是在管理"适应基金"的问题上取得一致,将其用于支持发展中国家具体的适应气候变化活动。2007年公约第13次大会决定在全球环境基金等支持下开展技术培训、脆弱性和适应评估等活动,并纳入国家政策和可持续发展规划。2010年COP16通过了《坎昆适应框架》,决定设立绿色气候基金,建立适应委员会。2011年COP17决定启动绿色气候基金,确立最不发达国家《国家适应计划》工作机制。2012年COP18确立了适应委员会工作机制,通过三年期工作计划。2013年COP19建立了华沙损失与危害国际机制并设立执行委员会。2015年召开的COP21通过了具有里程碑意义的《巴黎协定》,对2020年后全球应对气候变化做出了安排,迄今已有包括中国在内的超过130个国家和地区以立法、法律提案,政策文件等不同形式提出或承诺碳中和的目标。长期目标是将全球平均气温较工业化时期上升幅度控制在2℃以内,并努力将温度上升幅度限制在1.5℃以内。2021年在英国格拉斯哥召开了COP26,通过了《格拉斯哥气候协议》,各缔约方共同努力最终达成《巴黎协定》实施细则,要求各缔约方进一步将适应纳入地方、国家和区域规划,决定启动全球适应目标综合工作方案,敦促发达国家缔约方紧急和大幅度增加提供适应方面的气候资金、技术转让和能力建设。联合国环境规划署还发布了最新的《2021年适应差距报告》，呼吁各国建立预警系统，完善基础设施。

(2) 编制国家适应规划或行动计划

多数发达国家先后制定了适应气候变化的国家战略及行动计划。截至2011年底，发达国家资助47个发展中国家制定适应行动计划（NAPA）并开始实施。如2020年俄罗斯联邦政府批准了"2025年前第一阶段适应气候变化的国家行动计划"，明确规定了第一阶段（2020—2022年）应对气候变化的具体工作，包括制定行动措施和实施方案、出台法律法规、起草行业部门及地区章程以及提供信息与科研保障支持。2021年2月24日，欧盟委员会通过《打造具有气候韧性的欧洲——新的欧盟气候变化适应战略》，基于2013年气候变化适应战略，重点从理解问题向制定解决方案和实施转变，旨在通过更明智、更系统和更快速的适应以及加强国际行动，实现具有气候恢复力的欧盟2050年愿景。

(3) 广泛开展国际合作

气候适应国际合作机制为气候倡议、气候援助、气候投融资、多边合作基金等；主要形式为多边和双边合作、气候援助、政府间项目援助、委托国际组织资金援助和适应援助；合作内容包括发达国家/集团向发展中国家，特别是向最不发达国家和小岛屿国家提供资金支持，区域性国际合作与南南合作等。重点合作领域包括农业、自然生态系统、水资源、海岸带资源环境和其他受气候变化影响的脆弱与敏感领域。

欧盟、东南亚、中南美、南亚和非洲先后开展了区域适应气候变化国际合作。中英瑞合作中国适应气候变化项目（ACCC）先后进行了两期。中国农业农村部把适应气候变化纳入与发展中国家的南南合作计划。2018年10月16日，由联合国前秘书长潘基文（Ban Ki-moon）、微软创始人比尔·盖茨（Bill Gates）和世界银行CEO克里斯塔利娜·格奥尔基耶娃（Kristalina Georgieva）领导的"全球适应委员会"在荷兰海牙宣布成立，旨在推动国际社会提高适应气候变化力度和加强伙伴关系，帮助气候脆弱型国家提升适应能力，实现可持续发展目标。全球适应中心是全球适应委员会的执行机构。2019年6月27日，全球适应中心中国办公室在北京揭牌。

(4) 科研先行，学术交流日趋活跃

适应气候变化国际研讨会（Adaptation-Futures）自2010年起每两年召开一次。各国进行了大量相关研究和学术交流，有关适应气候变化的论文数量近年来迅速增加。IPCC评估报告汇集了全球最新的气候变化科研成果，成为国际社会建立应对气候变化制度、采取应对气候变化行动最重要的科学基础。IPCC第六次评估报告第二工作组报告已在2022年2月28日发表，全面反映了国际学术界在气候变化影响与适应领域的研究进展。与1990年的第一次评估报告相比，有关气候变化对人类系统影响和适应对策的篇幅大大增加。

(5) 存在问题

资金缺口较大，发达国家曾承诺到2020年达到每年出资1000亿美元，但直到

2019年还只有796亿美元,2020年更有减无增。这些资金都不是"免费的午餐",赠款比例很小,大多是有回报的投资贷款,而且大多流向减缓,用于适应气候变化的份额不多。

大多数发展中国家的适应能力和适应技术研发能力较弱,发达国家向发展中国家的适应技术转让存在障碍,往往以政府无法干预私人企业为由拒绝无偿转让。

发展中国家要求按照污染者付费的原则,发达国家应向因气候变化受到损害的发展中国家提供赔偿,发达国家以科学上存在不确定性,界定与范围不明,无法区分非气候因素等为由拒绝赔偿,主张由各国多渠道自行解决。

与减缓相比,对于适应概念的内涵、类型、适应机制、技术途径及适应与常规工作之间的区别等还存在模糊认识,缺乏定量考核的指标体系。

## 59. 适应对策与减缓对策有什么区别和联系,怎样做好协同?

减缓与适应两大对策相辅相成,同等重要,缺一不可,也不能相互替代(表3-1)。

表3-1 气候减缓与适应的异同(据宋蕾,2018;略有修改)

| | 气候减缓 | 气候适应 |
| --- | --- | --- |
| 长期目标 | 降低气候影响,可持续发展 | |
| 行动目的 | 减少温室气体排放,增加碳汇 | 减少脆弱性,增强适应能力,开发发展机会 |
| 行动特点 | 主动预防、计划性 | 主动预防性、计划性、被动应对性 |
| 时间维度 | 减少长期气候影响 | 应对当前气候风险,减少长期气候风险 |
| 空间维度 | 全球性收益 | 国家性、地方性受益 |
| 政策类型 | 政策规制型为主导的"自上而下" | 受气候影响利益相关方主导的"自下而上" |
| 相关领域 | 能源、工业、农林和生活领域(如交通、建筑等)、城市规划和设计中的能源利用等 | 农业、旅游、健康医疗、水资源管理、海岸线管理、城市基础设施规划、生态保护等 |
| 利益相关者 | 国际合作组织、中央政府、地方政府政策制定者为主,包括产生碳足迹的企业和个人、NGOs等 | 受气候灾害影响组织和个人及潜在气候脆弱群体为主,包括中央或地方政府政策制定者、NGOs等 |
| 气候公平 | 减排过程中的"搭便车",发达国家通过CDM机制对发展中国家给予资金与技术支持 | 气候脆弱地区或气候脆弱人群往往不是气候变化(碳排放)的主要推动者 |

(1)适应与减缓的内涵不同

适应气候变化是指"通过调整自然和人类系统以应对实际发生的或预估的气候变化或影响",减缓则指通过节能和以低碳、无碳能源替代化石能源来减少温室气体的排放,并通过植树和封存固碳增汇。虽然某些措施如造林绿化同时具有减缓和适应的效果,但绝大多数减缓措施与适应措施的做法和效果完全不同,两者混淆会造成决策失误或资源浪费。

图3-1给出减缓与适应的主要内涵。

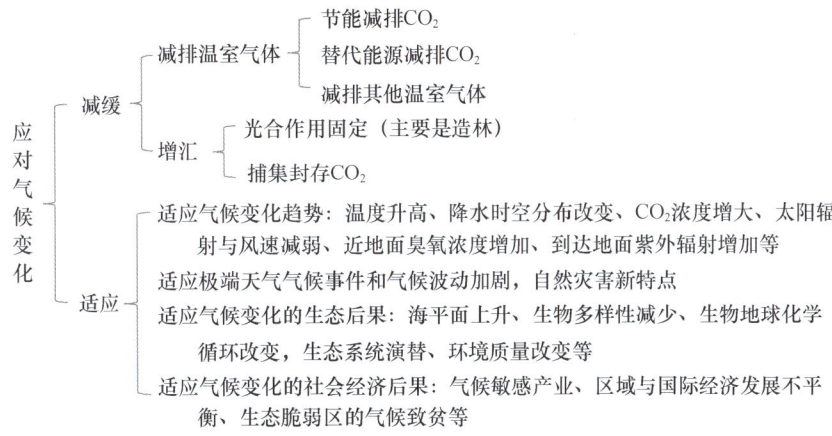

图 3-1 应对气候变化的减缓与适应对策的内涵

(2) 适应与减缓不能相互替代

虽然减缓是遏制气候变化的根本途径,但由于气候变化具有巨大惯性,即使人类在不久的将来能够把全球温室气体排放强度降低到工业革命前的水平,全球变暖仍然要延续数百年甚至更长。何况目前世界上大多数发展中国家仍处于工业化和城镇化进程中,能源消耗增长趋势短期内难以遏制。要最大限度减轻气候变化带来的不利影响,就必须采取适应对策。

通过采取适应行动虽然可以在一段时期内缓解气候变化的负面效应和利用气候变化带来的某些机遇,但适应行动并不能阻止气候变化。如温室气体排放继续积累,气候变化程度超出自然系统和人类系统适应能力时,将酿成巨大灾难。因此,适应行动也不能替代减缓行动。

(3) 减缓与适应的目标不同

减缓的目标是建设低碳经济(low carbon economy)和低碳社会(low carbon society),适应的目标是建设气候智慧型经济(climate-smart economy)和气候变化适应型社会(society adaptation to climate change)。但这些目标都从属和服从于人类社会可持续发展的总目标。

(4) 减缓与适应关系的类型

减缓与适应之间存在三种互动类型:协同(共同的正外部性)、冲突(减缓增大气候脆弱性,以及适应增加温室气体排放)以及不可持续(共同的负外部性)(图 3-2)

图 3-2 中 M(+)为减缓效果增强,M(−)为减缓效果减弱,A(+)为适应效果增强,A(−)适应效果减弱。图 3-2 的右上方为减缓与适应协同双赢的选项,右下方为不利于适应的减缓选项,左上方为不利于减缓的适应选项,左下方为既不利于减缓也不利于适应的破坏性选项。

```
                              A (+)
                               │
   海岸线防洪堤坝建设;           │   林地、湿地保护;
   增加建筑的空调数量;           │   增加城市公共绿化带;
   城市基础设施的加固与改造。     │   污水处理、减少碳排放和生产生物沼气;
                               │   节水、降低能源消耗。
 M (-) ────────────────────────┼──────────────────────────── M (+)
                               │
   森林破坏,碳排放和水土流失     │   可再生能源系统建设;
   风险增加;                    │   沿海区域的核电建设;
                               │   减缓政策降低了贫困地区的收入;
   城市低洼地带和海岸带建设高    │   生物质能增加干旱地区的水风险;
   密度小区。                   │   增加城市密度(降低交通排放)。
                               │
                              A (-)
```

图 3-2　气候适应与减缓的协同效应维度(宋蕾,2018)

(5)减缓与适应的协同关系

减缓与适应在根本上应该是相互促进的。通过减缓气候变化的强度与速率,可以大大减轻适应气候变化的难度。如果无法减缓气候变化,适应的需求和成本将会迅速增长,最终达到人们无法接受的程度。另一方面,减排温室气体必然付出极大经济代价,通过采取趋利避害的适应行动,尽可能减轻气候变化的不利影响和充分利用所带来的某些有利因素,获得显著的经济、社会与生态效益,就能极大增强实现国家低碳与脱碳转型的经济实力与技术支撑,并为减缓行动创造有利的社会氛围。

减缓与适应虽然都是为了应对气候变化,但如处理不好也会产生矛盾。如水电站建设替代化石能源,但有可能阻碍鱼类生殖洄游;占用农田生产生物质能源会推高粮价影响民生;防灾工程与生物多样性保护要消耗能源,农业增产需要更多化肥与农药投入等。因此,在采取具体的应对气候变化措施时,需要在减缓与适应之间做出权衡,优先安排诸如造林和培肥土壤等既有减缓效应又有适应效果的双赢行动。

减缓与适应的最终目的都是为了保持人类社会的可持续发展,在发展中国家推行阻碍经济发展与损害民生的过激减缓行动,由于经济实力与公众意愿不足将难以为继;反之,只有发展经济的适应行动而不愿承担减缓义务,不仅会在国际社会成为众矢之的,而且因不能实现经济社会发展的绿色转型而始终处于落后地位,不能摆脱贫困与环境恶化,也达不到适应的目的。作为发展中国家,在将适应作为紧迫任务的同时,也要从国情出发,在力所能及的范围内积极推进经济社会发展的绿色转型,为全球减缓气候变化作出应有的自主贡献。

(6)怎样做好减缓与适应的协同

钱宇航(2014)提出,第一,要确定气候政策的长期目标,结合自然和社会现状、价值取向实施效果所可能产生的不确定性、决策制定的选择以及其他一些要素来综合制定政策的长期目标。第二,要提高保障适应与减缓协同发展的能力。分析两种措施实施的条件,考虑实施要点,分清二者的异同,建立协同发展思维,提高减缓和适应的综合能力。第三,统筹多目标,加强整合和协同,做好气候资金管理机制与气候政策的结合。

## 60. 为什么说适应气候变化的关键在于对自然系统和人类系统进行调整?

目前,人们对于适应工作的理解存在两种偏差:一种是把现有工作,包括各种经济活动、减灾、扶贫、生态环境建设、计划生育、卫生防疫等,都说成是适应行动;另一种是认为没有气候变化上述活动也照样开展,都不属于适应行动。这两种偏差都源于将适应工作与现有工作混淆,都会导致适应气候变化工作的削弱甚至取消,从"什么都是适应",变成"什么都不是适应"。

IPCC指出,适应气候变化是指"通过调整自然和人类系统以应对实际发生的或预估的气候变化或影响",调整(adjustment)是其中的关键词。

一方面,我们要看到适应气候变化不可能脱离现有各项工作,否则就成了缺乏基础的空中楼阁。另一方面,又不能把现有工作与适应混为一谈。气候变化对生态系统、自然资源、生存环境、敏感产业、经济结构、生活方式、社会发展、国际关系都产生了深刻影响,出现许多新情况和新问题,原有的技术、标准、结构、观念、管理等都已不完全适用于变化了的气候环境,就必须做出适当的调整。在各种人类活动中,针对气候变化的影响所做出的趋利避害调整部分,就是适应行动。例如常规的减灾工作自古以来就在做,但只有针对气候变化带来的灾害新特点,对原有的减灾技术、工程布局、管理等做出的调整部分才属于适应工作。又如贫困的产生有多种原因,只有针对气候变化产生新的贫困现象或原有贫困程度的加剧而采取的减贫行动属于适应的范畴。在农业生产中,自古以来就有品种选育、耕作、栽培、饲养等常规农事活动。随着气候变化,对选用品种、播种期、耕作方式、种植制度、饲料配方等作出的调整就属于适应措施。

适应气候变化也包括部分创新性工作。这是由于气候变化带来了某些过去从未有过或未发现的新问题,如有害生物的新物种产生或迁移到新的区域,北极地区海冰与永冻土消融带来的资源开发前景等,需要开展一些前瞻性的风险评估和适应技术途径研究。

## 61. 为什么说适应气候变化是生物进化与人类社会进步的一种驱动力?

适应是一个动态过程。事实上,自大气圈形成以来,全球气候就一直在演变中,生物在不断的适应中实现物种的进化。人类本身也是地质史上气候变化的产物,几千年的文明进化史也是人类通过对气候的不断适应取得技术与社会不断进步的过程。适应是生物进化和人类社会发展的一种驱动力。

(1) 生物的适应与进化

生物界的历史发展表明,生物进化是从水生到陆生、从简单到复杂、从低等到高等的过程。生物在进化的过程中,多次发生大量物种在短时间内的灭绝和新物种爆发式的产生,以气候变化为主导的环境突变是主要的驱动因素。

地球形成的初期由于温度过高,不可能存在任何生物。随着地球表面温度的逐渐下降,形成了以一氧化碳($CO$)、二氧化碳($CO_2$)、水汽($H_2O$)、甲烷($CH_4$)和氨($NH_3$)为主要成分的原始大气。美国科学家米勒曾在实验室内模拟原始地球大气的条件,成功合成出复杂的生命物质,认为是简单的气体分子在吸收紫外线和闪电等的高能量后变得异常活跃,产生的化学反应形成了最初的生命物质。

由于短波紫外线对生物具有强烈灭杀作用,最初的生物只能在海洋生存,因很薄水层就能将短波紫外线完全吸收。由于海洋中的绿色藻类进行光合作用大量吸收 $CO_2$ 和释放 $O_2$,使原始大气的组成逐渐演变成以 $N_2$ 和 $O_2$ 为主。大气中有一部分 $O_2$ 在闪电作用下形成对短波紫外线具有强烈吸收作用的臭氧($O_3$),并在地球大气的平流层中形成了一个臭氧层,给地球上的生命撑起了保护伞,此后,海洋中的部分生物才能迁移到陆地上繁衍开来。

在距今 2.3 亿年前到 6500 万年前的中生代,地球气候持续温暖湿润,恐龙曾经是地球上占绝对优势的大型动物。约在 6500 万年前的白垩纪晚期,地球气候发生突变,气温大幅下降并造成大气含氧量下降,作为没有毛被的冷血动物的恐龙,无法适应地球气温的陡降而被冻死。作为恒温动物,具有羽毛的鸟类和具有体毛的哺乳动物存活下来并成为当今世界占优势的动物。关于气候突变的原因有多种假说,其中被普遍认可的是小行星撞击说。一颗直径 10 km 的小行星以 40 km/s 的速度撞进大海并撞出巨坑,海水蒸气喷射高空达数万米,掀起海啸高达 5 km,巨浪席卷陆地。小行星撞击地球还引起了火山喷发,天空尘烟翻滚、乌云密布,地球因终年不见阳光而进入低温期,导致恐龙和大量物种的灭绝。

(2) 人类的适应与社会发展

人类本身也是地质史上气候变化的产物。距今两三千万年前,地球上的气候温暖湿润,古猿生活在热带和亚热带的森林中。约 400 万年前的第四纪大冰期到来使类人猿不得不从树上迁移到地面,在与恶劣气候环境的斗争中学会了制造、使用工具并产生了语言,形成了最原始的社会形态。

自人类产生以来地球气候又经过了多次变迁,每一次大的变迁都对人类社会的发展带来了巨大的冲击和灾难。大禹吸取了其父鲧失败的教训,改"封堵"为主为"疏导"为主,治理洪涝取得成功。历代王朝在经历了多次大灾与饥荒之后,建立了粮食仓储制度与救灾体制,形成比较完整的荒政体系。历史上的大规模农民起义大多是在发生重大灾害,阶级矛盾尖锐化的背景下爆发,对旧王朝腐朽统治冲击的结果,在一定程度上促进了新王朝初期的生产力发展与社会进步。人类在与灾害的斗争中积累了丰富的经验,推动了科技进步。针对气候变化导致极端天气气候事件频发,联合国先后开展了"国际减灾十年"活动和"国际减灾战略"行动,全球减灾管理进入一个新阶段。如图 3-3 所示。

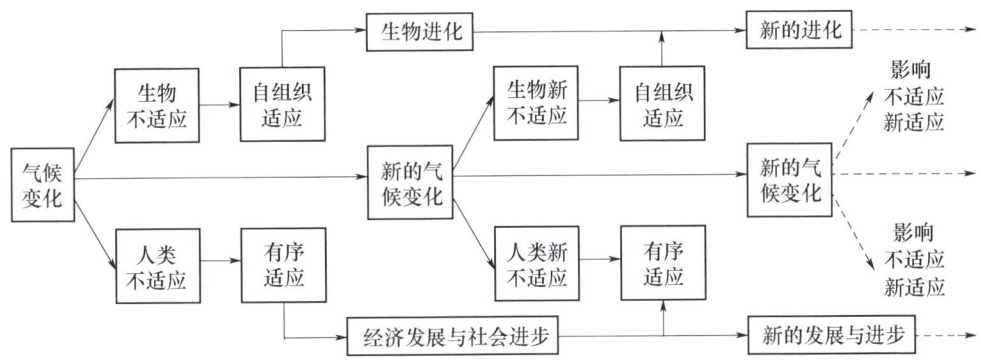

图 3-3　适应气候变化与生物进化和人类经济发展、社会进步的关系

## 62. 为什么说适应气候变化对于发展中国家尤为现实和紧迫?

当代的气候危机主要是工业革命以来发达国家累计大量排放温室气体的后果,他们理应率先大幅度减排,并偿还历史欠债。但对于广大发展中国家,适应是更为现实和紧迫的任务。

(1) 不公平的排放权

2019 年全球大气 $CO_2$ 浓度已达到 410 ppm,与工业革命前相比的增量,70% 以上来自发达国家一二百年的累积排放。虽然有些发达国家采取了一些减排措施,但人均能源消耗与温室气体排放量仍然远高于发展中国家。虽然目前中国已成为世界最大温室气体排放大国,但历史累积排放量只有美国的一半,人均更不到美国的八分之一。2013 年 $CO_2$ 当量排放如图 3-4 所示。

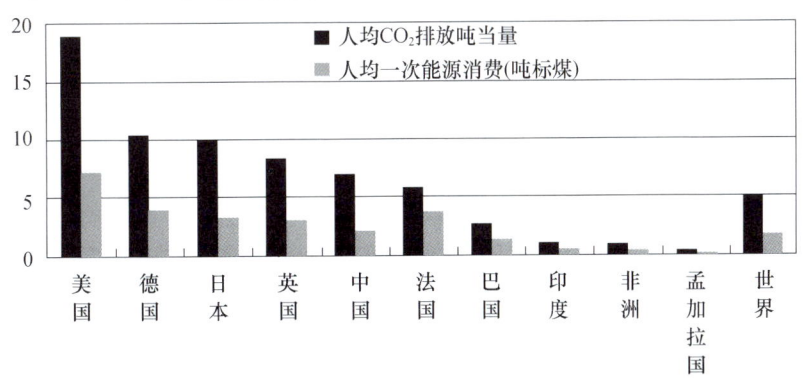

图 3-4　2013 年世界主要国家人均 $CO_2$ 当量排放与一次能源消费量(王伟光 等,2014)

从图 3-4 可以看出，大多数发展中国家目前的人均能源消费与 $CO_2$ 排放仍处于很低的水平，与发达国家的奢侈排放不同，属于生存排放。如果现在就要大幅度减排，实际上是剥夺发展中国家的发展权，也是最重要的人权。发达国家还把高排放高污染和劳动密集型产业向发展中国家转移，中国的温室气体排放相当大部分是用于出口到发达国家的消费品。按照经济合作与发展组织的估计，2015 年中国最终消费需求碳排放量 79.8 亿 t，比生产碳排放量低 13 亿 t，约低 14%。

（2）社会经济发展阶段

发达国家的工业化时期由于大多数发展中国家仍处于殖民地或半殖民地状态，少数国家的率先工业化具有充分的环境容量和资源承载力，而且他们还向殖民地输出大量人口而降低了国内的资源与环境压力。目前发达国家已进入后工业社会，具备大幅度减排的物质与技术条件。现在大多数发展中国家刚进入工业化与城镇化发展阶段，能源消耗不可避免要增加。目前中国正处于工业化的中期和农村人口城镇化的高潮，尽管如此，中国已经超额完成 2020 年之前单位 GDP 碳排放强度降低 40%~45% 的目标，并提出争取以人类历史上最快的速度，在 2030 年前碳达峰和在 2060 年前实现碳中和。

（3）地处较低纬度更为敏感

世界上的发展中国家大多处于较低纬度，已经受到气候变化的显著影响，尤其是沿海低地、小岛屿和气候明显干旱化的国家，气候变化威胁到生态脆弱地区人民的生计，有些地区已经出现气候致贫和气候难民。

综上所述，由于大多数发展中国家目前不具备大幅度减排的条件，气候变化的不利影响又日益凸显，与减缓相比，应该把适应放到优先地位，尤其要针对气候变化带来的新情况，抓好生态脆弱地区的减灾、扶贫、生计开发工作与适应能力建设。

（4）处理好适应与减缓的关系

虽然目前对于大多数发展中国家，适应是应对气候变化的当务之急，但也要处理好适应与减缓的关系，至少要争取较大幅度降低排放强度，遏制温室气体排放的无节制增长，提高经济效益。不但是承担自己的国际责任，也是改善本国生态环境与人体健康所必需。中国过去一段时期某些地区重化工业盲目扩展已酿成大气污染与水污染日益严重的苦果，中国政府下决心调整经济增长模式和开展综合治理，还人民以碧水蓝天，目前已初见成效。

## 63. 适应气候变化与减灾有什么区别和联系？

开展适应气候变化工作很容易与减灾工作混淆。由于适应气候变化要针对极端天气气候事件，不可避免会与减灾工作发生交叉，但彼此不应相互替代，同时也要尽量避免重复，以免造成适应资源和减灾资源的浪费。

适应气候变化与减灾有以下几点区别。

(1) 兼顾趋利与避害

减灾是针对可能造成生命、财产损失的各类自然灾害、技术灾害与环境灾害,尽量减轻其经济、生态与社会损失。适应气候变化则除了要减轻气候变化的负面影响外,还要尽可能利用气候变化带来的某些有利因素。因此,我们不能把受到气候变化影响的客体说成承灾体,可称为中性的"受体"。

(2) 兼顾应对持续的负面影响和极端天气气候事件

适应气候变化需要应对的负面影响,有些是灾害性的,特别是极端天气气候事件,有些是比较隐蔽或潜在的,如气温升高造成的人体不适、海平面上升、冰雪消融、降水减少等,这些负面影响不一定都达到灾害的程度,虽然一般不在减灾范畴之内,但长期后果也相当严重,需要认真应对。除极端天气气候事件外,有些负面影响积累到一定程度也可能形成灾害,如冰雪迅速消融可引发融雪性洪水,冻土过快融化可导致建筑物与工程设施坍塌。

(3) 重点针对气象灾害中的极端天气气候事件

自地球大气层形成以来就存在种种气象异常事件,没有气候变化的情况下,也经常发生各种气象灾害。适应工作针对的是由于气候变化引起的极端天气气候事件,与气候变化无关的灾害,如由地质构造运动引发的地震和纯粹由于人为原因发生的技术灾害与环境灾害,一般不在适应工作的范畴之内。

(4) 针对气候变化带来各类自然灾害的新特点

除极端天气气候事件外,气候变化还带来其他一些自然灾害的新特点,如有害生物发生提前和分布范围北扩,旱涝急转引发滑坡与泥石流等地质灾害,水温升高加剧富营养化水体污染。针对这些新特点对原有减灾工作部署和对策措施所进行的调整也属于适应的范畴。

(5) 适应工作流程与减灾管理过程的不同

适应工作虽然也涉及减灾,但主要是从增强气候变化受体适应机制的角度促进减灾能力的提高,工作流程通常包括对气候变化观测事实与归因的辨识、气候变化影响的评估、适应技术与对策的筛选与效果检验、适应规划与行动方案的编制与实施等;灾害管理则主要包括监测、预报、预警、备灾、预防、抗灾抢险、应急救援、恢复重建等过程,二者的侧重不同。如气候变化监测是针对气候要素变化及其对受体系统的影响,而灾害监测则针对灾害前兆、各致灾因子的动态、承灾体状况、灾情演变等。因此,尽管适应气候变化工作与减灾工作有着密切的联系,但各级应对气候变化机构与减灾管理机构是分立的,彼此不能相互替代。

## 64. 适应气候变化与扶贫有什么区别和联系?

贫困是一种涉及社会物质生活和精神生活的综合现象,是经济、社会、文化贫困落后现象的总称。贫困意味着缺少获取和享有正常生活的能力。世界银行 2005 年提出的绝对贫困线标准是人均日收入 1.25 美元,以此标准估计全球约有贫困人口

10亿。按照2011年国家修订的农民人均年纯收入2300元的标准,到2013年我国仍有8429万贫困人口,占总人口的8.6%。经过长期努力,到2020年底,现行标准下的农村贫困人口全部脱贫,贫困县全部摘帽,完成了消除绝对贫困的艰巨任务,占改革开放以来同期全球减贫人口的70%以上。但部分地区的脱贫成果还有待巩固,低于平均收入40%以下的相对贫困人口仍占有较大比例。

贫困的产生有多种原因。青连斌(2006)指出,普遍性贫困是由于经济和社会的发展水平低下而形成的贫困;制度性贫困是由于社会经济、政治、文化制度所决定的生活资源在不同社区、区域、社会群体和个人之间的不平等分配所造成的某些社区、区域、社会群体、个人处于贫困状态;区域性贫困是由于自然条件的恶劣和社会发展水平低下所出现的一种贫困现象;阶层性贫困则是指某些个人、家庭或社会群体由于身体素质比较差、文化程度比较低、家庭劳动力少、缺乏生产资料和社会关系等原因而导致的贫困。区域性贫困往往集中连片分布在生态脆弱地区并带有普遍性贫困的特征,制度性贫困与阶层性贫困与我国处于社会经济转型期有关,主要呈零散分布。

气候贫困(climate poverty)是指由于全球气候变化带来的影响及产生的灾害所导致的贫穷或使贫穷加剧的现象。这一概念由国际扶贫组织乐施会于2007年首次提出。世界卫生组织统计,全球每年有30万人因气候变化而死亡。2009年5月乐施会发布的《生存的权利》报告预计,到2015年,全球气候危机影响的人数将增长54%,达到3.75亿人;到2050年,全球估计将有2亿人沦为"气候难民"。近年来从非洲和中东越地中海到西欧的非法偷渡者不断增加,其中不乏因气候恶化而产生的气候难民。我国农村贫困人口的分布就具有明显的区域性,集中在若干自然条件相对恶劣的地区,其中就包括由于气候变化导致生态恶化的一些区域。

气候贫困的产生有以下几种情况:降水稀少或明显减少的地区,由于水资源濒临枯竭而失去生存条件;水土流失或风蚀沙化严重,导致耕地质量下降,粮食减产,生计困难;沿海低地与小岛屿由于海平面上升,大片土地被淹并盐渍化,丧失生存条件;气候暖干化加速草地退化与过牧超载,牧民生计日益困难;气候变得更加炎热,导致作物生育期缩短和显著减产,粮食短缺,生计困难。上述地区的自然条件本来就十分恶劣,气候变化使当地生态变得更加脆弱,进一步加剧了贫困化。

扶贫是帮助贫困地区和贫困户开发经济、发展生产、摆脱贫困的一种社会工作。无论气候是否改变,都存在由于自然条件恶劣或社会经济发展不平衡造成的贫困现象,都需要开展扶贫工作以利社会的稳定与可持续发展。因此,非气候致贫的扶贫工作不属适应的范畴。但目前世界许多地方的区域性贫困确与气候的恶化有关,针对气候变化带来新发生的贫困区,或原有生态脆弱区因气候变化而贫困加剧并产生的新问题,对扶贫工作的部署、扶贫政策、人力与物质投入、扶贫方法等进行调整,就属于适应工作的范畴。

中国大规模系统性开展扶贫工作始于20世纪80年代中期,经过30多年的努力,按照人均年纯收入2300元或每天0.7美元的现阶段标准,到2020年底,农村贫困人口已全部脱贫,区域性整体贫困得到解决,是人类反贫困历史上的伟大实践。

气候扶贫是适应气候变化工作的重要组成。除加强基础设施建设与生态环境建设、发展教育与医疗卫生事业、计划生育控制人口过快增长、开展职业培训拓宽生计、加强东西部地区合作,增加物质投入与智力援助等常规扶贫措施外,气候扶贫还需要进行气候变化对贫困地区生态环境、自然资源、产业发展与生计等的影响的评估,进行气候变化风险与贫困地区的脆弱性分析,在此基础上对原有的扶贫政策与措施进行适当调整。对于气候明显恶化,基本丧失生存条件的贫困地区要组织气候移民。气候变化为扶贫工作增加了新的内容,近年来宁夏、贵州、甘肃、内蒙古等地先后开展了气候扶贫的试点,已取得一些经验并初见成效。

虽然中国于 2020 年如期完成消除绝对贫困的目标,但城乡居民收入差距仍然较大,农村仍存在大量相对贫困人口,气候变化对生态脆弱地区的农村生计带来新的困难。为此,国家从 2018 年起实施乡村振兴战略,促进农村经济社会全面发展与现代化。

## 65. 适应气候变化与环境保护有什么区别和联系?

气候变化已成为人类面临的最大环境挑战,广义的环境保护也应包括通过减缓与适应来保护地球的气候环境。但是,应对气候变化与狭义的环境保护工作又有许多不同点,彼此不能相互替代。

传统的环境保护主要针对人类排放废弃物对环境的污染采取预防措施和开展综合治理。$CO_2$、$CH_4$ 等主要温室气体由于无毒,一般不纳入环境污染物的名单。但在生产和生活中,温室气体的排放往往伴随着 $SO_2$、$CO$、$H_2S$ 等有害气体的排放,在实际工作中,节能减排与防治大气污染是紧密相连的。

虽然环境污染物主要是不合理人类活动排放的,而气候变化是由大量排放温室气体所致,并不与废弃物排放直接相关,但气候变暖往往加剧了环境污染。如微生物繁殖随气温升高而加速,使富营养化水体的污染和沿海海域的赤潮更加严重。气温升高使畜禽粪便的臭气加快挥发,毒害加大。降水减少的地区由于径流减少使水体不能及时更新,导致水质下降。风速减弱使得城市污染气团更加难以扩散稀释。海平面上升使入海河流的咸潮在河口上溯,严重威胁饮用水源的水质安全。

虽然适应气候变化工作的内容与常规环境保护工作有很大的不同,但针对气候变化对生态环境所造成的影响和所带来的新问题,需要对原有环境保护的工作部署、政策、治理方法与技术进行适当调整,这也是适应工作的内容之一。

环境保护与适应气候变化都是为了协调人类与环境的关系,但侧重点与方法有很大的不同。环境保护的工作重点是针对污染源采取防控措施和对已被污染的环境进行综合治理。在应对气候变化工作中,对温室气体的减排和增汇属于减缓,适应主要着眼于针对受体系统采取保护措施和增强其适应能力。

## 66. 什么是被动适应和主动适应？

被动适应（passive adaptation）是指在气候变化对受体系统已经造成显著影响之后被迫采取的适应措施。主动适应（initiative adaptation）则是在发现气候变化对受体系统影响的初期尽早进行风险评估，主动积极地采取的适应对策。由于气候变化的有些影响具有一定隐蔽性，等到这种影响明朗时已相当严重，再采取措施为时已晚，效果不大。主动适应可以较小代价获得较大的适应效果。

例如，青藏铁路穿过的冻土区长达550 km，其中约400 km的冻土地段中，前100 km为极不稳定的高温冻土地段，较不稳定冻土地段也有190 km。在高海拔不稳定冻土区修建铁路是一个世界难题。在全球气候变暖的背景下，青藏高原的升温幅度大于平均水平，将导致冻土变浅和更不稳定。按照原有工程设计标准修建铁路，过若干年由于路基冻土变浅和更加不稳定，将使青藏铁路可运行期大大缩短，届时翻修重建就属于被动适应，事倍而功半。青藏铁路在修建过程中对于冻土极不稳定路段采用铺设保温层、通风路基、清除富冰冻土、热桩、以适度直径的碎石块填充路基、以桥代路等综合技术措施，较好地消除了冻土融沉隐患。虽然增加了数亿元投资，但如不采取这种主动适应措施，等到青藏铁路多年冻土带被迫停运时再整体翻修，所需成本将以百亿元计，造成巨大经济损失。

对于趋利适应也是如此。例如随着气候变暖和温度资源增加，东北地区的农业技术人员鼓励农民改用生育期适度延长的品种，并有计划地培育新品种和从外地调运适用品种的种子，取得显著的增产效果。气候变暖使得夏季热浪发生更加频繁，商业工作者如能审时度势，提前调运和储备空调、电风扇、冷饮、夏季服装和防暑降温药品，就能抓住商机，取得显著经济效益。墨守成规不作调整，等到热浪侵袭时才急忙调拨销售夏令商品，早已错失商机，找不到货源。

## 67. 什么是预先适应和补救适应？

预先适应（pre-adaptation）是指在气候变化影响尚未发生时就采取预防性适应措施，补救适应（remedial adaptation）则是指在气候变化已发生明显负面影响后采取弥补措施。

针对气候变化的影响，各地各业都已采取了不少预先适应措施。如荷兰有2/3的人口居住在海平面以下的低地，考虑到未来海平面进一步上升的威胁，决定在2005年以后的20年内，每年为紧急防水工程投入10亿欧元资金，另外每年花5亿美元维护现有的海堤与河堤。海平面上升更使一些小岛屿国家面临灭顶之灾，南太平洋岛国图鲁瓦在2000年2月几乎整个国土被特大海潮席卷。研究表明，如果海平面继续上升，到2050年，图鲁瓦有可能成为第一个沉没于大洋之中的岛国。目前图鲁瓦政府已与周边国家联系迁移和安置本国的气候难民。马尔代夫政府正在逐步实施一些岛屿的垫高工程，其中胡鲁马累岛已垫高3 m。

气候变暖将促使有害生物整体向北扩展或迁移。很多人担心南水北调会不会把血吸虫运进北京。经过周晓农等科技工作者的缜密调研分析,由于北方的冬季寒冷,作为血吸虫寄主的钉螺无法越冬,在几十年内还不至于出现这种情况。但随着气候变暖,到2050年,血吸虫流行区有可能北扩到淮河流域,同时由于钉螺不耐高温,未来血吸虫在华南和江南南部的传播范围可能缩小。这一研究结果为预先采取科学防控措施提供了重要依据。

在趋利适应中也有不少预先适应的例子。随着气候变暖,北极地区的海冰加速消融,开辟北极航线将使从西北欧到东亚的航程缩短1000多km。北冰洋海底蕴藏着丰富的矿产资源,海水加速融化使得这些矿产资源的开发利用成为可能,成本也将大幅度下降。目前已有20多个国家开始布局北极地区的开发项目,包括一些非北极国家也在争取合作投资开发。

虽然我们提倡尽可能采取预先适应措施,但是气候变化的某些影响具有潜在性,许多极端天气气候事件具有突发性,预估和预测的难度较大,往往来不及采取或充分采取预先适应措施。事后的补救适应措施虽然不会十分理想,但也绝非可有可无,做得好也能产生显著的经济效益。如高温热害和严重旱涝导致水稻绝收,翻耕重播已不能成熟。改种蔬菜虽然能较快收获,但在受灾面积大,许多灾民都改种蔬菜的情况下由于卖不出去或菜价狂跌,农民有可能得不偿失。重庆市利用当地秋暖的有利条件开发了种植再生稻技术,即在基本绝收的稻田,在洪水消退或干旱解除后,无须翻耕、播种、育秧和栽插,只需将残茬轻割,留桩30～40 cm,适时复水施肥,60天即可成熟,产量可达常规稻的80%。

## 68. 什么是计划适应和盲目适应?

计划适应(planning adaptation)指针对气候变化的影响,预先编制适应规划或行动计划,采取有步骤的适应措施,消除或减轻气候变化的不利影响,利用气候变化带来的某些有利因素。盲目适应(blind adaptation)则是不考虑受体系统情况、气候变化有利与否及影响程度,盲目跟风采取的措施,不但不能实现适应的初衷,反而会造成严重的经济损失。

目前主要发达国家都已制定了本国的适应战略,中国也已在2013年正式发布了国家适应战略,对主要相关领域和不同区域的适应对策做出总体部署并提出了指导性意见,各省、自治区、直辖市也先后编制了适应气候变化规划或行动计划。根据2001年巴厘岛气候大会(COP7)的决议设立的最不发达国家基金已资助42个发展中国家制定了适应气候变化国家行动计划并开始实施。在全球范围内,适应气候变化正逐步纳入有计划实施的轨道。尽管如此,与减缓相比,适应工作开展的难度要大得多,这是由于气候变化对不同地区和领域的影响非常复杂,人们对于某些深层次和较隐蔽的影响还缺乏认识;适应工作几乎涉及自然系统和人类系统的所有方面,与经常性工作的界限也不很清楚,即使编制出适应战略或行动计划,仍然会存在一些盲目性,何况现已编制的适应规划或行动计划大多是国家或地区层面,基层政府机构和社区与企事业单位大多尚未编制,对适应的内涵缺乏认识,远未形成全社会的协调行动。因此,必须加强对于气候变化影响的评估和适应机制与技术途径的探讨,对已有的适应规划和行动计划不断进行补充和修订。

目前在实际工作中还存在大量盲目适应的情况,尤其是在一些决策者与劳动者素质不高的发展中国家。如有的人以为随着气候变暖,低温灾害就自然会减轻甚至消失,盲目引进抗寒性弱的品种或将种植界限过度北扩,导致冷害、冻害等低温灾害的频繁发生。有的地区只看到气候变暖有利于水稻向更高纬度扩种,但没有考虑水资源承载力,依赖超采地下水扩种,导致水资源的枯竭,最后不得不缩减种植面积。又如新疆的国土面积占到全国六分之一,但由于干旱缺水,人口与经济都只能集中在总面积仅 7 万 $km^2$ 的大小绿洲上。20 世纪末,有人看到新疆降水有所增加,高山冰雪加快消融,就盲目提出要再造一个新疆。事实证明这是过高估计了气候变化带来的有利因素,现在新疆已不再提这一口号。但根据水资源总量的增加和节水技术的改进,在现有绿洲的基础上量水而行适度扩大还是有可能的。

因此,要避免盲目适应,就需要对气候变化的影响进行准确的评估,不但要考虑气候要素的变化程度和极端事件的演变,更要分析不同类型受体系统的脆弱性与适应能力,还要进行适应措施的成本—效益分析与可行性论证。一切从实际出发,尊重科学,尊重实践。

## 69. 什么是适应不足和过度适应,为什么要提倡适度适应?

按照适应措施的力度是否恰当,可分为适应不足(insufficient adaptation)、过度适应(over adaptation)和适度适应(appropriate adaptation)。

适应不足是指对气候变化的影响估计不足,采取适应措施的力度偏小,不足以充分消除或减轻气候变化的不利影响和充分利用气候变化带来的某些机遇。过度适应是指对气候变化的影响估计过分,采取的适应措施力度过大,反而带来一些负面效应或导致过高的成本。适度适应是我们提倡的,即在对气候变化及其影响进行科学分析、准确把握的基础上,采取针对性强、经济合理、技术可行的适应措施,能够获得良好的经济效益、社会效益和环境效益。

例如随着气候变暖,北方冬季供暖耗能将有所减少,夏季空调耗能会迅速增加。能源领域的适度适应对策应该是在全面评估本地区采暖度日与制冷度日变化趋势的基础上,制定对采暖耗能与制冷耗能供应与保障的调整计划。如果对气候变化的影响估计不足,仍然沿袭气候变暖前的采暖与制冷供电计划(不进行适应),或只进行小幅度的调整(适应不足),势必会造成冬季采暖供热过多,浪费电能;夏季则制冷不足,炎热难熬,都加剧了人体不舒适。如果对气候变暖估计过高,过分削减了冬季供暖或过多增加了夏季制冷供电(过度适应),也会造成夏季供电浪费和冬季受冷致病。由于气候变化导致冷暖波动加剧,并非一定不再出现严冬和凉夏。因此,在实际的采暖和制冷供电时要密切注意天气变化,构建智能型环境调控系统,随时调整采暖或制冷的供电量,既使人体感到舒适,又能实现较高的工作效率。

掌握适度适应在农业生产上尤其重要。华北平原的冬小麦播种自古以来就有"白露早,寒露迟,秋分种麦正当时"的农谚。为便于掌握,农民把秋分节气的十五天按照每五天划分为秋分头、秋分中和秋分尾。在气候相对冷凉的20世纪60到70年代,生产上实际掌握的是在秋分节气的头和中播种。90年代以后由于秋冬明显变暖,如果仍按原来的播期或只推迟一两天,麦苗往往冬前生长过旺,不但消耗大量养分,越冬还容易受冻死苗,属于不进行适应或适应不足。有的农民则过高估计秋冬变暖,把播种期推迟半个月之久,导致冬前生长量不足形成弱苗,也不利于安全越冬,即使能越冬也容易减产,属于过度适应。适度适应的播种期应该掌握在秋分尾播种,可以获得壮苗,有利于来年增产。各地的气候不同,在黄淮平原,冬小麦的适宜播种期在寒露节气,长江中下游甚至迟到霜降节气,但都存在随着气候变暖适当推迟的问题。由于我国的大陆性季风气候年际波动较大,具体掌握还要结合当年的预报作适当调整,切不可照搬上年经验盲目过度调整播期。河南省2005年发生较严重的冻害死苗,就是因为之前两年连续出现凉秋,晚播小麦长势不好。2004年秋季许多农民就盲目提早播种,又恰遇暖秋,冬前麦苗生长过旺,抗寒力明显下降。

东北玉米品种的调整也是如此。随着气候变暖,无霜期延长,将过去使用的早熟品种改为中熟品种是适度适应,可以充分利用增加了的温度资源,增产增收。如果仍然沿用传统品种属于不进行适应或适应不足,在其他管理不变的情况下,会因生育期缩短而导致减产。但如改用生育期过长的晚熟品种就属于过度适应,到秋霜冻之前仍然不能成熟。

## 70. 什么是后果不确定适应,为什么要提倡无悔适应或少悔适应?

尽管气候变化已是不争的事实,但气候要素在不同区域的变化幅度和速率仍然存在一定的不确定性,至于气候波动和极端天气气候事件的发生,不确定性就更大了,目前世界各国还都不能做到准确的气候预测。除气候与气候变化的不确定性外,气候变化的影响也具有一定的不确定性。这是因为某些领域的气候变化影响十分复杂,对其机制还不充分了解,现阶段还难以做出准确的判断。例如,随着我国西部地区的气候变暖和降水增多,高原和高山的冰雪消融加快,大小湖泊的水位上升,各大河流的径流量增加。但对于未来进一步变暖,高山雪线上升甚至消失后,径流量是继续增加还是趋于枯竭,学术界尚无定论。但无论如何,对于这样的重大问题,必须未雨绸缪,早作准备。

为此,我们把气候变化的影响划分为相对确定的影响和相对不确定的影响。

相对确定的气候变化影响因素包括全球气候变暖的基本趋势、二氧化碳浓度增高、海平面上升、雪线上升、冻土变浅、风速与太阳辐射减弱等,应采取比较明确的适应措施。相对不确定的气候变化影响因素主要指极端天气气候事件与气候波动,也包括某些复杂的对生态环境与社会经济的深远影响。

后果不确定适应(uncertain adaptation)是针对后果不确定的气候变化影响所采取的适应措施。对于这类影响的适应,首先要评估气候变化影响的发生概率,具有两种变化可能时,如变干或变湿,变暖或变冷,适应措施要侧重发生概率较大的趋势,同时密切跟踪监测,对另一种可能也要采取防范措施。一旦发生与先前的预估相反,要迅速调整适应对策。

无悔适应(no regret adaptation)是针对后果不确定的气候变化影响,无论效果如何都能获得正面效益的适应措施。如针对气候变暖导致土壤有机质降解而采取培肥措施,针对旱涝灾害频发修建水库和加固堤防等,都属无悔适应,即使情况与预测不同,这些措施都有益无害。但无悔适应是有条件的,并非所有适应措施都具有无悔性,也不是所有后果不确定影响都能找到无悔适应措施。如农田受旱需要灌溉,受涝需要排水,畜舍受热需要通风降温,受冷需要供暖和防风,两类措施的效果都是完全相反的,用错了反而会加大灾害损失。是否无悔适应措施,要由实践来检验。

在实际工作中,往往难以找到绝对无悔的适应措施,很多情况下只能选择可能出现的负面效应相对较轻的措施,称为"少悔适应"(less regret adaptation)。

## 71. 什么是自发适应和自觉适应?

自发适应(spontaneous adaptation)是指采取措施时并未意识到是在适应气候变化,但客观上具有适应的效果。自觉适应(conscious adaptation)则是建立在对气候变化影响科学判断和准确评估基础上主动采取的适应措施。

虽然适应是与减缓并列的人类应对气候变化两大对策之一,但国际社会在适应方面的进展明显滞后于减缓,直到 2007 年的巴厘岛气候大会才把促进适应气候变化列入《巴厘岛行动计划的四大要素》。2010 年的坎昆气候大会决定成立适应委员会和设立绿色气候基金,此后各国有计划有组织的适应行动才逐步开展起来。那么,在这以前是否就不存在人类对于气候变化的适应行为呢?

其实,自古以来人类就在不断地适应气候的波动与变化。近代主要由于人类大量排放温室气体所引起的气候变化也有一百多年,并且在 20 世纪 70 年代以后日益凸显。虽然大多数公众并不了解气候变化的原因与适应的机理,但在实际生产和生活中还是感受到了这种变化及其影响,自发采取了许多适应措施。中国最早的范例可追溯到 70 年代后期四川中部丘陵地区的"水路不通走旱路"。过去那里传统的种植方式是在丘陵坡地修建梯田,冬季拦蓄雨水,春季插秧种植一季水稻,称为"冬水田"。后来由于降水减少,拦蓄不到足够的雨水,保不住冬水田。科技人员建议改为小麦—玉米—红薯的旱作套种三熟制,由于小麦喜凉,玉米的水分利用率高,红薯能承受伏旱高温,很好地适应了当地气候条件。改为旱三熟后产量大幅度提高,一举摆脱了长期的缺粮与贫困(郑德刚,2007)。东北随着气候变暖,辽宁省的农民自发改种河北与山东的玉米品种,吉林的农民改种辽宁的品种,黑龙江省的农民则改种吉林的品种,都获得了一定的增产效果。其他领域也有很多自发适应的例子。

虽然自发适应具有一定的效果,但由于缺乏对气候变化影响的科学定性分析和定量评估,在适应的针对性和力度掌握上都往往具有一定的盲目性。以东北玉米品种的跨省换种为例,如果辽宁南部的农民选用河北中北部的品种问题都不大,但如果是辽宁北部的农民选用了河北南部的品种,往往因生育期过长不能在秋霜冻之前成熟,过度适应的结果仍然会导致不适应。吉林和黑龙江省也有类似的情况。为解决这个问题,东北三省的农业气象工作者开展了农业气候精细区划,按照每 100 ℃·d 划分积温带,提出按照近 30 年来气候变暖后温度资源的增加,可以跨一到两个积温带引种,但绝不要跨越三个积温带。此后很少再发生盲目引种人为导致冷害和霜冻的情况(张玉书,2016)。华南也有类似的情况,许多地方由于过高估计冬季的变暖和对气候波动加剧估计不足,热带和亚热带作物种植大幅度北扩,结果在 20 世纪 90 年代连续遭受了 4 次严重的寒害,经济损失超过前 40 年寒害总损失量的数倍。此后当地气象部门与农业部门合作进行了温度资源的精细区划和山地气候资源的小网格估算,制止盲目北扩,充分利用冷空气难进易出的有利地形,使华南的热带、亚热带作物生产得到稳定发展。

由此可见,能否做到自觉适应,一方面要树立人与自然和谐相处的理念,另一方面也需要风险评估与适应技术的支撑。

## 72. 什么是趋利适应和避害适应?

气候变化在对人类环境带来巨大挑战的同时,也带来了某些有利因素。因此,适应气候变化,既要考虑趋利,也要考虑避害,力求二者有机结合,取得最大的适应效果。趋利适应(adaptation seeking advantages)指以充分利用气候变化带来的有利因素和机遇为主要目的的适应措施,避害适应(adaptation avoiding disadvantages)则指以规避和减轻气候变化不利影响为主要目的的适应措施。

气候变化对自然系统和人类系统影响的利和弊,在不同地区、不同领域和不同时期有很大的差异。总的看,对于高纬度和高海拔地区有利因素较多,对于低纬度和低海拔地区不利因素较多;近期利弊并存,远期不利因素会进一步增加;对气候敏感的脆弱领域和产业的不利因素较多,对于夏令商品销售、资源与环境保护相关产业则存在不少机遇;大多数发达国家地处较高纬度,适应工作的科技支持能力较强,机遇相对较多,而大多数发展中国家地处较低纬度和生态脆弱地区,开展适应工作的资金和科技支撑能力都较弱,气候变化影响以不利因素为主;在未采取适应措施时通常不利因素居多,采取正确的适应措施后,不利因素可大大减少,有利因素显著增加;但如人类控制温室气体排放不力,气候变化速率过快和幅度过大,就有可能超出自然系统和人类系统的适应能力,不利因素将迅速膨胀,甚至带来不可逆的灾难性后果。

因此，无论趋利适应还是避害适应都必须因地制宜，从当地实际出发。目前对于避害适应措施的研究较多，特别是针对极端天气气候事件频发与海平面上升的应对，对于趋利适应的研究则相对薄弱，需要深入挖掘。目前在实际生产和生活中，自发或自觉的趋利适应已有不少范例。如利用气候变暖温度条件的改善改用生育期更长的作物品种，种植界限适度北扩，适度提高复种指数，改进高寒地区的交通条件等。气候变化将使气候敏感性产业的布局和人们的消费习惯发生改变，进而导致不同区域和不同国家间资源分布和经济格局的改变，对于产业发展、商品销售和内外贸易等，都潜伏着不少危机，也孕育着不少商机。谁能做到早发现，早适应，谁就能在市场竞争中占据主动。

## 73. 什么是虚假适应（伪适应）和不良适应，怎样做到有效适应？

在人们采取的适应措施中，有的措施主观愿望是为适应气候的变化或波动，客观效果却相反，这类措施称为虚假适应或伪适应（pseudo adaptation），与之相反的适应措施称为有效适应（effective adaptation）。

例如 2012 年 7 月 21 日，北京与河北等地遭受特大暴雨的袭击，部分山区发生的山洪和泥石流造成部分农田绝收。这时再重新播种各种粮食作物都为时已晚，有关部门考虑到离秋霜冻出现只有两个多月时间，只有种大白菜才能正常成熟，按照常年的市场价格，要比其他的补救措施的经济效益要好。于是紧急调运了一批种子，鼓励农民抓紧播种。不料由于受灾范围较大，受灾地区大家都改种大白菜，导致市场严重滞销，每 500 g 的价格降到 0.1 元多，灾区农民普遍亏损。显然，不做市场分析和预测是导致产生这次虚假适应的根本原因。

除违背经济规律外，违背自然规律也是产生虚假适应的重要成因。近几十年来华北气候暖干化导致水资源日益枯竭，特大城市排放的废气在三面环山的不利地形中污染空气难以扩散。于是有人提出可以从渤海挖一条长 260 km，宽 1 km 的人工运河到北京。据说可以就地淡化海水，运河蒸发的水汽还可以使空气变得湿润，减轻雾霾污染。这看起来似乎头头是道，其实是典型的虚假适应措施。且不论修建、维护运河与海水淡化的成本有多高，这种死胡同式的运河海水只进不出，淡化和蒸发剩余的高浓度海水必然每年沉淀数百万吨计的盐，加上海水向周边土壤和地下水的渗漏，盐碱化的后果不堪设想。渤海那么大，所蒸发的水汽对于提高华北平原的空气湿度贡献甚微，怎么能指望面积与渤海相差 300 多倍的运河能对改善北京的空气质量起多大作用？前些年还有人炒作从渤海引海水到内蒙古高原，再向西修筑运河到新疆，说是可以一举改变我国西北的干旱面貌，同样是一厢情愿，根本没有考虑这样的工程将会带来的严重生态恶果。不良适应（maladaptation）的内涵比虚假适应更广且视角有所不同。按照 IPCC 第六次评估报告的术语表，不良适应是指可能导致与气候相关不利后果风险增加的行动，包括增加温室气体（GHG）排放，增加或改变对于气候变化的脆弱性，更不公平的结果，现在或未来的福利减少等。在大多数情况下，适应不良是一种意想不到的后果。除事与愿违的行动外，凡负面效应比较突出的行动均属不良适应。

因此，在制定适应规划或行动计划时，一定尊重自然规律和经济规律，对所提出的重大适应措施进行充分的经济、社会与生态可行性的论证。

## 74. 生物自适应与人为支持适应、人类系统适应有什么区别和联系？

受体系统的适应性源自自组织系统（self-organization system）对外界气候变化干扰的反馈（feedback）和响应（response）。从系统工程的角度可以把适应气候变化定义为：通过对气候变化引起的外界环境扰动做出反馈和响应，使自组织系统在新的气候环境条件下能正常运转和发挥其功能。

不同类型的系统对于外界环境扰动做出的反馈和响应有很大区别。

简单的非生命系统由于缺乏自组织性，对于外界环境的干扰不能做出自主的反馈与响应，但在发生外界干扰时仍表现出物理学意义上的弹性（resilience），能够保持系统结构不受破坏，功能不至丧失。当外界干扰减弱或消失时，系统能恢复原有状态。但如外界干扰超过一定阈值，系统仍将受到破坏。

复杂的非生命系统和简单生物系统具有一定的自组织能力，能对外界环境干扰信息及时做出反馈和响应，具有自适应（self adaptation）机制以减轻环境胁迫，但通常是被动的适应，不能做出有计划的预先适应。外界干扰很强时同样有可能超过一定阈值，导致系统的破坏甚至崩溃。如无人机、机器人、自动调控生产系统等复杂非生命系统的自适应机制来自人为设计和安装的计算机程序和一系列反馈与响应机制，但仍不可能超出现有的人类科技水平。生物自适应可分为基因、细胞、组织、器官、个体、群体、生态系统等不同层次，不同层次具有不同的自组织适应机制，层次越高，生物多样性越丰富，自组织和适应能力就越强。

当气候变化胁迫超过受体系统的弹性或自适应机制时，必须对受体系统施加人工干预，或增强受体的弹性或自适应能力，或改善受体所处的局部环境，这类适应行动称为人为支持适应（man-support adaptation）。

人类系统具有很强的自组织能力，能够有计划收集环境信息，正确评估气候变化的影响和风险，制定主动有序的适应措施。但人类系统的适应能力仍然受到社会组织管理能力、经济发展水平、科技水平，特别是对气候变化及其影响的认知水平等多种因素的局限。国际学术界有人认为。如果每百年升温速率超过4 ℃，就有可能超出人类系统的适应能力，造成灾难性的后果。

人类系统适应可分为个人、家庭、社区、区域、国家、大区和全球等不同层次。系统越大，适应的难度越大，但适应能力也越强，适应机制更加复杂多样。

自适应机制是由受体性质所决定的，比较稳定，成本较低，应充分利用。但目前气候变化的速率和程度往往超出许多受体系统的适应能力，还必须施加人为适应措施。

## 75. 增量适应、转型适应和整体转型适应有什么区别?

(1)增量适应与转型适应的区别

增量适应与转型适应是人类应对气候变化胁迫的两类不同性质的适应策略。

增量适应(incremental adaptation)又称渐进适应,只是对常规措施的力度或规模进行适当调整,使受体系统的功能得以增强,但基本的结构与性质不发生改变。如随着气候变暖,东北的玉米种植改用生育期更长的品种以充分利用温度资源,城市居民增加冬季出行和夏令商品消费等,是受体系统以其组成与功能发生某种量变的形式来适应环境的变化。

整体转型适应(transformation adaptation)是指在气候变化的影响巨大,原有的受体系统不能适应改变了的气候环境的情况下,需要从根本上改变受体系统的性质才能适应新的气候环境。如由于降水减少和水资源短缺,北京和天津的水稻生产都无法维持,改种小麦、玉米等旱地作物。宁夏南部水土流失严重的山区由于基本丧失生存条件,不得不实行生态移民。采取转型适应措施后,受体系统的性质发生了根本变化,已经不是原来的受体了,属于一种质变。

(2)增量适应与转型适应策略的灵活应用

什么情况下采取增量适应或转型适应,既要考虑气候变化胁迫的程度,也要考虑受体系统的脆弱性与适应能力。

由于增量适应无须改变受体系统的基本结构与性质,只是对原有行为的力度或规模作适当调整,易于操作且成本较低,在大多数情况下要首先和尽量采取。

需要采取转型适应对策的有以下几种情况:

① 气候变化胁迫超过受体系统的自适应能力与人为支持适应能力的总和。如某地的滑雪场由于气候变暖已无法维持稳定的积雪,采取人工增雪也维持不了多久且成本过高,就只能向更高海拔转移。如果本地区更高海拔没有适宜滑雪的山坡,就只好停止滑雪项目,改营其他项目或产业。

② 受体系统过于脆弱,又缺乏人为支持适应的物质、资金、技术等条件。如针对海平面上升,大量国土低于海平面的发达国家荷兰实施了一系列工程来加高加固海堤和增强排涝系统。但有些小岛屿国家无力实施抗灾工程,遇到强风暴潮只能采取躲避措施,甚至准备将来被淹没后举国迁徙。

③ 采取增量适应成本过高而转型适应的成本不太高。20世纪90年代中期,由于气候变暖和空气湿度增大,黄淮海平原棉铃虫空前猖獗,棉花生产极不稳定。反复多次打药虽可抑制但成本过高,而且严重污染环境,危害人畜健康与安全。新疆则由于气候变暖和降水增加,加上节水技术的普及,具备了扩大棉花种植的条件。在这种情况下国家实施了棉花主产区整体西移的战略转移,取得了显著的经济效益。

④ 气候变化有些十分有利的情况下也需要采取转型适应对策。如过去北冰洋即使在夏季也仍然冰封不能通航,气候变暖后,夏季可通航期越来越长,开辟北极航

线已提上日程,周边各国都在试图分享这一红利。内蒙古的阴山北麓无霜期只有100 d左右,过去不能种植玉米。随着气候变暖和牛奶消费量的迅速增长,加上极早熟品种的育成,现在玉米种植面积日益扩大。

(3)部分转型适应

在一定强度的气候变化胁迫下,有时会出现采取渐进适应措施效果不够充分,采取转型适应措施的条件不成熟或成本过高的情况,这时往往需要采取部分转型适应的对策,国际上称为 transformational adaptation,简称为狭义的转型适应。如随着气候变暖,冬小麦种植北界正在逐渐向更高纬度与海拔扩展。但在华北北部和东北南部水资源紧缺,尽管温度条件满足了,但水分条件不能充分满足,冬小麦扩种就只能在水源条件较好的河谷适度进行,无灌溉的旱地仍然只能以种植玉米、谷子等为主。显然,部分转型是受体的部分质变,整个系统的性质尚未发生根本改变,但结构已发生一定程度的改变,并出现了某些新的功能。

## 76. 长期、中期、近期和应急等不同时间尺度的适应有什么区别和联系?

按照适应行动的适用时期可以分为长期适应(long term adaptation)、中期适应(medium term adaptation)、近期适应(recent adaptation)和应急适应(emergency adaptation)四大类。

长期适应是指针对未来可能出现的气候情景制定适应战略、编制长期适应规划、启动基础工程建设计划、修订相关技术标准、开展适应机制与技术途径的预研究等,时间尺度约几十年,有些重大工程建设甚至需要考虑到未来上百年的气候变化。由于未来较长时期的气候变化具有很大的不确定性,对于制定的适应规划与基础性工作要结合气候变化跟踪监测结果不断修订和调整,特别是对于气候变化的复杂和深远的影响。

中期适应是针对未来一二十年气候变化所采取的适应措施。由于气候变化具有很大的惯性,人们对于未来一二十年的气候变化状况预估的不确定性相对较少,可以制定出比较明确的适应规划或计划,采取针对性较强的适应措施。如农作物的育种需要几年的周期,树木的育种周期更长。需要根据气候变化趋势调整育种目标,使新培育的品种能够适应未来一二十年的气候环境。又如未来一二十年华北缺水的基本状况不会改变,必须继续实施南水北调工程和完善运行管理。

近期适应主要是针对过去已经发生的气候变化造成的影响,这种影响在近期仍将延续。要制定明确的适应行动计划,确定优先适应项目,对比较成熟和有效的适应措施进行总结、提炼,并在今后几年内推广。

应急适应主要是针对极端天气气候事件以及由气候变化引起的其他灾害事件的新特点,建立监测预警和应急响应机制,进行风险评估和隐患排查,编制应急预案,组织应急救援和采取补救措施等。

上述四类适应只是从时间尺度上的大致划分,相邻类型之间并无严格的界限。时间越长,适应对策相对宏观,侧重战略性和政策性措施;时间越近,适应对策相对微观,侧重战术性和技术性措施,更加强调可行性与可操作性。

## 77. 个人、家庭、社区、区域、国家、全球等不同空间尺度的适应之间有什么区别和联系?

人类社会的适应行动在空间上从微观到宏观可以划分为个人、家庭、社区或企事业单位、区域、国家和全球等不同尺度。

个人适应包括观念、生活方式、消费习惯、职业行为、社会关系的改变和承担社会责任与公民义务,要把在气候变化条件下保护个人健康与权益、促进全面发展、实现人生价值与承担社会责任结合起来,从自己做起,从身边做起,带动他人共同保护地球气候。

家庭适应包括教育子女树立适应气候变化,与自然和谐相处的理念,制定发生极端天气气候事件时的应急预案,调整饮食习惯与消费模式,加强健康保护,改善居室与周边环境,改进与邻里关系,承担所在社区与单位的适应工作义务,共同应对气候变化的挑战。

社区适应包括对本地区气候变化影响和极端天气气候事件的风险评估,盘查和消除事故隐患,制定应急预案;针对气候变化对社区环境的影响调整原有环境保护与整治的部署;调查社区内的气候变化敏感与脆弱人群,对由于气候变化引起的生计困难和健康恶化者采取帮扶措施;对社区居民进行适应气候变化和应对极端天气气候事件的知识与技能培训,健全社区防灾与救援物资、设施与机制,建立应急志愿者队伍。

企业适应包括评估气候变化对原料来源、产品市场、运输条件等的影响和产业发展的风险与机遇,调整工程设施、工艺流程、技术标准和营销策略;针对当地多发的极端天气气候事件,编制应急预案,对职工进行防灾减灾和适应气候变化的培训,做好防灾和救援的物资、器材、人员等的准备;了解气候变化对所在地区环境与民生的影响,承担企业保护周边环境与气候的社会责任。

区域适应包括全面评估气候变化对本地区生态环境与社会经济的影响和极端天气气候事件的新特点,制定区域适应气候变化的规划和行动计划并组织实施;针对气候变化的影响,调整城乡建设规划、基础设施建设的布局和工程技术标准,加强环境整治与保护;从管理、技术和装备设施等方面提高企业的综合适应能力;加强对气候致贫地区和敏感脆弱人群的帮扶和保护;进行对居民适应气候变化的知识与技能培训,组织应对极端天气气候事件的演练,加强适应能力建设。

国家适应包括对气候变化趋势的监测和预估,全面评估气候变化对生态环境与社会经济的影响,制定国家适应战略与规划,指导各地和各部门编制相应的适应计划;组织对气候变化影响、气候敏感产业、领域和地区的脆弱性分析;调整城乡发展规划与布局,加强生态环境建设,保护土地、水、植被和生物多样性等自然资源;研发适应技术,构建不同产业、领域和区域的适应技术体系;向全民宣传适应气候变化的知识与可持续发展观,促进气候适应型社会建设。

全球适应包括建立健全适应气候变化的全球治理与协调机制,加强国际合作与交流,重点扶持最不发达国家和气候变化敏感脆弱国家的适应工作,本着"共同但有区别的责任"原则,妥善处理因气候变化引起的资源争夺矛盾与环境纠纷,建立公平合理的国际政治经济新秩序。

上述不同空间尺度的适应是相互关联的。世界是由所有国家及其人民组成的,保护地球气候关系到每个人的利益和子孙后代的生存,每个人、每个家庭、每个社区、每个企业都有责任为保护气候做出自己的努力。微观尺度适应是宏观尺度适应的基础,宏观尺度的适应是微观尺度适应的组织者和指导者,只有不同空间尺度的适应工作全面开展,才能取得最佳的适应效果。

## 78. 什么是无序适应和有序适应?

国家最高科技奖奖获得者叶笃正等2001年首次提出"有序人类活动"的概念,2008年又提出"有序适应"的理念,要在开展关于全球变暖对各地经济发展的影响和适应研究的基础上,通过比较分析各种试验结果,总结出有利于全球各地整体利益的几个最佳适应方案(叶笃正 等,2001,2008)。

"序"就是指事物或系统的内部结构和内部各组成要素之间的相互联系。有序是指事物或系统内部的各要素具有某种约束性,并呈现出某种规律。"有序适应"气候变化是指人类应纠正和制止一切违背自然规律和社会经济规律的无序活动,以有序的人类活动来适应气候变化。

从应对气候变化的角度,有序的人类活动应该起到保护地球气候的作用,除控制大气污染物排放外,还要加强生态治理和环境保护,防止地球气候的恶化。

有序适应气候变化,要求人类活动不应超出气候资源的承载力。如新疆的绿洲完全依靠高山积雪融水灌溉,随着气候变化,降水增加,在厉行节水的前提下有可能适度扩大绿洲范围。但如超出水资源的承载力盲目扩大绿洲,有可能导致绿洲边缘和下游绿洲干旱缺水甚至沙漠化,得不偿失。在降水减少的华北地区,更应严格限制高耗水产业的发展,并控制人口的过度集聚。

有序适应气候变化,要求人类活动不应超出气候环境容量。以大气污染为例,一个地区的空气净化能力取决于当地的风速、风向、低层大气稳定度和不利于稀释扩散污染物的静稳天气的出现概率等气候因素。如果片面追求短期经济利益,盲目发展高污染工业和城市发展规划不合理,将导致气候环境容量萎缩,形成严重的城市大气污染。

有序适应气候变化，要求人类的生产活动和生活行为遵循趋利避害的原则，充分利用气候变化带来的某些有利因素，尽可能规避或降低气候变化带来的风险，力求实现气候变化背景下的社会经济可持续发展。

有序适应气候变化，要求全社会采取协调一致的行动，这是因为气候变化关系到每个社会成员的利益和整个国家的前途和命运。为此，需要建立以政府为主导，充分利用市场机制使企业主动承担社会责任，公众与社会团体积极参与的气候变化综合治理模式。

有序适应要求世界各国采取协调一致的行动。这是由于气候变化不同于局地的环境危机，而是遍及全球，威胁到整个人类生存基础的最大环境挑战。除世界各国遵循"共同但有区别的责任"控制温室气体排放外，在适应领域也需要世界各国协调合作，打造人类命运共同体，实现社会经济的可持续发展。

有序适应还要求人类正确对待自身与大自然的关系，虽然人类是地球唯一的智慧生物，但并不意味着人类对其他物种可以为所欲为。生物多样性是地球生命的基础，也是人类生存与发展的基础，生物多样性对于人类除经济价值外，还有重要的生态与文化价值。自然界的不同物种间存在相互依存的关系，不合理和超大规模的人类活动，特别是气候变化已经导致生物多样性的减少和部分物种的灭绝，如果不加遏制，最终必将导致人类自身的灾难。因此，我们必须秉承地球生命共同体的理念，在追求人类利益最大化的同时，加强生物多样性保护，实现整个生物圈的持续繁荣与发展。

### 79. 为什么说从无序适应到有序适应是一个无限循环的渐近过程？

有序适应是一个动态过程。随着气候变化的进一步发展，气候变化影响和受体系统脆弱性都会出现一些新情况，原有适应措施的有序度有可能降低，需要不断进行调整，补充和完善原有的适应措施，不断增强适应行动的有序度。自人类产生以来，气候已经过多次冰期与间冰期的转换，人类社会就是在适应—不适应—再适应的循环往复过程中向前发展的。

例如，随着气候变暖，黑龙江省种植的玉米品种由早熟品种改为中早熟品种，取得明显的增产效果。但如气候继续变暖，这些品种又将不适应变化了的气候，表现出一定的无序性。进一步调整为中熟品种后能够适应新的气候环境，农业生产的有序性得以增强。又如随着气候变暖，过去只在热带地区发生的登革热已蔓延到南亚热带广东和台湾，未来如平均气温再升高 $3\sim4$ ℃，就有可能蔓延到目前中北亚热带的长江流域，防治部署必将进一步调整。

人类对于气候变化的适应决策是否正确，还与对气候变化影响的科学认识水平有关。目前人们对气候变化某些影响的认识还不充分，适应对策效果也具有一定的不确定性。例如，对于未来气候进一步变暖和西部高山冰雪大消融后，大江大河的径流量是增还是减,大气二氧化碳浓度继续升高后是否会发生施肥效应递减,气温升高导致有机质含量下降是否会降低土壤供肥能力等,目前学术界都尚无定论,难以准确判定未来的主要风险。未来随着人们对于上述气候变化影响机制研究的进一步深入,相关调控适应措施的有序性也将进一步提高。

技术进步也在很大程度上决定适应措施的有序度。如随着气候变暖,冬季供暖耗能可以节约,夏季制冷耗能势必增加。但如只是依靠经验判断来调整往往滞后并带有一定的盲目性和无序性,智能电网的建成就有可能实现既节能又提高人体舒适度和工作效率的有序效果。

# 四、气候变化影响评估与适应机制

## 80. 什么是气候变化风险,怎样识别与评估?

(1)风险与气候变化风险

联合国国际减灾战略(United Nations International Strategy for Disaster Reduction,UNISDR)2009年版的《国际减灾术语》定义风险(risk)是指一个事件的发生概率与其负面结果的综合(王瑀 等,2009)。广义的风险概念也包括事件的正面结果。由于"风险"一词在汉语中具有贬义,在日常生活和工作中,人们提到"风险"一词,主要还是针对负面结果;对于某个事件的正面结果,人们通常称之为"机遇"。

IPCC定义气候变化风险为不利气候事件发生的可能性及其后果的组合。IPCC(2014)《IPCC第五次评估报告》的第二工作组报告指出,气候变化已经并将继续对水资源、生态系统、粮食生产和人类健康等产生广泛而深刻的影响。如果未来全球地表平均温度相对于工业化以前升高1 ℃或2 ℃,全球所遭受的风险将处于中等至高风险水平;如升高超过4 ℃,全球将处于高或非常高的风险水平。

气候变化的风险具有相对性,对于同一类系统,在不同区域,不同时段,所面临的气候变化风险的特点与程度都有所不同,有时甚至以正面影响为主。

(2)气候变化风险的计算

风险$R$的计算公式是

$$R = H \times EV, H = I \times P, V = S/A \tag{4-1}$$

式中:$H$为危险(hazard);$I$为气候变化不利影响因子的强度(intensity);$P$为不利影响因子发生概率(probability);$E$为气候变化受体的暴露度(exposure);$S$为受体对于气候变化影响的敏感性(sensitivity);$A$为受体对于气候变化的适应能力(adaptability)或韧性,也称气候恢复力;$V$称为受体的脆弱性(vulnerability)。

式(4-1)表明,气候变化风险是外因与内因相互作用的综合。外因即气候变化胁迫,不但取决于不利影响因素的强度,而且取决于其发生概率。内因即气候变化受体的暴露度与脆弱性,后者由受体的敏感性和应对能力组成,敏感性越强,应对能力越差,受体越脆弱,越容易受到损害。

(3)气候变化风险的评估步骤

① 确定问题与目标。总体目标是对气候变化给各国境内具有社会、环境与经济价值的事物带来的各种风险和机遇进行评估,以协助政府为采取适应措施和确定优先行动创造有利环境。

② 建立决策标准。根据经济、社会发展的需要建立决策标准，提供国家和地方制定适应计划时参考。

③ 运用上述公式对气候变化影响所带来的风险进行定性和定量的评估。

④ 确定方案。确定适应气候变化的方案，以降低已确认的风险。

⑤ 鉴定方案。在对适应气候变化的方案进行经济评估的过程中完成。

⑥ 做出和执行决策，并对执行情况进行监督与审查。

## 81. 什么是气候变化机遇，怎样识别与评估？

由于气候变化的影响有利有弊，除了要分析评估气候变化影响的不利因素或风险外，还需要分析和评估气候变化带来的有利因素或机遇（opportunity）。如二氧化碳浓度增高有利于增强作物的光合作用，高纬度高海拔地区的气温升高可延长植物的生长期和建筑工程的施工期，并改善冬季的交通运输条件。

对于气候变化机遇的分析评估，我们可以套用风险计算公式的形式：

$$O = F \times E \times U \qquad F = I \times P \qquad U = S \times A \qquad (4\text{-}2)$$

式中：$O$ 为机遇（opportunity），$I$ 为气候变化正面影响因素的有利程度，$P$ 为气候变化有利因素出现的概率，$E$ 为气候变化受体在有利环境下的暴露度，$S$ 为气候变化受体对于有利因素的敏感性，$A$ 为气候变化受体对于有利因素的利用能力，$F$ 为气候变化影响的有利因素（favorable factor），$U$ 为受体对于气候变化有利因素的可利用性（usefulness）。

式（4-2）同样表明，气候变化机遇是外因与内因共同作用的结果。外因指气候变化有利因素，由其有利程度与出现概率的乘积决定；内因指有利因素对于受体的可利用性，取决于受体处于有利环境的暴露度、对于有利因素的敏感性及利用能力三者的乘积。

气候变化机遇的评估步骤与风险评估相同。

气候变化风险公式中的应对能力和机遇公式中的利用能力反映了受体适应气候变化能力的两个方面。无论是趋利还是避害，都需要通过增强适应能力和采取适应措施来实现。对于气候变化风险，在式（4-1）中，即使气候变化不利因素的危险不很大，但如处于分母的受体适应对能力极差，所形成的风险仍然很大；但如适应能力很强，比较严重的气候变化危险也不至形成很大的风险。相反，对于气候变化机遇，在式（4-2）中，即使气候变化的有利因素很多，但如利用能力极差，实际能够获得的机遇也不大。

## 82. 怎样对气候变化的影响进行综合评估？

由于气候变化的影响有利有弊，仅进行风险分析评估是不全面的，还应与机遇的分析评估同步进行，并将二者进行综合评估。目前国内外对于气候变化风险的分析评估工作开展得较多，对于气候变化机遇的分析评估十分薄弱，亟待加强。

式(4-1)和式(4-2)都是针对单个因子的计算,实际发生的气候变化影响往往同时存在多个有利因素和不利因素,需要分别测算后进行综合评估。

在同时存在气候变化风险与机遇时,气候变化的综合影响 $SI$(synthetic impacts)如式(4-3),其中风险取负值,机遇取正值。

$$SI = R + O \tag{4-3}$$

在同时存在 $m$ 个有利因素与 $n$ 个不利因素时,气候变化的综合影响可表为:

$$\sum R_i = R_1 + R_2 + R_3 + \cdots + R_m \tag{4-4}$$

$$\sum O_j = O_1 + O_2 + O_3 + \cdots + O_n \tag{4-5}$$

$$SI = \sum_{i=1}^{m} R + \sum_{j=1}^{n} O \tag{4-6}$$

气候变化的作用对象是一个系统,还需要对各个子系统所受到的影响分别进行评估,然后进行合成。

$$\sum SI_i = SI_1 + SI_2 + SI_3 + \cdots + SI_m \tag{4-7}$$

但对于大多数生态系统或社会经济系统,组成系统的各子系统之间的关系并非线性,不能如式(4-6)那样简单相加,需要建立更加复杂的非线性计算模式。

由于气候变化的不同影响因子的度量单位不同,在分别计算气候变化风险和机遇时,需首先对公式中的各个变量进行无量纲化处理。

在具体计算气候变化风险和机遇时,受体的暴露度、敏感性、不利因素的应对能力和有利因素的利用能力分别由多种要素构成,需要对各种要素分别进行评定和定量估测,然后才能进行综合评估。以下我们介绍各要素的评估方法。

## 83. 怎样评估气候变化的负面因素、危险或有利因素?

在式(4-1)中,气候变化的负面影响因素或危险 $H$(hazard)是气候变化风险的重要组成要素,影响程度较轻时通常称为负面影响,影响严重时称为危险,在灾害学中或对于极端天气气候事件,$H$ 也经常译成致灾因子。由于 $H = I \times P$,气候变化负面影响或危险的大小不但取决于负面因素或致灾因子的强度,而且取决于其发生概率。对于有利因素,同样有 $F = I \times P$。

对于不同类型的气候变化负面影响或危险,度量的方法与单位不同。如气温过高对人体健康能造成危害,最高气温在 30 ℃以上就会感到热,35 ℃以上常称为炎热,38 ℃以上常称为酷热。由于人体散热能力还与空气湿度及风速有关,在实际评估时还要将气温与湿度、风速结合在一起建立综合指标。

对于热带气旋,中国气象局(2006)规定,按中心附近地面最大风速划分为六个等级:底层中心附近最大平均风速 10.8~17.1 m/s,也即风力为 6~7 级称为热带低压(TD);底层中心附近最大平均风速 17.2~24.4 m/s,也即风力 8~9 级称为热带风暴(TS);底层中心附近最大平均风速 24.5~32.6 m/s,也即风力 10~11 级称为强热带风暴(STS);底层中心附近最大平均风速 32.7~41.4 m/s,也即 12~13 级称为台风(TY);底层中心附近最大平均风速 41.5~50.9 m/s,也即 14~15 级称为强台风(STY);底层中心附近最大平均风速≥51.0 m/s,也即 16 级或以上称为超强台风(super TY)。

关于气候变暖导致的土壤有机质降解可用单位质量干土的有机质量年均递减率[g/(kg·a)]衡量,气候变化加剧的水土流失可用平均每年单位面积流失土壤的质量[g/(m²·a)]衡量,二者都可分为极强、强、偏强、中等、偏弱、弱、极弱、无等不同等级。其中极强可定为历史出现过的最大值或当地有可能发生的极大值。

由于风险或机遇在计算时都要求无量纲化以求得可比性,计算风险或机遇公式中的诸要素都必须先进行无量纲化处理。在上述例子中,可以将最不利或最强等级的致灾因子值定为1,将不出现负面影响定为0或将致灾因子最弱时赋以一个很低的值。

对于有利因素的分级也可以采取类似的方法。如随着气候变暖,某个地区可供农作物生长的积温值增加,可以把历史上出现过或估计可能出现的最大值定为 1,把历史平均值赋值为 0 即不存在有利因素。加上对暴露度、敏感性和应对能力等公式中的要素进行无量纲化,最终计算出来的风险或机遇的取值范围都在 0 和 1 之间,具有可比性。

值得注意的是,气候变化的有利或不利是相对和有条件的,如一定范围的气温升高使得作物生长期与农耕期得以延长有利于增产,但温度升高过多,高温热害并加剧干旱就成为主要矛盾,反而变成不利因素了。随着适应技术的改进与完善,一些原来负面影响较大或较危险的气候变化影响因素有可能变得不那么危险,$I$ 值有所降低;一些原来负面影响较小的影响因素也有可能变得突出。生物多样性也是气候变化利弊相对性的重要成因。气候变暖对于喜温作物固然有利因素较多,但对于喜凉作物却有可能成为灾难。即使是喜温作物甚至亚热带作物,在某个发育阶段也需要一定的低温诱导,如华南的荔枝在冬暖年份尽管枝叶茂盛但结果很少,就是因为缺乏必要的低温刺激不能诱导果树进入生殖生长。因此,对于气候变化影响因素的评估要针对具体对象并进行动态分析。

至于气候变化负面或正面影响的出现概率,可利用当地历史资料计算。尤其是气象、水温、地质、海洋等领域的观测资料是很丰富的,但有些经济和社会领域的影响缺乏历史记载,需要邀请相关领域的专家和经验丰富的职工、老农和居民等来讨论,对发生的可能性大小做出判断。

## 84. 怎样分析和评估气候变化受体的暴露度?

暴露度在灾害学中指暴露在危险环境中的承灾体数量与状态。在气候变化领域可定义为处于气候变化影响下的受体相对数量及暴露程度的综合。

现有灾害评估中往往把暴露度简单归结于处于危险环境中的承灾体数量,这对于地震、洪水等灾害的重灾区可以大体如此估算,但对于影响与危害复杂的许多灾害,只估算承灾体数量还远远不够,还必须考虑暴露程度及其时空分布的差异。至于受体对于气候变化影响的暴露度就更加复杂了,无论是不利因素还是有利因素,都是以暴露度越大,不利或有利的影响也越大。

为此,我们定义暴露度

$$E = N \times F_e \tag{4-8}$$

式中:$E$ 为受体对于与气候变化影响的暴露度,$N$ 为受体数量,$F_e$ 为受体暴露因子,反映受体暴露于危险环境中的程度,数值范围定义为 $0 \sim 1$。式中的 $E$ 也可称为绝对暴露度,为实现数值 $(0,1)$ 化,相对暴露度定义为一定时空范围内处于气候变化影响下的受体事物数量 $N$ 和该时空范围内所有事物数量 $M$ 之比与暴露因子的乘积。相对暴露度:

$$E_r = (N/M) \times F_e \tag{4-9}$$

在许多情况下,$N=M$,相对暴露度在数值上就等于 $F_e$,但有时处于同一时空范围内的事物,有些受到气候变化的影响,有些并不受影响,这时 $N<M$。

对于农业灾害或气候变化引起的极端天气气候事件,暴露因子可分为时间维、空间维和程度维。时间维是指承灾体是否处于危险时段及其时间长度,如某种作物的敏感生育期恰好处于洪涝高发的雨季高峰期,则可以说对于洪涝灾害的时间暴露度较高,如处于旱季,则对于洪涝灾害的时间暴露度较低,对于干旱则时间暴露度的季节正好相反。空间维是指承灾体是否处于危险位置,如某种作物的种植区域位于低洼地区,则可以说对于洪涝灾害的空间暴露度较高,如处于高岗地则洪涝灾害的空间暴露度较低,对于干旱则空间暴露度评价的地形标准恰好相反。程度维是指是否存在遮蔽或保护措施,如农作物没有任何保护设施,可以认为暴露程度最大,有地膜或秸秆覆盖,则暴露程度略有下降。小拱棚或阳畦的暴露度进一步下降,塑料薄膜大棚的暴露度较低,工厂化全自动调控温室的暴露度很低。畜牧业生产也是如此,毫无保护的完全野外放牧暴露程度最大,简易棚圈的暴露程度有所降低,正规的畜舍暴露程度较低,工厂化畜舍暴露程度很低。

除农牧业外,所有在室外环境运行的产业和业务工作也都存在暴露度的三维现象。

进行气候变化的风险分析时,处于不会遭遇该种风险的局部空间或时间段,或处于严密保护不至受到不利因素影响,可定义暴露因子为 0,相反的完全暴露情况可定义暴露因子为 1。随着时间暴露因子、空间暴露因子和程度暴露因子的增大,综合暴露因子也随之增大,并可表为三者的乘积。

$$F_e = F_{e1} \times F_{e2} \times F_{e3} \tag{4-10}$$

式中:$F_e$ 为综合暴露因子,$F_{e1}$、$F_{e2}$、$F_{e3}$ 分别表示时间暴露因子、空间暴露因子和程度暴露因子。

进行气候变化机遇的分析时,基本思路是一样的,在有利环境下暴露得越充分,机遇就越大。

对于气候变化的某些影响,时间暴露因子、空间暴露因子和程度暴露因子三者的效应各不相同,其中某个因子起到更大的作用,这时就需要对三者分别赋予适当的权重作为指数,再进行计算。受体的综合暴露因子计算如下:

$$F_e = F_{e1}{}^\alpha \times F_{e2}{}^\beta \times F_{e3}{}^\gamma, (\alpha+\beta+\gamma=1) \tag{4-11}$$

式中:指数 $\alpha$、$\beta$、$\gamma$ 分别表示时间暴露因子、空间暴露因子和程度暴露因子各自的权重。由于各暴露因子及各权重系数的赋值都在 0 和 1 之间,式(4-8)和(4-10)的计算结果也都在 0 和 1 之间,实现了无量纲化。

## 85. 怎样分析和评估受体对于气候变化影响的敏感性?

敏感性是评估受体面临气候变化风险和机遇的一个重要参数。受体对于气候变化的不利影响的敏感性越大,脆弱性就越强,气候变化的风险越大;同样,受体对于气候变化有利因素越敏感,可利用性就越大,气候变化的机遇也越大。

敏感性是气候变化受体固有的性质,不同受体对于气候变化的不同影响有着不同的敏感性。这种敏感性可以表现为受体的某种物理性质,也可以是某种化学性质、生物性质、经济因素或社会因素,取决于气候变化对受体影响的表现形式。敏感程度从极度敏感、高度敏感、较敏感、一般敏感、较迟钝、迟钝、不敏感到无反应,可以划分成不同的敏感性等级,并赋予从 0 到 1 的不同数值以消除量纲的影响,具体数值可通过相关的实验或抽样调查获得。

比较物理性质的例子,如气候变暖对不同海域海平面上升幅度的影响,可根据平均每十年海平面上升的速率衡量。对于迎岸海流增强和地面下沉的沿海地区,对于海平面上升就特别敏感,潜在危害极大;对于离岸海流增强或海拔较高的沿岸陆地,海平面上升在相当长时期内都还不存在威胁。又如气候变暖对高寒地区不同土壤的冻土层的影响,沙性土壤要比黏性土壤升温更快,冻土变薄的速度更快,可以用冻土层厚度的每十年递减率作为对气候变化影响敏感性的指标。

比较化学性质的例子,如随着气候变暖和土壤温度升高,土壤有机质矿化速度加快,有机质含量较高的黑土地更为明显,沙性土壤和被水浸泡的沼泽土有机质含量下降相对不明显,可以用土壤有机质含量的年际变化率作为衡量不同土壤类型对于气候变暖敏感性的指标。

比较生物性质的例子,如 $CO_2$ 浓度增高对光合作用的影响,$C_3$ 植物要比 $C_4$ 植物更加敏感,但同为 $C_3$ 植物,不同种类之间也有差异。可以测定并比较每增加单位浓度,不同种类植物的个体光合速率或水分利用效率的增加来衡量植物对于 $CO_2$ 浓度增高的敏感性。又如气温升高对作物发育进程的加速作用,有的品种十分敏感,有的品种表现迟钝,可以将作物的不同发育期按照时间进程赋值,用每增加 100 ℃·d 积温所加快的发育进程作为作物发育对温度升高敏感性的指标。如有的冬小麦品种每增加一片主茎叶龄需要 80 ℃·d 积温,但有的品种只需要 70 ℃·d,后者的发育进程显然要比前者对气温升高更加敏感。对于需要一定时间长度和相对低温才能诱导进入生殖生长的强冬性品种,温度升高还有可能延迟发育,甚至根本不能进入生殖生长。

又如同等强度的热浪袭击时,老年人与儿童更加脆弱,心脑血管疾病患者的死亡率更高,利用各大医院的病历档案不难计算出不同类型人群在不同强度高温天气下的患病率和死亡率,作为对于高温胁迫敏感性的指标。不同地区的不同人群对温度变化的响应也有很大差别。2003年西欧出现30~35 ℃的高温,死亡就达数万人。但在南亚的印度和巴基斯坦,经常出现40~50 ℃的极端高温,年均死亡约在数百人。原因在于西方国家的人群习惯于在较为凉爽的气候下生活,一旦遇到炎热天气就很不适应。高纬度地区的人们皮温明显低于热带居民,不利于体内热量散发也是一个重要的原因。

比较经济因素的例子,如城市集中供暖系统,有的发达国家在环境气温降到16 ℃就开始供暖,中国规定日平均气温降到5 ℃开始供暖。随着气温升高,按照平均气温确定的供暖期将缩短,能源消耗减少,成本降低。对于夏季空调,发达国家大多开启空调将室温降到22 ℃,中国为节能规定政府机关室温控制在26 ℃,事业单位参照执行。随着气温升高,空调开启时间将延长,耗能与成本增加。气温升高越显著,未来冬季供暖支出下降和夏季空调降温支出增加越显著。

比较社会因素的例子也很多。出现同等强度的极端天气事件,发生在发达国家的伤亡率要比发展中国家低得多,这是由于发达国家具有雄厚的防灾减灾物质基础和良好的设施条件,救灾组织能力和公众素质也要高得多。因此,不同国家对于同等强度灾害的敏感性要通过多个社会、经济与人文指标来综合评定。

评估受体对于气候变化影响的敏感性,目的是为采取正确的适应措施提供依据。对于气候变化的不利影响,我们要尽可能降低受体的敏感性;但对于气候变化的有利影响,我们要尽可能提高和充分利用受体的敏感性。

值得注意的是,受体的敏感性是动态变化的。许多受体,尤其是在生物和社会领域,对于气候变化的影响开始十分敏感,经过一段时期的适应之后就变得不那么敏感了。所以对于受体敏感性的评估需要跟踪进行。

## 86. 怎样评估气候变化受体的脆弱性?

《IPCC第三次评估报告》指出,脆弱性是指系统容易遭受或没有能力应付气候变化(包括气候变率和极端气候事件)不利影响的程度,表现为敏感性、适应能力以及暴露度的函数,即$V=E\times S/A$。《IPCC第四次评估报告》还引入了风险的概念,脆弱性是风险构成的重要因素。

目前,脆弱性评估在气候变化、自然灾害、生态环境等领域的研究成果较多,评价方法有综合指数法、图层叠置法、欧式贴近度方法、脆弱性函数模型评价方法,以及模糊物元评价法等。

以上我们分别介绍了脆弱性各构成要素的测算方法,根据式(4-1)不难进行受体脆弱性的具体评价。脆弱性函数模型评价方法是首先对脆弱性的各构成要素进行定量评价,然后从脆弱性构成要素之间的相互作用关系出发建立评价模型。有学者认为系统的脆弱性是由系统内某些变量面对扰动的敏感性与这些变量临近伤害的临界值程度构成的函数,脆弱性的度量可用二者比值的期望来表示。

综合指数法从脆弱性表现特征、发生原因等方面建立评价指标体系,利用统计方法或其他数学方法综合成脆弱性指数来表示评价单元脆弱性程度的相对大小,目前常用的数学统计方法包括加权平均法、主成分分析法、层次分析法和模糊综合评价法等。

图层叠置法是基于 GIS(地理信息系统)技术发展起来的一种脆弱性评价方法。随着 GIS 技术的日益普及和完善,应用 GIS 技术评估自然和人文系统的脆弱性呈上升趋势。GIS 具有强大的数据采集、编辑、存储和查询管理功能,能够把属性数据和图形数据有机结合起来。应用 GIS 和一些其他辅助软件可以实现对多元数据的空间立体集成和所需专题信息的快速准确提取,提高了数据获取和处理效率。如郝璐等(2006)运用图层叠置方法对内蒙古雪灾区域孕灾环境敏感性以及区域畜牧业承灾体对雪灾的适应性两方面进行了叠置分析,并对内蒙古雪灾脆弱性进行了评价。

模糊物元评价法是通过计算各研究区域与一个选定参照状态(脆弱性最高或最低)的相似程度来判别各研究区域的相对脆弱程度。陈鸿起等(2007)运用该方法结合模糊集合理论和欧式贴近度概念,建立了基于欧式贴近度的模糊物元模型,利用各地区与最优参照状态的贴近度对区域水安全进行了评价。该方法计算研究单元各变量现状矢量值与自然状态下各变量矢量值之间的欧氏距离,Smith 等(2003)认为距离越大系统越脆弱,越容易使系统的结构和功能发生彻底的改变。

## 87. 怎样评估气候变化受体系统的综合适应能力?

适应能力在生态学中意味着适应某种环境变化的能力。在气候变化研究中,适应能力是指受体系统能够对气候变化的影响和干扰作出响应,通过对自身结构与功能的调整,实现与改变了的气候环境相协调的能力。对于气候变化的负面影响,受体的自适应能力主要表现为式(4-1)分母中的 $A$,即韧性或恢复力(resilience)。对于气候变化的有利影响,自适应能力主要表现在式(4-2)中的 $A$,即利用能力。对于存在人类干预活动的受体系统,如工农业生产及社会经济系统,还需要加上人为支持适应能力。

受体对气候变化的适应能力是由多种因素构成的,对于自然系统主要是自适应能力,对于有人类干预的自然系统和经济系统、社会系统等,人为支持适应能力和人类系统的适应能力还包括气候变化的监测、预测和预警能力、适应技术研发与应用能力、相关基础设施建设与物资储备能力、适应资金筹措能力、适应行动组织协调能力、公众适应意识与技能等。

不同的气候变化影响对适应能力各组成要素的要求不同。对于单一影响因素,抓住关键要素即可。如高温和低气压对养鱼的影响,关键是适时开动增氧机,其他措施都是辅助性的。水温增高加剧水体富营养化的问题,关键是防止过量使用化肥的残留进入水体。但对于复杂的气候变化影响,尤其是社会、经济领域,需要对适应能力的各组成要素分别进行测算，进行无量纲化处理后赋予适当权重，然后算出综合适应能力。如针对气候暖干化和社会经济发展共同引起的华北区域干旱缺水问题，需要对气候变化与人类活动导致干旱缺水加剧进行归因研究，对该区域的节水与循环用水技术能力、非常规水资源开发利用能力、水利工程调蓄能力、流域水资源统筹管理能力、节水抗旱资金保障能力、应急抗旱输水能力、公众节水意识与生活节水器具普及程度等分别测评。由于不同要素的度量方法不同，有些要素目前仍以定性描述为主，需要采用层次分析法、模糊评价法等对适应能力进行定量评价。

## 88. 怎样了解和评估受体系统的适应需求？

气候变化的受体系统包括自然系统、受到人类活动明显干预的人工生态系统和人类系统三大类。

自然系统的适应需求是保持系统的正常功能，受到外界干扰后能够依靠自身韧性恢复原有结构与功能。由于是以自适应为主，人们只需要对其进行适当的引导和保护。如对于野生动植物要建立保护区，禁止一切开发活动，防止野火和有害生物侵入。能否采取正确的引导措施，关键在于对自然系统的结构、功能及其对气候变化的响应有深刻的了解，否则所采取适应措施的效果有可能事倍功半甚至事与愿违。

人工生态系统既要遵循生态规律，又要服从人类的利益。如农业生产的目标是"高产、优质、高效、生态、安全"十字方针。评估适应需求要全面考虑气候变化对五个方面的影响。在生产水平与社会发展水平较低时为解决温饱，对产量的要求放在第一位，对"高产"适应技术的需求最大。在人民生活水平有所提高，温饱问题基本解决后，对"优质、高效"适应技术的需求明显增加。进入中等发展水平的社会，人们对生态安全与食品安全更加关注，对"生态、安全"适应技术的需求迅速增长。因此，不同社会经济发展水平的区域农业生态系统，对于适应气候变化会提出不同的要求，其中有共性要求，也有不同的要求，可赋予不同的权重。

人类系统的适应需求更加复杂，由于气候变化对不同人群的影响不同，适应需求也有明显的差异。例如高温热浪，从生理上看老年人与幼儿更加敏感。但在实际生活中，由于老年人和幼儿很少出门，而正在田间作业的农民、正在施工的建筑工和其他野外作业人员由于暴露度大最容易发生中暑。过去炼钢工人最受高温煎熬，但现代化炼钢厂操作人员与炼钢炉隔离，使用计算机自动控制，反而成为基本不受热浪威胁的岗位。

由于某些领域的气候变化影响具有隐蔽性和深远性，对于这些领域的适应需求要做较长时期的调查、观测和归因研究才能逐渐明朗。如随着气候变化导致不同区域的资源格局与环境容量的改变，未来许多产业的优势产地会发生转移，交通运输条件和人们的消费习惯也会发生改变，需要对本国的产业和贸易的结构与布局进行调整，但怎么调整还有待调研。

总之，对于简单非生命系统和自然系统的适应需求，主要是采取实验、观测和调查的方法；对于人类干预生态系统的适应需求，主要根据遵循生态规律与追求人类利益相协调的原则寻求最佳结合点；对于人类社会经济系统，要针对气候变化的突出影响，采取经济分析与社会调查相结合的方法确定适应需求。

## 89. 怎样进行气候变化与人类活动影响的归因分析？

归因是指对事物发生或人的行为的原因进行分析、推测、判断和解释的过程。宋晓猛等（2013）定义归因分析是：在某种可信度条件下或置信水平内，通过一些数学方法或统计模型评估或量化多个驱动因素对某一系统变量变化或某一事件演变过程相对贡献的过程。

气候变化科学领域常见的归因研究包括以下两类：全球或区域气候变化原因的归因、已经发生的环境变化与经济、社会现象是否与气候变化有关的归因。关于现代气候变化的原因，《IPCC第五次评估报告》认为，有95%的信度是人类大量排放温室气体的结果。城市气温升高既有全球变暖的因素，也有城市热岛效应的因素。北京市气候中心比较分析了市中心区与远郊气象站1960—2007年的气温资料，认为快速城市化带来的增暖效应占48.4%，气候系统自然变化因子占51.6%。

气候变化已经对地球上的自然系统和人类系统产生了深刻影响。但对于当代的许多重大环境问题，诸如环境污染、水土流失、土地荒漠化、水资源短缺、生物多样性锐减等，其成因既有气候变化的影响，也有人类活动的影响；究竟是气候变化的直接影响为主，还是主要由于不合理人类活动所造成，并没有都搞清楚。归因分析关系到能否采取正确的适应对策。如果主要是由于不合理的人类活动所造成，基本对策应是纠正不合理的人类活动，代之以有序人类活动。如果主要是由于气候变化的影响，则基本对策在于采取合理的适应措施。在大多数情况下，环境恶化与自然资源短缺往往是气候变化与不合理人类活动共同作用的结果，这就需要作具体分析，对症下药，既要纠正不合理的人类活动，也要采取正确的适应对策。

国内外对于气候变化影响的归因分析研究仍较薄弱，主要是由于气候变化的影响与人类活动的影响交织在一起，有时还存在其他自然因素的作用，目前人们对有些因素的作用机制还不很清楚或只是定性描述，难以做到定量归因。目前做得比较好的是水资源领域。宋晓猛等（2013）提出环境变化的水文效应驱动因素归因分析方法有统计分析、分项调查、情景组合、试验流域和流域水文模型等，还对我国九大流域径流量变化的归因进行了定量分析。王国庆等（2008）指出，流域水文变化是气候变化与人类活动改变下垫面状况共同作用的结果。实测径流量与模型计算的径流基准值之间的差值由人类活动影响和气候变化影响两部分构成。以黄河支流三川河流域为例，1970—2000年期间减少的径流量中，由于水土保持和水利工程等人类活动造成的占到70.1%。

近40年来，甘肃省大熊猫分布从最南端的白水江北扩到白龙江，既有气候变暖因素，也有成体大熊猫寻找新栖息地的因素，何者为主尚难定论，需要长期监测和研究（巩文 等，2004）。

## 90. 什么是气候变化影响链,与灾害链有什么区别?

灾害链概念最早由地震学家郭增建提出。郑大玮等(2018)将这一概念引申和扩展,指出灾害链是指孕灾环境中致灾因子与承灾体相互作用,诱发或酿成原生灾害及其同源灾害,并相继引发一系列次生或衍生灾害,以及灾害后果在时间和空间上链式传递的过程。灾害链理论的提出有助于深入了解灾害演变规律和灾害损失放大过程,为人们采取断链减灾措施提供科学依据。

由于气候变化影响有利有弊,不能简单沿用灾害链理论,但无论气候变化的正面或负面影响都同样存在链式传递现象,可称为影响链(impact chain)。

进行气候变化影响链分析,关键是搞清楚气候变化与受体之间的相互关系与作用方式。气候变化影响作用于直接受体后,在生态系统中会沿着食物链传递,在经济系统中会沿着产业链传递,在社会系统中主要沿社会关系链传递。某些气候变化趋势还可能产生多种影响,使影响链形成若干支链,各支链之间存在交叉,形成影响链网。

影响链的表现形式包括物质流、能量流和信息流。在生态系统中主要表现为从光合作用到食物链的物质、能量转化过程,在经济系统中往往表现为商品—货币流,在社会系统中,社会关系链往往以信息流的方式传递。

一种气候变化趋势对某个区域或产业的影响往往同时存在利和弊,有利影响链与不利影响链往往相互交织,在一定条件下还可能发生相互转化。

在传递过程中由于直接受体与间接受体之间的相互作用,会产生一系列正反馈或负反馈。正反馈机制起到放大作用,使不利影响雪上加霜或使有利影响锦上添花;负反馈起到遏制作用,使负面影响得到抑制或使正面影响受到制约。在有利影响链中的关键环节采取促进正反馈和遏制负反馈的措施,或在不利影响链的关键环节采取促进负反馈和抑制正反馈的措施,都可取得显著适应效果。如图4-1。

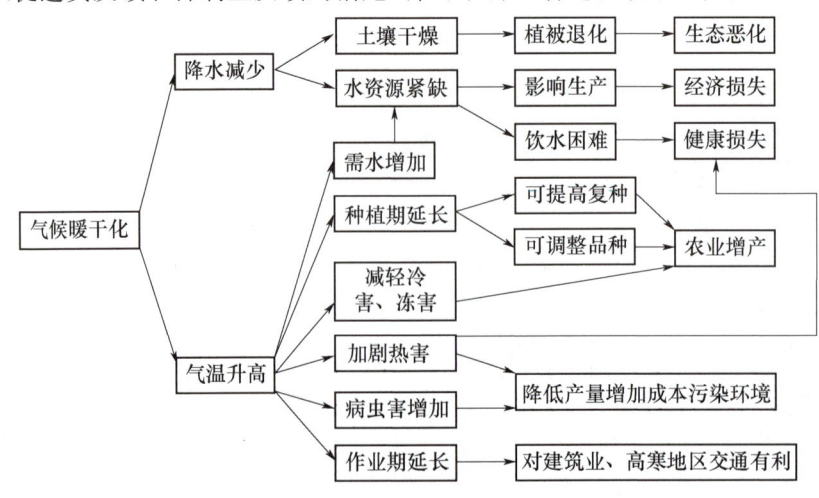

图4-1 华北气候暖干化的影响链

从图 4-1 可以看出,气候暖干化对于华北地区有利有弊,但总体上不利因素较多,最大的不利因素是造成水资源短缺,节水是最重要的适应措施。

再以海平面上升为例,如图 4-2。

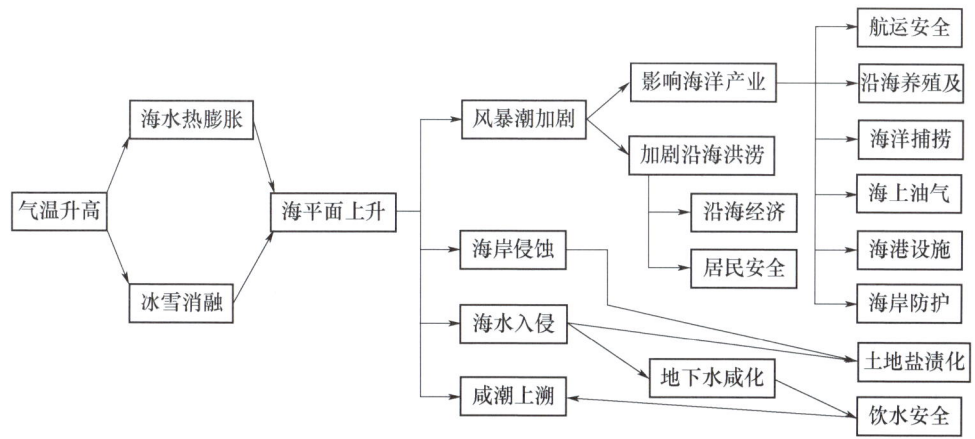

图 4-2　海平面上升的影响链

气候变化之所以形成影响链,是由于事物之间存在的级联效应(cascade effect),即对某系统的外来干扰可导致一系列意外事件发生的效应。在生态系统内,某个物种的灭绝会通过食物链及其他依存关系,导致另外一些物种的灭绝;气候变化通过对资源流或供应链而影响到水、粮食与生计的不安全,进而影响到居民健康、区域经济与民族文化。气候变化通过改变某个地区或国家的资源禀赋与环境容量而影响到经济发展与生活水平,又通过贸易链和资源争夺而影响到其他地区或国家的经济发展、政治格局与国际关系。这种连锁放大的气候变化影响称为级联影响(cascading impacts),由此产生的风险称为级联风险(cascading risk)。

## 91. 受体对于气候变化的响应有些什么阈值?

阈值(threshold)又称临界值,指能够使一个事物或系统产生某种效应的外界刺激的强度。无论是环境变化的正面效应或负面效应都存在某种阈值。如木材要达到 350 ℃ 的燃点才能燃烧,菊花要到秋季白昼长度短到一定程度才能开花,母鸡要长到五个月左右才能达到性成熟而开始产蛋。阈值可看成是事物由量变到质变或部分质变的一个转折点。

如果把气候变化看作一种对于受体系统的外部刺激,同样存在各种阈值。由于有利的气候变化通常接近于常态,对于气候变化有利影响的阈值研究较少,大多数研究是关于气候变化的不利影响。

气候变化阈值也称适应极限(adaptation limit),指行为主体的目标(或系统需求)无法通过适应性行动保证其免遭难以承受的风险时所到达的临界点。《IPCC 第六次评估报告》将额外适应措施有可能实施的可被克服的限制条件称为软性适应极限(soft adaptation limit),而将额外适应措施不可能实施的限制条件称为硬性适应极限(hard adaptation limit)。

当气候变化胁迫强度很小时对受体的影响甚微可以忽略。达到一定强度时受体系统开始受到不利影响,但由于未超出受体系统韧性或自适应能力,仍能保持系统功能和维持正常运转。气候变化胁迫强度继续增大到一定程度,受体系统出现某种损伤,使其结构受到一定破坏,功能发挥受到影响,但整个系统仍能维持运转。当胁迫强度增大到某种程度,突破了受体系统的忍受能力,除非施加人为干预,否则将导致系统的瓦解或崩溃。但胁迫强度超出人的能力时,人为干预也将无济于事。综上所述,受体系统对于气候变化胁迫的响应存在四种阈值,分别称为影响阈值(impact threshold)、损害阈值(damage threshold)、崩溃阈值(collapse threshold)与绝对阈值(absolute threshold),前三者是受体系统自身固有性质的阈值,后者是受体系统自适应能力与人类干预能力的综合阈值。如图4-3所示。

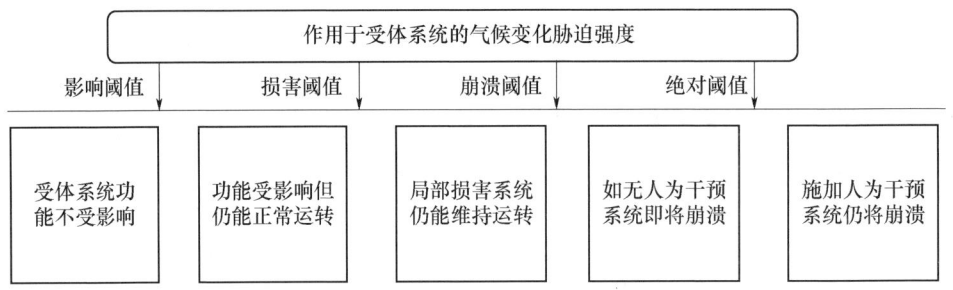

图4-3 受体系统对不同等级气候变化胁迫的响应阈值

例如在气温18~22 ℃,人体感到比较舒适。升高几度,对健康与工作效率的影响不大。但如气温达到30 ℃,就会感到不舒服,影响食欲和工作效率。高到35 ℃,由于与人体的皮温相等,已经不能依靠辐射、传导和对流三种方式向外散热。出汗蒸发成为唯一的散热方式。如果继续升温到38 ℃以上,或者虽然不到38 ℃,但由于无风和空气湿度大,汗液蒸发不了,人体蓄热难以散失,就很容易中暑,必须采取人工降温和通风等方式改善局部环境,否则就有生命危险。

对于非生命系统也是如此。塑料大棚在外界风力或雪压不大时保持完好。风力或雪压大到一定程度即影响阈值时会产生轻度变形,但不会影响其功能。风力或雪压达到一定程度,超过系统韧性即损害阈值,大棚会发生局部破损,但仍有一定保温功能。外界胁迫强烈到一定程度即崩溃阈值,如无人为加固大棚将倒塌损毁。如果是超强台风、龙卷风或特大暴雪的摧残达到绝对阈值,即使人为捆绑和增添支柱也不能避免大棚的倒塌。

区分受体的不同阈值等级,有助于正确选择和采取合理的适应对策。

## 92. 受体韧性与自适应机制有什么局限性,怎样弥补？

弹性（resilience）一词源自物理学,指物体受外力作用变形后,除去作用力时能恢复原来形状的性质。后来该词扩展到经济学与生态学等领域。《IPCC第五次评估报告》将其作为术语定义为某社会－生态系统处理灾害性事件或扰动,响应或重组,同时保持其必要功能、定位及结构,并保持其适应、学习和改造等功能的能力。为区别其物理学意义常译为"韧性"。

生物是具有自组织结构的开放系统,能够对外界环境干扰做出反应,通过调整自身结构与功能适应变化了的环境。例如北方树木在秋季随着气温下降,叶片中的叶绿素不断降解成为可溶性氨基酸,连同其他可溶性养分顺着叶脉和叶柄转移到枝干贮存起来供春季发芽开花使用。叶绿素降解之后其他色素显露出来,以红色素为主的树木如黄栌与枫树,叶片显露鲜红色,以黄色素为主的树木如银杏显示鲜黄色,秋色满园美不胜收。其实树叶秋色并非为给人观赏,而是度过严冬的准备。哺乳动物为准备过冬,随着气温下降会长出厚密的被毛并积累皮下脂肪,有些动物还有冬眠的习性。鸟类会长出厚密的羽毛和绒毛,有些候鸟还会迁徙到南方。春季随着气温升高,哺乳动物会掉毛,皮下脂肪层变薄,鸟类则会换羽,候鸟从南方飞回。夏季炎热时动物会躲到阴凉处,猪爱到水里打滚,狗不会出汗,就伸长舌头扩大蒸发面积。鸡通过喘气增加水分蒸发,防止体温过高。植物遇旱部分叶片萎蔫以减少水分蒸腾,确保生长点和幼叶水分供应。生物的这种自适应机制是由遗传基因决定的,由于成本较低也比较巩固,在农林渔牧生产、园林管理和野生生物保护中都要充分利用以降低适应成本。

简单非生命系统一般不存在自适应机制,是由该系统的物理或化学性质所决定的。其弹性存在两个阈值。一是使受体发生损害但仍能恢复的阈值,二是使受体损毁而不能恢复的阈值。外界胁迫不超过第一弹性阈值时,通常可充分利用受体弹性而不必采取适应对策。外界胁迫达到第一与第二阈值之间时必须采取人工辅助适应措施,以避免受体发生不可逆损害。绝对不能等外界干扰达到第二阈值,这时再采取适应措施为时已晚。

除生物自适应机制外,有些人造复杂系统也具有一定自适应机制,这是人类按照系统工程反馈与自组织原理设计出来的。如自动化生产系统、无人驾驶汽车、宇宙飞船、机器人等,都能根据外界环境变化调整自身操作,但这种自适应机制不可能超出人类设计的范围。

有时只有生物的自适应机制还不够,还需要辅之以人工支持适应。一种情况是,有些生物的自适应机制需要在一定的外界环境条件诱导下才能显示,如抗寒性很强的植物在夏季也不能忍受接近0℃的相对低温,但在秋季接受气温逐渐下降的刺激后,细胞内部发生一系列生理生化改变,植株的形态特征也会发生变化,这个过程称为抗寒锻炼。对于干旱同样也有一个抗旱锻炼过程。有时在自然条件下不能充分满足这类外界环境因素的诱导,就需要人们创造一定的局部生境,将生物固有的自适应机制诱导出来,在农业生产上经常采取的蹲苗、大棚放风锻炼都是如此。另一种情况是当气候变化胁迫有可能超出生物的自适应能力或可能造成明显的经济损失时,人为改善或创造一个适合生物的局部生境以减轻气候变化胁迫,农业生产上的灌溉、耕作、覆盖等措施和为野生动物建立保护区、提供饲料和转移的廊道等都属于人工支持适应。

## 93. 什么是适应气候变化的基本路线图?

IPCC关于适应气候变化的定义强调适应是一个过程,应遵循一定的流程。为此,可构建如下的适应气候变化基本路线图。

从图4-4可以看出,适应气候变化是一个循环往复的过程。

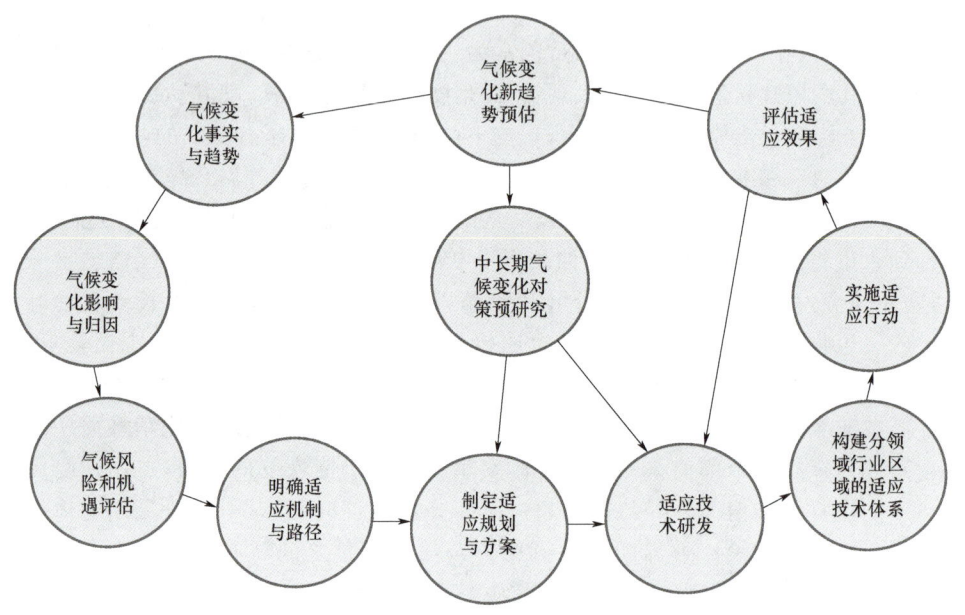

图4-4 适应气候变化的基本路线图

第一阶段为准备阶段。首先要从已经发生的气候变化事实与发展趋势的预测出发,对观察到的受体系统所受影响进行归因分析,确认气候变化对受体系统的影响与程度,对可能面临的气候风险和机遇进行评估,明确适应的机制与路径,然后制定适应规划与行动方案。

第二阶段是实施阶段,需要针对所监测和发现的气候变化影响、风险和机遇,进行适应技术的研发,尤其要针对主要风险和机遇突破关键适应技术。然后集成现有各类配套技术,逐步构建分领域、分行业和分区域的适应技术体系,指导各类适应行动的实施。

第三阶段是后评估和调整阶段。对已实施适应行动的经济、生态、社会效益及成本进行全面评估,同时对近期未来的气候变化新趋势及其影响进行新的评估和对策预研究,修订原有规划与行动方案,研发未来一段时期适应气候变化所需新技术,为下一阶段制定适应行动计划和实施做好准备。

## 94. 适应气候变化有哪些基本的技术途径?

适应气候变化的基本路线确定后,还需要根据不同类型受体系统的适应机制进一步明确具体的适应技术途径。

(1) 自适应机制或弹性

不同气候变化影响受体类型具有不同的适应机制。简单非生命系统物理学意义上的弹性与生物或复杂人工系统的自适应机制源于受体自身固有性质,适应效果比较稳定,成本较低,应充分利用。首先要正确辨识受体固有弹性或自适应能力的大小,判断能否应对所面临气候变化影响或胁迫。其次,要对受体弹性或自适应机制采取一定的保护措施,有些物种的自适应机制需要利用或创造一定环境条件才能诱导其形成与发展,有些复杂人工系统的自适应机制还需要一定的启动或调控程序。第三,在气候变化影响或胁迫超出受体弹性或自适应能力时,必须辅之以人工增强措施,否则不但无法应对气候变化引起的环境胁迫,还有可能导致受体弹性或自适应能力的破坏或丧失。

除了生物的自适应机制外,有些人造的复杂系统也具有一定的自适应机制,这是人类按照系统工程的反馈与自组织原理设计出来的。如自动化生产系统、无人驾驶飞机与汽车、宇宙飞船、机器人等,都能根据外界环境的变化调整自身的操作,但这种自适应机制不可能超出人类设计的范围。

(2) 人工支持适应机制(man-support adaptation)

简单的非生命系统一般不存在自适应机制,但对于外界环境干扰具有一定的弹性或恢复力。这种弹性存在两个阈值。一是使受体发生损害但仍能恢复的阈值,二是使受体损毁而不能恢复的阈值。当外界胁迫不超过第一弹性阈值时,可充分利用受体弹性而不必采取适应对策,以免造成资源浪费。当外界胁迫达到第一与第二阈值之间的强度时,必须采取人工辅助适应措施,以避免发生不可逆的损害。绝对不能等到外界干扰达到第二阈值。

对于生物和复杂受体系统,当外界环境干扰超过其自适应能力时也必须采取人工支持适应措施。一种情况是,有些生物的自适应机制需要在一定的外界环境条件诱导下才能显示,如抗寒性很强的植物在夏季也不能忍受接近 0 ℃的相对低温,但在秋季接受气温逐渐下降的刺激后,细胞内部发生一系列生理生化改变,植株的形态特征也会发生变化,这个过程称为抗寒锻炼。对于干旱同样也有一个抗旱锻炼过程。有时在自然条件下不能充分满足这类外界环境因素的诱导,就需要人们创造一定的局部生境,将生物固有的自适应机制诱导出来,在农业生产上经常采取的蹲苗、大棚放风锻炼都是如此。另一种情况是当气候变化胁迫有可能超出生物的自适应能力或可能造成明显的经济损失时,人为改善或创造一个适合生物的局部生境以减轻气候变化胁迫,农业生产上的灌溉、耕作、覆盖等措施和为野生动物建立保护区、提供饲料和转移的廊道等都属于人工支持适应。

(3) 人类系统适应机制

气候变化的有些影响直接威胁到人类的健康、生命安全或经济利益,远远超出了生物与生态系统的范畴,这时就需要对人类系统的经济、社会的相关领域进行结构或功能的调整,这些措施称为人类系统适应(adaptation of human system)。

自适应、人工支持适应和人类系统适应是从微观到宏观不同层次的适应,三者是相辅相成的。自适应是最基础的适应,要充分利用。人工支持适应虽然需要一定的成本,但在气候变化风险较大时是完全必要的,否则会遭受更大的损失。人类系统适应是最广泛最根本的适应,涉及产业结构、生产技术、消费模式、生活方式、社会管理、国际关系等许多方面。除对人类系统的调整外,也往往需要把自适应机制利用和有计划的人工支持适应措施组合到人类系统适应体系中。

根据上述三类适应机制可以进一步推论出具体的适应技术途径:

① 改善局地气候。虽然目前人类还不具备改变大气候的能力,但通过生态建设和人工影响天气作业能在一定程度上改善局地气候。

② 改善局部生境。如农业生产的灌溉、耕作、覆盖等措施,都能一定程度上改善局部的小气候生境。

③ 增强受体系统适应能力。如对受体系统进行人为加固,在农作物的苗期进行蹲苗锻炼,喷施抗旱剂等。

④ 转型适应。在气候变化胁迫风险超过受体的自适应能力与人为支持适应能力之和时采取转型适应对策,通过改变受体系统性质来适应新的气候环境。

⑤ 时空规避。通过改变受体系统活动时间或空间避开气候变化风险,如调整产业布局,调整农作物播种期和移栽期等。

⑥ 转移和分散风险。在抗御气候变化风险成本过大或无法抗拒时,通过灾害保险转移和分散风险。

上述六条适应技术途径都需要付出一定成本,对受体系统注入所需物质、能量和信息,包括物资、器材、资金、技术培训等,构成了注入受体的负熵流。

## 95. 不同气候变化情景和适应机制下的受体系统演化前景和适应策略有何不同?

不同气候变化影响情景和适应机制下,受体会表现出不同的系统演化方向,所采取的适应对策也要有所区别。

从图 4-5 可以看出,当气候变化的有利因素超过不利因素时,系统功能能够增强,正向演进加快,主要对策是充分利用机遇和自适应机制。如新疆充分利用气候暖湿化机遇,修建山谷水库,根据水资源增加幅度和节水技术普及程度适度扩大绿洲面积,东北充分利用气候变暖温度资源增加,改用生育期更长品种,取得显著增产效果。

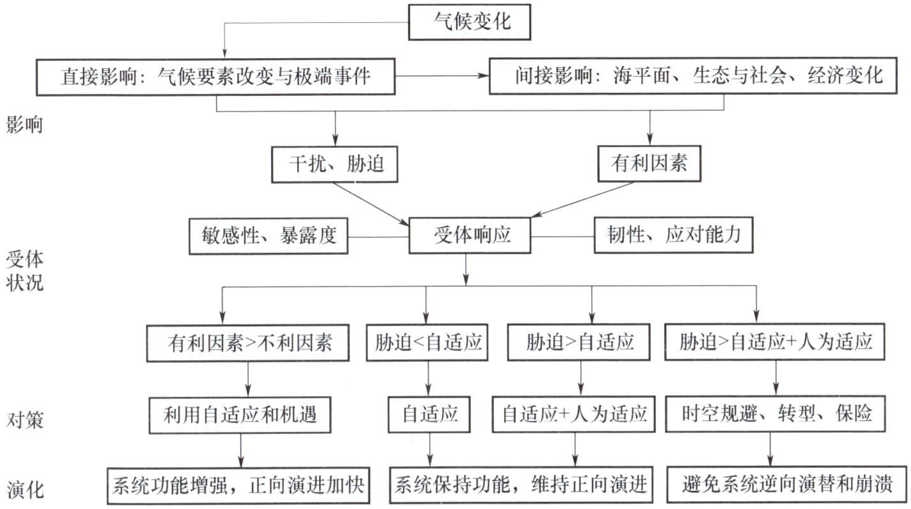

```
                           气候变化
                              │
        ┌─────────────────────┴─────────────────────┐
   直接影响:气候要素改变与极端事件        间接影响:海平面、生态与社会、经济变化
影响    │                                           │
        └──────────┬────────────────────────────────┘
                   │
           ┌───────┴───────┐
         干扰、胁迫       有利因素
             │               │
受体    敏感性、暴露度 → 受体响应 ← 韧性、应对能力
状况                    │
        ┌───────┬───────┼───────────┬──────────────┐
   有利因素>不利因素  胁迫<自适应  胁迫>自适应  胁迫>自适应+人为适应
        │           │           │              │
对策  利用自适应和机遇  自适应  自适应+人为适应  时空规避、转型、保险
        │           │           │              │
演化  系统功能增强,正向演进加快  系统保持功能,维持正向演进  避免系统逆向演替和崩溃
```

图 4-5　受体系统适应气候变化的机制与不同演替方向(潘志华 等,2013)

气候变化胁迫不超过受体自适应能力时,应充分利用自适应机制以降低适应成本。如低温胁迫或高温胁迫不超过植物的抵抗能力时不必采取人为保温或降温措施。

气候变化胁迫超过自适应能力时,应施加人为适应措施,通过人为干预增强受体的适应能力,或人工改善受体所处局部环境,以减轻气候变化的不利影响。如随着海平面不断上升,原有的海堤不足以抵御风暴潮的侵袭,必须加高加固。当热浪到来,气温超过人体和其他生物的散热能力时,就需要采取遮阴、通风、淋水蒸发或空调等人工降温措施

气候变化胁迫超过自适应能力与人为适应能力之和时,为避免受体系统的逆向演替或崩溃,必须采取时空规避、转型适应或保险等措施。如 2021 年夏季河南中北部特大暴雨引发严重洪涝,远超出当地泄洪排涝能力,就必须对灾民采取转移安置措施。必要时启用蓄滞洪区,淹没那里的农田与设施,牺牲局部以保全大局,并通过政府救济和保险赔付对灾民进行经济补偿,避免整个受体系统的崩溃。

## 96. 试从气候风险与机遇的构成要素说明降低风险和利用机遇的基本对策

气候变化风险承险体的构成包括两个维度(即致险因子和承险体)和三个方面(即可能性、脆弱性和暴露度)(吴绍洪 等,2011,2018)。

根据前文提到的风险公式(4-1):

$$R = H \times EV = I \times P \times E \times S/A$$

式中:$H$ 为危险,$I$ 为致险因子的强度,$P$ 为致险因子的发生概率,$E$ 为承险体暴露

度，$S$ 为承险体对于风险的敏感性，$A$ 为承险体对于风险的适应能力或韧性，$V$ 为承险体对于风险的脆弱性。

可以看出，要降低气候变化风险 $R$，无非是缩小分子和增大分母两个途径，即努力减小致险因子的强度和发生概率，减小承险体的暴露度和敏感性，增大承险体的适应能力或韧性。

气候变化的直接风险源包括两个方面：一是平均气候状况（气温与降水变化趋势），属于渐变事件；二是极端天气/气候事件（热带气旋、风暴潮、极端降水、热浪与寒潮等），属于突发事件。间接风险源也包括两个方面，一是气候变化造成的生态环境不利后果，如海平面上升，生物多样性减少，水资源紧缺，脆弱生态系统退化，土壤有机质加速分解，水环境与大气环境污染加重等；二是气候变化造成的社会经济不利后果，如粮食安全水平下降，气候贫困加剧，优势产地转移、贸易格局改变、国际资源争夺与发展差距拉大等。

致险因子对于受体系统属于外因，一般难以控制或改变，尤其是气候变化的基本趋势和极端事件，但对于局地气候和小气候环境，也可能采取适当的技术措施加以调节和改良，从而减轻致险因子的强度 $I$ 或发生概率 $P$。如植树造林与水土保持可在一定程度上改良区域气候状况，减轻旱涝与强对流天气灾害，塑料薄膜覆盖可以减轻低温对农作物的伤害，遮阳网可以减轻夏季高温和烈日对蔬菜生产的威胁。

在实际生产与生活中，更多的是设法降低承险体的暴露度 $E$ 和敏感性 $S$。降低暴露度包括空间与时间两个方面，前者指调整承险体的布局和空间位置，如将产业与作物布局迁出气候变化不利地区，转移到气候变化有利地区；后者指调整承险体出现的时间，使之避开风险和利用气候有利的时间段，如农业生产上对播种期的调整和根据天气预报对重大政治、文化活动时间的调整，2008 年北京奥运会将原定会期延后两周，使高温热浪与暴雨内涝风险明显减轻。敏感性是承险体的固有特性，可以选择对于致险因子反应迟钝或具有较强抗性的承险体，如农业生产上的抗逆育种。有些承险体还可采取一定措施诱导和降低其敏感性，如人与动物秋季进行适当的抗寒锻炼和对农作物喷施抗旱剂。

增大承险体的适应能力或韧性可以显著降低气候变化风险，遭受同等强度与规模的气象灾害时，发达国家的人员伤亡与经济损失率明显低于大多数发展中国家，主要原因在于适应能力的差距。气候韧性部分来自承险体固有的经受外界干扰后的恢复能力，部分来自风险受体系统中的人为努力。如禾本科作物在主茎受伤后，能通过滋生分蘖恢复生长，双子叶作物在主干受损后会加快分枝生长以获得补偿。人为系统可采取一系列主动措施对外界风险进行预防、救援和促进恢复。

气候变化对某些受体的有利影响可看成一种机遇，即负风险。
根据前文机遇的计算公式（4-2）：
$$O = F \times E \times U \quad F = I \times P \quad U = S \times A$$
式中：$O$ 为机遇，$I$ 为气候变化正面影响因素的有利程度，$P$ 为气候变化有利因素出现的概率，$E$ 为气候变化受体在有利环境下的暴露度，$S$ 为气候变化受体对于有利因素的敏感性，$A$ 为气候变化受体对于有利因素的利用能力，$F$ 为气候变化影响的有利因素，$U$ 为受体对于气候变化有利因素的可利用性。

如气候变暖对于本已足够炎热的低纬度地区以不利影响为主，但对于高寒地区却有利于活跃人类活动和延长植物的生长期。北极海冰迅速消融导致北极熊的种群数量骤减，但北极航线有可能在夏季开通却给沿海地区经济发展带来了极大机遇。从上述公式不难看出，充分利用气候机遇的适应对策与气候风险相反，要尽可能增大机遇因素的有利程度与出现概率，虽然我们很难去改变大气候状态，但可通过调整布局来实现，如鉴于西北气候暖湿化与黄淮海地区的病虫害加重，将棉花主产区转移到新疆，取得了显著的经济效益。从受体自身看，对于气候变化机遇要尽可能增大暴露度和敏感性，提高受体系统对于气候变化有利因素的利用能力。如随着新疆气候的暖湿化和降水量增加，兴建山谷水库和推广节水技术，在确保不超出水资源承载力的前提下有望适度扩大垦荒和增加灌溉面积。

气候变化风险与气候变化机遇是相对的，通过采取适当的适应措施，某些气候变化风险有可能转化为气候变化机遇。如气温升高会使作物加快发育，因生育期缩短而导致可利用光能减少和减产，但改用生育期更长的品种和调节播种期，反而提高了增产潜力。适应措施不当，已有的气候变化机遇也可能转化为气候变化风险。如气候变暖后改用生育期过长的品种，不但达不到增产的目的，反而会因不能在秋霜冻到来前正常成熟而导致减产。

## 97. 试从风险理论的角度说明应对气候变化风险的主要策略

风险管理是指在对风险进行识别和评估的基础上，制定、优选、决策和实施风险控制方案的动态过程。

在气候变化的背景下，风险来自气候变化的潜在影响，包括对生命、生计、健康和福祉、经济、社会和文化资产以及投资、基础设施、社会服务与生态系统服务、生态系统和物种产生的不利后果。人类对气候变化的响应，如气候政策的实施、有效性或结果、气候相关投资、技术开发或新技术采用以及系统转型等方面的不确定性也可能会产生风险。应对气候变化的行动也可能与可持续发展的其他目标产生矛盾或副作用，从而带来一定风险。

根据风险管理的理论，一个组织可以对任何已确定的风险采取四种基本对策，即接受、规避、减缓和转移。其中接受属被动响应，其他均属主动响应。这四种对策同样适用于气候变化风险的管理。

(1) 接受 (accept)

即不采取任何行动来处理风险。通常是针对发生概率很低或影响不大，而应对成本过高的风险。如虽然海平面上升增大了海啸对沿岸设施损毁的风险，但我国由于有外围岛链的屏障和附近海区较浅，除台湾东岸外，海啸对我国大部分海岸的威胁较小,不必制定过高的防护标准。北方的森林火险主要是在春季,冬季有积雪和夏季进入雨季后发生森林火灾的可能性很小,防火措施不必过于严格。龙卷风在我国北方大部地区的发生概率极低,如果各类设施都按照能够抗御龙卷风的标准设计建造,所需成本远远大于一旦发生龙卷风可能造成的经济损失,显然得不偿失。

(2)规避(avoid)

适用于无法抗拒或应对成本过高的风险,包括时间规避、空间规避、取消原活动计划或改变其内容。

时间规避指改变原定活动时间以避开风险,适用于出现时间有一定规律性的高强度风险。如2008年北京夏季奥运会原定会期7月25日到8月8日,恰逢北京的高温期和雨季高峰。为此,北京减灾协会组织专家评估风险并提交建议,经北京奥组委向国际奥委会申请获批,将原定会期后延至8月8日到24日,大大减轻了盛夏高温、暴雨、风雹等灾害风险。在农业生产上为规避水稻秋季冷害,江苏省农科院研究提出安全齐穗期的指标,通过调整品种类型、播种期和插秧期,确保晚稻在此前抽穗,就能避开可能发生的寒露风危害。

空间规避指改变原定活动的地点或范围以避开风险。如洪水到来前转移安置险区居民,要求沿海新建筑与海岸保持安全距离等。随着气候变暖,我国棉花原主产区黄淮海平原的棉铃虫危害空前加大,大量施用杀虫剂还造成了严重的环境污染。新疆由于无霜期延长和降水增多,水资源条件改善,更适合棉花生产。棉花主产区转移到新疆取得了显著的经济效益。20世纪90年代华南地区热带经济作物大幅度北扩后,先后发生四次严重寒害损失惨重。吸取教训选择冷空气难进易出的有利地形种植,灾害损失大大减轻。

取消原活动计划或改变其内容适用于不是非常必要的活动。如预报有特大暴雨发生,原定体育比赛、文艺演出或集会活动取消或改在室内进行,浓雾或大雪天气航班取消等。

(3)减缓(mitigation)

适用于可能造成较大损失,但预防与抗御成本能够承受的风险。包括灾前的预防,灾中的抗灾和灾后的救援与恢复。如低洼易涝地区完善排水系统,暴雨洪涝发生前加固堤防,发生时组织抢险救援。干旱缺水地区挖掘水源,推广节水技术和耐旱作物品种等。灾后对灾民的救济与安置,以工代赈与开拓生计等。

(4)转移(Transfer)

即将风险源头或财务影响转移给第三方,包括保险和业务外包。适用于可能造成较大损害而应对成本较高的风险。买保险就是把自己的风险转移出去,由保险公司接受风险。保险本身并不能消除或减少风险,被保险人通过投保将风险转嫁给保险公司,一旦发生风险造成损失由保险公司予以赔偿。保险公司又通过收取众多投保人保费的方式将风险分散到广大投保户。虽然总的风险与损失并未减少,但极大提高了整个社会的风险承受能力,有利于风险事件发生后的生产迅速恢复和社会保持稳定。

可保风险通常损失程度较高,发生概率较低且概率分布规律可循,存在大量具有同质风险的保险标的,损失发生属意外和非故意,损失可以测度。气候变化风险中的极端天气气候事件大部分属可保风险,但有些巨灾赔偿为一般保险公司无法承受,需要通过再保险市场进一步分散转移。至于气候变化的潜在深远负面影响,由于其可能损失难以度量,通常属不可保风险,需要建立新的分散转移或减缓机制。把部分业务外包也是一种转移和共担风险的方式,但并非所有风险都可以转移,尤其是核心业务或生产。

## 98. 区域生态—经济—社会系统适应气候变化有哪些基本的技术途径?

一个区域生态—社会—经济系统,由生态子系统、社会子系统、经济子系统组成。生态子系统包括该区域的自然资源、环境要素、植被、野生和栽培饲养动植物,以及人类自身;经济子系统包括不同产业的布局与结构、企业与其他生产单位、资金、生产资料与劳动力等生产要素;社会子系统包括居民人数、职业、民族、性别、年龄构成与健康状况,政府机构与社会团体的职能,社会阶层划分及相互关系等。

区域系统及各子系统对气候变化及所引起的生态环境变化能做出各种响应,并具有一定的韧性或自适应能力。这种自适应的成本较低,应充分利用。但是这种韧性或自发的适应能力是有限的。对于强度更大的气候变化胁迫,还需要建立一个适应决策支持系统,该系统由三个子系统组成:信息处理子系统收集区域系统对气候变化胁迫响应的有关信息并进行处理、分析和评估;技术对策子系统针对气候变化的具体影响,提出可供选择的适应对策与技术;决策咨询子系统经过比较、论证和优选,针对三个子系统分别提出适应对策,并出台相应的适应政策和工程规划。上述适应行动决策,少数用于削弱灾害源或改善宏观生态环境,大多数措施作用于各子系统,以提高受体的适应能力或调节改善局部环境。

区域生态—社会—经济系统的适应技术途径可用图4-6的框图表示。

图4-6只是给出了区域系统适应气候变化的基本思路,在实际工作中,图中的每一个箭头都包含着大量的具体适应措施,在每一个部门和领域的适应工作中都要进一步细化。如针对气候变化引起的资源短缺,开展资源节约保护包括水资源的开源节流,土地资源的合理规划与高效利用,废弃物的减量化、无害化和资源化,矿产资源与生物资源保护等,每种资源的保护又包括政策、法律、管理制度与技术等不同层面。又如针对气候变化对人体健康的影响,加强医疗卫生保健工作包括改进卫生机构设置与布局,加强危险天气和媒传疾病的动态监测和预警,加强露天、野外及特殊岗位职工的夏季防暑降温,加强脆弱人群的医疗保障和保健辅导,保障生态脆弱贫困地区的饮水安全,加强食物营养的监督与指导等。

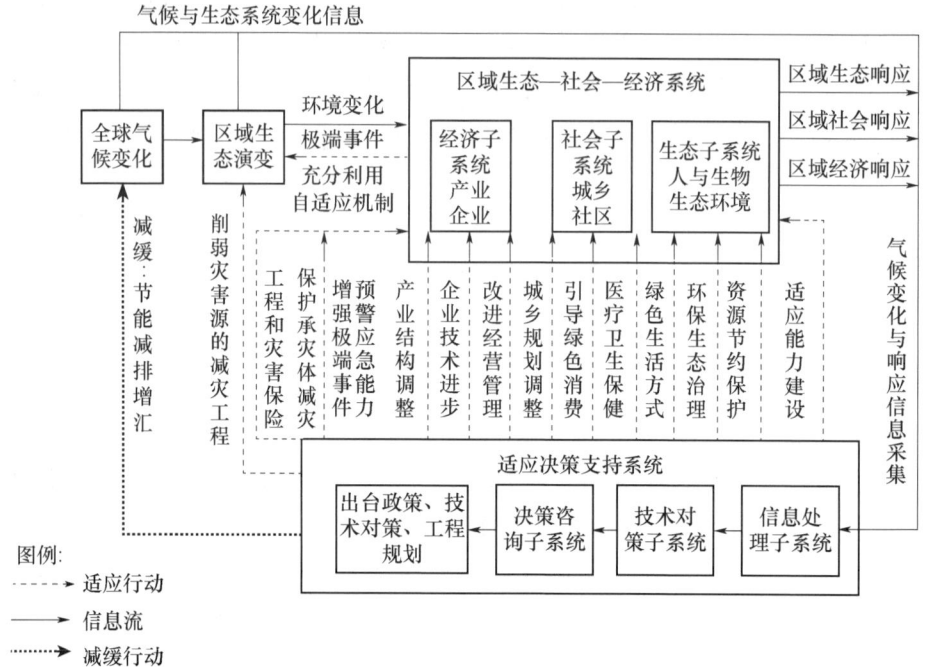

图 4-6 区域系统适应气候变化的技术途径框图

## 99. 为什么说边缘适应可以成为适应工作的抓手与突破口?

许吟隆等(2013a)提出的边缘适应的定义是:由于气候变化引起的环境胁迫使系统状态产生某种不稳定性,尤其是两个或多个不同性质的系统边缘部分对气候变化的影响异常敏感与脆弱;首先在系统边缘的交互作用处采取积极主动的调控措施,带动整个系统的结构与功能与变化了的气候条件相协调,从而达到稳定有序新状态的过程。

边缘适应的提出为适应气候变化工作提出了明确的指向,增强了针对性。

(1)充分认识系统边缘是气候变化的敏感区、脆弱区

从空间维度看,任何系统都存在其时空边缘地带。处于系统内部的子系统和单元相对稳定,边缘子系统和单元易受外部环境影响而相对不稳定。气候变化带来生态系统与社会经济系统外部环境的巨大变化,系统边缘首当其冲,对气候变化更为敏感,如北方农牧交错带、青藏高原东部边缘、淮河流域和海岸带都处于两大生态或地理区域系统的过渡地带,也都是相对多灾的地区。气候处于稳定状态时,这些系统边缘所处环境与系统内部的差异较小,能够基本保持稳定;但当气候发生显著改变时,系统边缘所处环境就有可能超出系统所能承受或适应的阈值,导致系统边缘地带的功能下降,严重时甚至可能导致系统的崩溃。

从时间维度看,系统演化两个阶段的过渡期相对脆弱,如夏收作物收获与秋收作物播种和苗期管理的"三夏"(夏收、夏播、夏管)和早稻收获与晚稻插秧的"双抢"期间,对于极端天气气候事件更加敏感,同等强度下的损失明显大于其他时期。社会发展也是在转轨期和过渡期往往出现更多风险和发生危机,如所谓"中等发展陷阱"。

(2) 系统边缘适应气候变化是挑战,也是机遇

气候变化等环境改变必然对系统边缘形成重大挑战,加剧其不稳定性和脆弱性。但是,系统边缘作为与系统及外界进行物质、能量和信息交换的前沿,负熵流输入也为系统进化演替提供了机遇。如海岸带既经受着海平面上升加剧的各类海洋灾害冲击,但也是内外双向物质流、能量流、信息流最活跃的地带,由于得改革开放风气之先,已成为国内经济最发达地区;北方农牧交错带通过牧区与农区合作开展易地育肥实现资源优化配置,也取得了显著经济效益。系统边缘能否克服挑战、抓住机遇,关键在于能否及时调整自身结构与功能,增强适应环境变化的能力。

(3) 系统边缘是适应气候变化的重点区域和优先议题

与系统内部相比,边缘部分率先受到气候变化的有利和不利影响,气候变化带来的新挑战和新机遇都是首先在系统边缘地带出现。无论应对不利影响还是利用有利机遇,在边缘子系统采取适应对策都可以率先取得经验和效果,带动系统其他部分的适应进程。因此,系统边缘理应作为适应气候变化的重点和切入点。

边缘适应强调因地制宜制定适应气候变化的策略,并表明适应是一个过程。随着气候变化的进程,系统边缘的位置与状态也在不断变化,适应气候变化工作也应不断调整和完善。

(4) 制定系统边缘适应气候变化的对策应掌握的原则

边缘子系统与系统内部子系统最大的区别在于外部环境多变和物质、能量、信息的高强度交流,既具有从外界引进负熵以促进系统升级改造的机遇,也由此导致一定的不稳定性和脆弱性。

① 根据气候变化及时调整优化结构,使之具有一定的过渡性特征。如北方农牧交错带的产业结构与生态结构在气候暖干化情景下,应适当增大多年生牧草和贮草舍饲的比例,适当缩小种植业比例,控制冬春放牧。由于杂交水稻对低温十分敏感,长江中下游平原的北部改双季稻为小麦、油菜等夏收作物与杂交中稻复种,既避开了早稻低温烂秧和晚稻寒露风,也躲开了早稻开花灌浆期的高温热害。

② 边缘子系统作为系统之间的桥梁和纽带,在保持自身稳定的前提下要主动开放,善于从相邻系统吸收负熵即有用的物质、能量和信息,实现资源优化配置和优势互补,以增强整个系统的适应能力。如农牧交错带可作为农区与牧区合作的桥梁,山前地带可促进山区与平原的合作,沿海地区引进国外先进技术与管理,进口国内短缺资源,出口本国优势产品等。

③ 针对边缘子系统的脆弱性,与系统内部相比,需要更多采取有针对性的人为

适应措施,或增强自适应能力,或调节改善局部环境。两类措施相辅相成、缺一不可,必须有机结合。

④ 系统边缘所经受气候变化胁迫多种多样,涉及多个领域和部门。既需要部门间的协调联动,也需要内部各子系统的合作与支援,加强统筹管理尤为重要。

## 100. 适应气候变化存在哪些制约因素?

适应气候变化作为一种有序人类活动,仍然存在自然因素、社会经济与科技发展水平、管理能力、公众素质等诸多制约因素(彭斯震 等,2015)。

(1) 自然因素的制约

自然资源禀赋与环境容量对适应能力有着很大的约束。如降水减少的地区需要扩大灌溉,但由于水资源日益短缺,原有的灌溉面积都难以保持。风速减弱不利于城市大气污染物的稀释与扩散,尤其是位于周围环山的盆地和山谷地形中的城市,环境容量更加受限。但对于沿海城市,由于有海陆风调剂,即便排放较多的污染物,也容易扩散稀释。

(2) 经济发展水平

经济发展水平在很大程度上决定了一个国家、社区或企业采取适应行动的资金与物质保障能力。如联合国的相关文件与已开展的国际适应行动项目表明,发展中国家在农业适应气候变化过程中普遍面临的障碍和限制因素包括资金短缺、技术和知识匮乏,以及适应能力限制。即使是发达国家,适应气候变化的能力也不是无限的。如美国中部平原由于地广人稀,远离城市的密西西比河大部分河段并没有筑堤。国土辽阔的加拿大除城市附近地区外,对于雷击引发的原始森林天然火灾并不去扑救,而是作为一种自然生态平衡现象待其自然熄灭。

(3) 管理能力

与资金与物质保障能力相比,发展中国家与发达国家之间在适应行动组织管理能力上的差距更大。尤其在发生极端天气气候事件时,发达国家能迅速动员各种减灾资源,按照事先编制的应急预案有序开展抢险救灾,伤亡人数很少。而许多发展中国家灾害来临时缺乏有效协调,信息不畅,行动迟缓,同等强度和规模灾害中伤亡人数是发达国家的数倍到几百倍。有些发展中国家长期处于内战和动乱之中,适应气候变化甚至根本提不上议事日程。

(4) 技术水平

气候变化给人类带来各种挑战和机遇,有些已有应对技术,如针对海平面上升加高加固海堤与海岸防护设施,江河上游水库在丰水期蓄水,枯水期泄洪压制咸潮等。但对于有些气候变化影响尚缺乏深入的认识,如二氧化碳浓度继续增高,光合施肥效应是否递减;高山冰雪加快消融是否导致未来江河径流萎缩等都尚无定论。虽然自古以来就有旱灾,但目前的干旱往往与高温相结合,抗旱难度比过去大得多。发展中国家和欠发达地区的适应技术研发能力也更为薄弱。

(5) 公众素质

不同国家处在不同文化传统、社会结构和政治体制背景下,有些发展中国家还面临基层传统社区观念、知识和文化的制约。传统的部落和社区对于适应气候变化措施和概念完全陌生,有的甚至还存在文化上的排斥,尤其是被极端宗教势力和邪教控制的人群。即使政局比较稳定的发展中国家,公众对于适应气候变化的意识和技能也与发达国家有着很大差距。

为此,适应气候变化要与社会经济发展有机结合才能取得良好效果。胡锦涛在2009年联合国气候变化峰会上指出,气候变化"既是环境问题,更是发展问题,归根到底,应对气候变化问题应该也只能在发展过程中推进,应该也只能靠共同发展来解决。"

## 101. 适应气候变化为什么存在阈值或硬限制,能否改变?

无论是生物的自适应能力还是人为适应措施,对于气候变化的胁迫都存在某种阈值的限制。对于非生命系统,阈值可以通过物理实验,以发生质变时的物理或化学指标表示。如塑料薄膜大棚能承受多大的风压或雪压,可以通过人工模拟实验精确测定。对于生命系统,也可以通过田间试验或控制条件下的试验进行指标鉴定。如实验表明人体在环境温度20~22 ℃下舒适度最高,在35 ℃以上时已无法通过辐射、对流和传导三种方式散热,出汗蒸发成为唯一的散热方式。如果这时空气湿度过大又不通风,不利于汗液蒸发,就很容易中暑。

以农业为例,研究表明作物对温度的响应存在一个敏感折线,低于6 ℃时喜温作物停止生长,低于0 ℃可产生冻害;44 ℃为喜温作物所能承受的最高阈值,一旦突破将停止生长甚至死亡。现有冬小麦抗寒品种,最多能够抵御−22 ℃的分蘖节极端低温。马铃薯在最热月平均气温超过19 ℃的地区会生长不良。

由于影响因素众多且相互作用,社会经济系统的阈值测定比较复杂。对于某些复杂问题可以邀请资深专家座谈做出经验判断,称为"德尔菲法"。如关于人类社会总体上能够承受多大的全球升温幅度,大多数科学家认为,如能控制在一百年升温不超过2 ℃,经采取适应措施付出一定成本后,全球生态系统与人类社会或许还能承受。如果超过2 ℃,将造成很大影响和付出极大代价。也有专家认为超过1.5 ℃就很可能造成不可逆的严重后果。如超过4 ℃,很可能超出生态系统和人类社会的适应能力,导致灾难性的后果。但这一估计只是经验性的,具体到不同领域、产业和对象,还需通过实验和调查确定其阈值。

不同受体对于气候变化胁迫的阈值是动态变化的,一方面是由于某些受体,尤其是生物对于环境变化具有一定的适应能力,如小麦经过冬前抗寒锻炼后能够承受越冬期间强烈的0 ℃以下低温,但即使是最耐寒的品种,未经锻炼也不能忍受接近0 ℃以下的低温。经过蹲苗锻炼的玉米具有较强的抗旱抗倒能力,而未经蹲苗的植株发生轻度干旱就会萎蔫。另一方面则是由于人类社会的科技进步与管理水平提高。如过去的小麦品种,亩产达到 250 kg 就很容易倒伏,产量难以进一步提高。后来育成了韧性强的矮秆品种,目前大面积亩产 500 kg 已不稀奇。在 20 世纪 90 年代以前,除巨灾年份外,中国平均每年因灾死亡五六千人。自 2003 年国务院启动"一案三制"工作以后,随着应急管理能力的迅速提高,一般年份全国因灾死亡人数已下降到一两千人。

气候变化对受体影响的阈值确定是一项难度很大的探索性研究,目前国内外还没有通用的研究方法,有待进一步深入。

## 102. 怎样针对气候变化及其影响的不确定性开展适应工作?

由于气候变化的驱动因素既有人为因素,又有自然因素。人为因素包括温室气体与气溶胶排放、土地利用与覆被改变、人为放热和重大建设工程等,自然因素包括太阳活动、其他天体运动和宇宙物质迁移等天文因素及地震、火山喷发、岩石风化、海温与洋流变化等地球物理因素。这些因素的相互作用错综复杂,气候变暖基本趋势又与气候周期性波动相重叠。虽然《IPCC 第五次评估报告》对于人类活动是全球变暖的主要原因给出了 95% 的信度,但在科学界仍有不少争论。

对于未来气候变化情景的预估也有很大的不确定性,这是由于现有的气候模式还存在一些缺陷,由社会经济发展政策所决定的未来世界各国温室气体排放情景也有很多不确定因素。

随着气候变暖,气候的波动加剧,也给采取适应行动增加了难度。

至于气候变化的影响,有些比较明朗,有些还不清楚,对不同区域和不同产业的影响尚未进行全面评估,对社会、心理、文化、国际经济政治格局等深层次影响的研究更加薄弱。

由于存在诸多不确定性,有些人就认为适应气候变化工作难以入手,感到无所适从。其实只要具体分析一下,就不难判断,有些气候变化及其影响是相对确定的,有些则是相对不确定的。

相对确定的气候变化现象及其影响包括:全球气候总体变暖和二氧化碳浓度继续增高的基本趋势;全球海平面与雪线上升,冻土变浅;风速与太阳辐射减弱;近地面臭氧浓度和紫外辐射增强;春季物候提前,秋季延后;病虫害向高纬度高海拔地区扩展,发生提前,周期缩短等。针对这些相对确定的气候变化现象及其影响,可采取比较明确的战略性适应措施,如制定适应规划,实施重大适应工程,加强基础设施建设,修订相关技术标准等。

相对不确定的气候变化现象及其影响包括:区域降水变化趋势,气候的波动,极端天气气候事件,气候变化对生物多样性的影响,对未来产业机构与布局的影响,对国际国内贸易格局的中长期影响,对社会心理、人际关系的影响等。有些是目前对其影响机制不清楚,由此带来的不确定性需要继续深入研究,力图使这些影响清晰化和定量化;对于固有的气候变化及影响的不确定性,要参考未来气候与社会经济发展情景,针对发生概率偏大的倾向重点采取适应措施,同时对相反倾向影响的发生风险也制定防范措施,密切跟踪监测,随机应变。如抗旱时要对可能发生的旱涝急转保持警惕,一旦突降暴雨就要立即转为防汛。洪涝之后虽然不会发生向干旱的急转,但对于我国大多数地区,大涝之后发生大旱的概率是很高的,防汛时不要把水库蓄水都放光。总之,针对相对不确定的气候变化影响需要研发和构建气候智慧型应变决策与技术体系来应对。

上述确定和不确定的气候变化现象及其影响都是相对的,随着人们对于气候变化规律和影响机制的深入研究,有些原来相对不确定的气候变化现象及有些影响会变得相对确定,也可能有少数领域出现某种新情况而变得相对不确定,应采取的适应措施也需要及时调整。

开展适应工作应以适应已经发生或近期将要发生的气候变化及其影响为主,兼顾制定长远规划和采取预防措施以适应远期的气候变化。

## 103. 什么是气候变化的剩余风险,怎样减轻?

气候变化的剩余风险(residual risk)是指在适应和减缓努力之后仍然存在的与气候变化影响有关的风险。

之所以产生剩余风险,是因为在目前经济发展和技术水平下,无论减缓行动还是适应行动对于消除气候变化风险的效果都是有限的。从减缓的角度看,即使人们尽最大努力将温室气体排放强度减小到工业革命前水平甚至实现净零排放,由于原先被海洋和陆地吸收的温室气体继续释放,大气温室气体浓度还会缓慢增高。即使大气温室气体浓度不再增高,由于气候系统的巨大惯性,全球气候变暖将持续相当长时期,气候变化风险仍长期存在,有些方面甚至可能继续恶化。从适应的角度看,虽然采取趋利避害的措施能够减轻气候变化的负面影响和利用某些有利因素,但某些气候巨灾目前人类还无法抗拒,如超强台风、特大洪涝、龙卷风等,我们只能尽量减轻而无法消除灾害损失。

此外,某些适应行动还可能带来新的风险,如兴建水库以增强防洪抗旱能力,但有可能阻断鱼类的生殖洄游;培育和推广耐高温的作物品种有可能降低对低温灾害的抵抗力。如果采取过度适应或虚假适应行动,所带来的风险会更大,如随着气候变暖改用生育期过长的品种会人为加重冷害,不能在秋霜冻之前成熟;喜温作物过度北扩也会加重霜冻与冻害的风险。

同样,某些减缓行动也会导致新的风险。如在干旱地区大规模开发光伏发电可能使局地温度下降和光伏板下湿度增大,原来只能生长苔藓与地衣的地面变得杂草丛生,遮蔽光伏设施。供电系统智能化水平不高时,风、光、水等可再生能源发电因天气多变很不稳定,易造成大量弃电浪费。营造"三北"防护林虽已取得很大成效,但有些地区使用耗水树种,幼树长大后超出土壤水分承载能力而陆续枯死。

各地自然条件和社会经济发展水平不同,同样的减缓或适应行动,有些地区效果显著,另一些地区则不突出,甚至负面效应超过正面效应,带来新的风险。如过早要求发展中国家弃煤而造成能源供应不足,会严重影响经济发展和民生,因财政收入与企业利润下降而无力采取进一步的减缓和适应行动。现代化自动控制智能温室虽然极大减轻了极端天气的危害,但其建造费用、运行成本、技术与管理水平很多发展中国家都难以满足。

虽然上述种种气候变化剩余风险将长期存在,但通过提高管理与技术水平,有可能使剩余风险降低到较低水平。以2020年的长江流域特大洪涝为例,梅雨汛期长江流域大部分地区的降水量比1998年同期多100 mm以上,有些地方甚至多800 mm以上。由于长江上游建成一系列大型水库对洪水的拦蓄,中游湖泊与湿地的生态修复,气象、水文监测预报和预警水平的提高,以及风险管理和应急救援能力的提高,因灾死亡人数只有规模相近的1998年全流域特大洪涝的十分之一,直接经济损失只有后者的一半。与因灾死亡数万人的1954年和1931年死亡数十万人的长江流域特大洪涝更是无法相比。

对于现有的减缓与适应行动应进行其正面效应与可能产生副作用的动态评估,权衡利弊,掌握适当的力度与时机,不可一味追求短期和局部效益。如对河流的水资源应实行全流域的统一调配,协调上中下游的防洪抗旱。避免上游过分拦截用水而造成中下游的断流和缺水,发生暴雨洪涝时上游泄洪要考虑下游的承受能力,中下游蓄滞洪区要有序逐次利用,必要时牺牲局部利益保全大局。

## 104. 什么是适应差距,怎样弥补?

适应差距(adaptation gap)又称适应赤字(adaptation deficit),是指气候变化受体系统的现状与能够将现有气候变化状况和气候波动造成的不利影响降到最低状态之间的差距。

联合国环境规划署(UNEP)继发布《2012年排放差距报告》后,于2014年发布了首份《适应差距报告》,针对财务、技术和知识领域的全球适应差距给予了初步评估。报告指出,即使全球温室气体排放量降至使21世纪全球气温升幅控制在2 ℃以内的水平,发展中国家适应气候变化的成本依然可能是以往估算(2050年前每年700亿~1000亿美元)的2~3倍。各国政府和国际社会应当采取必要的措施,确保在未来的规划和预算中解决好资金、技术和知识方面的差距。报告强调,最不发达国家和发展中小岛国家的适应需求可能更高。如果这些国家未尽早采取适应措施,随着后期所需资金的进一步增加,现有的适应差距将继续扩大。有必要加快许多现存适应技术的传播和国际转让。各国政府为此必须消除技术吸收的障碍,如采取激励、法规和体制强化等措施。

UNEP迄今已发布6次适应差距报告,着眼于适应的规划、筹资和实施方面的进展,重点聚焦基于自然的解决方案。最近的报告为2020年和2021年发布。

在《2020适应差距报告》中,UNEP警告称,由于各国政府未能采取必要措施适应气候崩溃的影响,全球数百万人正面临洪水、干旱、热浪和其他极端天气带来的灾难。用于适应极端天气措施的支出未能跟上日益增长的需求。每年提供给贫困国家的发展援助不到目前估计所需 700 亿美元的一半。尽管私营企业往往愿意为一些减排项目提供资金,例如快速发展的新兴经济体中可盈利的可再生能源发电计划,但帮助人们适应气候变化影响的项目,如早期预警系统、防洪屏障或暴雨排水系统,往往更难获得融资。

在 2021 年度最新发布的《2021 年适应差距报告:风暴前夕》(Adaptation Gap Report 2021:The Gathering Storm)中,预计发展中国家的气候适应成本是当前公共气候适应资金流的 5~10 倍,而且适应资金缺口正在扩大,多数国家错失了利用疫情后复苏的机会窗口来加强气候适应融资。但从积极的一面来看,气候适应措施正越来越多地融入各国的政策和规划中。报告认为,在全球范围内,各国在推进国家级别的气候适应规划、融资和实施方面需要进一步提振雄心,设定更高远的目标。

中国与大多数发展中国家类似,在适应领域的差距要比减缓领域的差距更大。要弥补这一差距,一方面要提高对于适应气候变化重要性与紧迫性的认识,坚持习近平主席多次强调的减缓与适应并重的原则,确保在应对气候变化的各类投入中,适应气候变化占有合理的比例;另一方面要制定相关政策,拓宽适应资金与物质、技术投入的渠道,形成中央、地方、企业和全社会主动参与适应气候变化行动的氛围。缩小适应差距还需要处理好减缓、适应气候变化与可持续发展的关系。适应气候变化能力是可持续发展能力的重要组成与衍生部分,在气候变化的背景下,更需要加快国民经济的转型与高质量发展,才能积累充足的适应资金,建立坚实的物质基础,研发先进的适应技术,丰富适应知识宝库,最大限度地缩小适应差距与赤字。

## 105. 什么是过冲风险,怎样权衡其利弊?

2021 年 8 月 9 日,政府间气候变化专门委员会(IPCC)正式发布了第六次评估报告第一工作组报告《气候变化 2021:自然科学基础》。报告凸显了应对气候变化的紧迫性及对于全球 1.5 ℃ 和 2 ℃ 温升控制前景的严峻性,即使全球增暖回到或低于 1.5 ℃,之后几十年与未超过 1.5 ℃ 相比仍将导致经常和严重的不可逆影响,明确要求全球在未来几十年大幅减排温室气体,并在 2050 年前后实现二氧化碳净零排放。报告警示全球应迅速采取并强化行动来减缓和适应气候变化,实现 1.5 ℃ 温升控制目标,并呼吁各国进一步提高减排力度。

过冲风险指:针对温升(气温升高)控制在 1.5 ℃ 内的目标,如果世界各国由于经济及技术原因不能顺利完成"碳减排"的任务,可以先允许温升超过 1.5 ℃。往后随着技术的进步,即使全球增暖回到或低于 1.5 ℃,之后几十年与未超过 1.5 ℃ 相比仍将导致经常和严重的不可逆影响,所导致的气候风险称为过冲风险(over shoot risk)。过冲风险将导致更加频繁和强大的陆地和海洋热浪、干旱、降水和热带气旋事件,更为迅速的海平面上升、海冰融化和海洋酸化等。与没有过冲全球温升 1.5 ℃

相比，将引起人类系统和生态系统的更严重复合与级联影响：

（1）过冲对水、能源和粮食安全产生影响，在温升 1.5 ℃以上水文循环预计将更加强烈。世界许多低海拔小冰川将消融或消失。过冲对生计安全产生影响，将使得粮食安全从中风险转变为高风险，如非洲的作物减产和海洋捕捞风险加大。

（2）过冲对生态系统会产生巨大的影响，许多有机体的生理耐力会下降，陆地生态系统的繁殖能力将受制于炎热或干旱，淡水生态系统干扰的频率和强度将发生改变（如野火、虫害和珊瑚白化）。这些变化可能导致生态系统崩溃、生物多样性丧失、物种灭绝与生态系统服务丧失。变暖超过 1.5 ℃后，额外输往大气的碳，将加速潜在的碳反馈和增暖。过冲的许多影响从世纪到千年时间尺度上都将不可逆转，包括冰川退缩，冰盖融化和永冻土解冻，海岸栖息地、生态系统、居住地和基础设施、珊瑚礁、海带林、红树林、海草床等生态系统、高山生态系统等的丧失和物种灭绝。由于海平面上升和海洋热浪等极端事件产生的不可逆转的范式转折导致生态系统恢复需要很长时期。生态系统和栖息地也将在过度增温水平上不可逆转，从而降低当前和未来的发展潜力，并引起依赖冰冻圈原住民文化的丧失。

（3）过冲会对人类产生深远的影响，包括额外的健康风险，贫困人口的增加，社会经济发展的降速。由于海岸防护技术或经济上的不可行，许多社区面对限制温升 1.5 ℃的任务难以完成。预计超过 1.5 ℃的额外损害包括热浪导致的死亡人数增加、媒传疾病增加、营养不良致病、经济部门损失。这些影响导致社会经济发展的损害在增暖后仍持续增加，特别会对儿童产生长期不良影响。城市暴露于洪涝和干旱的范围在 2000—2030 年很可能倍增，在 1.5 ℃增温下将有超过 3.5 亿人因严重干旱处于缺水状态。将导致山区与北极地区的原住民不可逆转的文化与精神损失。

（4）相对于保持低于设定增温目标的路径，过冲路径将显著增加低概率、高影响事件发生的可能性。产生的后果包括由于南极冰盖消融和能引起全球温升的高碳生态系统排放之间自我反馈导致的海平面上升加快。这些情景特别具有破坏性，对于控制温升的计划更具有挑战性，更有可能达到或超过适应限度。

## 106. 怎样预估未来气候变化风险和开展相应的预研究？

本章开头介绍了已经发生气候变化风险构成要素与评估方法，评估未来的气候变化风险，首先要确定未来气候变化可能引起不利事件的发生概率、强度及受体系统的暴露度与脆弱性。

首先要确定未来气候变化不利影响的发生概率和程度，这就需要对未来的气候变化进行情景预估。预估未来气候变化需要未来温室气体排放或浓度、气溶胶、土地利用变化等方面的信息，称为"情景"。IPCC 先后发表了 SA90、IS92、SRES 等情景。2007 年的《IPCC 第三次评估报告》应用典型浓度路径（Representative Concentration Pathways，RCPs）来描述温室气体浓度，并在此基础上发展出共享社会经济路径（Shared Socio-economic Pathways，SSPs）来构建社会经济新情景，反映辐射强迫和社会经济发展间的关联,从未来社会经济面临的减缓和适应挑战角度共划分为5种发展路径,分别为:可持续发展 SSP1(低挑战)、中度发展 SSP2(中等挑战)、局部或不一致发展 SSP3(高挑战)、不均衡发展 SSP4(适应挑战为主)和常规发展 SSP5(以减缓挑战为主)。2021年发布的《IPCC第六次评估报告》第一工作组报告预估2081—2100年全球平均地表温度相对于1850—1900年温升水平时,选用了根据不同二氧化碳与其他温室气体排放、气溶胶冷却效应和土地利用变化等因素综合作用形成的五种情景:SSP1-1.9、SSP1-2.6、SSP2-4.5、SSP3-7.0和SSP5-8.5。

气候变化情景确定后,可应用全球气候模式(GCM)模拟不同情景假设下的未来气候变化。但GCM的网格点粗,难以满足对区域精细气候信息的需求。为获取高分辨率气候信息,还需要应用区域气候模式(RCM)在GCM预测的基础上进行动力降尺度分析。IPCC从1995年发布的第二次评估报告开始讨论应用RCM进行动力降尺度分析,以后不断取得新的进展,模式功能不断提高。英国气象局哈得来气候与预测研究中心开发了PRECIS(Providing Regional Climates for Impacts Studies)区域气候模式系统,能对全球气候模式模拟的粗网格气候情景数据进行降尺度分析,发展区域水平高分辨率的气候情景,并为气候变化影响评价模型提供高分辨率气候情景数据。许吟隆等(2016)等发表的《中国未来的气候变化预估:应用PRECIS构建SRES高分辨率气候情景》基于IPCC报告,从温度和降水变化、极端气候事件、海平面上升、冰冻圈退缩、碳循环及生物地球化学过程改变等方面进行总结,预估在中等强度温室气体排放情景下,到21世纪末中国全境平均升温达3.4～4.6 ℃;在升温变暖过程中,气候的波动性越来越大,北方的暖冬和冷冬会交替出现,中国全境会经受更多的高温事件和极端降水事件,干旱和洪涝风险都会加剧。

在得到未来气候要素变化程度与极端事件发生概率的基础上,结合对受体系统暴露度和脆弱性的分析,就可以应用公式 $R=H \times EV=I \times P \times E \times S/A$ 对具体的气候变化风险进行量化的评估。但目前我们只能对受体系统的现有暴露度与脆弱性进行评估,对于未来近期的暴露度和脆弱性,可以根据过去一段时期的统计数据进行线性外推。但对于复杂系统和更长时期的预估,还需要深入研究受体系统的发展演变规律及其影响因素。如陈怀亮等(2020)对气候变暖背景下河南省夏玉米花期高温灾害风险的预估研究选用了RCP4.5(中)和RCP8.5(高)两种浓度路径数据的气候情景,考虑了气候变暖后夏玉米花期的改变,以花期最高气温≥32 ℃和≥35 ℃作为轻度和重度高温灾害发生阈值,根据轻、重度夏玉米花期高温发生频率和高温热害,建立风险评价指标并分级。结果表明,RCP4.5和RCP8.5两种情景下,2006—2050年河南省夏玉米花期高温热害段高值风险区占主栽区面积百分比将分别从基准时段1951—2005年的30.1%扩大到63.4%和76.3%。

由于未来温室气体排放水平、气候要素的改变和极端事件发生,以及受体系统的暴露度和脆弱性都在不断变化,影响因素复杂多样,对于未来气候风险的预估通常会带有很大的不确定性。一方面需要对各类气候模式和情景模式不断改进;另一方面还需要对各类受体系统的暴露度和脆弱性进行动态监测与评估,对模式参数进行不断调整和优化,使对未来气候变化风险的预估尽可能接近实际,为制定中长期适应气候变化行动计划提供比较坚实可靠的科学基础。尽管如此,未来气候变化风险预估也还会存在一定的不确定性,采取适应行动需要留有适当余地,尽可能优先采取无悔或低悔的适应措施。

# 五、适应气候变化的目标与能力建设

## 107. 怎样确定适应气候变化规划的目标?

适应气候变化的目标包括根本目标、长期目标和近期目标。《国家适应气候变化战略》所提出的是中长期的基本目标,各地还应根据经济、社会发展和生态文明建设的进程,制定阶段性的适应行动规划与长远规划,并与国民经济与社会发展规划相协调。各部门和各领域还应有更加明确和定量化的具体目标。

近期规划如 2014 年发布的《国家应对气候变化规划》曾提出适应领域到 2020 年的主要目标是:适应气候变化能力大幅提升。重点领域和生态脆弱地区适应气候变化能力显著增强。初步建立农业适应技术标准体系,农田灌溉水有效利用系数提高到 0.55 以上;沙化土地治理面积占可治理沙化土地治理面积的 50% 以上,森林生态系统稳定性增强,林业有害生物成灾率控制在 4‰ 以下;城乡供水保证率显著提高;沿海脆弱地区和低洼地带适应能力明显改善,重点城市城区及其他重点地区防洪除涝抗旱能力显著增强;科学防范和应对极端天气气候灾害能力显著提升,预测预警和防灾减灾体系逐步完善。适应气候变化试点示范深入开展。

适应气候变化的长远目标应服从建成富强、民主、文明、和谐的社会主义现代化国家,实现中华民族伟大复兴和保持社会、经济可持续发展的总目标。从应对气候变化的角度,在减缓方面的根本目标是发展低碳经济,构建低碳社会;在适应方面的根本目标应该是发展气候智慧型经济,构建气候适应型社会。至于怎样实现气候智慧型经济和气候适应型社会,还需要提出分领域、分区域和分产业的阶段性具体目标。

随着气候变化及其影响的不断演化,应对气候变化的目标也要与时俱进。在减缓方面,一些发达国家提出到 2050 年左右实现碳中和的目标,中国承诺在 2030 年以前实现碳达峰和 2060 年实现碳中和。在适应方面,欧盟于 2021 年 2 月 24 日发布《打造具有气候韧性的欧洲——新的欧盟气候变化适应战略》,提出"到 2050 年欧洲将成为一个充分适应气候变化不可避免影响的韧性社会。""战略目标是通过使适应更加智慧、更加系统化、更加快捷和加强国际行动来实现 2050 年气候韧性欧盟的愿景。"联合国在 2021 年提出"奔向零碳;奔向韧性"(race to zero, race to resilience)的应对气候变化新目标。

生态环境部会同 17 个部委局联署发布的《国家适应气候变化战略 2035》,按照 2025 年、2030 年、2035 年的三个阶段分别制定了适应气候变化的近期、中期和长期目标,体现了与《中华人民共和国国民经济和社会发展第十四个五年规划和2035年远景目标纲要》的衔接,详见本书第九部分第211问。

具体到某个区域、产业或领域的适应规划目标确定,首先要明确气候变化对本地区、产业或领域的主要影响与风险,要抓住制约经济、社会发展与生态文明建设的重大气候变化影响,结合所在地区、产业或领域的发展规划,确定适应气候变化的目标。越到基层,目标越应具体明确并尽可能量化。如区域适应规划目标要具有地区特色,沿海地区要突出海平面上升和海洋灾害风险,内陆与北方地区应针对气候变化对水资源的影响和如何利用温度资源的增加。南方地区更多需要针对高温热害、洪涝威胁和有害生物北扩等提出适应目标。气候敏感性产业的适应规划与目标要针对气候变化对原料供给、消费需求、工程设备、工艺和技术标准等的影响,确定具体的适应目标和整个产业布局与发展的总体适应目标。

## 108. 什么是气候智慧型经济,怎样构建?

"气候智慧型经济"(climate smart economy)的提法源自联合国粮农组织提出的"气候智慧型农业"(climate smart agriculture)。2014年,中美两国政府在《中美气候变化联合声明》中共同承诺在应对气候变化的共同行动框架之下启动气候智慧型/低碳城市倡议。世界银行2017年提出支持向气候智慧型世界转型的12条举措(新浪财经头条,2017)。气候智慧型经济概念的产生顺理成章,是指能够适应气候变化和降低温室气体排放,确保可持续发展的新型经济发展模式。由于从减缓的角度已经提出低碳经济的概念,气候智慧型经济的提法更多是从适应考虑。虽然有些第二产业和第三产业不像农业对气候变化那么敏感,但总体上仍然受到气候变化的明显影响,尤其是一些气候敏感型产业,主要包括野外作业为主的高暴露产业、原材料高度依赖农林牧渔或市场受到气候变化明显影响的产业、高污染产业、高耗水产业和气候变化引起消费需求改变的高关联产业以及与气候敏感型产业关系密切的服务业。由于产业链的存在,其他产业也会直接或间接受到气候变化的影响。

由于整个国民经济受到气候变化的显著影响,随着气候变化的进程,调整产业结构与布局,调整工艺与技术标准等适应措施势在必行,有必要把"气候智慧型农业"的理念扩大到整个"气候智慧型经济"。虽然联合国粮农组织提出的"气候智慧型农业"的广义概念包括减排农业源温室气体,但这一概念的大部分内容还是针对适应的需要,我们可以把狭义的"气候智慧型农业"作为农业适应气候变化的目标模式,同样也可以把"气候智慧型经济"作为整个国民经济适应气候变化的基本模式。

与传统的经济发展模式比较,气候智慧型经济强调运用现代信息技术对国民经济的结构及各产业部门的运行进行智能化的动态调整,研发推广相应的应变生产技术与销售、服务策略,以最大限度减轻气候变化的不利影响和利用气候变化所带来的某些商机。如随着气候变暖有利于高寒地区的经济活跃,出行意愿增加,建筑与交通工程的施工条件总体改善;人们的消费需求改变,对冬令商品的需求减少,夏令商品的需求增加;由于极端天气气候事件的增多,对救援器具、物资和医药的需求量增加。天气和气候变化的不确定性增大,需要对各类保障设施与物资供应设定一定的冗余,对气候变化引起的各类风险进行预评估和制定各种应变策略与技术,这里都蕴藏着极大的商机。

## 109. 什么是气候适应型社会,怎样构建?

"气候适应型社会"为国家气候中心前副主任罗勇于2007年首先提出。他指出,建设气候变化适应型社会同资源节约型、环境友好型社会建设一样,都是无悔的措施,也应作为一项应对气候变化、保证我国经济社会可持续发展的基本国策。气候适应型社会的基本含义是:应把适应气候变化当成全社会的共同行动,把科学发展观贯彻落实到经济社会发展的方方面面。气候变化在不同区域、不同产业、不同时期会造成不同程度的影响,要分轻重缓急,有序应对。

2009年世界银行编撰《气候变化适应型城市入门指南》在中国翻译出版。2010年胡鞍钢建议在"十二五规划"提出建立资源节约型、环境友好型社会和发展循环经济三大支柱的基础之上,还应提出建设气候适应型社会与实施国家综合防灾减灾战略。1987年时任世界环境与发展委员会主席的布伦特莱夫人在"我们共同的未来"报告中首次提出可持续发展的理念,定义为"既满足当代人的需要,又不对后代人满足其需要的能力构成危害的发展"。1992年6月,联合国环境与发展大会通过了全球可持续发展战略——《21世纪议程》。我国学者杨多贵等(2001)对可持续发展的定义作了补充:可持续发展是"不断提高人群生活质量和环境承载能力的、满足当代人需求又不损害子孙后代满足其需求能力的、满足一个地区或一个国家需求又未损害别的地区或国家人群满足其需求能力的发展"。

当前影响人类经济、社会可持续发展的主要障碍,除社会制度与国际经济政治秩序外,还包括一系列全球性资源与环境问题,诸如气候变化、环境污染、生物多样性减少、水资源短缺、矿产资源枯竭、生物地球化学循环改变、土地利用与覆被改变、自然灾害加剧等。上述因素中,气候变化被公认为最大的环境挑战。尽管国际社会做出巨大努力,但温室气体浓度难以在短期内迅速下降。由于气候系统的巨大惯性,即使人类能够在不久的将来把温室气体浓度降低到工业革命前的水平,全球气候变暖趋势仍将持续很长时期甚至数百年。人们必须学会在变暖的气候下生存和发展,建设气候适应型社会势在必行。

建设气候适应型社会要求人类活动必须有序进行,遵循气候规律,与作为大自然组成部分的气候系统和谐相处。不能超出气候资源承载力和气候环境容量。气候变化使区域气候资源与气候环境发生改变,气候资源承载力与气候环境容量也发生相应改变,人类活动规模与方式也必须及时调整,努力提高气候资源利用能力和气候环境扩容能力,与改变后的气候资源承载力及气候环境容量相协调。

建设气候适应型社会要求人们学会怎样应对极端天气气候事件。随着气候变化,极端天气和气候事件的危害总体呈加重态势,必须研究和了解气象灾害的新特点和减灾资源的变化,加强极端天气气候事件监测、预测、预警和应急响应能力,掌握不同情况下的安全避险与应急救援知识,最大限度减轻灾害损失。

气候变化影响涉及人类社会、经济和生态、环境的所有领域,建设气候适应型社会需要将适应气候变化纳入全社会各部门、各产业、各区域的发展规划,制定切实可行的适应措施,分区域构建不同领域与产业的适应技术体系,制定和实施保护环境与生物多样性的规划,实现气候变化背景下的社会经济可持续发展。

气候变化已经影响到人们的消费需求、出行规律、健康、心理及社会关系,建设气候适应型社会要落实到气候适应型社区与家庭的建设,使人们学会怎样在气候变化背景下调节心理,保护健康,倡导适应气候变化的绿色生活方式。

建设气候适应型社会要与社会治理从善政走向善治的进程相结合。"善治"(good governance)是20世纪80年代末到90年代兴起的一种有关社会治理的理论,所谓治理是指个人和机构管理其共同事务的诸多方式的总和。善治是指民间和政府组织、公共部门和私人部门之间的管理和伙伴关系,以促进社会公共利益的最大化状态。气候变化的影响已深入到人类社会和自然生态的方方面面,所有企业、社会团体与公民都成为与气候变化及其影响的利益相关者,企业除追求合法的经济利益外,也应承担起保护地球气候的社会责任;公民除追求与维护自身合法权益外,也应承担保护环境的社会义务。适应气候变化应该,而且必然成为全社会的共同任务与自觉行动。政府在其中要发挥组织者和指挥者的作用,只有充分调动全社会的力量,才能实现人类社会在气候变化背景下的可持续发展。

## 110. 建设气候适应型社会与气候资源利用有什么关系?

气候资源是指能够为人类的经济活动所利用的有利气候条件及气候要素中可被利用的物质与能量,包括有利于农业生物生长发育与农业生产活动进行的温度、水分、光照等条件及其组合,有利于交通、建筑、旅游等人类活动的气候条件,可从大气中获取的氧气、氮气、二氧化碳、雨水和水汽等物质,太阳能、风能、可用于发电的温差等可再生能源以及可供观赏的气象景观等。气候资源是人类赖以生存和发展的最基本的自然资源之一。

与其他自然资源不同,气候资源具有普遍存在性和可再生性;具有非线性,即气候要素只有在一定数值范围内才能成为有利条件和资源,超出这一范围反而变成不利条件,甚至形成灾害;气候资源时刻处于动态变化之中,具有一定的不确定性;气候资源具有相对性,不同生物与人类活动对气候条件的要求不同,对某些生物或人类活动有利的气候条件可形成气候资源,对另一些生物或人类活动却可能是不利气候条件甚至气候灾害。如冷凉气候对于喜温作物可引起冷害甚至不能成熟,但对于避暑和喜凉爽作物却是一种气候资源。

气候变化引起气候资源数量与特征的改变,建设气候适应型社会要求对人类活动及所利用与保护的生物种类与功能适当调整,使之与变化了的气候资源相匹配。如气候变暖后,仍然使用作物的早熟品种就会因生育期缩短而减产,改用生育期更长的品种就能利用所增加的温度资源获得增产。气候变暖后,原有冬季滑雪场也要向更高纬度或海拔迁移。

资源承载力是指一个区域的资源对人口增长和经济发展的支持能力。由气候条件所决定的资源承载力称气候资源承载力。一定区域范围内的经济规模和人类活动强度不能超出当地的气候资源承载力,否则就会受到大自然的惩罚。如当地的温度条件只能种植一茬作物,非得种植两茬就至少会有一茬作物不能成熟,造成种子、肥料和劳务等经济损失。又如某地年降水量只能满足旱地作物需要,在无额外水资源可调用情况下盲目扩大灌溉面积,势必造成本地区河湖或地下水的枯竭甚至无法种植。气候资源承载力同样具有一定的相对性,不同物种与人类活动对气候资源的要求不同,通过调整物种与人类活动方式与结构,或促进科技进步提高人类对气候资源的利用能力,都能使气候资源承载力得到提高。气候资源的有效性与气候资源承载力还取决于各气候要素的相互配置,如农作物生长旺盛期的理想气候条件是既有充足的阳光与水分,又有适宜的较高温度。如光、温、水等要素配合不好,就必须进行适当的调整才能避免超出气候资源的承载力。

## 111. 建设气候适应型社会与气候环境容量有什么关系?

环境容量(environmental capacity)是环境自净能力的指标,指自然环境可以通过大气、水流的扩散、氧化以及微生物的分解作用,将污染物转化为无害物的能力。环境容量即不至对环境造成永久性损害的可容纳与降解污染物的最大负荷量。环境容量的大小与环境空间大小、各环境要素的特性及污染物本身的物理和化学性质有关。其中由气候条件决定的环境容量称气候环境容量。如城市大气污染物需要通过风力扩散稀释作用或雨水淋洗作用而降解,具有海陆风的沿海城市或全年雨量充沛且季节分布较均匀的城市,气候环境容量就比较大;干旱少雨且位于封闭盆地中的城市,气候环境容量就比较小。在气候环境容量较小的城市盲目发展重化工业,大气污染必然日益严重。当然,沿海多风或多雨的城市也不能超出气候环境容量过度发展重化工业。例如上海东临东海,北面长江,境内河湖密布,本是空气质量较好的城市。随着城市人口增长到两千多万,市区范围扩大数十倍,经济总量扩展数百倍,排放到大气中的污染物也迅速增加,使得长江三角洲的空气质量变差。北京市由于三面环山的地形不利于大气污染物的扩散,空气质量比上海更差。

气候变暖进一步限制了许多地区的环境容量。由于高纬度地区气候变暖程度明显大于低纬度地区,导致气压差缩小和平均风速减弱,使得污染空气更加不容易扩散和自然净化。

除大气环境外,水环境也存在某种形式的气候环境容量。如水温升高使微生物加速繁殖,加剧水体富营养化,而水温较低时水体能容纳相对较多的营养盐溶解。土壤发生有机污染或病原体污染时,也是温度越高,湿度越大,有害物质挥发与危害越严重,或病原体繁殖速度越快,环境容量下降;而干燥寒冷环境中,同样浓度的土壤污染对人类的危害要小得多。

每个地区、每个城市的气候环境容量是有限的,经济活动与社会活动的规模都不应超出气候环境容量的范围。企业废气必须实行达标排放,不达标的必须限期治理,否则就应关停并转。公众应自觉遵守,不在公共场所吸烟,提倡使用公共交通,减少私车出行。积极参与植树造林,美化环境的活动。

合理调整产业结构与布局,改进工艺,增加城市绿地,都可提高气候环境容量的阈值。如将排放大气污染物较多的工厂转移到远郊和城市下风向,城市规划建设注意留出风廊,广种能够吸附、吸收和降解大气污染物的树种与草种,增加城市水面等,但最根本的还是要减少或消除大气污染源。如首钢位于西郊上风向,是北京市重要的大气污染源。为治理大气污染,已搬迁到下风向渤海边的曹妃甸并采用先进工艺,使北京市的大气污染源明显减少。

## 112. 怎样分析适应气候变化的成本和经济效益?

适应气候变化不利影响和有利影响的成本与经济效益的计算方法有所不同。

对于不利影响,适应措施的经济效益以损失减少量与成本之比表示:

$$\varepsilon = (D_0 - D)/C \tag{5-1}$$

式中:$\varepsilon$ 为应对不利影响的效益成本比,$D_0$ 为不采取适应措施时受体可能遭受的经济损失,$D$ 为采取适应措施后受体仍受到的经济损失,$(D_0-D)$ 为减损量,$C$ 为适应措施的直接成本。

对于有利影响,适应措施的经济效益以收益增加量与成本之比表示:

$$\eta = (B - B_0)/C \tag{5-2}$$

式中:$\eta$ 为利用有利影响的效益成本比,$B_0$ 为不采取适应措施时受体系统的经济收益,$B$ 为采取适应措施后受体系统的经济收益,$(B-B_0)$ 为收益增量,$C$ 为适应措施的直接成本。

适应措施的成本包括直接成本和间接成本。上式中 $C$ 是直接成本,即采取适应措施所需劳务、材料、场地、工具、装备折旧等的花费。间接成本包括适应技术的研发、培训、极端天气气候事件监测、预测、预警和救援等,这些费用通常由政府和公益组织提供,虽然不列入受体企事业单位与个人的财务核算,但却是整个社会的一项重要支出。

目前国际社会对于适应成本的估算集中在不利影响上,罕见对于有利影响适应成本的研究和报道。

《联合国气候变化框架公约》估计全球应对气候变化成本为每年 400 亿～1700 亿美元。2009 年,英国专家帕里指出,《公约》的估算遗漏了一些领域,也低估了另一些领域的成本。2014年联合国环境署发布首份《适应差距报告》警告,如果根据各国政府之前已经同意的将温升控制在2℃以内,2025—2030年适应成本将上升到1500亿美元,到2050年为每年2500亿~5000亿美元。由于针对不利影响的适应措施通常不能直接增加经济收益,所减少损失量也是在发生气候变化后形成,国际学术界将这些成本称为额外付出(白俊 等,2021)。最新的《2021年适应差距报告》认为,虽然气候适应措施正越来越多地融入各国的政策和规划中,但气候适应融资的规模迫切需要加强。目前,发展中国家的气候适应成本是当前公共气候适应资金流的5到10倍,而且适应资金缺口正在扩大(央视新闻,2021)。

关于利用气候变化有利因素的适应成本,王雅琼(2009)以宁夏冬小麦北移为例,比较吴忠和永宁两地2007年和2008年冬小麦套种玉米与传统的春小麦套种玉米两种种植方式的效益成本比平均值,前者为1.026,后者为0.89,随着冬季气候变暖改种冬小麦后,全年粮食作物种植的净效益确有所提高。

许多适应措施除经济效益外,还具有明显的社会效益和生态效益,其估算更加复杂,其中生态服务功能的评价方法有费用支出法、市场价值法、机会成本法、恢复与防护费用法、影子工程法、人力资本法、旅行费用法、享乐价格法、条件价值法等。社会效益的评价往往难以定量,买生等(2011)将企业的社会价值划分为市场贡献、环境贡献和社会贡献三部分,其中社会贡献又分为政府责任绩效、员工责任绩效、社区责任绩效三个部分。

## 113. 怎样编制适应气候变化规划?

国内外适应气候变化的相关文件有战略、规划、计划、实施方案等不同的提法,他们之间既有区别也有联系。

战略(strategy)一词原为军事术语,后引申至政治和经济领域,泛指具有统领性、全局性、方向性的谋略、方案和对策。规划(program)是指比较全面和长远的发展计划,是对未来整体性、长期性、基本性问题的思考和设计未来整套行动的方案。计划(plan)的含义较宽泛,是指根据某种需要和自身能力,提出未来一段时期要达到的目标和实现目标要采取行动的内容、方式和具体安排。计划有多种类型,长期计划的性质与规划类似。在中国,规划一词强调指导性,而计划通常带有指令性,是必须执行的。实施方案是指对某项工作,从目标要求、工作内容、方式方法及工作步骤等做出全面、具体而又明确安排的计划类文书。

从战略、规划、计划到实施方案,层次逐渐降低。通常适应气候变化的战略是在国际、国家和省级编制,规划和计划可在国家到地方的不同层次编制,但通常较高的行政级别使用规划一词,较低的行政层次和基层单位使用计划和实施方案的用词。

关于适应气候变化规划编制,2003年英国气候影响计划(UK Climate Impacts Programme,UKCIP)提出完整的应对气候变化决策框架,如图5-1所示。

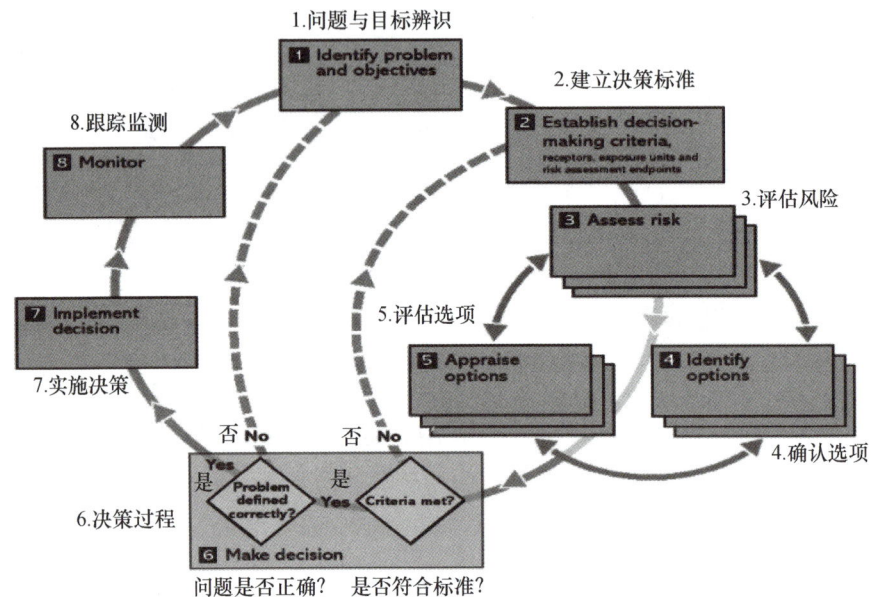

图 5-1　适应规划的制定过程(IPCC,2014)

按照框图 5-1,适应气候变化规划编制过程可分为 8 个步骤:

① 辨识气候变化影响的重点问题和确定目标。

② 建立决策标准:包括受体、暴露单元和风险评估对象。

③ 风险评估,是确定与评估适应措施的基础。

④ 适应措施的确定。

⑤ 适应措施的评估。包括经济与非经济的成本与效益分析,后者指社会、文化、能力建设、环境、技术研发方面的成本与效益。

③、④、⑤步骤之间是可逆的,如果已确定的适应措施经评估效果不好,要重新进行风险评估,然后再确定新的适应措施。

⑥ 决策。如果未能达到决策要求的标准,则要回到步骤②;如果发现所针对的气候变化影响与实际不符,则要回到步骤①。如果所针对气候变化影响符合实际,适应措施也符合决策标准,则进入实施阶段。

⑦ 决策的实施。

⑧ 跟踪监测。针对实施过程中发现的新问题,重新进行气候变化影响问题的辨识和目标确定。

图 5-1 表明适应气候变化的规划是一个动态循环的过程,随着气候的进一步变化和社会、经济发展出现的新情况,需要不断订正和更新。

由于适应气候变化规划涉及多领域、多部门、多学科,通常需要由知识面广和善于组织协调的领导干部或专家牵头,组织各有关部门的专家参与,在形成初步文稿以后,还要广泛征求各部门和社会公众的意见,反复修改完善。

在中国,下一级行政机构或部门制定适应气候变化规划,定稿后要报上级部门审批才能正式生效。合作经济组织与企业的适应规划或计划也应通过董事会或职工代表大会通过。

## 114. 怎样开展适应气候变化的能力建设?

气候变化关系到人类的生存和发展,为保障经济、社会的可持续发展,除大力推进减排增汇外,还需要同步开展适应行动。温家宝总理在2012年的政府工作报告中提出"要加强适应气候变化特别是应对极端天气气候事件能力建设,提高防灾减灾能力。"

适应气候变化能力包括适应科技研发与支撑能力、适应行动的组织管理能力,适应资金筹集能力,适应工程建设能力,适应物资储备能力,极端天气气候事件监测、预测、预警和应急响应能力,敏感产业气候风险抗御能力,气候资源开发利用能力,公众参与适应行动的能力等。

关于适应气候变化的科技研发与支撑能力建设,《国家应对气候变化规划(2014—2020年)》提出要围绕重点领域和典型区域,"加强气候变化影响的机理与评估方法研究,建立部门、行业、区域适应气候变化理论和方法学。"

关于重点领域和敏感产业的适应能力建设,需要调研和把握气候变化对不同区域、领域和产业的有利和不利影响,研发关键适应技术并组装配套,示范推广比较成熟的适应技术,逐步构建完善不同区域、领域、产业的适应技术体系。

关于适应行动的组织管理能力建设,中国气象局原局长郑国光指出,要"加快完善适应气候变化的体制、机制和法制。完善多部门参与的决策协调机制,建立政府、企业、公众广泛参与的适应气候变化行动机制,建立高效的组织机构和管理体系。加快推进应对气候变化立法进程,依法规范全社会广泛参与应对气候变化的责任和义务,统筹协调各地区各部门应对气候变化的行动和利益"。

关于适应资金的筹集能力建设,在联合国气候变化框架公约体制下已建立主要用于适应行动的绿色气候基金,并规定要在清洁发展机制的经费中划分一定比例用于适应。目前我国减缓资金较为落实,适应资金还很不落实。关键是全面贯彻《国家应对气候变化规划》提出的"将减缓和适应气候变化要求融入经济社会发展各方面和全过程",并明确纳入各地社会经济发展规划。

关于适应工程建设,除加强气候、海洋、水文、生态等与气候变化影响直接相关的科学工程建设外,还要将气候变化影响与风险评估、防范纳入各类重大工程与基础设施建设的规划与建设过程。

关于极端事件的应对能力建设,要建立健全极端天气气候事件及由气象灾害引发次生灾害的监测、预测预警和响应体系,根据不同区域极端天气气候事件发生特点和主要气候风险,储备必要的抗灾抢险和救援物资,建设突发灾害的避险场所。

关于气候资源的开发利用能力建设,要根据气候变化的最新观测结果,对原有的气候区划、气候承载力和风能、太阳能、云水资源等的分布与评价进行动态更新，为调整产业结构和布局以充分利用气候资源提供依据。

关于公众参与适应行动的能力建设，首先要加强适应科学知识的普及与技能培训，把组织、培养应对极端事件的志愿者队伍纳入精神文明与生态文明建设的规划，积极开展综合减灾与生态文明示范社区建设。

### 115. 怎样构建分区域、领域和产业的适应气候变化对策与技术体系？

气候变化对不同区域、领域和产业的影响不同，适应对策与技术体系的构建必须按区域、领域和产业分别进行。其中对策是指解决问题的策略与方法，技术是能带来经济效益的科学知识和具体做法，一项对策可包括多项技术。构建适应对策与技术体系的步骤如下：

(1) 辨识区域气候变化对重点领域和敏感产业影响的主要问题

(2) 收集、鉴别现有的适应技术，针对新问题研发关键适应技术

针对过去几十年发生的气候变化，各地区、各领域和各产业已经采取不少适应措施，如川中丘陵针对干旱缺水加剧，进行了"水路不通走旱路"的种植制度改革；东北针对气候变暖普遍改用生育期更长的品种；河北针对气候暖干化，普遍推广小麦节水灌溉和推迟播期；青藏铁路修建中针对冻土变浅和不稳定，设计了稳定冻土层的特殊工艺。只要深入生产和工作实际，不难找到大量已经采用的适应技术。但是这些技术在提出时大多尚未考虑气候变化因素或缺乏定量分析，带有很大自发性。在收集适应技术时要进行鉴别和改进，对于气候变化带来的一些新问题，还需研发新的适应技术。

(3) 判别有效性和优选适应技术

综合考虑该项技术的重要性、成熟度、经济技术可行性、可操作性、适用范围和时效等，按照社会需求的紧迫度对上述指标赋予不同权重，综合评分后排出优先序，删除一些缺乏针对性差或已过时的技术。

(4) 确定核心技术和配套技术

适应技术体系是一个技术系统，仅有优先序还不够，还必须明确该体系的核心技术和配套技术，形成有序的结构。核心技术是指针对某种气候变化影响的关键技术，配套技术则指配合该关键技术的辅助性措施。如针对农业干旱缺水，河北省的核心技术是管灌，新疆是膜下滴灌。为此，在节水灌溉设施配套、维修、适用作物和品种、施肥施药方法、土壤耕作、栽培管理等方面还需要一系列技术改变和改进，才能构成完整的节水高产技术体系。

(5) 构建分区域、领域、产业适应技术体系

通常对于生产上的个别气候变化影响问题，核心技术只有一两项，再选择几项配套技术。但对于整个区域、领域或产业，气候变化的主要影响有多种。首先要对气候变

化影响问题进行梳理并将现有适应技术按问题和层次归类,针对某类气候变化影响问题的核心技术可能有几项到十多项,每项核心技术又有其配套技术,构成一个子系统。针对每种气候变化影响问题,对于特定区域、领域和产业的适应技术体系构成一个子系统,若干子系统的集成构成该区域、领域或产业的总体适应技术体系。作为一个案例,许吟隆等(2014)给出了华北平原夏玉米生产适应气候变化的基本框架(表5-1)。

表5-1　华北平原夏玉米生产适应气候变化对策与技术框架

| 气候变化 | 降水减少 | 气候变暖 | | $CO_2$浓度增高 |
|---|---|---|---|---|
| 主要影响 | 干旱加剧,水资源缺乏 | 热量增加使可种植期延长 | 病虫害发生提前并向北蔓延 | 光合作用增强 |
| 适应对策 | 雨养为主,关键期补灌 | 改用生育期更长品种 | 调整防控时间、范围与方法 | 改良品种 |
| 核心技术 | 蹲苗、节水灌溉、化学制剂 | 提早播种,推迟收获 | 精准喷施高效、低毒农药,结合生物防治 | 高光效育种 |
| 配套技术 | 水肥耦合、抗旱育种 | 小麦适当晚播,促苗早发早熟 | 加强测报和检疫,培育壮苗、抗病虫育种 | 良种良法相结合,良种繁育体系建设 |

## 116. 怎样编制适应气候变化的技术清单?

构建适应技术体系之后,还需要编制适应技术清单。虽然适应气候变化技术体系有严密的结构,但也包括一些长远的战略性措施和软技术,而适应技术清单必须明确和实用,强调技术的成熟性、可操作性与可行性,通常按区域、领域和行业的影响问题分类,以硬技术为主。

编制适应技术清单的步骤如下:

① 首先要明确优先序的标准,按照针对性、实用性、可行性、可操作性等分别赋予不同权重。其中针对性是前提,再好的技术如果并非针对气候变化的影响也不属于适应技术。实用性是核心,即必须具有减轻气候变化不利影响或利用其有利因素的效果。可行性与可操作性是保障,否则即使有效的适应措施在生产实践或业务工作中也无法采用。

② 按照上述标准对所收集到的现有适应技术进行初步筛选。

③ 分区域、分领域和分产业对收集到的适应技术进行归类。

④ 在每个区域、领域或产业的适应技术集合中,针对不同气候变化影响问题进行分类。具有综合适应效果的可单独归类。

⑤ 对每类适应技术按照上述标准分项评价打分。

⑥ 对每项技术加权平均进行综合评估和优先次序排列。

⑦ 广泛征求相关区域、领域和产业的专家和职工的意见并修改。

⑧ 形成初稿后还要经过专家咨询、论证后再完善定稿。

编制清单要注意针对性，不要把现存所有技术都纳入适应技术，必须是针对气候变化的某种影响对原有技术进行调整的部分，或针对气候变化带来的新问题研发的技术。

随着气候变化和社会经济发展的进程，气候变化的影响会出现新的情况，技术研发也会有新的进展，适应技术清单每隔几年要进行修订和补充，有些过时的技术需要淘汰。

根据需要，适应技术清单可以按照综合评估结果排序，也可单独按照经济效益或可行性等排序。

## 117. 怎样进行示范社区的适应气候变化能力建设？

"社区"是相互联系，具有某些共同特征的人群共同居住的一定区域，是社会的最基层构成单元和整个社会的缩影。我国城市社区由住宅小区或企事业单位组成，农村社区的主要形式是村庄。社区的功能主要包括管理、服务、保障、教育、安全稳定等。现代社会管理强调政府、企业、社会团体和公众多元主体的共同参与和统筹协调。

社区建设包括基础设施建设、组织机构建设、生态文明建设、社会保障体系建设、文化教育建设、安全和谐社区建设等许多内容，目前各地开展了多种形式的示范社区建设，包括新型农村示范社区、生态文明示范社区、和谐社会示范社区、综合减灾示范社区、交通安全示范社区、科普示范社区、民族团结示范社区、垃圾分类示范社区等。气候变化无论是对社区生态环境、区域经济发展、居民生活安全等都产生了很大影响，适应气候变化理应作为一项重要内容纳入示范社区建设范畴。由于基层工作事务繁多，一切要从实际出发，贯彻以人为本和群众路线，不一定都冠之"适应气候变化社区"的名称，但都应树立适应气候变化的理念并纳入社区各项工作，落实到适应气候变化能力建设。

经济实力是社区建设的物质基础，要根据气候变化对社区主要产业、劳务活动及市场需求的影响，调整产业结构与销售策略，在气候变化情境下继续壮大社区的经济实力。

根据气候变化对社区基础设施的影响，调整布局与功能，尤其要加强应对极端天气气候事件预警和响应系统，全面盘查危险源，编制主要气象灾害的应急预案，储备适量应急救援和短期生存物资，建设避险场所或确定危险天气下的疏散转移方案，建立一支社区安全减灾志愿者队伍并进行培训和演练，重点保护好弱势人群。

根据气候变化对社区生态环境的影响，加强环境治理，种树种草，美化净化社区环境。

根据气候变化对居民生活与健康的影响，组织适应气候变化知识的科普教育，提倡绿色生活方式与消费习惯。

落实社区适应气候变化工作需要强有力的组织保证,城市街道办事处和农村乡镇领导应将适应气候变化工作纳入议事日程,由城乡社区分管生态文明建设的领导负责,但在发生重大天气气候事件时,一把手应亲自负责防灾减灾,把确保一方平安当成自己的神圣职责。

## 118. 适应气候变化领域有哪些主要的国际合作渠道?

由于气候变化影响的日益严重,国际社会在适应气候变化领域的合作有了明显进展。发达国家之间的国际合作有明显的区域性,如2013年4月16日发表的《欧盟适应气候变化战略》,旨在通过一系列协调连贯的行动加强准备与提升能力,以应对局地、区域、国家和欧盟层面的气候变化影响。自2010年起"Adaptation-Futures"等国际适应气候变化学术研讨会议每两年召开一届。

关于发达国家援助发展中国家的适应行动,2011年的德班气候大会启动了绿色气候基金,同时还决定在缔约方大会下建立适应委员会,协调全球适应行动,帮助发展中国家尤其是最不发达国家提高适应能力。根据《京都议定书》第12条第8款的规定,"应确保经证明的项目活动所产生的部分收益用于协助易受气候变化不利影响的发展中国家缔约方支付适应费用"。数额应为清洁发展机制项目活动发放的核证排减量的2%。同时规定尚未批准议定书的附件一国家也要额外提供适应资金。截至2010年已有22个发达国家资助42个发展中国家制定了适应行动计划(NAPA)。

中国在适应领域的国际合作包括与发达国家和与发展中国家的合作两大类。

据国家发改委2011年介绍,中国与联合国及其他国际组织、国外研究机构已经合作实施一批研究项目,并与加拿大、意大利、英国、瑞士等国开展了适应气候变化务实合作。如2008年,中国利用全球环境基金资助实施的"适应气候变化农业开发项目"在江苏启动。2009年,由中国、英国和瑞士政府联合组织实施的"中国适应气候变化项目"(ACCC)启动。2006—2010年间经济合作与发展组织(OECD)向中国的气候援助6.07亿美元,在受援国中居第四位。荷兰、中国等17国于2018年联合发起成立全球适应委员会,旨在推动国际社会提高适应气候变化力度和加强伙伴关系,帮助气候脆弱型国家提升适应能力,实现可持续发展目标。全球适应中心是其执行机构,2019年6月27日,国务院总理李克强同荷兰首相吕特、联合国前秘书长潘基文共同出席全球适应中心中国办公室的揭牌仪式。

中国广泛开展了与发展中国家之间适应气候变化领域的南南合作。国家主席习近平2015年在巴黎气候变化大会开幕式的讲话宣布将于2016年启动在发展中国家开展100个减缓和适应气候变化项目及1000个应对气候变化培训名额的合作项目。2015年9月宣布建立中国气候变化南南合作基金,首批承诺投入31亿美元。中国与联合国粮农组织和受援国建立了三方合作的南南合作多边机制,以及以知识共享、技术援助为核心,以派驻专家能力建设为模式载体,采取"授人以渔"的方式着力提升东道国自我"造血"功能,为全球粮食安全和消除贫困发挥了积极的作用。如

2015年向25个发展中国家派出1023名专家,占联合国粮农组织合作专家人数的56%,内容涉及灌溉、园艺、畜牧、作物、农林业、农机、食品加工、农产品营销等。2012年起中国31名技术人员向乌干达转让适应技术25项和17个作物品种。与肯尼亚、埃塞俄比亚等国进行干旱管理和荒漠化控制的经验分享。中国的杂交水稻在非洲、杂交谷子在埃塞俄比亚、杂交小麦在巴基斯坦等国都获得了显著的适应气候变化增产效果。中国还为马尔代夫建造安全岛民用住宅以免受海水侵蚀,帮助孟加拉国建设极端天气预警系统,在南太平洋岛国示范滴灌水肥高效利用。国家海洋局制定了《南海及周边海洋国际合作框架计划(2011—2015)》,将海洋气候变化与海洋防灾减灾列入主要资助领域。2019年,生态环境部应对气候变化南南合作培训项目支持东方红卫星公司以"利用航天技术提高应对气候变化能力"为主题,承办了两期面向26个发展中国家的培训班。

但总的看,适应领域国际合作与学术交流的规模和深度与减缓领域及与发达国家的适应领域相比还有一定差距(刘硕 等,2018)。

## 119. 怎样进行适应气候变化的体制与机制建设?

"体制"(system)是指国家机关或企事业单位在机构设置、领导隶属关系和管理权限划分等方面的体系、制度、方法、形式等的总称。

为切实加强对应对气候变化工作的领导,2007年6月,国务院决定成立以国务院总理为组长的国家应对气候变化领导小组,作为国家应对气候变化工作的议事协调机构,国家发展和改革委员会(简称国家发改委)具体承担领导小组的日常工作。领导小组的主要任务是:研究制定国家应对气候变化的重大战略、方针和对策,统一部署应对气候变化工作,研究和审议国际合作谈判对象,协调解决应对气候变化工作中的重大问题;组织贯彻落实国务院有关节能减排工作的方针政策,统一部署节能减排工作,研究审议重大政策建议,协调解决工作中的重大问题。2005年成立了国家气候变化专家委员会。国家发改委成立了应对气候变化司和国家应对气候变化战略研究和国际合作中心,各省、自治区、直辖市也成立了相应机构,许多高等院校和科研机构成立了全球变化或气候变化研究中心。2018年国务院决定将应对气候变化和减排职责划入生态环境部并成立应对气候变化司,主要职责是负责应对气候变化和温室气体减排工作。综合分析气候变化对经济社会发展的影响,组织实施积极应对气候变化国家战略,牵头拟订并协调实施我国控制温室气体排放、推进绿色低碳发展、适应气候变化的重大目标、政策、规划、制度,指导部门、行业和地方开展相关实施工作。牵头承担国家履行联合国气候变化框架公约相关工作,与有关部门共同牵头组织参加国际谈判和相关国际会议。组织推进应对气候变化双边、多边、南南合作与交流,组织开展应对气候变化能力建设、科研和宣传工作。组织实施清洁发展机制工作。承担全国碳排放权交易市场建设和管理有关工作。承担国家应对气候变化及节能减排工作领导小组有关具体工作。各地各级机构也做出了相应调整。

上述机构虽然不是专门针对适应气候变化的需求建立的,但适应作为人类应对气候变化的两大对策之一,也是上述机构的主要工作内容之一。但总的看,与减缓相比,适应气候变化的工作体制仍显薄弱,有些省(区)还停留在规划编制阶段。

"机制"(mechanism)在古希腊语中原指机器的构造和原理,现在已扩大到几乎所有领域,泛指系统各构成要素之间相互联系和作用的关系及其功能。不同类型受体对气候变化的适应机制不同。从国家、地区和企事业单位角度看,适应气候变化机制建设包括组织协调机制、监测预警机制、响应与适应机制、资金筹集机制、物质保障机制、人才队伍建设机制等。

目前各地虽已建立应对气候变化管理机构,但绝大部分工作集中在减缓方面,许多地方还没有明确负责适应工作的专人,更谈不上建立组织协调机制。我国已建成比较完整的气候与气候变化监测机制,对于若干重大极端天气气候事件建立了预警机制,但对于气候变化影响的监测仍然薄弱,只在农业、水资源、海洋等领域开展了一些监测,远不及气候与气候变化监测那么规范,还有许多领域尚无气候变化影响的监测,气候变化严重影响的预警基本没有开展。对于不同类型受体对气候变化的响应和适应机制的研究刚刚开始。与减缓相比,适应气候变化的资金机制更为薄弱,物质保障与人才队伍建设机制仍在酝酿中。为此,《国家适应气候变化战略2035》在战略实施一章中专门列出了"加强组织实施"一节,以推动各地适应气候变化体制和机制的建设。

## 120. 怎样筹集适应气候变化的资金?

适应气候变化关系到社会经济发展的全局,适应行动作为一项庞大的系统工程,需要巨额的投资。目前欧盟用于适应气候变化的预算支出占总支出的2.5%,2013年,来自温室气体排放交易50%以上的收入都用于适应气候变化。对于财政困难的大多数发展中国家,除了尽可能筹集本国的资金外,还需要努力争取国际的资助。本着遵循污染者付费的原则,发达国家理应加大对发展中国家适应行动的资助,2009年,英国政府决定公共财政支付15亿英镑支持发展中国家未来两年的适应气候变化活动。截至2010年底,美国千年挑战公司已经同20多个国家签订金额达72亿美元的赠予合同,来帮助这些国家适应气候变化。但目前这种援助还远远达不到发展中国家适应气候变化的需求,而且也明显低于发达国家已经做出的承诺。许多援助还带有严重损害发展中国家主权的附加条款。

国际社会适应气候变化的资金主要来自公共资金和私人资金,以公共资金为主,并撬动私人资金投资于适应领域。私人部门通过投资、金融风险管理、资本市场化运作及私人基金会慈善捐款提供资金。此外,保险计划也是筹集适应资金的可行选择。

国际社会援助发展中国家适应气候变化的资金,部分来自《气候变化框架公约》下的适应资金和发达国家及国际组织为发展中国家设立的各类基金。前者主要有全球环境基金(GEF)、欠发达国家基金(LDCF)、特别气候变化基金(SCCF)、绿色气候基金(GCF)、适应基金(AF)、适应性战略重点基金(SPA),后者主要分为贷款、赠予及技术援助三类,有澳大利亚提供的适应气候变化启动基金,联合国相关组织捐赠的粮食和农业植物遗传国际条约的惠益分享基金,世界银行与其他地区性银行设立的气候投资基金和战略气候基金,日本提供的凉爽地球伙伴关系基金,德国提供的国际气候行动计划,西班牙提供的千年发展目标基金等。

与此同时,针对农、林、渔业、水资源、健康、沿海、基础设施等各类气候变化细分领域,同样有多种由发达国家与相关国际机构设立的基金,但并非主要资金来源。在生物多样性领域,国家财政预算是国家支持生物多样性保护最大的资金提供者,地方级资金则作为资金来源的补充。除此之外,保险也是减少气候变化灾难风险的重要资金机制,通过灾难债券、小额保险、传统保险、风险池等渠道规避气候变化灾难的风险。

我国现有的气候变化适应资金主要源于国际适应资金和中国政府的公共资金。前者包含气候公约下的5种资金及国际适应气候变化的资金类型,但这对于中国这样的大国无异于杯水车薪。由于我国目前财政预算没有适应气候变化的专门科目,极大限制了适应活动的开展。虽然农、林、水、海、卫生、环保等部门的工作和项目中实际包含着适应气候变化的成分,但大多不是从适应气候变化的角度考虑。针对上述问题,苏明等(2013)提出以下建议。

① 加大资金投入力度。在国家与地方的财政预算中设立专门的适应气候变化基金,对重大项目采取国家直接投资,一般项目采取财政贴息和补贴。

② 优化税收和财政政策。温室气体排放相关征税、收费和排污费在使用时要优先用于消除因温室气体排放和气候变化造成的不利影响,优先用于适应气候变化的活动。对于各适应领域要按脆弱性合理分配资金,采取税收减免等激励措施引导私人资本投资。

③ 调节财政协调发展。由于中西部地区生态脆弱,适应能力较差,中央政府应加大财政转移支付力度,增加适应气候变化的投资,地方政府应安排配套预算资金。

④ 设立国家环境基金。参照国际社会的做法,由环境税或政府财政投资设立国家环境基金,通过资本市场投资运作实现基金增值,并引导民间资本流向适应领域。

⑤ 建立绿色信贷体系。仿效"赤道原则",设立专门的适应气候变化的信贷窗口,政府贴息,对适应气候变化的项目提供融资。

⑥ 拓宽渠道多方融资。充分利用资本市场直接融资,设立全国气候变化交易所,降低适应项目的融资发行和上市门槛,搭建适应气候变化的融资平台。

⑦ 建立保险险种。由保险公司发行与适应气候变化有关的小额保险、证券保险等保险险种,由资本市场运作分散风险。

⑧ 创造有利的政策环境。把适应气候变化纳入国家与地方的发展规划,修订有关法律、法规、环境与安全评估标准,以干预和促进适应气候变化的投资。

为了系统构建我国适应气候变化的经济政策,提升经济措施的多样性、协同性及效率,郑艳等(2021)建议加强适应气候变化政策的跨部门协同,因地制宜制定规划,利用政策激励加强适应气候变化的市场机制,开展政策措施的效果评估,加强科学决策支持等。

从长远来看,企业投入应成为适应气候变化的主要资金来源,这需要各类企业,尤其是气候敏感型产业的相关企业对于气候变化影响和适应途径有深刻的认识,大力进行有效适应技术研发并取得明显的趋利避害经济效益。

## 121. 什么是气候投融资,怎样推进?

投资(investment)是特定经济主体为了在未来可预见时期内获得收益或资金增值,在一定时期内向一定领域投放足够数额资金或实物的货币等价物的经济行为;是为特定目的与对方签订协议,促进社会发展合实现互惠互利而输送资金的过程,方式有货币购买、企业参股、价值置换等。融资(financing)是指企业根据自身经营状况、资金状况及发展需求,利用内部积累或向金融机构或中介机构筹集资金的一种业务活动,常见形式有银行贷款、股票筹资、债券融资、典当融资及海外融资等。

绿色金融(green finance)为支持环境改善、应对气候变化和资源节约高效利用的经济活动,即对环保、节能、清洁能源、绿色交通、绿色建筑等领域的项目投融资、项目运营、风险管理等所提供的金融服务。目前,国际绿色金融已扩展到气候变化领域。

气候投融资(climate investment and financing)是指为实现国家自主贡献目标和低碳发展目标,引导和促进更多资金投向应对气候变化领域的投资和融资活动,是绿色金融的重要组成部分。

气候投融资的支持范围包括减缓和适应两个方面,在适应气候变化方面,支持范围包括:① 提高农业、水资源、林业和生态系统、海洋、气象、防灾减灾救灾等重点领域适应能力;② 加强适应基础能力建设,加快基础设施建设、提高科技能力等。

2021年10月26日,生态环境部等五部门发布了《关于促进应对气候变化投融资的指导意见》(简称《意见》),首次明确了气候投融资的定义与支持范围,从政策体系、社会资本等六大方面阐述了推进气候投融资工作的框架。2021年12月23日,生态环境部等9部委联合发布《气候投融资试点工作方案》,对气候投融资试点工作的总体要求和组织实施作出统一部署,明确了气候投融资试点的目标和重点任务。要求到2025年,促进应对气候变化政策与投资、金融、产业、能源和环境等各领域政策协同高效推进,气候投融资政策和标准体系逐步完善,基本形成气候投融资地方试点、综合示范、项目开发、机构响应、广泛参与的系统布局,引领构建具有国际影响力的气候投融资合作平台,投入应对气候变化领域的资金规模明显增加。

在加快构建气候投融资政策体系方面,《意见》提出要强化环境经济政策引导、环境经济政策引导和各类政策的协同。在逐步完善气候投融资标准体系方面,《意见》提出要统筹推进标准体系建设,制定气候项目标准,完善气候信息披露标准,建立气候绩效评价标准。《意见》还提出鼓励和引导民间投资与外资进入气候投融资领域的三个途径：激发社会资本的动力和活力，充分发挥碳排放权交易机制的激励和约束作用，引进国际资金和境外投资者。

在《气候投融资试点工作方案》中提出的原则是：中央统筹、地方为主；分类施策、重点突破；定期评估、总结推广。目标是通过3~5年的努力，试点地方基本形成有利于气候投融资发展的政策环境，培育一批气候友好型市场主体，探索一批气候投融资发展模式，打造若干个气候投融资国际合作平台，使资金、人才、技术等各类要素资源向气候投融资领域充分聚集。气候投融资试点工作的开展将有助于解决目前应对气候变化资金的严重不足。

## 122. 为什么要把适应气候变化纳入生态文明建设？

2015年4月25日，中共中央、国务院出台了《关于加快推进生态文明建设的意见》的文件，其中第十六条提出要"积极应对气候变化。坚持当前长远相互兼顾、减缓适应全面推进，提高适应气候变化特别是应对极端天气气候事件能力，加强监测、预警和预防，提高农业、林业、水资源等重点领域和生态脆弱地区适应气候变化的水平。"表明国家已经明确把适应气候变化纳入生态文明建设的范畴。

生态文明是人类文明发展的一个新的阶段，是人类为保护和建设美好生态环境而取得的物质成果、精神成果和制度成果的总和，是贯穿于经济建设、政治建设、文化建设、社会建设全过程和各方面的系统工程，反映了一个社会的文明进步状态。

工业文明以人类征服自然为主要特征。虽然极大提高了社会生产力与人类的物质生活水平，但也带来了一系列全球性生态危机，使地球不堪重负，再也没有能力支持工业文明的继续发展，需要开创新的文明形态来延续人类的生存，这就是生态文明。

生态文明以尊重和维护自然为前提，以人与人、人与自然、人与社会和谐共生为宗旨，以建立可持续生产方式和消费方式为内涵，以引导人们走上持续、和谐的发展道路为着眼点。

生态文明的提出是人类对工业革命以来掠夺性开发资源和对环境污染破坏造成恶果反思的结果，全球气候变化正是这一系列恶果中最严重的环境挑战，包括减缓和适应两大对策在内的应对气候变化关系到人类的生存和发展，必然成为建设生态文明的重要组成部分。

气候系统是包括大气圈、水圈、岩土圈、冰冻圈和生物圈在内，决定全球气候形成、分布和变化的统一物理系统，涉及自然界的所有方面。适应气候变化，就要尊重气候规律，保护包括气候系统在内的整个大自然并与之和谐相处。

适应气候变化，要求人们摈弃依赖高投入的粗放经济增长方式和奢侈浪费的生活方式，发展资源节约、环境友好的绿色经济，培育绿色生活方式，其中不但包含节能减排和低碳的内容，也包含调整人类自身的行为以适应变化了的气候环境的内容。历史上人类正是在对以自然因素为主的气候变迁的适应中改进了管理与技术，从而取得了社会进步。今天,人类在对主要由于大量排放温室气体导致的气候变化的适应过程中,在气候变化幅度不超出阈值的前提下,同样能够通过社会管理与科学技术的进步实现可持续发展。

### 123. 怎样开展适应气候变化的科研、教育和科普培训？

适应气候变化是一项新提出来的工作,虽然在2013年发布了《国家适应气候变化战略》,但目前各级干部和公众对于适应的意义、内容、方法等仍缺乏了解,有关适应气候变化的理论与技术体系研究也很薄弱。要全面开展适应气候变化工作,贯彻落实《国家适应气候变化战略2035》,加强适应领域的研究,各级干部的培训和面向公众的科普教育是当务之急。

(1) 加强适应气候变化的基础理论与技术体系研究

国家应成立适应气候变化的研究中心,并在各大区设立若干分中心,将适应气候变化纳入各部门和各地区科技事业发展中长期规划。系统调研气候变化对不同领域、产业和区域的影响和不同类型受体的脆弱性,并对未来气候变化的可能影响进行预评估。研究不同受体的适应机制,研究适应技术途径和适应工作方法论。在广泛收集现有适应技术和针对气候变化重大影响研发关键技术的基础上,逐步构建分区域、分产业和分领域的适应气候变化技术体系,并在全国建立若干试验示范基地,对比较成熟的适应技术大力推广。

(2) 开展各级干部适应气候变化意义与对策的培训

2013年版《国家适应气候变化战略》发布以后,国家发改委组织了分区培训,在《中国改革报》上发表了一批解读文章,但培训面和影响面较窄。要真正实现同步推进减缓与适应,必须扩大培训面,编写适应气候变化的干部读本,对各级领导干部有计划地分批进行培训,并通过各主要媒体,对《国家适应气候变化战略2035》和《国家应对气候变化规划》中有关适应的内容进行广泛宣传,提高各级干部对于适应气候变化的认识。各有关部门也要把适应气候变化纳入本部门的发展规划、工作计划和议事日程,编制适合本部门适应气候变化需求的培训材料。

(3) 加强适应气候变化的专业教育与科普教育

在重点高校开设适应气候变化的课程,或在全球变化、应对气候变化等相关课程中充实适应气候变化的内容,气候敏感产业和领域的专业课程也要适当增加气候变化影响及适应对策的内容。由于目前适应气候变化的教材和师资奇缺,要组织或委托国内率先从事适应气候变化研究的重点科研机构与重点高校合作编写教材和培养师资。中小学教育也要适当增加适应气候变化的科学知识并组织多种形式的课外活动,从小树立保护地球气候与大自然和谐相处的理念。

(4) 加强面向公众的适应气候变化科普工作

充分发挥学术团体和民间环保社团的作用,建立一支由相关专家、科普志愿者、气象信息员等组成的应对气候变化科普工作者队伍,建立适应气候变化的科普专家库。除加强气象科普基地建设,充分发挥气象学会的作用外,科技馆、科普馆、博物馆等各类科普场馆都应增加适应气候变化的内容。农业、林业、水资源、海洋、卫生与健康、建筑、交通、能源、旅游、环境保护等气候敏感领域和产业要结合气候变化对本部门的影响及相应对策,对本部门的职工进行有针对性的科普与培训。面向社区公众的科普要力求实效,紧密结合居民的生活与工作实际,做到科学性、通俗性、趣味性和通达性的统一。特别关注极端天气气候事件对弱势群体的影响及防范技能的普及。除场馆展出、报纸杂志、橱窗和宣传栏、科普讲座等传统方式外,还要适应现代信息社会的特点,充分利用网络、手机、电子屏幕等新型传媒。利用世界气象日、世界环境日、世界地球日、全国防灾减灾日、科技活动周等,结合最近发生的重大极端天气气候事件与灾害进行集中宣传。

## 124. 怎样看待适应气候变化的局限性?

减缓与适应是人类应对气候变化的两大对策,但都存在一定的局限性。减缓的局限性在于其滞后性。即使人类能够做到在不久的将来将大气中的温室气体浓度降低到工业革命前的水平,气候系统仍将以巨大的惯性继续变化,也许需要数百年才能恢复到原有基本正常的状态。适应的局限性主要在于阈值的存在,并非任何情况下采取适应措施都能收到好的效果。

适应措施的局限性表现在以下几个方面。

(1)受体对于气候变化幅度和速率的弹性与适应能力阈值

任何事物对于外界干扰的承受能力都是有限的,都存在某种阈值,气候变化也是这样。科学家们估计,如果气候变化的速率超过每百年 4 ℃,就很可能超出人类社会和生态系统的现有适应能力。

(2)气候变化及其影响的不确定性

气候变化是人类大量排放温室气体及其他不合理人类活动,以及自然变异综合作用的结果,虽然国际科学界开发出不少气候模式,对未来的气候变化情景做出了种种预估,但都存在一定的不确定性。由于气候变化影响的复杂性,人们对某些领域的气候变化影响机制仍不很清楚,也存在一定的不确定性。在这种情况下,所提出的适应措施也必然存在某些不确定性,不能肯定任何情况下都能获得满意的适应效果,有时甚至可能事与愿违。

(3)适应措施的成本与可行性问题

采取适应措施都是需要付出一定成本的,对于某些适应措施,如果成本过高,超出可能获得的减灾或增收效益,或超出受体系统的支付能力,都将是不可行的,况且有些气候变化影响,人类目前还缺乏有效的适应技术。

(4)适应措施的组织与实施能力问题

即使有了可行的适应措施,如果缺乏有效的组织管理,或者实施者缺乏必要的知识、技能和责任心,盲目采取适应措施还是不能取得理想的效果。发展中国家与发达国家在组织管理和劳动者素质上的差距往往大于资源与技术上的差距。

因此,为尽可能减小适应措施的局限性,需要加强适应行动的组织管理,提高管理人员和劳动者的素质;加强适应机制与技术的研究,降低气候变化及其影响的不确定性,促进适应领域的科技进步,降低适应行动的成本,加强各部门、各领域和全社会的适应能力建设。

## 125. 什么是基于自然的解决方案,怎样实施?

生态系统服务(Ecosystem services)是指人类从生态系统获得的所有惠益,包括供给服务(如提供食物和水)、调节服务(如控制洪水和疾病)、文化服务(如精神、娱乐和文化收益)以及支持服务(如维持地球生命生存环境的养分循环)。Holder 等(1974)首次提出生物多样性的丧失将直接影响着生态系统服务功能。Daily (1997) 和 Costanza (1997) 对生态系统服务的内涵给予了深入的阐述并对全球生态系统服务价值进行估算,认为已超过全球 GDP 的总量。

基于自然的解决方案(nature-based solutions,NbS)最初提出是建立在生态系统服务研究的基础上。2000 年由时任联合国秘书长安南发起并于次年启动的,有 95 个国家 1300 多位科学家参加的千年生态系统评估项目,极大地推动了对于生态系统服务的认知和普及(周兴民,2009)。2008 世界银行发布《生物多样性、气候变化和适应:世界银行投资中基于自然的解决方案》,提出 NbS 可作为一种新的解决方案,在缓解和适应气候变化影响的同时,保护生物多样性并改善可持续生计。2009 年世界自然保护联盟在提交第十五次世界气候大会的建议中提出,要积极推动 NbS 作为更广泛的减缓和适应气候变化整体计划和策略的重要组成部分。2019 年 9 月联合国气候行动峰会指出 NbS 是实现《巴黎协定》气候变化目标整体策略和行动的重要组成部分,并将其确定为全球 9 项重要行动之一,由中国和新西兰作为联合牵头国。2020 年中国将基于自然的解决方案写入《山水林田湖草生态保护修复工程指南(试行)》。2016 年,世界自然保护联盟系统解释了基于自然的解决方案的概念和内涵,定义为:通过保护、可持续管理和修复自然或人工生态系统,从而有效地、适应性地应对社会挑战并为人类福祉和生物多样性带来益处的行动(大自然保护协会,2021)。

按照实施基于自然解决方案所要求的生物多样性和生态系统工程水平及实施带来的生态系统服务提升可分为 3 类:充分利用自然或受保护的生态系统;修复和管理生态系统;重构或构建新的生态系统。

据 UNEP(2017)的估算,通过对生态系统保护、修复和可持续管理获得的减排增汇量,能够为实现巴黎协定目标贡献 120 亿 t $CO_2$ 减排量,几乎相当全球所有煤电厂的排放总量。大部分基于自然解决方案的实现路径兼具减缓和适应的作用,还能帮助实现其他可持续发展目标。森林、湿地、泛滥平原等自然基础设施可大大减轻自然灾害和气候风险,相对于水利工程、海堤等灰色基础设施,NbS 作为工程措施的补充或一定条件下的替代方案,可极大降低防灾减灾的成本。基于自然的解决方案对生态系的保护、修复和可持续利用,充分发挥生态系统的服务功能,可在一定程度上降低人类和社会经济系统对于极端气候事件或缓发事件的暴露度,降低脆弱性,从而降低气候风险。尤其通过基于生态系统的适应和绿色基础设施建设来提升自然和社会经济系统的韧性,将是未来不同行业和领域提升适应能力的有效手段。中国作为17个主要发起国之一,于2018年成立的全球适应委员会,2019年在北京发布了旗舰报告《即刻适应:呼吁全球领导力加强气候韧性》,号召各国加速适应气候变化行动和加强全球领导力,提出未来五年应重点关注5大关键领域:加强早期监测预警系统,建设具有高风险抵御能力的基础设施,优化旱地耕作方式,保护红树林,改善淡水资源管理。后4项都涉及基于自然的解决方案(大自然保护协会,2021)。

## 126. 什么是气候韧性,怎样增强社会经济系统的气候韧性?

韧性(resilience)在物理学中译为"弹性",指物体在外力作用下发生形变,当外力撤销后能恢复原有大小和形状的一种物理性质。引申到经济学领域,是指一个变量相对于另一个变量发生一定比例改变的属性。广义的韧性概念指相互关联的社会、经济和生态系统通过保持其基本功能、特性和结构来做出响应或重组,以应对危险事件、趋势或干扰的能力。在减灾领域,resilience常译为"恢复力"。

2008年以后"气候韧性"(climate resilience)一词日益频繁出现在气候变化领域。可理解成自然系统或人类系统对气候变化的影响做出响应或调整,并保持其结构、特性与基本功能的能力。IPCC评估报告中把"气候韧性发展"(climate resilience development)定义为:为支持所有人的可持续发展而实施温室气体缓解和适应措施的过程,但狭义的气候韧性通常指受体系统对气候变化的适应能力。目前,世界各国越来越把构筑具有韧性的社会经济系统作为适应气候变化的目标。如欧盟2021年发布适应气候变化战略提出的目标是到2050年把欧洲建成能够充分适应气候变化不可避免影响的韧性社会。

增强社会经济系统的气候韧性或社会经济系统的适应能力建设是一项复杂的系统工程。

首先,要提高气候变化及其影响监测与气候风险评估的能力,明确受体系统对气候变化影响的响应机制与适应途径,为实施有序高效的适应行动提供坚实的科学基础和技术支撑。

第二,要建立统筹协调的适应气候变化组织管理体制与机制,制定配套政策,优化配置各类适应资源,协调不同部门和不同利益相关者,避免各行其是的盲目行动。

第三,要建立适应资金的保障机制,包括财政支出、企业行为、社会赞助、国际合作与灾害保险等,制定适应资金的使用规则,确定优先事项选择原则,确保适应资金的高效利用。

第四,针对重大气候风险和适应需求,制定适应行动计划,安排一定数量和规模的适应工程与基础设施建设,加强区域和产业适应气候变化的物质基础。

第五,大力开展适应气候变化的科普宣传,调动各部门与各行业的力量,形成全社会积极参与适应气候变化行动的氛围。

第六,针对未来气候变化及影响的不确定性,持续开展动态监测、评估和预研究,进行必要的应急物资与技术储备。

第七,积极开展适应气候变化的区域与国际合作和交流,不断总结经验,提高适应行动的有序性与综合效益。

具有气候韧性的社会经济系统将能有序高效应对气候变化带来的各种挑战,在气候变化背景下保持社会经济的可持续发展。

## 127. 怎样构筑具有中国特色的适应气候变化科技体系?

随着全球应对气候变化行动的逐步展开,迫切需要加强应对气候变化行动的科技支撑。目前,关于气候变化科学基础和减缓对策与技术的研究已取得明显进展,但适应对策与技术研究相对薄弱。中国作为世界最大发展中国家和新兴大国,在减缓方面发挥了一定的引领作用,但在适应气候变化方面的行动仍相对滞后,原因之一是科技支撑不足。发达国家在适应气候变化方面已提出一些理论,研发和推广了许多适应技术。但由于国情与气候变化特征不同,不能简单照搬到中国和其他发展中国家。国际社会希望中国除减缓外,在适应气候变化方面也能对广大发展中国家起到一定的引领作用,在这方面,中国应当仁不让体现大国担当,而且也是自身可持续发展的需要。为推动适应气候变化工作的有序开展,构筑具有中国特色的适应气候变化科技体系势在必行(孙成永 等,2013;中国21世纪议程管理中心,2016)。

与其他国家相比,构建具有中国特色的适应气候变化理论与技术体系拥有很多有利条件。第一,中国具有世界最多样的气候类型,从赤道带到亚寒带,从海洋性湿润气候到内陆干旱气候,从低地到高原,各地气候特征与气候变化状况有很大差异,经长期观测积累,拥有最丰富的气候变化信息。第二,中国拥有世界上几乎所有的生态系统类型和世界最完整的产业体系,有可能获得最全面和最丰富的气候变化对自然系统与人类系统影响的资料。第三,几十年来随着气候变化影响日益凸显,各行各业和各部门已经采取了大量适应行动,拥有世界最大量的自发适应气候变化的实践,积累了丰富的经验。第四,近20多年来,中国科技工作者在适应气候变化领域已经开展了不少研究,进行了适应气候变化理论的探索与提炼,研发和推广了一系列适应技术,创建气候适应型城市试点取得初步成效。第五,中国具有集中力量办大事的社会主义制度优势和服务于人民的强有力的社会组织管理体系,在生态文明建设、防灾减灾、扶贫减贫等与适应气候变化密切相关的领域已经取得举世瞩目的成就。与经典科技领域不同,在适应气候变化科技领域我国与发达国家起步时间的差距不大,只要加强领导,增加投入,调动各方面的积极因素,完全有可能在不久的将来,跻身世界先进行列。

恩格斯说:"社会一旦有技术上的需要,则这种需要就会比十所大学更能把科学推向前进"。目前,适应气候变化已成为当代国际科技的前沿领域之一,可分为基础研究、应用基础研究、应用研究和技术研发四个层次。目前,适应气候变化科技体系尚未形成清晰的框架,以下初步设计可供参考。

(1) 适应气候变化的基础研究

包括气候变化影响链网理论、气候变化风险与机遇研究、极端天气气候事件发生演变规律与级联灾害[①]新特点、气候变化适应机制研究等。

(2) 适应气候变化应用基础研究

包括基于自然解决办法的科学基础、适应气候变化生物学、适应气候变化生态学、适应气候变化经济学、适应气候变化社会学、气候贫困与破解途径等。

(3) 适应气候变化应用研究

包括气候变化影响分析方法论、气候风险与机遇评价方法与应对策略、气候变化适应技术途径、适应气候变化效益评价方法等。

(4) 适应气候变化开发研究

不同领域与产业适应气候变化的关键技术研发、重点领域与气候敏感产业适应气候变化技术体系构建与适应技术清单编制、区域与社区适应气候变化对策等。

中国气象局—中国农业大学农业应对气候变化联合实验室已于2021年成立,将努力构筑中国特色农业适应气候变化的科技体系,并力图引领其他各领域和各地区适应气候变化科技体系的构建。

---

[①] 级联灾害是根据 IPCC 第六次评估报告第二工作组报告术语表的定义引申而来。级联影响(Cascading impacts):当极端危险在自然和人类系统中产生一系列次级事件,导致物理、自然、社会或经济破坏时,发生极端天气/气候事件的级联影响,由此产生的影响明显大于初始影响。级联影响是复杂和多维的,与脆弱性程度的关系要比危害程度的关系更大。

# 六、自然系统与人类系统适应气候变化的对策

## 128. 适应气候变化有哪些重点领域？

气候变化对每个行业和领域都有不同程度的影响，影响程度与该领域的气候敏感性高度相关，暴露度高、敏感性强的重点领域更应注重适应气候变化，大体可按自然系统和人类经济社会系统分类如下。

（1）自然系统

① 水资源领域

气候变化对水资源与水环境的影响包括水少、水多、水浑、水脏几个方面，加强水资源的适应性管理势在必行。要根据气候变化的新形势对水资源管理、水利建设、水土保持和水环境整治等工作进行适当的调整和补充。

② 海岸带领域

海岸带是陆地系统与海洋系统交接的重要地带，易受海平面上升和海洋灾害的威胁，需要加强气候变化的监测和评估，调整海岸带发展规划，进行必要的防灾避险科普教育。

③ 海洋生态领域

是海洋中由生物群落及其生活环境相互作用构成的自然系统。尽管海洋生态系统具有一定自适应和自净能力，但气候变化对海洋环境的破坏达到一定阈值仍会导致海洋生物多样性减少和生态系统退化，尤其是气候变化引起的海水酸化、脱氧、层化、污染与洋流的改变，采取一定的干预措施可以帮助海洋生态适应气候变化。

④ 陆地生态领域

全球气候变化对森林、草原、湿地、荒漠等生态系统中不同物种的生长发育、物候、分布、功能都产生了深刻影响，气候暖干化地区的森林与草原火灾风险明显加大，气候变化还通过食物链影响物种之间的关系，使生物多样性减少，许多珍稀物种濒临灭绝，而有害生物的危害加剧。在气候变化的背景下，加强陆地生态系统的保护已刻不容缓。

⑤ 冰冻圈

虽然冰冻圈的人类活动与生物分布都很少，但气候变化对冰冻圈的影响却关系到人类的未来和命运。气候变化加速冰雪消融对水资源补给、水旱灾害格局和生物多样性分布产生极大影响，地表反照率降低将深刻影响全球的气候特征，冰雪覆盖下的古老病原复苏还将对人类健康带来极大威胁。

(2)人类经济社会系统

① 农业领域

农业生产以对气候十分敏感的生物为生产对象,主要在露天下进行,暴露度大,是对气候变化最为敏感的产业部门。气候变化对农业生物、农业自然资源、农事活动、农业生产布局和贸易等方面均有不同程度的影响,有利有弊,需要通过适当调整趋利避害。

② 制造业领域

制造业是指将物料、设备、资金、技术等资源按照市场要求,通过制造过程转化为可供人们使用和利用的工业品与消费品的产业。气候变化主要通过对原料生产与供应、市场需求与消费的改变、对生产耗能耗水耗材等的影响、对控制环境污染的要求提高等,对不同制造业行业的生产、工艺、劳动保护、产业布局与产品销售等产生影响。

③ 交通运输业领域

交通运输业包括铁路、公路、水路、航空和管道五类,由于暴露度高,成为受气候变化影响最大的产业之一,突出表现在各种气象灾害对交通运输设施的破坏、对正常运行的影响和对旅客安全的威胁,可从调整交通规划及标准、调整交通运输方案、加强预警监测和培养相关人员自主调整意识等方面适应。

④ 建筑业领域

建筑业是专门从事土木工程、房屋建设、设备安装及工程勘察设计的生产部门,是现代经济支柱产业之一。建筑业的流动性和暴露性都很强,是气候变化敏感产业之一。气候变化对建筑业的需求、施工、材料和舒适度均存在不同程度影响,是适应气候变化重点领域。

⑤ 能源领域

能源产业包括常规能源开发、新能源开发、发电与输供电、能源消费等。气候变化对能源产业的影响除加大节能减排压力外,对可再生能源的资源禀赋、常规能源开发、生产、输送和消费的全过程都产生了深刻影响,需要采取相应措施进行调整适应。

⑥ 旅游业领域

旅游业是以旅游资源为凭借、以旅游设施为条件,向旅游者提供旅行游览服务的行业。由于暴露性强和涉及部门多,也是对气候变化最为敏感的产业部门之一。气候变化对旅游业的影响包括消费需求、旅游资源、旅游设施、旅游安全与服务等方面。

⑦ 人体健康领域

气候变化对人体健康的影响包括高温热浪导致中暑和引发其他疾病,媒传疾病北扩,极端事件伤害增加,食欲和食物营养成分改变等,气候致贫地区还存在粮食安全和营养不良的问题。需要采取调整饮食营养结构、改善居住环境和完善卫生防疫体系等措施保障人体健康。

⑧ 生计与社会经济关系

气候变化对不同产业部门、不同区域和不同人群的影响有很大差异,虽然总体以负面影响为主,但也有一些产业、地区和人群以正面影响为主。气候变化还导致不同区域与国家之间资源禀赋和环境容量的改变,进而影响到经济布局、人口迁徙、居民生计、商业贸易乃至国际关系的一系列变化,尤其是发达国家或地区与发展中国家或地区的差距有可能拉大,从而引发新的或加剧现有的社会经济矛盾。必须秉承人类命运共同体的理念,采取全球协调的适应行动,实现全人类的社会经济可持续发展目标。

## 129. 水资源管理怎样适应气候变化?

水资源是受气候变化影响最大和最敏感的领域之一,气候变化对水资源与水环境的影响,包括水少、水多、水浑、水脏四个方面。

首当其冲的是水少的问题。虽然世界大多数地区的降水量有所增加,但随着气温升高,工业、农业、生活用水与生态需水量都在迅速增加,加上人口增长与经济规模的扩大,水资源将更加短缺,尤其气候暖干化地区的水资源危机更加严重。随着极端降水事件的增多,局部时空的水多即洪涝灾害在许多地区也变得更加突出。前期干旱和偏暖导致土壤疏松的情况下一旦发生旱涝急转,水土流失与山地灾害将更加严重,从而加重水浑问题。水温升高将加快微生物繁殖和加剧污染物毒性,使水体富营养化和污染,即水脏的问题也变得更加突出。

由于气候变化对水系统的上述影响,加强水资源的适应性管理势在必行。

为适应气候变化加剧水资源短缺,要按流域统一管理统筹分配水资源,经济布局和发展规模要量水而行,调减耗水型产业,大力推广节水型工艺和生活节水器具,实施阶梯式水价,通过市场机制和价格杠杆促进水资源的优化配置和节约使用,建设节水型城市和节水型社会。农业是用水大户,要大力推广节水灌溉方式与节水栽培技术,水源缺乏地区要严格限制灌溉面积和用水量,压缩耗水作物,推广包括耕作、覆盖、水肥耦合、化学制剂等的旱作技术体系。培育选用耐旱高产优质作物品种。努力开发微咸水、雨水收集、海水淡化、中水回用和人工增雨等非常规水资源。在有条件的地方建设蓄洪工程与外流域调水工程。

为适应强降水事件增加与洪涝灾害加重,要加强大江大河的综合治理,上游加强水土保持,修建骨干拦蓄工程;中游加固堤防,预留蓄滞洪区;下游疏浚河道,完善修建排水沟系。低洼易涝和山洪多发地区要建立监测、预警和响应机制,编制应急预案,设置避洪场所与逃生路线,居民点与企业要避开危险地段。

为适应气候变化加剧水土流失,要加快山区造林和加强水土保持。为适应气候变化对水质的不利影响,要从源头防控污染,生物技术与工程技术双管齐下治理水体的富营养化。

虽然水资源管理、水利建设、水土保持和水环境整治是长期以来一直在进行的工作,但从适应气候变化的角度,一定要根据气候变化与社会经济发展带来的新情况和新特点对上述工作进行适当的调整与补充。

### 130. 陆地自然生态系统保护怎样适应气候变化?

陆地自然生态系统是陆地生物与所处环境相互作用构成的统一体,包括森林、草原、湿地和荒漠等。气候是陆地自然生态系统最重要的环境因子,陆地自然生态系统的分布、物种结构和生产力都受到气候的强烈影响。通常温度偏高、水分条件越好,植被初级生产力就越高。温度过低或降水过少都能形成荒漠,但炎热地区即使年降水量达到四五百毫米,由于蒸发量极大,也会形成热带沙漠。不同植被类型生活着不同的动物和微生物种群。生态系统的生物多样性越丰富,结构越复杂,抗干扰和恢复能力越强,生态系统越稳定。

气候变化对各类陆地生态系统的结构、组成、功能与生产力产生了深刻影响。如 $CO_2$ 浓度增高有利于提高植物光合速率和水分利用效率。随着气候变暖,陆地生态系统的分布向更高纬度和海拔扩展,耐寒物种减少,耐寒性下降,耐热物种增加,耐热性增强。通常气温和降水都增加的地区植被初级生产力提高,降水减少地区旱生植物比例增大,初级生产力下降。动物分布和优势种群构成也随着自然生态系统的改变而改变并整体北扩。春季物候提前,秋季延后。气候变化速率过快加上人类活动的影响,会导致生物多样性加速下降,最终将威胁到人类的生存。

陆地生态系统的改变又反馈于气候系统,通过改变固碳能力、地表反射率、粗糙度、蒸腾率等而影响区域气候。生态系统严重退化地区通常气候也将恶化,尤其是号称"地球之肺"的热带雨林和"地球之肾"的湿地如严重退化,将使全球许多地方的气象灾害与荒漠化明显加重。

虽然陆地生态系统具有一定的自适应与恢复能力,但这种能力是有限的。当气候变化强度过大和速率过快时,陆地生态系统将来不及适应而发生逆向演替甚至崩溃。采取适当的人工辅助措施可以减轻退化或诱导生态系统的正向演替。

例如,气候暖干化的东北林区可在南部适当增加阔叶耐旱树种,北部增加常绿针叶树种。春季防火期应适当提前和延长,调整间伐时期和数量。针对降水减少和部分地区超采地下水造成的生态退化,要按流域统一管理水资源,江河预留必要的生态用水,遏制地下水位下降势头,严防污水和有害生物进入湿地,适当扩大湿地保护区范围。对于气候明显暖干化的内蒙古草原,要通过限制放牧牲畜数量,实行划区轮牧和季节性舍饲,人工飞播或补播耐旱牧草,加强草原虫鼠害和动物疫病防治,以遏制草地退化。针对西南林区冬季变暖和季节性干旱加剧,调整森林防火期和重点防火区,防火隔离带引进耐火树种,利用非防火期进行林下可燃物的计划烧除。长江中下游要严禁围湖造田,有条件的地区实行退田还湖。严禁不达标污水排放,控制农田化肥用量等。

## 131. 怎样帮助濒危野生动物适应气候变化？

珍稀濒危野生动物是指生存于自然状态下，非人工驯养，数量极其稀少和珍贵，濒临灭绝或具有灭绝危险的野生动物物种。根据《中华人民共和国野生动物保护法》，经国务院批准，1989年1月14日由原林业部、农业部发布施行的《国家重点保护野生动物名录》中共包括257种陆生和水生野生动物。

生物多样性是维护自然界生态平衡的必要条件。自然界所有生物互相依存和制约。每一种物种的绝迹都预示着其他很多物种即将灭绝。野生动植物不但是人类的宝贵资源，物种的大量灭绝最终会导致人类自身的灭亡。

地球目前正处于第六次物种大灭绝，前几次大灭绝都是由自然原因，特别是气候的巨大变迁引起的。现代发生的物种大灭绝则主要是人类活动与环境恶化，特别是气候变化引起的。据推算，近百年来，在人类干预下的物种灭绝比自然速度快了1000倍。全世界平均每天有75个物种灭绝，每小时有3个物种灭绝。在中国，新疆虎已于1916年灭绝，中国犀牛于1922年灭绝，中国豚鹿20于世纪70年代灭绝。小齿灵猫于20世纪80年代灭绝，白暨豚于2006年宣布灭绝。

由于人口增长和经济发展，目前人类活动在世界上几乎无处不在，强度和规模不断扩大，严重威胁着野生动物的生存环境。为避免野生动物的大量灭绝，必须给它们留出足够的生存空间。尽管中国的人口密集，土地资源十分紧缺，仍然做出了巨大努力。截至2018年，已建立1.18万处各类自然保护地，占国土面积18%以上，超过12%的世界平均水平。其中国家级自然保护区474处。自然保护区范围内保护着90.5%的陆地生态系统类型、85%的野生动植物种类、65%的高等植物群落。还先后成立了中国野生动物保护协会、国际爱护动物基金会、拯救中国虎国际基金会、中国野生动物保护协会等一批野生动物保护团体，制定和发布了《野生动物保护法》等一系列法律法规。"十三五"期间实施了濒危物种拯救工程，通过加强野生动物栖息地保护和拯救繁育，为300多种珍稀濒危野生动物建立了稳定的人工繁育种群。大熊猫、朱鹮、亚洲象、藏羚羊、苏铁、西藏巨柏等珍稀濒危野生动植物种群实现恢复性增长，曾在我国野外消失的野马、麋鹿，已重新建立起野外种群。

尽管取得了上述成就，但气候变化还在继续改变野生动物的生境，极端天气气候事件威胁野生动物的生存，需要人类帮助它们适应改变了的气候环境。随着气候变暖，原栖息地的植物种类和生长状况会发生变化，野生动物的适生地发生改变，有向北转移的趋势，需要适当调整保护区的范围和位置。如2021年4月16日，原本栖息在云南西双版纳的一群15头野生亚洲象，一路向北迁移，9月10日才返回出发地。对保护区要进行严格的管理，严厉打击非法捕猎野生动物的行为。保护区范围内的科学考察要尽量不破坏原有生态和野生动物的正常生活。对保护区范围内的生态旅游强度和范围应严格限制。为减轻人类活动对野生动物活动的干扰，要设立专门的迁徙廊道。在发生地震、山洪与滑坡、泥石流、低温冷害与雪灾等重大自然灾害时,要为野生动物提供饲料和临时饮水点。气候变化还将改变野生动物天敌与病虫害的发生与分布,对严重威胁野生动物的有害生物要采取适当的防治措施。对由于气候变化濒临灭绝危险的野生动物,要应用现代生物技术保存其基因,进行人工繁殖后到野外或保护区放归。

## 132. 海岸带怎样适应气候变化?

海岸带是陆地系统与海洋系统交接的重要地带,也是对外开放的窗口。中国有 1.8 万 km 大陆海岸线和 1.4 万 km 海岛海岸线,由于得天独厚的区位优势加上国家政策的支持,海岸带区域已成为国内发展水平最高,经济实力最强的地带。但海岸带也是对气候变化最为敏感的区域,突出表现在海平面上升和海洋灾害加剧对海岸带人民生命财产和设施的威胁加大。

《国家适应气候变化战略 2035》对"完善海洋灾害观测预警"与"评估体系和提升海岸带及沿岸地区防灾御灾能力"提出了明确要求。

海岸带适应气候变化要重点抓好以下工作:

① 加强海平面上升和海洋灾害的监测和气候变化影响评估。海平面上升是气候变暖与海岸地质变化综合作用的结果,目前有关气候变化对海岸带影响的监测与评估仍然薄弱,急需加强。

② 把适应气候变化纳入海岸带与沿海地区社会经济发展规划。根据海平面上升与海洋灾害发生情况调整经济发展布局和土地利用规划,限制脆弱海岸带的人口增长、迁入和新建企业,对未来海平面上升对淡水供应、河床淤积、航道受阻、城市内涝加重的影响要进行风险分析和预估并制定应对措施,对相关建设规划和环境标准进行修订。

③ 新建或加高加固海岸、海草床和岸外障壁坝等促淤护岸的自然体,在高潮滩种植护滩植物以促淤保滩、消浪减浪。存在咸潮上溯的入海河流要在上游修建水库,雨季蓄洪,旱季泄洪压咸。沿海地区要限制地下水的开采量,雨季利用江河水回灌地下水以控制地面下沉。

④ 气候变化虽然没有导致台风登陆次数增加,但强度有所加大,风暴潮、咸潮上溯、海水入侵、海岸侵蚀等海洋灾害加重。应建立健全海岸带和沿海地区极端天气气候事件与海洋灾害的预警、响应和救援体系,全面编制分灾种的应急预案并组织演练。加强沿海居民的防灾避险科普教育。

## 133. 海洋生态系统怎样适应气候变化?

海洋占据了地球表面积的 71%,海洋生态系统是海洋中由生物群落及其环境相互作用所构成的自然系统。海洋的不同区域存在不同的生态系统类型,具有不同的生态结构与功能。在沿海区有河口生态系统、沿岸和内湾生态系统、红树林生态系统、海草床生态系统、藻场生态系统、珊瑚礁生态系等,远海区有大洋生态系统、上升流生态系统、深海生态系统等,海底还有热泉生态系统。

虽然海洋生态系统具有一定的自适应与自净能力,但气候变化与海洋环境超过一定阈值仍将导致海洋生态系统的退化和生物多样性的减少。人为采取一定的干预措施可以帮助海洋生态系统更好适应气候变化,尤其是近海海域。《国家适应气候变化战略 2035》对"加强沿海生态系统保护修复"和"持续改善海洋生态环境质量"提出了明确要求,"到 2035 年,海洋生态环境质量实现根本好转,海洋生态系统防灾减灾水平有效提升。"

首先要建立海洋自然保护区,以防止海洋生物多样性减少和环境恶化。截至 2019 年底,我国已建立 271 个海洋保护区,大多分布在近海,总面积 12.4 万 $km^2$。对濒临灭绝的海洋物种进行了人工繁殖和放养(中华人民共和国生态环境部,2020)。

渔业资源减少海域严禁滥捕,实行季节性休渔,近海放养鱼苗。严禁滥采和破坏珊瑚礁。

加强沿海湿地保护,严格控制对湿地的围垦和造陆。

加强沿海自然岸线保护与修复,系统推进美丽海湾保护与建设,加强陆海统筹的综合治理、系统治理和源头治理,持续改善近岸海域环境质量。

加强入海河流的全流域环境保护,减少向海洋排放污染物的数量。海洋油气开采和海上运输要严格防止石油泄露。

针对海洋灾害加重,要加强海洋气象与生态的监测和海洋灾害的预测和预警。

## 134. 冰冻圈怎样适应气候变化?

冰冻圈(cryosphere)指地球表层连续分布并具有一定厚度的负温圈层,包括冰川(含冰盖和冰帽)、河冰、湖冰、积雪、冰架、冰山、海冰,以及多年冻土和季节冻土(表)等。大气圈内的雪花、冰晶、冰雹、霰等固态水也可看成冰冻圈的组成部分。因此,可将冰冻圈分为陆地冰冻圈、海洋冰冻圈、大气冰冻圈三个部分。冰冻圈在赤道附近仅限于很高海拔的山区,向南北两极则逐渐降低到海平面上的海冰。冰冻圈的范围有明显的季节变化,通常以夏末初秋的范围最小,冬末初春的范围最大。冰冻圈的变化不仅直接影响全球气候和海平面,河湖水位与径流变化,还对地表水热平衡密切相关的生态与环境及人类活动产生影响。

全球气候变暖使得极地冰川和冰盖加速融化,促使海平面不断上升,威胁沿海低地和小岛屿居民的生存。高纬度高海拔地区冰川不断退缩,积雪变薄和积雪期缩短,导致河流的水源补给量减少,融雪性洪水、冰湖溃决、冰崩与雪崩及滑坡、泥石流等灾害频发,威胁山区居民和设施的安全。冻土变浅和趋于不稳定对交通与建筑工程带来新的困难。冰雪消融还对当地的交通、冰雪运动和旅游带来不利影响。大范围的冰雪消融降低了对太阳辐射的反射率,进一步增强地球的温室效应。虽然冰冻圈的变化也带来某些有利因素,如不久的将来北冰洋航线有望在夏季开通,高寒地区的植被初级生产力可能提高,出行条件改善,短期内江湖水资源蕴藏量增加等,但冰冻圈的急剧变化将给人类带来更多的灾难性后果,尤其是有可能使冰雪覆盖下的古老病毒与细菌复苏激活,导致人类对此尚无免疫力的传染病暴发流行。

为此,IPCC 在 2019 年 9 月 25 日发布了《气候变化中海洋和冰冻圈特别报告》(IPCC Special Report on The Ocean and Cryosphere in a Changing Climate,SROCC),提出了降低冰冻圈脆弱性和风险,增强适应性和恢复力的途径和一系列适应具体措施。

报告对冰冻圈恢复力建设的总体建议包括三个方面。首先,强调知识共同生产与整合,具体措施包括基于社区加强监测,加强跨学科研究,理解系统稳态转换,整合多源知识,构建恢复力指标,加深对极地系统及其变化的认识等。其次,强调贯通知识到决策,具体措施包括通过参与式情景分析和规划将知识转化为决策。最后,强调了基于恢复力的生态系统管理,具体措施包括通过适应性管理、空间规划,加强生态系统服务和人类福祉关联,构建基于恢复力理念的生态系统管理模式。这些策略和工具的实施将有利于营造一个更具恢复力和可持续的极地社会-生态系统,但不同策略或行动对恢复力的贡献及其在当前的实施情况存在较大差异。

在冰冻圈恢复力建设的分部门策略上,SROCC 报告提出了以下适应对策建议。

① 商业捕鱼:开展适应性管理,评估资源本底,解决权益问题。进一步基于监测、研究和公众参与决策,加强适应性管理。

② 北极生计系统:调整设备和狩猎时间,改变作物种类,动员参与政治决策。建立适应性管理系统,包括灵活调配食物种类、获取方式和时间,保证生产权等。

③ 驯鹿放牧:改变牧民活动方式,制定自由活动政策,加强食物补给。灵活应对牧场变化,确保土地使用权,开展适应性管理,营造可持续的经济活力和文化传统。

④ 旅游业:增加极地旅游人数,改善旅游质量。制定政策确保旅游安全、文化完整和生态健康,防止疫情。

⑤ 北极非可再生资源开采:改变和优化开发方式,开展气候变化情景分析。

⑥ 聚居区基础设施:减轻基础设施损坏、丧失和降低运营成本,开展评估和减缓,必要时进行搬迁。

⑦ 海上运输:控制船只增加与旅游业扩张,防止危险性废弃物、溢油和安全事故增加。开展强有力的国际合作,商议制定维护安全的标准和政策,制定完善的响应规划。

⑧ 人体健康:加强粮食安全研究,实施公共健康项目。投入人力和财政资源支持公共项目,提高气候变化相关健康问题的意识。

⑨ 沿海社区:预防侵蚀工程措施,制定搬迁计划,提供充足资金投入。由地方领导和社区倡议启动响应流程并建立相关机构,开展评估和规划,选择合适的搬迁位置。

通过对专家意见的汇总,我国冰冻圈适应迫切需要在以下几个方面引起重视。

① 加强冰冻变化的监测和研究,特别是遥感网络系统建设,加强站点设置,完善监测系统。开展学科交叉综合研究,把握冰冻圈变化根本原因与变化规律,预测冰

冻圈变化可能引起的事件、影响、风险。

② 加强冰冻圈覆盖区及相关领域保护的法制建设,加大冰冻圈科研投入,正确处理经济发展与环境保护的关系。

③ 高寒地区企业加快清洁技术、新能源和可再生能源技术革新,增强企业对社会的环境责任,减轻对冰雪覆盖地区的污染和无序开发。

④ 加强宣传教育,提高公众对冰冻圈变化、影响和危害的认识,提倡节约和环境友好生活方式,提高环保意识。

⑤ 充分发挥非政府组织作用,开展宣传教育,支持相关项目,提高公众参与程度。

## 135. 气候变化情景下怎样遏制土壤肥力下降和保护黑土地?

东北平原是世界四大黑土区之一,也是我国最重要的商品粮产区。气候变暖虽然使黑土区的无霜期与作物可种植期延长,但同时也使土壤有机质分解加快,加上降水减少、波动加剧和粗放管理,黑土地经过多年高强度利用后面临着不同程度的退化,表现为"变薄、变瘦、变硬"。黑土层厚度每年下降 2~10 mm,黑土层平均厚度从开垦初期的 70 cm 左右减少到目前的 40 cm 以下,侵蚀严重的不足 20 cm,耕层有机质含量比开垦初期下降 40% 以上,土壤容重增大,50% 的农田存在障碍层次,导致耕地生产潜力下降。大量使用化肥还使农田及周围水体的污染加重(李保国 等,2021)。2020 年 7 月,习近平总书记在吉林考察时,要求"采取有效措施切实把黑土地这个'耕地中的大熊猫'保护好、利用好,使之永远造福人民"。

2017 年,农业部、国家发展和改革委员会、财政部、国土资源部、环境保护部和水利部联合制定了《东北黑土地保护规划纲要(2017—2030 年)》,提出到 2030 年,集中连片、整体推进,实施黑土地保护面积 2.5 亿亩,基本覆盖主要黑土区耕地。

经过近几年的努力,东北黑土地保护已初见成效。如黑龙江省的示范区内土壤耕层由 15 cm 左右扩容到 30 cm 以上,土壤有机质 5 年累计提高 5.6%。与邻近其他农户相比,大豆增产 16%,玉米增产 20%。黑土地保护"梨树模式"是以玉米秸秆覆盖为主要方式,在玉米种植过程中将秸秆全部还田,覆盖地表,将耕作次数降到最低,实现田间生产环节全部机械化;建立收获与秸秆覆盖、土壤疏松、免耕播种与施肥、病虫草害防治的全程机械化技术体系(高丽 等,2021)。习近平总书记在视察时指出要"深入总结、大面积推广梨树模式"。

东北黑土地保护的适应对策要点如下。

① 建立极端天气气候事件应急响应与防御体系。掌握气候变化带来的气象灾害新特点,加强农业气象灾害监测和预报,完善预警系统,选用抗逆品种,科学指导农业防灾减灾。根据气候变暖后病虫害发生规律的改变,调整防治时期与策略。

② 调整种植结构,建立科学合理的轮作制。通过玉米、小麦等与豆科作物的科学轮作,解决长期连作对土壤养分的偏耗,充分利用不同层次耕层土壤的养分,利用

豆科根瘤固氮作用培肥地力，实现黑土地的用养结合与持续利用。

③ 提倡牲畜粪肥利用与秸秆还田，增施有机肥，起到土壤保墒、透气、保肥作用，改善根系生长环境，稳定土壤 pH 值，提高农田防御旱涝灾害的能力。

④ 改进施肥技术。大力推进测土配方施肥，实现精准施肥，适当补充微量元素，实现化肥用量零增长。

⑤ 采取适宜耕作技术，实施免耕、少耕与深松耕相结合的土壤耕作。

⑥ 加强农田基础设施建设，增强抵御灾害能力。营造农田防护林，高标准农田建设，完善农田排水系统，控制面蚀与沟蚀，综合治理坡耕地与漫岗地水土流失。

⑦ 协同生产、生态和生活用水需求，实行适水种植和以水确定灌溉面积，推广节水灌溉与集雨旱作技术，提高灌溉水利用率和作物水分利用系数。

⑧ 根据气候变化对气候资源的影响，调整播期与品种熟期类型，充分利用气候变暖延长的生长期，挖掘增产潜力。

### 136. 森林生态系统和林业适应气候变化有哪些关键措施？

全球气候变暖、温室气体浓度增加和极端天气气候事件的危害加大，对森林植物的生长发育、物候、森林生态系统的结构、分布、生产力与功能、森林火灾与森林病虫害发生都产生了深刻影响。林业适应气候变化的主要对策如下。

(1) 加强林业生态系统工程建设

随着社会、经济的发展，森林主要功能由林产品生产为主转向生态服务为主。目前已实施的天然林保护、退耕还林、京津风沙源治理、"三北"防护林建设等一系列大型林业生态工程，在固碳制氧，保持水土，净化环境，保护生物多样性等方面都发挥了重要作用。应根据未来气候变化情景调整林业生态工程与树种布局，加大气候变化脆弱地区工程建设的力度，提高质量。加强科学造林，提高人工林生态系统的适应性和稳定性，增强抗御极端天气的能力，加快珍稀濒危树种的保护。如随着"三北"防护林的幼树长大与耗水量增加，深层土壤水分含量不断下降，许多地方的本地水资源已难以维持林木正常生长，需要适当间伐降低密度，并引进低耗水的耐旱树种。

(2) 调整森林布局、林分结构与抚育管理

随着气候变暖，同一类型的林带栽植可适度向更高纬度和海拔扩展。原有森林应适当增加喜温树种比例，气候干旱化地区需引进增加耐旱树种。随着气候变暖，要适当提早植树时间，北方适度推迟秋末冬初整枝、浇冻水、培土、涂白等作业时间。随着树木生长速度加快，育苗和人工林间伐周期适当缩短。城市引进相对喜温非乡土树种要选择背风向阳有利地形并采取覆盖和挡风防护措施，引进的树种原产地与本地气候差异不可过大。冬季变暖虽有利于树苗越冬，但气候波动加剧和冬季变暖也加大了北方苗圃与幼树早春抽条的风险，要加强防风遮蔽、覆盖、喷洒防抽条剂等保护措施。

(3) 加强森林防火

随着华北、东北和西南的气候暖干化,对传统的非防火季节森林火灾风险要重新评估,如东北林区除春季外还要注意初夏,西南林区除冬春外,对初夏和秋季防火也要充分重视。随着气候变暖,要重新选择防火隔离带的适宜树种。由于春季物候提前和秋季物候后延,对各地防火期要适当调整,并在非防火期对林下可燃物采取计划烧除措施。

(4) 提高森林有害生物防控能力

加强森林病虫鼠害监测预警。加强检疫执法,严防外来有害生物入侵。针对不同气候带的特点,在现有自然保护区基础上建立典型森林生态系统和野生动植物自然保护区,构成完整的保护网络,保证生态系统功能的整体性,提高自然保护体系的保护效率。人工林要选用多个树种,避免单一化。针对森林有害生物及其天敌活动与发生规律的改变,适当调整适宜防治期与天敌培育释放期。

## 137. 在气候变化条件下怎样保持和促进人体健康?

气候变化对人体健康的影响包括高温热浪导致中暑和引发其他疾病,媒传疾病北扩,极端天气气候事件伤害增加,食欲和食物营养成分改变等,气候致贫地区还存在粮食安全和营养不良的问题。

在气候变化条件下保持人体健康要采取以下适应措施(许吟隆 等,2013b)。

① 完善卫生防疫体系建设。全面总结新冠疫情防控的经验教训,加强疾病防控体系、健康教育体系和卫生监督执法体系建设,提高公共卫生服务能力。尤其是要加强气候致贫地区的卫生防疫体系建设,加强生态综合治理,结合乡村振兴计划的实施,改进饮用水质监测与安全保障,改革农村厕所与废弃物分类处置与回收系统。

② 改善人居环境,修订居室环境调控标准和工作环境保护标准,向公众普及适应气候变化的健康保护知识和极端天气气候事件应急防护技能,提倡绿色生活方式。

③ 加强疾病传媒的监测评估和公共信息服务。开展气候变化对敏感脆弱人群健康的影响评估,建立和完善人体健康相关的天气监测预警网络和公共信息服务系统,重点加强对极端天气敏感脆弱人群的专项信息服务。

④ 加强极端天气气候事件的应急系统建设。加强卫生应急救护准备和心理救援,制定和完善应对高温中暑、低温雨雪冰冻、严重雾霾污染等极端天气气候事件的卫生应急预案,完善相关工作机制。

⑤ 加强居民饮食营养与保健指导,调整食物结构,加强作物的品质育种和食品营养加工,以减轻气候变化对农产品养分构成的影响。

## 138. 卫生防疫工作怎样适应气候变化?

传染病是由细菌、病毒、寄生虫等各种病原体引起,能在人与人、动物与动物或人与动物之间相互传播的一类疾病。传播方式可通过接触已感染个体或其体液及排泄物、感染者所污染物体,也可通过空气、水源、食物、土壤传播。大多数传染病以携带病原体的昆虫和动物为传染媒介。卫生防疫工作是指预防、控制疾病的传播采取的一系列措施。

气候变化通过三个途径对媒传疾病产生影响。一是气候要素的改变影响媒介生物的生长繁殖周期,从而改变媒介的空间分布,如温度升高可加速传媒的繁殖,降水与湿度的变化也会影响传媒的生长周期和疾病传播过程;二是温度影响病原体在虫媒体内的生长繁殖,影响到潜伏期的长短;三是天气变化影响传媒活动,导致感染机会增加。如气温升高将使血吸虫病的分布范围整体北移,过去主要发生在热带地区的登革热已在广州和台湾频繁发生。经济全球化导致各国之间交往增加也使媒传疾病的传播加快和范围扩大。由于致病微生物的繁殖周期很短,能通过频发的基因突变来适应气候变化引起的环境条件改变,人畜的免疫能力提高往往赶不上病原对环境变化的适应速度。

针对气候变化的影响,卫生防疫工作需要采取相应的适应对策。

① 首先要加强气候变化对传媒影响的监测,包括对致病微生物、害虫、老鼠和水源、食源等非生物媒介习性的影响和传染病疫情的变化规律。尤其是对人兽共患病和冰雪消融可能释放和复苏古老病原微生物及其基因变异的监测。

② 结合乡村振兴计划的实施,改善农村,尤其是气候致贫地区的公共卫生与防疫体系,进行环境综合治理,特别是要建立安全饮用水源和废弃物无害化处理系统。

③ 开展主要传染病流行的气候风险评估和风险区划图编制,确定不同区域和不同季节的防控重点。

④ 严格按照《传染病防治法》的规定,迅速报告疫情,对患者早发现、早诊断、早隔离、积极治疗。

⑤ 对于重大气候敏感媒传疾病的现有疫区和潜在风险区的致病媒介采取监控、阻隔和杀灭措施。对饲养动物和宠物定期进行防疫注射和对畜舍消毒。

⑥ 全面总结新冠肺炎疫情防控的经验,进一步健全媒传疾病防控的公共卫生体系。

## 139. 制造业生产怎样适应气候变化?

制造业是指将物料、设备、资金、技术等资源按照市场要求,通过制造过程转化为可供人们使用和利用的工业品与消费品的产业,是国民经济的支柱产业和经济增长的主导部门,也是我国城镇就业的主要渠道和国际竞争力的集中体现。作为综合国力提升的主要标志,我国初步确立了"制造大国"的地位,并为实现向"制造强国"的转变奠定了坚实基础。"十四五"规划提出,要深入实施制造强国战略,坚持自主可控、安全高效,推进产业基础高级化、产业链现代化,保持制造业比重基本稳定,增强制造业竞争优势,推动制造业高质量发展。

根据国家统计局《国民经济行业分类与代码(GB/T 4757—2002)》,制造业分为29个大类和许多小类。目前人们对于制造业受到气候变化影响的认识主要集中在能耗与减排压力上。其实,气候变化对制造业还具有多方面的影响,不同制造业门类影响的程度有很大差异,有些行业相对敏感,有些行业敏感度低一些。气候变化主要通过对原料生产与供应、市场需求与消费的改变、对生产耗能耗水耗材等的影响、对控制环境污染的要求提高等,对不同制造业行业的生产、工艺、劳动保护、产业布局与产品销售等产生影响。

原料高度依赖农林产品的行业有农副产品加工、食品、饮料、烟草、纺织、服装与鞋帽、皮革与毛绒、木材加工及家具、造纸等,气候变化通过对农林业生产的影响而间接影响到这些行业的原料供给与价格。

由于消费需求的改变,气候变化将明显影响产品销售的行业包括与饮食、穿着和居住习惯改变有关的上述行业与医药制造业。

气候暖干化地区由于水资源短缺而受到影响的高耗水行业有造纸、纺织、皮革、冶金等。

因气候变化加剧大气和水污染而受到限制的行业有冶金、化工、石化等,废弃资源和废旧材料回收加工业将随着适应气候变化,建设生态文明的要求而被鼓励发展。有利于节约资源的电子设备和通信设备制造业的发展也将得到促进。

制造业适应气候变化的对策如下。

① 根据气候变化对不同行业的影响和市场需求的改变,调整产业结构和销售策略,促进市场需求扩大和资源节约、环境友好型行业的发展,控制和压缩高耗能、高耗水、高污染行业的生产。

② 修订和健全不同行业的环境技术标准,改进工艺,千方百计降低能耗与资源消耗,提高原料利用率,发展循环经济,努力实现废弃物的减量化、无害化和资源化。

③ 根据本地区气候变化,改善车间与工作场所的气象环境,降低暴露度,加强劳动保护。根据本地区极端天气气候事件发生情况,制定应急预案,做好防灾减灾,减轻灾害损失。尤其要重视日益增加的极端强降水事件对制造业生产的影响与灾害预防。

④ 选择有条件的企业或地区,针对气候变化的影响创建气候韧性工业园区,在推广适应技术取得综合效益的基础上构建重点气候敏感产业的适应技术体系。

## 140. 气候变化对交通运输业的影响和怎样适应?

交通运输业包括铁路运输、公路运输、水路运输、航空运输和管道运输五类,因其暴露度高,是受气候变化影响最大的一种敏感产业和适应气候变化的重点领域之一。

(1)气候变化对交通运输业的影响

① 对交通运行活动的影响

主要表现为不利天气使交通运行受阻甚至中断和交通事故频发,如强降雨、低温雨雪冰冻、雾霾、大风等极端天气经常造成交通运行受阻甚至瘫痪,机场与高速公路封闭,航班延误或取消等。如 2021 年 7 月 20 日发生在郑州市的特大暴雨中地铁五号线被洪水灌入,乘客被困于隧道,有 12 人因窒息或失温而致死。2008 年初的南方低温冰雪灾害导致高速公路、铁路和飞机停运,数十万乘客被困。路面结冰后极大地限制了道路通行速度,机动车与非机动车制动距离增加导致事故发生。高温、低能见度等不利天气影响驾驶员心理和判断,低标号沥青路面容易融化打滑,如操作不当极易发生交通事故。但气候变化也带来某些有利因素,如全球变暖使得部分港口结冰期缩短甚至常年无冰期,便于水路运输通行,增加航运可通行时间;降水量增加使部分断流航道重新恢复航运能力等,未来北极海运航线有望在夏季开通。

② 对交通基础设施的影响

气候变化导致极端天气事件频发,突出表现为强降水、雨雪冰冻与极端高温事件增多。强降水引起洪涝灾害,直接冲刷、淹没、浸泡、冲毁沿河公路的路基和轨道,堵塞和冲毁桥涵;在山区还经常引发泥石流、滑坡、塌方等地质灾害。低温雨雪冰冻会引起公路、铁路、水路、管道结冰,或使交通基础设施冻裂或变形。持续的极端高温会导致车辆过热、轮胎老化、铁轨变形、路面过热膨胀等,加速其老化,增加其维护频率。海平面上升使得许多建在沿海地区的公路线和铁路线的运输易受风暴潮的影响,地下隧道和低洼处的基础设施面临海水侵蚀和破坏的风险。高原冻土层变浅和不稳定使得铁路和公路的路基容易下陷。

③ 对交通运输需求的影响

气候变化改变了人们的出行习惯和规律,寒冷地区冬季交通流量增加,炎热地区夏季交通流量减少,候鸟式迁徙旅居人群增多,由此也改变了交通出行的可选择性。随着不同行业优势产地的转移,运输格局也将相应发生改变。

④ 对交通工具的影响

极端天气事件频发对交通工具的性能提出了更高要求。如城市局地暴雨内涝日趋严重,立交桥下和低槽路易发生淹溺窒息事故,要求机动车辆配备破窗逃生的工具;降雪增加的地区需要配备防滑链。雾霾频发使得能见度变差,要求飞机与轮船配备红外摄像仪和利用北斗导航准确定位。夏季变热要求车厢内改进通风与空调。极端高温天气会导致车辆过热起火和轮胎老化。强台风和超强台风频繁发生对海上航运船只的抗风浪能力提出了更高的要求。飞机需要应对更频繁的不利天气条件等。

(2) 交通运输业怎样适应气候变化

① 调整交通规划及标准

根据气候变化对区域经济格局和地质环境的影响,调整交通基础设施建设规划、施工方案、工程选址和技术标准。如高寒地区要考虑积雪期与封冻期缩短及冻土层变浅的因素;沿海地区要提高道路、桥梁和铁轨的设计高度,沿海交通线附近应增设排水沟渠;炎热地区要使用新型耐热铺路材料,调整间距,铁路使用无缝铁轨交接,机场适当延长跑道。规划时尽量避开山洪与滑坡、泥石流多发地段,必须经过时要采取护坡加固措施或增大桥隧比;尽量绕开冬季冻雨多发和积雪障碍地段。旱季水位显著下降的航道要在枯水期到来之前疏浚,上游水库尽量在雨季蓄水,旱季适时放水。

② 调整交通运输方案

根据气候变化调整交通运输作业时间和运行方案,高寒地区随着气候变暖可适当延长道路通行期,内河航运根据枯水期或封冻期的变化调整通航期。炎热地区夏季要确保司机午间适当休息,避免疲劳驾驶。气温升高会降低飞机的升力,要适当调减载重量。危险天气下要首先确保安全,反对不顾生命安全的强行出车或起飞。

③ 加强预警监测

加强交通气象监测、预警和对交通设施的隐患盘查,针对各种极端天气气候事件编制预案,储备必要的应急物资,制定不同灾害情境下的抢修方案,明确不利天气下的运输调整和旅客临时转运、救援或安置措施。强化指挥,科学调度,做好各部门之间的协调工作。公路、铁路、航空及水运,各部门之间充分实现信息共享,及时通报各种实际情况的变化。

④ 培养自主调整意识

根据气候变化的特点及可能产生的天气灾害,开展有针对性的交通安全宣传,提高人们的交通安全意识和自我调节意识,增进交通部门与客户之间的相互理解与配合。进行极端天气气候条件下的应急对策与技术的培训和演练,提高人们对恶劣气候的认识,减少相关人员的失误,提高人们的交通安全意识和自我调节意识。

## 141. 气候变化对建筑业的影响和怎样适应?

由于高度的暴露性与流动性,建筑业也是受气候变化影响最大的产业之一。

建筑业受气候变化影响的方面主要有:

(1) 对建筑市场与建筑物性能需求的影响

不同地区的建筑风格与当地气候特点密切相关。高寒地区住宅讲究背风向阳和保温,炎热地区则要求遮阴通风。多雨地区屋顶较尖,屋檐较长,地基较高,有利于雨水排泄;干旱地区则房顶较平可用于晾晒。气候变化将影响不同地区对住宅建筑性能的要求。气候变暖有利于高寒地区资源开发和活跃经济,对住宅建筑和公共设施的需求会增加;炎热地区、易被海侵的低地和内陆荒漠化加剧地区的人口将会减少,住宅建筑需求随之下降。沿海地区台风强度有增大趋势,对建筑物抗风、抗洪、抗潮性能提出了更高要求。高寒地区季节性冻土层变浅,要求地基打得更深更加牢固。随着季节性迁徙人口迅速增加,华南越冬避寒与北方度夏避暑的建筑市场需求明显增大,气候恶化地区的建筑需求降低。

(2) 对建筑施工的影响

建筑施工主要在室外进行,受气象条件影响很大。通常日平均气温 5~23 ℃ 为最佳施工期。随着气候变暖,北方和冬半年适宜施工期得以延长,南方和夏季适宜施工期将会缩短。不利天气易发生建筑安全事故,尤其是大风、暴雨、冰雪、热浪、风沙、雷电等。随着气候变化,全球平均风速减弱,但高层建筑的风速明显大于低空,加上建筑物之间的风廊效应,施工高坠事故时有发生。虽然风沙、冰雹、雷电等灾害有所减少,但对建筑施工仍是严重威胁。气候变暖要求加强夏季施工作业防暑降温,冬季虽然总体变暖,但冰雪天气仍要格外加强保护。城市暴雨内涝加重也对建筑施工安全构成了威胁。

(3) 对建筑环境的影响

气候决定了特定建筑的可接收太阳辐射量和环境温度,是影响采暖和制冷等建筑能耗效率的重要因子。中国原有建筑物大多为高能耗,主要原因是建筑材料隔热性能差,冬季室温偏低,夏季偏高,降低了人体舒适度和工作效率,需要通过改进建筑设计和材料性能提高隔热能力。北京市已废止黏土烧砖,鼓励住宅安装太阳能热水器,并逐步实行针对气温波动的智能化调控供暖。

高温、暴雨、大风、暴雪等极端天气气候事件对建筑物屋顶、门窗、墙面和广告牌等造成损害,必须根据历史资料和未来气候变化情景修订当地建筑设计的风荷载与积雪荷载参数。

(4) 对建筑材料的影响

随着气候变暖,要求建筑材料具有更好的隔热性能。气候变化几乎会对所有建筑材料造成或多或少的影响,例如气温升高和相对湿度变化带来的不同化学侵蚀给混凝土带来严重危害。混凝土在高温潮湿环境下强度降低,受水泥中碱质作用会导致混凝土开裂,气温升高会加剧这种碱反应,如水分蒸发过快混凝土会变形甚至断裂。温度过低时混凝土水化作用减弱甚至停止,表面如冻结还会产生裂缝。大气二氧化碳浓度提高会增加碳化速率和混凝土内钢筋腐蚀。塑料、金属、石材、玻璃、木材、砖瓦等建筑材料均会受到降雨、高温、相对湿度、强日照、二氧化碳浓度提高等气候因素的影响和危害。

建筑业适应气候变化的主要措施如下。

(1) 根据气候与市场需求的变化调整建筑业布局与规划

随着气候变化有利地区的经济发展与人口增加,建筑市场需求将扩大;气候恶化地区的建筑市场需求将萎缩。建筑工程选址要尽量避开海平面明显上升的沿海低地、内陆暴雨洪涝多发的低洼地区、山洪与滑坡、泥石流等地质灾害多发的山谷等危险地段。气候变化使城市热岛效应加重,风速减弱导致雾霾污染天气增多,要求城市规划适当增加绿地面积。

(2) 调整建筑设计与建材技术标准

根据风速和大风发生频率的改变调整建筑设计的风载安全系数。改用隔热性能更好和耐腐蚀的建筑材料。高寒地区随着冻土层变浅,地下管线埋藏深度可适当调整,建筑施工地基打桩需要加深到不稳定冻土层以下。水泥与混凝土等建材生产在高温天气要增加喷水次数以防止蒸发干裂,对冬季防冻措施的要求则有所降低。

（3）修订操作规程，调整作业时间

炎热天气混凝土浇筑、抹面和养护等环节要注意避免出现快凝、低强和裂缝现象，为达到所要求坍落度需要较多的拌和水以增强混凝土强度和耐久性。加强极端天气气候事件的监测和预警，大风、冰雪、雷雨、冰雹、炎热或严寒等恶劣天气要停止室外作业，不能停止的作业要采取严密的安全防护措施，炎热地区要延长午休时间。针对当地多发的突发气象灾害编制应急预案，明确应急措施和岗位职责，储备充足的抢险救援设施与器材。

## 142. 矿业生产怎样适应气候变化？

矿业生产也是暴露度很强的产业，尤其是露天开采作业。即使是深井采矿，井下环境也受到地表气候的很大影响。矿业是高耗能、高耗水和高污染的产业，也是生产事故相对高发的产业，其中相当大部分事故与冷锋过境、气压与风向突变、强降水和极端高温等极端天气有关。除适应国际减排的大趋势和市场需求的改变，发展低碳矿业外，还需要采取以下适应气候变化的措施。

① 调整矿业结构与布局。随着全球减排力度的加大，煤炭生产规模会受到越来越大的制约，尤其是热值低，水分、灰分和含硫量高的劣质煤矿开采会首先压缩或停止。需要根据矿区自然资源与经济发展水平，开拓替代生计保障民生。为应对气候变化，石油、天然气等相对低碳能源用于替代煤炭、薪炭等高碳能源近期需求增大，但碳中和战略又将导致所有化石能源的中长期需求下调。北极与高寒地区的冰雪消融与交通条件改善也将影响到化石能源资源分布与开采的格局改变。新能源与高新技术产业的快速发展还将带动铜、铝、锂、钴、镍、石墨等矿业的生产。

② 我国煤炭、油田和油页岩气主要产区集中在北方，大多干旱缺水，而水力采煤、洗煤和油气注水开采都需要消耗大量的水。气候变化导致大多数矿区降水减少，要尽可能改用其他方式开采。必须使用水炮或注水开采时要量水而行，尽可能循环用水，不能超出水资源承载力。

③ 尾矿与风化物大量堆积在旱涝急转天气下极易引发滑坡和泥石流，极端降水事件还易造成矿区局部地面塌陷。要坚决制止"只吃白菜心"，掠夺式开采破坏资源的短期行为。制定严格的地方性法规和制度，制止私开乱挖，加强矿区的水土保持与生态修复。

④ 气候变暖会带动矿井内气温的升高，降水减少地区的矿井内空气变干燥，这些都会使井下工人感到不舒适，降低劳动效率。地面气压与风速降低和井下气温升高还加大了井下瓦斯涌出量和空气中的瓦斯浓度，增大爆炸事故风险。为此，必须建立健全诱发井下事故极端天气和井下环境变化的监测、预警系统，改进矿井支撑与通风系统，提高井下作业的安全保护水平。编制各类生产安全事故的应急预案并定期演练，健全安全管理的岗位责任制，储备充足的抢险救援器材与设备，普及井下突发事故防范和避险逃生的知识与技能。

⑤ 随着全球碳减排与碳中和行动的推进,煤炭开采势必会逐步压缩。中国在 2021 年召开的世界气候大会(COP26)前夕的 9 月下旬正式宣布停止新建境外煤电项目。国内外现有煤炭矿区都将面临如何转产和确保生计的问题。必须根据气候变化对矿区自然资源与生态环境的影响及当地社会经济发展状况,寻找能适应区域气候变化的新的替代生计和对未来可能停产的矿区职工进行替代生计的职业培训。

### 143. 气候变化对能源产业的影响和怎样适应?

能源产业包括常规能源开发、新能源开发、发电与输供电、能源消费等。气候变化对能源产业除加大节能减排压力外,对能源开发、生产、输送和利用的全过程都产生了深刻影响,并通过产业链中逐级传递,影响社会生活的各个方面。

(1)气候变化对能源供应的影响

气候变化首先影响到气候能源的资源禀赋与时空分布。如降水量年际变化与空间分布不均严重影响水力发电潜能。煤炭、油页岩气开采和火力发电冷却用水受到水资源的限制。太阳辐射与风速减弱影响太阳能与风能开发潜力,但海平面上升使潮汐发电潜力增大。天气与气候多变导致风能、太阳能、水能等可再生能源资源的不稳定。

(2)气候变化对能源消费产业的影响

随着气候变暖,夏季热浪酷暑天气频发,冬季出现极寒天气或冷暖骤变都会导致用电量剧增,超负荷运转常导致断电事故。Li 等(2019)的研究表明,高于 25 ℃时,每升高 1 ℃,居民用电量增加 14.5%;低于 7 ℃时,温度每升高 1 ℃,居民用电量减少 2.8%。我国在落实"绿色电力调度,优先调用可再生能源发电和高能效低排放化石能源发电资源"方面已取得显著效果(李俊峰 等,2020)。

(3)极端天气气候事件对供电系统的影响

炎热天气用电量剧增,超负荷运转常导致断电事故,高压线受热下垂还增加了电击危险;雾霾污染天气变电站易发生污闪跳闸事故;冻雨天气可导致位于迎风坡的高压线塔倒塌,严寒天气电线冷缩崩断;洪涝淹没或暴雨引发山洪、滑坡、泥石流冲击输变电设备;大风导致电杆倒折等,都会造成供电中断。沿海强台风和城市中感应雷增多对电力设施也造成了威胁。

(4)能源产业如何适应气候变化对策

① 根据气候变化对太阳能、风能和水力等可再生能源资源的影响及市场需求,调整能源生产的结构与布局。针对天气、气候引起风电、水电与光伏发电不稳定,研发推广电网智能调控与高效储能技术,减少弃风、弃光和弃水电的潜能浪费。

② 调整相关规程与技术标准。随着气候变暖,适当调整电杆间距与电线拉伸度。在确保居民住宅与工作环境满足生活与工作需要舒适度的前提下,适当调减冬季供暖耗能,增加夏季空调供电,开发智能型自动调节供电系统。

③ 加强极端天气下的输供电系统保护。利用物联网和现代信息技术远程监控输供电设施,定期盘查和消除隐患。编制输供电系统应对极端天气气候事件的应急

预案,储备充足的抢修器材。新建和安装输供电设施尽可能避开冻雨、雷电、洪水、雾霾与地质灾害多发地段。提高现有输供电系统抵御不利天气的能力,如冻雨多发地区推广调节电流利用自身电阻发热和使用悬挂式滑行除冰装置。

### 144. 气候变化对旅游业的影响和怎样适应?

由于暴露度大和涉及生物与气候景观,旅游业是受气候变化影响最大和对气候变化最敏感的产业之一。国家旅游局2008年11月发布了《关于旅游业应对气候变化问题的若干意见》,指出"旅游业要积极适应气候变化趋势,充分把握可利用因素,因势发展,顺势发展。要把气候因素纳入旅游业发展全局之中。"

*(1)调整旅游业发展规划与布局*

气候变化直接影响旅游景观资源的变化。随着气候变暖以及极端气候事件的频发,旅游资源的时空分布以及部分旅游点的吸引力和适宜性发生改变,人们对于旅游目的地的选择和消费以及旅游活动的决策也随之改变。高纬度、高海拔地区发展潜力增大,炎热地区夏季旅游淡季延长,冬季冰雪景观和冰雪运动适宜场所向更高纬度与海拔转移。气候变暖导致全球海平面上升,使滨海景观和旅游资源环境发生重大改变。需要选择受风暴潮与海浪影响较轻场所并加强安全防护。气候干旱化地区与水相关旅游项目压缩,暴雨洪涝多发地区的雨季高峰期不宜开展旅游,山岳旅游要加强游山步道与安全护栏建设,旅游设施要严防雷击与山地灾害。随着气候变化,春季植物萌芽、开花、候鸟迁飞等物候提前,秋季红叶观赏期延后,旅游项目的布点、内容和时间都需要进行调整。

*(2)大力开发旅游气候资源*

旅游气候资源指适宜开展旅游活动的有利气象条件和可供观赏的气候景观。气候变化使这些资源的时空分布与数量、性质发生改变,需要对旅游气候资源进行重新评估和动态评估。

针对不同地区和不同地形的气候差异,开发利用旅游气候资源。充分开发利用雾凇、雪凇、云海、雨景、雪景等气候景观及与气候密切相关的瀑布、花海、草原、候鸟、踏青、红叶等其他自然景观。如北京市著名的香山红叶最佳观赏期通常在10月中下旬,北京市气象局经过对郊区不同地形的气候分析,利用不同海拔高度和背风向阳地段栽植红叶树种,使全市红叶观赏期从八达岭的9月中旬到房山张坊的11月初,延长到近两个月。一度沦为"死海"的昆明滇池经过初步治理后,已有28种鸟类在这里越冬,其中从北方飞来的候鸟占17种,数量最多的是红嘴鸥。

*(3)加强对濒危旅游资源的保护*

气候变化已经威胁到某些旅游资源的数量和质量。华北气候暖干化加上掠夺开采地下水资源一度导致华北明珠白洋淀干涸,北京玉泉山号称天下第一泉的泉水已经枯竭。气候变暖使白蚁分布向北扩展,严重威胁木质古建筑。南方暴雨洪涝多发容易淹没低地古迹,或引发滑坡、泥石流,冲毁山区旅游设施。新疆降水增多与融雪性洪水对沙漠和戈壁埋藏的古代文物造成严重威胁。气候暖干化与超载过牧使内蒙古大部分草原"风吹草低见牛羊"的景象不再。各地应针对气候变化对旅游资源可能造成的损害采取有效保护措施。

(4) 改进旅游服务

随着社会经济的发展和气候变化，公众对旅游有了新的需求，也提出了更高的标准。不利气候条件会影响游客出行意愿及旅途体验。旅游部门要贯彻以人为本，认真研究气候变化对游客需求和心理的影响，改善旅游设施，提高服务质量。旅游场所要开拓思路，丰富服务产品种类，针对不同用户需求提供个性化的贴心专项服务。气候变暖后会产生新的需求，还要考虑对饮食习惯和作息时间的影响。如夏季旅游对客房空调和蚊帐的需求增加，不同天气需要提供雨伞、阳伞、凉帽等，外出要准备防暑药物和充足饮水等。

(5) 确保旅游安全

极端天气气候事件频发增加了游客人身安全风险。首先要与气象部门合作，评估旅游风险，盘查各种隐患，进行危险天气的监测、预报和预警，及时传递给旅游场所和每个游客。旅游场所要对不同天气的允许最大容量或流量作出规定。其次，要编制突发气象灾害的应急预案并定期组织演练，设置专门的临时避险场所和转移路线，安装喇叭和电子显示屏向游客发布警报和最新信息，有序组织疏散转移。储备抢险和急救物资与器材。在地方政府协调下，与附近武警、消防、医院、部队和企事业单位保持密切联系并制定联动协议，一旦发生突发事件，迅速通报各方并迅速联合外部力量组织救援。第三，改进和维护旅游场所的安全设施，如宾馆与林地的消防设施与消防水源，山区景点的道路与护栏，高层建筑与亭子、庙宇的防雷装置，沟谷附近的防洪堤与挡水墙等。第四，与保险部门积极合作，推进旅游保险，扩大保险覆盖面。地方政府应敦促面临气候风险的景区和旅游企业面向国内外保险公司投保以降低损失。

(6) 科学发展观光农业旅游

观光农业是高效农业与旅游业相结合的新型产业。农业旅游资源大多为自然形态，受气候变化影响很大，例如特定赏花和蔬果采摘等活动只能持续十几天或几天，垂钓和划船必须避开不利天气。建设观光农业园区要考虑当地气候环境和地区特色，开发利用不同季节的气象景观与自然物候等旅游资源，开展当地特色优质农产品的品质认证，展现美妙的田园风光，满足游客观赏、品尝与体验需求。

## 145. 商业与服务业怎样适应气候变化？

商业和狭义的服务业都是第三产业重要的和规模最大的组成部分，广义的服务业还包括技术服务、信息服务、金融保险、科技、教育、医疗卫生、文化产业、房地产、公共管理等。气候变化通过对市场需求、原材料生产、销售与服务活动过程的影响而对商业和服务业产生深刻影响。商业与服务业适应气候变化的主要对策如下。

(1)根据气候变化和市场需求调整销售与服务策略

如随着气候变暖,夏令商品、低热量食品和冷饮、空调等的需求量增大,冬令商品、高热量食品、供暖等的需求减少,商家应调整贮藏商品的数量与品种。但在突发热浪或寒潮时,上述商品的需求会在短时间内激增,商家必须做到迅速调运和上市。因强降水或冰雪等极端天气事件致运输与物流阻断或发生严重水污染事件,城市居民生活发生严重困难时,要迅速挖掘本地储备食品和瓶装水,调运附近蔬菜上市,组织芽菜与快速叶菜生产。

(2)促进绿色消费

气候变化促进了资源节约与环境友好型产品的销售,包括低能耗、节水、节材、空气净化器等,应用现代信息技术可减少不必要的差旅、会议和办公用品消耗,商家对此类市场需求应及时预测和调整。无论是考虑未来市场潜力以追求最大利润,还是尽到自身保护地球环境与气候的社会义务,商家对于绿色消费都应大力提倡并对顾客实行优惠销售与服务。

(3)调整原材料基地与贸易对策

气候变化导致许多商品的原材料生产发生改变,如我国在20世纪80年代以前一直是南粮北调,商品大米主要出自长江中下游。90年代以后转变为北粮南调,商品大米主要来自东北。棉花最大产区则从黄淮海地区转移到新疆,苹果最大产区从环渤海地区转移到陕西。在国际上,由于气候相对有利,美国和巴西取代中国成为主要的大豆生产国,俄罗斯也由20世纪90年代的主要粮食进口国一跃成为世界最大小麦出口国。未来北极航线开通和通航期延长使运输成本降低,也将明显改变国际贸易的格局。

(4)大力发展气象服务业

气象服务作为现代社会高科技产业,对经济发展发挥着日益巨大作用,服务范围逐步扩大,服务领域不断拓宽。如海上作业、交通运输、工矿企业生产经营等掌握气象信息可提前采取安全防范措施,选择低成本作业方案或航运线路,不少商家认识到气象在商战中的重要地位,不惜重金接收气象信息供决策参考。如按照气温变化调节冬季供暖和夏季空调力度,不但节能降本,而且提高了人体舒适度,有益于人体健康和提高工作效率。有关部门要大力开发基于大数据和人工智能的气象服务产品,打造智慧气象服务新模式。当前要完善重大工程气候可行性论证、天气指数保险、特色农产品气候品质认证等服务方式,积极开展农业、能源、交通、旅游、建筑、商贸、卫生与健康等专业气象服务。

## 146. 城市规划建设怎样适应气候变化?

城市除受到全球气候变化的影响外,还受到城市建筑、下垫面性质改变和人为热源形成的城市气候的影响,导致城市气象灾害的加重和城市大气环境的恶化。除实行低碳城市发展战略外,还需要采取一系列的适应措施。城市规划是研究城市未来发展、城市合理布局和工程建设的综合部署,是一定时期城市发展的蓝图,也是城市管理的重要组成部分和城市建设、管理的基本依据。城市适应气候变化首先要从城市规划的调整与改进开始。

城市对于气候变化的适应性规划应在多个层面实施,包括市域、社区、系统或项目级。社区层面的适应性规划应具有一体性、战略性和公众参与性,并包含可变通方法应对风险。要综合考虑应对城市热岛效应、城市强降水事件带来的内涝、降水减少地区的水资源短缺、海平面上升对沿海城市的威胁、城市空气质量下降、极端天气气候事件增多和生物多样性锐减等与气候变化有关的问题。

(1) 城市的合理布局与规模控制

城市新区与卫星城镇建设要首先进行风险评估,避开气象灾害与地质灾害多发区。摊大饼式的盲目扩建会导致城市环境质量严重下降与城市气象灾害明显加重。要形成中心城市与中小城镇配套与合理分工的布局。居民区和科技文教设施应安排在上风上水,工业污染源要安排在下风下水,与城市保持一定距离,严格实行达标排放并努力降低排放量。确保城市的水源地安全与大气环境。

(2) 城市用地的合理规划

保证适当比例的绿地与城市水系等绿带与蓝带占地面积。城市建筑物之间保持一定的间隔,预留和保护好城市的开阔地与开放空间,按照盛行风向留出一定数量的风廊。制止热衷于表面光鲜的地标工程建设,忽视给排水和供电、供热、供气等地下管网基础设施建设的短期行为。伦敦的城市规划对城市区域的林地和种植用地,包括社区花园、农田和果园都制定了保护措施。巴黎大区强调保持自然空间、农业空间与城市空间三者之间的平衡。

(3) 逐步改造城市下垫面

以排水性沥青、透水混凝土、多孔草皮和方格砌块替代不透水地面和路面,以缓解热岛效应并减轻排水压力。屋顶绿化可将表面温度降低 $3.2 \sim 4.1\ ℃$,不但减轻热岛效应,还可截留雨水,减缓城市内涝。德国还通过制定《国家建筑条例》,对屋顶绿化做出强制性规定。

(4) 合理规划利用城市地下空间

开发利用城市地下空间可以缓解地表空间的紧缺和城市热岛效应,部分地下空间可用于蓄积雨水以缓解城市内涝和干旱缺水,但要防止暴雨天气地面径流泄入。

(5) 沿海城市应对海平面上升的对策

有三种策略:①保护性策略,修建和加高加固海堤或加强保护;②调整性策略,继续使用原有建筑物但要抬升至柱桩之上;③规避或放弃策略,放弃在海边的建筑,不采取任何保护措施。采取何种策略要综合考虑受风暴潮威胁的风险大小与采取适应措施的成本与效益。

(6) 基础设施的合理规划

设计与盛行风向一致的宽阔大路作为风廊。地势低平城市不宜建设下凹式立交桥和深槽路,以降低城市内涝风险。加强灾害性天气监测、预测、预警和应急预案编制。一些城市旧城区的基础设施多年失修,新建基础设施滞后于地面建筑,气候极端事件增多,对城市基础设施的威胁增大。在根据气候变化影响修订城市基础设施工程技术标准,进行供电、通信、给排水、供暖、供气、排污等"灰色"基础设施更新改造的同时,还要加强城市绿地、水体等"绿色"基础设施合理规划与建设的研究,推动气候韧性城市建设。

## 147. 城市基础设施怎样适应气候变化？

城市基础设施包括供水、供电、供气、供热、通信、排水、排污等称为城市生命线的管线设施,道路、轨道、航空、港口等交通基础设施,消防、防洪、防雷、避险场所、应急物资储备库等防灾基础设施。广义的城市基础设施还包括绿地和水体,称为绿色基础设施,而把常规基础设施称为灰色基础设施。城市基础设施与城市经济运行和人民生活息息相关,尤其是生命线系统以地面或地下管线形式密布城市各处,牵一发而动全身,一旦因遭突发性灾害发生局部损害,极易产生连锁反应,使灾害损失明显放大。气候变化对城市基础设施的功能和运行产生了明显的影响,极端天气气候事件的频繁发生增加了城市基础设施受损的风险,必须采取适应对策(王江波 等,2019)。

(1)调整城市基础设施建设规划

针对气候变化的影响调整基础设施建设规划与布局。如地势低平的上海和天津市内就不建下凹式立交桥和深槽路。北京城市规模不大时,洪涝灾害主要发生在东南郊平原的河流沿岸和低洼地,城市扩展后市区内涝日益严重,立交桥下与深槽路经常淹没车辆,甚至有人因打不开车门而窒息死亡。气候变化导致风速减弱不利于城市污染气团扩散稀释,城市规划应设计若干与盛行风向一致的宽阔大路作为风廊。气候变暖和人口增长使城市用水量激增,尤其在炎热天气。城市建设规划必须确保水源地安全并设置后备水源。上海市以长江为主要饮用水源,但随着海平面上升和枯水季节上游来水减少,咸潮上溯日益严重。为此依托长兴岛修建了青草沙江心水库,可供上海全市使用54 d。

(2)修订生命线系统技术标准

现有城市生命线系统的技术标准是按照历史气象、水文和地质资料确定的,已经不完全适用变化了的气候环境。其中有些标准过去就不合理,如新中国成立初期,许多城市照搬苏联的城市排水管道设计标准,由于苏联绝大部分地区基本无暴雨天气,排水管道很窄。按此设计导致许多中国的城市只能应对半年到一年一遇的大雨,一有大暴雨就出现看海景观。随着城市规模扩大和局地暴雨增加不得不更新改造,至少应能应对十年一遇的大暴雨。过去北京市路旁草坪和绿地普遍高于路面,出现暴雨后不但不能截留雨水,反而增加了路面径流。现在新建草坪和绿地都要求低于路面。地温升高后冻土变浅,地下管线的埋藏深度需要调整。气温升高后电线会发生热膨胀,需要调整电杆间距和电线抗拉伸力。气溶胶增多,要求进一步提高输变电设备的绝缘保护标准,以防止污闪事故的发生。

(3) 盘查基础设施安全隐患,加强灾害性天气的监测、预测、预警和应急响应

我国许多城市旧城区的基础设施多年失修,新建区基础设施建设往往滞后于地面建筑,气候变化使极端天气气候事件增多,对城市基础设施的威胁明显增大。如2008年1月中旬到2月上旬的南方低温冰雪天气,之所以造成巨大经济损失,原因在于冻雨和积雪导致供电、交通和通信三大系统瘫痪并造成巨大的连锁反应。北京市因暴雨和冰雪导致全市性交通瘫痪也已发生多次。1990年2月还发生过因雾霾污染导致输变电系统跳闸,大面积停电的事故。各地城市应对各类基础设施的安全隐患全面盘查,进行风险分析评估及时检修或更新改造。气象部门应与城市基础设施主管部门紧密合作,针对各种可能损害基础设施的灾害性天气加强监测,提高预报准确率,及时发布预警。各类基础设施的主管部门要分别对不同灾种编制应急预案,明确抢修与善后措施,并经常组织演练。

## 148. 重大工程建设怎样适应气候变化?

重大工程是指关系国家或区域经济、社会发展全局的重要建设项目,主要包括水利、电力、交通、能源、生态、海岸带等。气候变化的影响涉及建设项目需求、工程选址、施工方案与技术标准等,其中有气候要素改变的影响,更为突出的是极端天气气候事件对工程项目的影响。2014年,由杜祥琬院士主持的《气候变化对我国重大工程的影响与对策研究》课题组提交报告,建议加强我国气候变化与重大工程相关联的科研工作,将气候变化作为重大工程立项认证的一个要素。在工程必要性、可行性、顶层规划、方案制定、技术标准等方面都要考虑气候变化因素。报告特别强调,要加强重大工程应对气候变化的综合管理,复核已建工程应对极端气候灾害的能力,建立和完善气象灾害的预警和实时监测系统,将气候风险管理纳入工程管理的全生命周期。

(1) 将适应气候变化纳入重大工程的规划和论证

气候变化使不同区域的资源与环境发生改变,有些地区更加缺水或缺能,有的地方却雨水过多或耗能减少;海平面上升和山区旱涝急转都使工程建设的气候风险明显增大。因此,重大工程建设的规划论证不能只分析气候、水文、地质的历史资料,更要考虑气候的变化趋势及其所引起的水文与地质状况改变。如海河流域在20世纪中期洪涝是主要矛盾,从60年代起实施大规模排涝工程,使各大支流通过海河直接入海。不料此后转为长期干旱,加上掠夺式开采地下水,致使各大支流全部干涸,大量排涝工程无用武之地。由于人均水资源下降到世界最低水平,不得不从长江与黄河调水。目前海河流域降水量回升,如果未来洪涝风险明显加大,西线调水工程不必急于上马。但如未来继续干旱,则西线工程需早作准备。

有鉴于此,中国气象局于2014年发布《气候可行性论证管理办法》,就重大建设工程项目的气候可行性论证做出明确规定,气象部门应对与气候条件密切相关的工

程规划和建设项目进行气候适宜性、风险性以及可能对局地气候产生影响的分析与评估,为工业、农业、交通、建筑等提供服务。

(2)根据气候变化修订施工方案与工程技术标准

气候变化使工程所在地环境条件发生改变,原有施工方案与工程技术标准需要适当调整。如北方一些水库是在20世纪50到60年代的多雨期建成,由于当时的历史条件和技术能力,对雨季前的泄洪要求十分严格。随着气候变化,干旱缺水成为主要矛盾,经常发生为防洪将宝贵的水资源提前放走而人为加剧干旱缺水。随着信息技术发展,雨情和汛情传递、分析、决策十分快捷,防洪配套设施与措施远较过去完善,完全有可能对水库原有的汛限水位经严密论证后做适当调整,防止因汛前水库下泄过多而加重汛后旱情。又如青藏铁路要穿越高含冰量冻土层,气候变暖使冻土层更不稳定,仅1996年至2004年沿线活动层平均厚度就增加了46 cm。为此,工程实施单位研发了降低路基含水量与温度的特殊工艺,使青藏铁路得以在未来较长时期内安全运行。

(3)将气候风险管理纳入工程管理的全生命周期

极端天气气候事件增多严重威胁重大工程的建设与运行,2011年浙江高铁列车就曾因雷击发生重大颠覆事故。2008年初的南方的低温冰雪灾害导致大量高压线塔倒塌,导致大面积停电,严重威胁西电东输。1975年8月第3号台风深入河南中部,出现日降水量逾千毫米的特大暴雨,导致两座大型水库垮坝并冲毁60多座中小型水库,酿成世界最惨重的垮坝洪涝灾难,死亡23万人,受灾人口1100万,经济损失逾百亿元。发生事故的原因,除特大暴雨不可抗拒外,也与水库修建后没有考虑气候变化因素有关:只重视蓄水而忽视防洪,水库主闸和副闸从未打开都已锈死;加之陆路交通断绝,部队无法赶到炸开副闸,错失了提前放水泄洪的宝贵时机。当时的气象预报水平不高也是一个重要原因。

因此,在重大工程规划、设计、论证、施工、验收、运行、维护的全过程都应进行风险管理。工程主管部门要进行风险预估,及时盘查隐患并消除。对可能发生的极端天气气候事件要编制应急预案并组织演练,明确安全管理岗位责任制,储备充足抢险救援物资与器材。气象部门要主动配合做好专项监测、预报和预警,相关部门的应急响应要协调联动,气候、水文、地质、环境等资料和信息应能共享。

## 149. 金融和保险业怎样适应气候变化?

金融保险是国际适应气候变化资金机制中的重要手段。适应气候变化资金机制是一国或国际社会为适应气候变化活动而对适应性资源进行的融通与配置,以及与资源融通相关的制度安排经济机制的总称。储诚山等(2013)根据联合国气候变化框架公约发布的数据,预测到2030年,全球每年适应总成本约490亿～1710亿美元,其中发展中国家的适应资金需求每年为270亿～660亿美元,并以此推算中国2030年五个重点领域的适应资金需求按照GDP计算为79亿～194亿美元。但按照减缓与适应并重的原则,国际公认用于适应的资金应与减缓大致相当,2021年COP26通过的格拉斯哥协议指出,目前为适应提供的气候融资仍然不足以应对发展中国家缔约方日益恶化的气候变化影响;敦促发达国家缔约方紧急和大幅度增加提供适应方面的气候资金、技术转让和能力建设。根据黄奇帆(2021)的估计,在推动实现"双碳"目标的过程中,我国能源结构和产业结构调整产生的投资需求可能高达200万亿元。由此看来,我国适应气候变化的资金需求平均每年也将达到5万亿元左右。

国际社会适应气候变化资金的来源包括公共资金和私人资金,目前发达国家预算捐赠适应性资金一般只占到发展中国家GNP的0.5%～1%。借鉴国际经验与做法,我国建立适应气候变化资金机制应加大政府适应资金投入,设立相关预算,制定适应气候变化项目的优惠税收政策,加大中央财政对地方适应气候变化行动的转移支付,设立国家环境基金和充分利用国际合作渠道。为此,苏明等(2013)提出以下建议。

(1)建立"应对气候变化"预算科目

在现有政府收支分类体系中增设"应对气候变化"类级科目,其中包括适应气候变化款级科目,可具体反映财政在农业、水资源、海洋、卫生健康、气象等方面的适应气候变化支出。

(2)建立适应气候变化资金稳定增长机制

① 各级政府设立适应气候变化专项基金,在年度预算支出中按一定比例基金规模,地方适应财政专项主要用于地方性适应行动或项目,中央适应财政专项主要用于全国性或跨区性适应行动或项目。东部沿海发达省市应较中西部承担更大责任,中央财政应加大专项转移支付力度,适当减轻经济落后地区在适应行动上的支出负担。

② 制定优惠政策,鼓励私人资本投资适应气候变化重点领域。通过税收抵免,激励私人资本参与适应气候变化重点领域基础设施建设。建立风险分担机制,引导保险人与再保险人开发运用于适应气候变化重点领域的保险产品,探索政策性保险与商业性保险相结合的风险分担机制。通过财政补贴与政府提供再保险服务的方式,支持气候保险市场与再保险市场的建设与发展。鼓励私人资本参与适应性技术创新活动。

③ 加强国际交流与合作,争取国际资金的援助。由于我国经济的迅速发展,一些发达国家已经不把我国作为发展中国家看待,国际援助资金有缩小的趋势,但对于我国适应气候变化方面做得出色,对其他发展中国家具有明显示范和引领作用的项目,仍有可能吸引国际机构的资助。中国援助其他发展中国家的适应气候变化项目与国际机构和发达国家合作,也可扩大适应资金的来源。

(3)确定适应气候变化资金的运用领域及重点方向

尤其是适应体制机制与能力建设、防灾减灾基础设施、生态保护与治理、农业、林业、水资源、海岸带以及人体健康等领域。

(4)加强适应气候变化财政资金投入的绩效管理

适应资金的筹集手段,除财政支出外,应建立绿色信贷体系。金融机构在政府财政税收政策扶持下,采取贷款额度、利率、审批优惠措施,开发针对适应气候变化的绿色信贷产品,使更多脆弱领域获得贷款资金,金融部门可以利用信贷资产证券化、金融期权期货、存款保险等手段,将信贷风险转移到资本市场和保险市场。还可尝试设立全国气候变化交易所,降低适应性项目融资发行、上市的门槛,搭建适应气候变化融资平台,创新融资工具,如发行气候专项国债和巨灾债券,开发气候变化指数、期货、期权、掉期互换等金融衍生品。

减少灾难风险是适应气候变化的核心内容,保险可以有效地降低个人或企业所受气候灾难风险损失。对于低收入人群可设立小额气候保险,采取基于气象指数的参数交易以降低管理成本和道德风险,如农业的天气指数保险已在多地试行。2016年,广东省在10个城市启动"财政预算风险巨灾指数保险"试点,黑龙江省在28个贫困市(县)实行"农业财政预算风险巨灾指数保险"试点,包括干旱、低温、降水过多及洪水淹没等险种。根据《国务院关于加快发展现代保险服务业的若干意见》(国发〔2014〕29号)的要求,要将保险纳入灾害事故防范救助体系,并逐步建立巨灾保险制度。

# 七、城乡社区与区域气候变化适应对策

## 150. 城市社区怎样适应气候变化？

气候变化影响到全社会的发展和未来，适应气候变化必须落实到所有基层社区。城市社区工作者应该把适应气候变化纳入社区工作计划与发展规划，做好以下几项工作。

① 针对气候变化对社区资源禀赋与环境容量及市场需求的影响，调整本社区气候敏感型产业的结构与布局，拓宽就业渠道，救助并帮助因气候变化不利影响而致贫居民开拓生计。

② 针对气候变化对社区基础设施的影响，全面盘查社区范围及周边给排水、供电、供气、通信等生命线系统的风险，及时维修或调整以消除安全隐患。

③ 宣传普及适应气候变化的意义和科学知识，使广大社区居民树立与大自然和气候系统和谐相处的地球生命共同体理念，使"世界末日"之类的邪说和灾害谣言无处藏身。

④ 提倡绿色生活方式。根据气候变化调整作息时间和活动方式。养成节水、节能、节材和反对铺张浪费的习惯，保持社区环境卫生，自觉实行垃圾分类和废弃物回收利用，提倡适量就餐的光盘行动。

⑤ 爱护社区及周围的树木和绿地，充分利用社区范围内的裸地植树种草，积极参与社区绿化美化环境的活动。有条件的可利用阳台盆栽蔬菜和花卉，利用屋顶集雨种植花草，利用墙壁栽植攀缘植物，努力改善社区环境。

⑥ 关心脆弱群体和气候敏感病患者，尤其是在天气突变和发生气象灾害时给予帮助。

⑦ 辅导居民学会不同天气下以尽可能节能的方式调节室内环境，保持舒适和清洁，以提高生活质量和工作效率。如夏季除适度开启空调外，要改善通风并遮阴，冬季要提高门窗和墙壁的隔热水平。出现雾霾污染天气时要减少出行，外出要戴口罩，有条件的可在室内使用空气净化器。

⑧ 积极开展创建海绵社区和气候适应型城市社区活动。

## 151. 城市社区怎样应对极端天气气候事件？

气候变化对城市居民最直接的影响是极端天气气候事件的危害，社区适应气候变化首要的工作是组织引导居民正确应对极端天气气候事件，积极参与应急管理部组织开展的创建综合减灾示范社区活动。

① 了解本地区气候变化带来的灾害新特点,对本社区的各类灾害事故的风险进行分析和评估,组织对灾害事故隐患进行盘查并尽可能提前消除。例如,对于城市暴雨内涝危险,本社区有哪些树木和电杆有倒折危险,有无可能倒塌的危房,可能掀起或已缺失的井盖。哪些路段地势较低,发生暴雨后有可能因积水而阻断交通,哪些房屋可能漏雨或进水等。对存在危险的地点要设立警示牌。

② 建立健全突发事件应急机构和应急机制,明确社区领导成员中应对各类突发事件的责任人和不同的岗位责任。充分发挥社区灾害信息员的上传下达作用,充分调动社区内各单位和社会团体的积极性,与所在街道办事处、附近消防队、企事业单位、学校、医院等建立密切联系,建立应对突发事件的协调联动机制,一旦发生突发事件,能够迅速响应,争取外部力量尽早到达并有效开展救援工作。

③ 密切注意天气预报和其他灾害事故的预报和预警。利用所在社区的电子屏、宣传栏和通知栏、手机短信、电话等多种方式,将极端天气气候事件的预警信息准确迅速传递到社区所有居民,尤其是传递到弱势群体手中。

④ 编制社区应对各类灾害、事故,尤其是极端天气气候事件的应急预案,并将每项措施落实到人。统筹本社区减灾资源,建立必要的应急物资储备。利用社区已有或附近的学校、仓库、礼堂等公共场所和地下空间,作为发生重大灾害时的临时转移安置场所并制定启用和管理办法。

⑤ 了解本社区各类具有应急救援专长的专业技术与技能人员,包括医疗、电工、驾驶、心理辅导、机械检修等,动员本社区范围内,身体状况好,热心群众工作和有一技之长的人员,组成防灾救灾志愿者队伍,并分别与相关部门对接开展培训和演练,能够在专业人员指导下就地迅速开展救援和灾后恢复工作。了解本社区的脆弱人群,落实发生重大灾害事故时的帮扶对象和责任人。

## 152. 沿海城市怎样适应气候变化?

东部沿海是我国经济发达地区,仅长江三角洲、珠江三角洲、京津冀三个超大城市群与辽中南、山东半岛两个次级城市群的总人口就有3亿多,经济总量接近全国一半。沿海城市既具有强大的经济实力,同时又处于海-陆交互作用的脆弱敏感地带,自然灾害高发。由于人口、产业和设施密集,容易造成重大损失。气候变化使海平面上升,洪涝、台风、风暴潮的危害增大,海岸侵蚀、海水入侵、土地盐碱化等加剧。多种风险因素的叠加与城市生命线系统的灾害链效应相结合,使得沿海城市在气候变化背景下的生态危机与灾害危险更加突出。

(1) 应对海平面上升的威胁

海平面上升是沿海城市面临的最大威胁,据推测,长江三角洲和珠江三角洲如海平面分别上升 1 m 和 0.7 m,都会有 1500 km² 土地被海水淹没。对于渤海湾西岸,只要上升 0.3 m 就会淹没 1 万 km²,天津全市的 44% 将低于高潮位海面。海平面上升除与气候变暖直接相关外,还与有些城市长期超采地下水导致地面沉降有关。海平面上升还加剧了海岸侵蚀、咸潮上溯、风暴潮与海浪冲击、海岸带生态系统退化及城市内涝。为此,应采取综合适应措施如下。

① 完善政策法规与管理机制。编制海岸带开发利用和保护的规划,建立健全配套制度和管理体系。强化海岸带水资源管理机制,建立信息资源共享平台和机制,创新海洋环保机制,重大工程设计必须进行充分的气候论证。

② 加强海平面上升及其影响的监测与风险评估。沿海重大工程建设项目必须进行充分的气候论证。对未来若干年海平面上升可能造成的受损人群安置和迁移问题要及早进行预估和论证。

③ 完善工程建设的技术标准与规范。修订现行海堤设计标准,重新确定海堤等级及划分依据,适当提高沿海城市工程建设的设计标准和城市设防标准。吸取美国新奥尔良遭受"卡特里娜"飓风袭击损失惨重的教训,在沿海城市地面沉降地区建立高标准防洪、防潮墙和堤防,对沉降低洼地区进行整治和改造,兴建防洪排涝控制性工程。

(2) 水资源管理与咸潮的应对

沿海地区大多数城市既存在洪涝危险,又严重缺水。海水入侵地下水和咸潮上溯更加剧了饮用水危机。为此,要积极推动节水型城市的建设,大力推广节水工艺和生活节水器具,并通过制定阶梯式水价,提高水资源利用效率和效益。严格控制沿海地下水超采以防止地面沉降。同时要加强水源地的保护,有条件的城市要建设备用水源,防止发生特大干旱时因水源地单一而陷于困境。发生严重干旱时要采取应急管理措施,确保必要的生产生活用水,保障城市社会经济的正常运行。如2021年广东省东江流域出现1963年以来最严重的旱情,深圳市采取供水企业优化调度,压缩绿化、行政与建筑用水,加大公共机构节水力度,强化用水大户节水管理,全方位宣传节水惜水等五项措施。

针对入海河流在枯水季节发生的咸潮上溯,要在河流上游修建水库以淡压咸或启用后备水源。针对上游来水减少和海水倒灌使沿海城市的工业废水和生活污水排放难度加大,河流污染严重,要强调从源头治理,严格执法,努力减少排污量。

(3) 加强海洋灾害与极端天气气候事件的监测、预测、预警和应急响应

沿海地区是气象灾害与海洋灾害的高发区,尤其是台风、风暴潮与洪涝,北方沿海还存在干旱缺水与海冰的问题。要研究气候变化带来的沿海地区气象灾害与海洋灾害的新特点,充分运用现代信息技术,改进气象灾害与海洋灾害的监测,提高预报准确率,建立能及时传递到广大市民和覆盖所有企事业单位的预警系统。城市一级要建立具有权威性的突发灾害应急系统,统筹全市减灾资源,实现部门联动。重大灾害的预案编制工作要切实做到"横向到边,纵向到底",落实到每个单位和个人。每个城市都要针对当地的重大灾害按人口比例建设若干避险场所。

(4) 加强国际合作,调整产业结构与贸易布局

气候变化关系到全人类的前途。沿海地区是我国对外开放的前沿,与世界其他

地区的沿海城市面临同样的威胁,在适应气候变化领域要积极开展国际合作。

沿海城市大多是我国对外贸易的重要口岸。气候变化导致不同区域的资源禀赋与环境容量发生改变,世界政治经济格局发生新的变化。沿海城市要适应国内外气候环境与经济发展的新情况,及时调整产业结构与贸易布局,在全球竞争中掌握先机,立于不败。

### 153. 内陆干旱缺水城市怎样适应气候变化?

中国的内陆缺水地区包括陕西中北部、甘肃大部、宁夏、青海大部、新疆全区和内蒙古中西部,其中黄土高原与关中平原为半干旱气候区,气候明显暖干化;西部为干旱气候区,气候暖湿化,但由于年降水量稀少,所增加部分不足以改变干旱缺水的基本格局。此外,华北西部和东北西南部也有一些城市经常发生干旱缺水。这些地区的现有人口总量与经济规模虽然占全国比例不大,但随着丝绸之路经济带的开发与欧亚大陆桥的开拓,将会出现跨越式的发展,目前已经涌现出一批新兴城市。

内陆干旱缺水城市适应气候变化的对策如下。

(1) 建设节水型城市

西北干旱区水资源总量只有全国的1/24,水资源匮乏是城市发展的最大制约因素,气候变暖使生产与生活耗水增加,更加剧了水资源的供需矛盾。长期以来的上下游无序争夺水资源造成严重生态后果,内陆河流大多萎缩,下游径流减少甚至断流,地下水位下降,湖泊干涸,植被枯死,草场退化,土地沙漠化。黄河、塔里木河、黑河、石羊河等实行全流域统一管理和分配水资源后,情况有所好转,应推广到所有流域。城市规划与绿洲扩展都必须量水而行,不可超越水资源承载力。要根据气候变化对水资源状况的影响调整城市产业结构,压缩耗水产业与企业,制止超采地下水,发展节水型经济,推广节水灌溉方式、节水工艺与生活节水器具,建成节水型城市。西部城市应利用降水与融雪增加,在山区修建一批骨干拦蓄工程,并利用有利天气实施人工增雨和增雪作业。

(2) 充分利用优越的光热资源与可再生能源

光热充足是西北干旱区的独特优势,虽然西北地区煤炭、石油、天然气资源丰富,但也应首先充分开发利用当地丰富的太阳能、风能等可再生能源,逐步降低化石能源,尤其是煤炭的消耗。光照充足和温度日较差大,有利于优质瓜果蔬菜的生长,为城市发展特色农产品加工业提供了条件。

(3) 适应性城市绿化

干旱区城市的绿化要因地制宜,不可照搬内地城市的绿化模式。由于干旱缺水和冬季严寒,外来树种草种大多不能适应,需要灌溉才能成活和生长。因此,除少数重要地段采取节水灌溉种植景观树木和草坪外,城市大部分地区应以本地耐旱耐寒植物为主,乔灌草结合,灌木、半灌木和草本植物应占较大比例,有利于降低成本和延长绿期。居民住宅区推广围合式院落布局,可营造避寒避风小气候和有利绿地植物生长的局部空间。绿地建在下凹式庭院或广场有利于集雨。

（4）应对融雪型洪水

西北地区虽然干旱少雨，但由于气候变暖促使高山冰雪加速融化，加上近年来降水增加，融雪性洪水频发，对下游城市的威胁增大。原有的平原水库与防洪堤已难以控制，需要在山区修建骨干拦蓄工程。西北地区城市过去大多无排水设施，许多房屋为半地下式，城市外围还有不少土坯房，一过水就会倒塌，对于洪涝灾害极其脆弱。除在绿洲外围更新改造防洪堤和修建排水沟外，城市内部也需要修建排水系统，对危房逐步改造。要加强对山区融雪、降水与径流的监测，建立健全融雪性洪水的预警系统和应急响应系统。

（5）防治荒漠化

荒漠化是西北地区城市的最大威胁，1993年5月上旬席卷西北四省区的特大沙尘暴曾造成上百人死亡或失踪，直接经济损失5亿多元。沙漠化是西北干旱区荒漠化的主要形式，虽然与干旱气候及沙漠的存在有关，更主要的原因是滥垦、牲畜超载、滥伐、乱挖、超采地下水等不合理的人类活动。虽然气候变化导致西北干旱区西部降水增多和沙尘暴次数减少，但局部仍存在沙漠化蔓延的风险。应坚持长期不懈地努力，制止上述不合理的人类活动，在绿洲外围营建防护林和防沙墙，对威胁绿洲城市与交通要道安全的流动沙丘采用草格固沙，同时要保护洼地与干涸湖床覆盖地表的生物结皮。随着西北干旱区气候的暖湿化，有可能适度扩大绿洲范围，但必须量水而行，绝不能超采地表水或地下水资源，防风固沙林应使用耐旱树种或本地灌木。

（6）调整产业与贸易结构，加大对外开放力度

气候变暖对中亚和东欧高纬度国家的资源开发和经济发展有利因素较多，西北干旱区城市要充分利用有利的区位优势和开拓丝绸之路经济带的历史机遇，扩大向西开放，通过比较本区与邻国的优势与劣势，调整产业与贸易结构，谋求区域经济、社会的跨越式发展。

## 154. 南方城市怎样适应气候变化？

南方城市的共同气候特点是夏季炎热和雨季降水充沛。多数地区在气候变暖的同时降水增加，洪涝与季节性干旱都有所加重。平原地区河湖纵横交错，由于污染物排放和水温升高导致水体富营养化日益突出并威胁饮水安全。南方城市适应气候变化要注意以下几点。

（1）应对城市热浪

历史上南京、武汉和重庆就有"三大火炉"之称，其实，江南一些河谷与盆地的中等城市伏期间更加炎热。气候变暖与热岛效应叠加更加重了南方城市的夏季热浪，严重威胁居民健康和城市经济运行，2006年重庆綦江曾出现45 ℃的极端高温。由于空气湿度大，要比同等高温下的北方城市更加难熬，老年人、病人和露天工作的人很容易中暑。针对气候变暖，应适当调整作息与工作时间，延长午休。工作与学

习场所尽可能安装空调降温设备并提供清凉饮料。城市建设要留出足够的绿地与水体，住宅设计注意通风和遮阴，建筑物之间留出适当空间以利通风。

（2）应对城市暴雨洪涝

南方城市大多沿江傍湖，既受到河流洪水的威胁，也受到暴雨内涝的威胁。随着气候变化，城市局地短时暴雨有增加的趋势。应对城市洪涝，要加强江河综合治理，上游修建拦蓄工程，河流两岸和城市外围修筑防洪堤，城市内部疏浚排水沟，增强排洪能力。编制城市暴雨洪涝的应急预案，统筹协调城市减灾资源，有序开展应急抢险救援。对低洼地区的建筑和居住人群要有详细的了解，并在预案中明确规定临时转移安置路线和地点，制定抢险救援方案，明确承担任务的单位与人员。对暴雨洪涝可能引起的停电与交通阻断要提出补救措施与替代办法。

（3）应对水质下降与干旱缺水

加强环境综合整治，从源头上降低污染排放。采用物理、化学与生物措施治理富营养化水体，重点保护饮用水源，严禁其上游和周边可能排放污染物的生产活动。编制一旦城市主要饮用水源受污染时的应急抢修、输水方案和后备水源启用办法。缺乏后备水源的城市要有足够的罐装或瓶装饮用水储备。推广节水工艺与生活节水器具，建设节水型城市，以应对季节性干旱。

（4）应对其他极端天气气候事件

气象、水利、地质等部门要全面编制极端天气气候事件及其可能引发的其他灾害的应急预案，吸取2008年南方城市低温冰雪灾害的教训，重点加强对输供电、供水、交通、通信等城市生命线系统和弱势人群的保护，防止灾害损失的放大效应。山区城市要特别针对重要道路、桥梁、隧道的山洪与地质灾害，开展隐患盘查与风险预估，制定紧急抢修的预案。

（5）防范媒传疾病蔓延

随着气候变暖，疾病传媒有北扩蔓延的趋势。由于病原繁殖速度更快，南方城市发生媒传疾病的风险一般要大于北方。如登革热过去只在热带发生，随着伊蚊活动范围北扩，2012年以来在广东和台湾频繁发生，2014年仅广州市病例就达数万，灭蚊防控投入经费近2亿元（刘戟环 等，2016）。江南的血吸虫病疫区也有向北扩展到趋势。为此，应加强监测预警，采取消灭越冬虫卵，清理传媒栖息场所，改善居室卫生条件等预防措施。对疫情要早发现、早隔离、早治疗，以切断传播途径。中山大学培育和大量释放携带沃尔巴克氏体的雄蚊，与雌蚊交配所产卵不能发育，使蚊子种群数量降低至不足以引起登革热流行而无须喷杀虫剂，极大降低了灭蚊成本与环境污染。

## 155. 北方城市怎样适应气候变化？

北方城市在气候变化背景下，城市内涝、干旱缺水、空气污染与水污染等问题日益突出。低温与风沙灾害虽然有所减轻，但仍有相当大威胁。北方城市适应气候变化,特别是极端天气气候事件,除加强监测、预报和预警外,还要做好以下工作。此外,气候变暖也带来了某些有利因素,要充分利用。

(1) 应对城市内涝

北方城市的排水系统普遍标准偏低,由于缺乏完整的城市水系,大多数北方城市的排洪能力较差。城市扩展后,由于大面积铺设不透水地面和路面,雨后迅速形成径流并向低处汇集。由于地下水位较深,地下空间开发度也大于南方城市。气候变化还使小雨次数减少,强降水次数增加,导致北方城市暴雨内涝日趋严重。近年来,北京、济南、郑州都发生过突发暴雨造成全市交通瘫痪和多人死亡的重大事件。因此,北方城市的规划要尽可能保留城市水系,原有城市河流尽量不要封盖并定期疏浚。改造现有排水系统,适当提高标准。地势低洼地区原则上不修建下凹式立交桥和深槽路。盘查全市一旦发生暴雨内涝时可能出现危险的隐患点,逐点提出应急抢险和救援方案。地下空间利用必须防止地面径流灌入并配备排涝水泵。改进现有暴雨洪涝应急预案,统筹各部门的减灾资源协调联动实现高效利用。预案编制要落实到所有社区与企事业单位,以调动全社会力量应对重大暴雨洪涝。

(2) 应对城市高温热浪

虽然北方城市的炎热期比南方城市短,但由于地面较干,热容量小,极端高温有时还甚于南方。随着气候变暖,高温热浪更加频繁。需要对原有的工作环境防暑降温标准与夏季作息时间适当调整,高温天气下对建筑、交通运输等室外作业岗位要采取劳动保护措施。医院和社区要加强对敏感脆弱人群的观察和保护。

(3) 应对干旱缺水与水污染

干旱缺水是许多北方城市的最大危机,气候变暖使工农业与生活用水量剧增,尤其是在降水减少的华北、西北东部和东北西部地区的城市。由于缺乏更新水源和雨水补给,城市水体和地下水的污染也日益严重。为此,城市发展要量水而行,不能超出当地的水资源承载力。有条件的可实施外流域调水工程,同一流域的水资源要统筹管理,要防止无序争夺、损人利己。应把建设节水型城市作为主要对策,努力提高有限水资源的利用效率。工业做到循环用水,中水回用。北京市城市园林灌溉已全部使用经初步净化的工业与生活废水。居民生活要全面普及节水器具。严格控制地下水的超采。由于缺乏更新水源,城市水体主要依靠物理措施增氧与生物措施降解污染。有地下微咸水资源的城市可适度利用于工业与城市环境,沿海城市可逐步扩大海水淡化生产规模。

(4) 应对雾霾污染

城市人口增加和经济发展使大气污染源增加,城市规模过大和气候变化,尤其是风速降低不利于大气污染物的扩散稀释,近年来北方城市雾霾天气增多,严重影响空气质量,尤其是中原与华北的山前窝风地区和西北的一些盆地。治理雾霾污染首先要从源头做起,通过调整产业结构,改进工艺,更换高排放机动车,发展公共交通等降低大气污染物排放量。城市规划要留有足够的绿地与水体面积,多栽具有吸附降解大气污染物能力的树木。城市上风向避免修建大量挡风建筑,外围留有一定面积开阔农田,和与盛行风向一致的主干道路一起构成有利于城市空气更新的风廊。严重污染天气要采取限制车辆出行,污染物排放大户企业临时停产、学校暂时停课等应急措施,加强对弱势群体的保护。

(5)应对低温冰雪与风沙灾害

气候变暖虽然总体上使低温冰雪和风沙灾害减轻,但由于气候波动加大仍时有发生,2010年、2012年、2016年和2021年华北、东北和新疆北部还多次出现极寒天气。冰雪和风沙经常造成交通堵塞,并危害居民健康。要吸取2002年12月7日北京市因扫雪车、融雪车和交通疏导车被封堵,导致1.7 mm小雪造成全市交通瘫痪的教训,编制应急预案,一旦空中飘起雪花,这些车辆就应提前开出,发挥扫雪、融雪和疏导交通的作用。低温冰雪和风沙天气,居民要减少出行。必须出行的要注意防滑或戴口罩、风镜。

(6)充分利用气候变暖带来的商机

气候变暖使得北方城市的建筑施工期延长,春季物候提前,秋季延后,出行条件改善,有利于旅游业发展和农业产量提高。各行各业要分析气候变化对本行业的有利与不利因素,善于抓住商机。如气候变暖将促使夏令商品畅销,并有利于建筑业和交通运输业发展。旅游业要考虑气候变化引起的自然物候与气象景观的改变,调整旅游项目、时间与地点。商业部门要考虑居民季节性消费模式的变化及时调整销售策略。

## 156. 高原城市怎样适应气候变化?

我国拥有青藏高原、云贵高原、黄土高原和内蒙古高原四大高原,分布着大中小不等的若干城市。其中青藏高原和云贵高原西部的城市海拔大多在2000 m以上,有些城市甚至超过3000 m。

高原城市共同的气候特点是气温偏低,昼夜温差大,空气稀薄、气压偏低。大部分高原城市的风速较大,太阳辐射充足,晴天时的紫外辐射较强。除云贵高原东部外,其他高原地区的气候变暖幅度都大于全国平均,尤以青藏高原和内蒙古高原的升温幅度最大。内蒙古高原和黄土高原的降水减少,青藏高原降水明显增加,云贵高原冬春季节性干旱明显加重。内蒙古高原、黄土高原与青海处中高纬度,冬季严寒,夏季温热,气温年较差很大。云贵高原与拉萨河谷处较低纬度,但海拔较高,冬冷夏温,气温年较差较小。

针对高原城市气候与气候变化的上述特点,适应气候变化要做好以下工作。

(1)充分利用气候变暖的机遇加快经济发展

气候变暖使高原城市的冬季出行与交通条件改善,无霜期延长使农作物种植期与建筑施工期延长,都有利于区域经济活动开展。气候变暖吸引内地游客到高原度夏避暑,促进了高原旅游业的发展。高原城市要充分利用气候变暖带来的这些有利因素,加大对内对外开放的步伐,加快区域经济发展。

(2)保障水资源和可持续利用

内蒙古高原、黄土高原和云贵高原的大多数城市都存在水资源短缺或季节性缺水的问题,青藏高原虽然是中国的"水塔",但气候变暖加快冰雪消融也增加了水资源的不稳定性,融雪性洪水与山地灾害对水利设施的威胁加大。因此,高原城市都应加强水源保障和节水型社会建设。黄土高原城市由于河流径流量小和地下水资源贫乏,要大力发展集雨工程。云贵高原地高水低,历史上水利工程欠账较多,需要修建一批骨干供水工程,拦蓄雨季洪水以弥补冬春旱季的不足。

(3)防范紫外辐射伤害

平流层臭氧减少使高原紫外辐射增强,对人体健康和动植物的危害增大。高原城市居民在晴天外出要注意采取防晒措施,尤其是青藏高原。

(4)开发利用可再生能源

气候变化使高原水能、太阳能、风能等可再生能源的资源禀赋发生改变,要根据气候能源时空格局的新变化调整可再生能源的生产布局。

(5)调整城市植被营建对策

过去海拔很高的西部城市阔叶树种很难成活,只能以针叶树为主。随着气候变暖,相对耐寒耐旱的阔叶树种已能成活。青海的格尔木市年降水量只有40多毫米,加上土地重度沙化,过去寸草不生。经过60多年来的不懈努力,引进胡杨、红柳等耐旱沙生树种和节水灌溉技术,已成为全国园林绿化先进城市。

## 157. 农村建筑怎样适应气候变化?

我国不同地区的气候特点决定了农村房屋的不同特色。北方农村为适应冬季防寒保暖需要,农舍讲究背风向阳,屋顶也较平缓。蒙古族牧民的蒙古包拆装方便便于迁徙,做成圆形可减轻大风袭击。南方农舍讲究遮阴通风,屋顶较尖、屋檐较长以利雨水排泄。西北农舍屋顶平坦可以晒物,降水稀少地区使用土坯就可以盖房,成本很低。吐鲁番民居建成半地下,既减轻夏季暑热,也缓解冬季严寒;由于年降水量只有十几毫米,不必担心雨水灌入。西南少数民族民居大多是高脚楼,居室在上可保持干燥,底下作为杂物仓库或畜舍。

随着经济发展,各地农村房屋建筑普遍提高了档次,同时也注意到适应气候变化。北方农村在注意保暖的同时,也注意庭院植树和改善通风。传统的红砖房由于隔热性能差,冬冷夏热,许多地方已改用泡沫砖。传统的地炕被吊炕替代,既节省了能源,又提高了室温。西北地区由于融雪性洪水风险加大,土坯房被逐渐淘汰。南方农村普遍盖2~4层的楼房,一方面是为节省占地,把寝室安排在高层也可减少潮气,在洪涝多发地区,与平房相比,楼房上层不易被淹。

气候变暖和过量施用化肥农药加重农村水塘和地下水的污染与富营养化。自2005年起在全国实施农村饮水安全工程建设,目前绝大部分农村已实现集中供水和普及自来水,基本解决了农村饮水安全。农村巷道还普遍进行硬化亮化并修建排水设施,减轻了洪涝威胁。

针对气候变化加剧农村环境污染,各地结合新农村建设实行城乡废弃物统一处理。我国农村过去以秸秆为主要生活燃料,严重污染空气且浪费资源。现在北方农村除烧煤外,太阳能和风能利用日益普及,南方农村沼气推广面逐渐扩大。过去许多农村的家畜和家禽舍与房屋建在一起,现在对家畜和家禽都采取集中饲养,与住房分开。结合乡村振兴行动,实行生活垃圾统一收集和分类处理,改造旱厕,农舍环境卫生明显改善。

## 158. 农村社区怎样应对极端天气气候事件?

随着气候变化,极端天气气候事件的发生和危害也在增大。虽然农村的物质、交通、消防、医疗急救等条件都不如城市,但农村在避险空间选择、短期生存所需食物与饮用水来源等方面要比城市更容易解决。应对极端天气气候事件和各类灾害事故,农村与城市各有各的优势和劣势。农村社区一般以村为单位,村委会要全面负责做好以下气象减灾工作。

(1)村舍建设选址安全

村舍建筑选址要避开易涝的洼地、取水不易和易受雷击的岗地、可燃物较多的林地与草地边缘等脆弱地段。尽可能选择交通便利的地方以便发生灾害时能迅速疏散转移和接受外界救援。山区建房要避开山洪、滑坡、泥石流多发的沟谷。

(2)积极开展农村综合减灾示范社区创建

按照国家减灾委和应急管理部等 2020 年《全国综合减灾示范社区创建管理办法》的要求,应建立社区减灾领导工作制度,开展风险评估、宣传教育、灾害预警、隐患排查、转移安置、物资保障、医疗救护和灾情上报等工作,有固定的综合减灾资金来源,有筹措、使用和监督等管理措施。各地农村要从当地实际出发,针对极端天气气候事件发生的新特点,做好上述工作,早日建成示范社区。

(3)编制应急预案

选择当地主要气象灾害编制各类应急预案,并将应急责任落实到人。发动农村青壮年,组成一支抢险救援志愿者队伍并定期组织演练。确定发生重大灾害时的疏散转移路线与临时避难场所,并储备适当数量的救灾和短期生存所需物资。重点照顾孤独老人与留守儿童等脆弱人群要落实到人。

(4)隐患盘查和风险评估

村委会要对本村的各类灾害事故隐患进行全面盘查和风险分析。值得注意的是目前不少农村青壮年大批外出,留守多为老人与儿童,安全减灾与适应意识淡薄,抗灾能力弱。村委会要对全村的脆弱人群心中有数,事先明确一旦发生重大灾害时的有限救援对象。农村家用电器和电动车迅速普及,不少家庭在屋顶安装太阳能热水器和电视天线,手机几乎人手一个,加上农村没有高大建筑,使得雷击风险明显加大。许多农村的电网未经改造,但农户用电负荷增加很快,气候暖干化地区的旱季居室火灾风险也在增大。村委会要对这些隐患高度重视,及时组织盘查、消除或防范。

(5)农村减灾资源的调度与配置

村委会要全面掌握本村减灾资源,包括可供利用的抢险救灾器材与物资,可供村民短期生存的食物和饮用水储备、伤病应急处理所需药品和材料、消防水源、具有专门技能的村民如电工、驾驶员、卫生员、兽医等、党团员和复员军人等。同时要了解附近村庄和单位的减灾资源并与他们建立协调联动机制。发生重大灾情时,首先动用和统筹运用本村资源,必要时吁请周边和上级协助救援。

## 159. 黄淮海平原适应对策要点

黄淮海平原又称华北平原,人口接近全国30%,耕地占20%,是中国经济较发达地区和粮棉油主产区之一。首都北京是全国政治、文化中心,京津冀与长三角、粤港澳大湾区同为国家重大战略区。黄淮海平原为暖温带大陆性季风气候,是我国气候暖干化最突出的地区,尤其是中北部。气候暖干化和城市迅速扩展导致的水资源紧缺和空气污染严重是京津冀城市群发展的最大制约因素。黄淮海平原水资源日益短缺,尤其海河流域人均不足 300 $m^3$,京津两市人均不足 100 $m^3$,不但严重制约工农业发展,而且导致生态恶化。海河各大支流常年断流,地下水位持续下降,部分地区地面下沉。水质恶化与大气污染也十分严重。近年来全国十大空气污染城市几乎全部处于本地区。气候变化和快速城市化还导致内涝明显加重,北京、济南、郑州都发生过特大暴雨导致多人死伤和交通瘫痪的事件。

黄淮海平原区适应气候变化的主要对策如下。

(1)发展节水型经济,建设节水型社会

采取最严格的节水措施,实行流域水资源与南水北调统一管理,调整产业结构,全面建设节水型城市,缓解水资源枯竭的压力,逐步消除地下水漏斗、地面下沉和水体污染等水环境问题。农业调整种植结构与品种布局,全面推广节水灌溉与旱作节水技术,提高灌溉水利用率和作物水分利用效率,开发利用非常规水资源,山区推广集雨补灌。加强流域水资源统一管理,严格控制超采地下水。南水北调要与本地区水利工程联合调度并节约使用。城市实行以供限需,以水定产业结构,以水定经济布局,以水定发展速度和建设规模。统筹协调生产、生活和生态用水。调整产业结构,实行最严格的水资源管理模式。积极开展海水直接利用或淡化利用、城市建筑与道路集雨和中水回用,全面推广节水工艺、节水材料和节水器具,创建节水社区和节水城市,营造全民节水,构建节水型社会的氛围。

(2)调整种植结构,推广适应技术,提高农业气候资源利用率

气候变化对本地区农业有利有弊。气候变暖有利于提高复种指数,小麦—玉米和小麦—棉花两熟制面积扩大。中北部冬小麦改用冬性略有下降的品种有利于长

大穗。小麦秋播适当推迟,夏玉米选用生育期更长的品种,春玉米播种和蔬菜育苗移栽也适当提前。降水减少、干旱加剧是对本地区农业最大的不利因素。要加强耐旱耐高温品种选育推广,压缩耗水较多的水稻和小麦种植。全面推广以管灌为主的节水灌溉方式和蹲苗锻炼、冬季镇压、秸秆粉碎还田、地膜覆盖、水肥耦合、化学抗旱等节水栽培技术。灌溉水资源严重不足的黑龙港和丘陵地应以旱作为主。蔬菜生产以保护地为主。加强农田防护林网建设。充分发挥科技与人才密集优势,构建主要作物的农业适应气候变化技术体系,将黄淮海平原建成全国高产优质农产品生产、全国最大绿色食品加工制造和优质口粮供应基地。

(3)促进京津冀都市圈协调发展

统筹规划京津冀城市群建设,疏解北京市的非首都功能,形成中心城市与中小城市及卫星城镇合理分布、交通便捷、合理分工的格局。城市外围建设绿化隔离带,郊区基本农田不得随意占用,大力发展都市型生态农业。建筑物之间应有适当的绿地隔开以利通风透光。

调整产业结构,带动华北和北方气候智慧型经济发展。充分发挥首都人才密集优势,率先构建主要气候敏感产业适应技术体系,建立适应气候变化科技研发中心,逐步建成具有较强气候韧性的京津冀世界级高新技术与知识经济产业体系。

(4)提高应急管理精细化水平,建设韧性城市

增强极端气象事件监测预测能力,实现预警无缝隙覆盖。完善防汛抗旱体系,减少不透水地面,增加城市绿地与水体,提高防洪排涝与调蓄抗旱能力,尤其雄安新区地处低洼地段,要按照气候变化可能引发的特大暴雨提高排涝设计标准。完善防灾应急预案,普及防灾减灾知识与技能。加强极端天气发生时对道路、供电、供水、供热、通信、排水等生命线系统的保护,并随着未来气候变化情况修订城市生命线工程的设计标准。加强京津风沙源治理和平原防沙林建设,确保沙尘天数继续减少。山前窝风地形不利于大气污染物扩散稀释,要从源头治理,调整改造升级中原产业群,压缩产能严重过剩的重化工业与建材产业,提高能源效率,提高工业和交通废气排放与城乡废水排放标准,大力发展公共交通,减少私车出行。

## 160. 东北地区适应技术要点

东北三省和内蒙古东部面积占全国1/8,人口占1/10,是我国最大的商品粮基地和主要重工业基地之一,也是最大林区和湿地所在。大部地区为中温带大陆性季风气候,仅大兴安岭北部为寒温带。近几十年来气温升高幅度明显大于全国其他地区,降水有所减少。气候变化对于东北地区的有利因素较多,也存在一些不利因素,主要是粮食生产的不稳定性增加,水资源趋于紧张影响区域经济发展,局部生态系统有退化趋势。东北地区在确保国家粮食安全和振兴老工业基地上肩负重要使命,主要适应对策如下。

(1) 充分利用温度条件改善机遇,构建粮食生产适应技术体系

随着气候变暖,玉米、水稻等高产喜温作物种植向北适度扩展,改用生育期更长的品种以提高产量。播种期适当提前。冬小麦种植可在东北南部适当扩大。辽西、辽南充分利用光温资源优势发展设施农业。针对干旱威胁加重,推广坐水播种机、节水灌溉方式和地膜或秸秆覆盖等节水栽培技术。针对气候变暖导致病虫害发生提早和危害期延长,调整防治策略与重点。

(2) 加强水利建设,发展节水型经济

虽然东北水资源状况好于华北,但目前许多地方存在超采地下水的现象,也要注意避免重蹈华北的覆辙。要加强水资源管理,发展经济要量水而行,制止以牺牲湿地和超采地下水盲目扩大水稻种植。加强水利基础设施建设,有条件的地区实施东水西调工程。工农业生产和城市建设都要量水而行,大力推广节水工艺和生活节水器具,推进节水型经济与节水型社会的建设。

(3) 加强生态修复与建设

加强森林生态系统建设,充分发挥涵养水源、保持水土、减缓风速和减少水土流失的作用。平原西部加强农田防护林建设与修复以减轻风沙侵蚀,林区南部可适当增加阔叶树种比例。

针对气候变暖加快土壤有机质分解和肥力下降,实施沃土工程和推广适合国情的保护性耕作技术,遏制黑土地退化。西部退化和盐渍化草场要以草灌、围封和保护为主,宜林则林,宜灌则灌,宜草则草,促进草原生态恢复。湿地周围严禁抽取地下水和扩种水稻,通过东水西调工程恢复部分湿地。

(4) 充分利用气候变暖机遇,调整产业结构,加快东北振兴步伐

东北人过去以在漫长的冬季"猫冬"著称。气候变暖使植物生长期和建筑施工期得以延长,有利于出行和活跃经济。应及时调整产业结构,增强区域经济气候韧性。根据冬季变暖程度调整建筑和交通工程布局,修订技术标准。发展生态旅游,建成全国最大避暑旅游和冰雪旅游基地。充分利用地处东北亚枢纽的区位优势,扩大开放,开展气候治理的国际合作,构建优势互补和互利双赢的区域经济共同体。

## 161. 黄土高原适应对策要点

黄土高原是中华文明的最早发源地,面积 64 万 km²,是重要的能源、化工基地和最大的苹果产区。中南部为半湿润暖温带大陆性季风气候,北部为半干旱中温带大陆性季风气候。黄土高原是世界上水土流失最严重的地区,北部还兼有风蚀,使黄土高原从历史上比较平坦和植被茂密变成如今的千沟万壑,植被稀疏,成为中国贫困人口最集中的地区。黄河泥沙含量堪称世界之最,在中下游河床淤积形成"悬河",旱涝灾害频发。近几十年来黄土高原地区气温明显升高,降水减少,呈暖干化趋势。虽经治理,水土流失总体减轻,但由于小雨次数减少,强降水事件增加,部分地区水土流失仍很严重。干旱仍是农业生产最大制约因素。

黄土高原地区适应气候变化应做好以下工作。

（1）坚持不懈做好水土保持，促进生态恢复

以小流域为单元综合治理，治坡与治沟，生物措施与工程措施相结合。在河谷与旱塬建设高产稳产旱涝保收基本农田，缓坡建设水平梯田，沟谷修建淤地坝建成阶地。继续做好陡坡退耕还林，严禁垦荒，改变粗放的耕作方式。林地实行轮封轮牧。基本丧失生存条件的严重水土流失区实施生态移民。

（2）趋利避害，调整农业结构，发展特色农业

充分利用气候变暖的有利因素，冬小麦和玉米种植北界适度北扩。春播作物根据热量条件改用生育期更长的品种并适当提早播种，冬小麦适当推迟播种以避免冬前过旺。南部水源较好地区可实行小麦收获后复种。在保证基本口粮供应的基础上，适当调减粮食作物播种面积，大力发展苹果、大枣和梨等干鲜水果并适度北扩，建成我国温带果品的最大基地。北部和西部农田扩大马铃薯种植，干旱少雨的山塬区广种牧草，建成以舍饲为主的草地畜牧业基地。充分利用本地区能源优势，农作物秸秆不再用作农村燃料，或还田以增加土壤有机质和抑制水土流失，或用作草食动物的饲料发展畜牧业。

（3）发展集雨补灌旱作农业

黄土高原适宜发展灌溉农业的面积十分有限，但完全依靠雨养产量很不稳定。利用屋顶、道路或在坡脚人工修建集雨面收集雨水，贮存于水窖，发展庭院蔬菜、瓜果种植，或用于基本农田抗旱播种及关键期补充灌溉，配合其他旱作节水栽培技术的应用，可大幅度提高产量，同时也改善了生活质量。

基本农田粮食作物生产推广沟植垄盖，可将微量降水沿垄上覆盖地膜流入沟中，变无效降水为有效降水，增产效果显著。

由于降水持续减少，高产旱作农田与果园的深层土壤出现干层并不断加厚，以耗水树种为主和密度较大的退耕地也出现植被退化和深层土壤干化，不利于可持续发展。为此，发展旱地农业要量水而行，不宜片面追求绝对高产，以追求不出现干层的较高产量为最佳决策。植树造林应以耐旱乡土树种为主，密度过大的应适当间伐，避免超出土壤水分承载力。

（4）资源枯竭和开采调减地区要调整产业结构，开拓替代生计

黄土高原中北部煤炭、石油、天然气资源丰富，是我国重要的能源基地。但随着开采力度加大，部分老煤矿区资源趋于枯竭，加上国际减煤压力增大，靠挖煤致富难以为继。要针对气候变化影响和本地自然资源，调整产业结构，通过引进新技术产业或生产区域特色农产品，努力开拓替代生计，防止返贫。

## 162. 北方牧区与农牧交错带适应对策要点

北方农牧交错带指我国东部农耕区与西北部草原牧区之间的半干旱生态过渡带，兼有种植业与草地畜牧业，是农业生产的边际地带和生态脆弱带，也是东北平原与华北

平原重要的生态屏障。农牧交错带的东部与东北地区的西部有所重叠。南部与黄土高原的北部重叠。北方牧区位于农牧交错带以北,是我国草地畜牧业的主产区,也是重要的北方生态屏障。气候暖干化和长期以来的超载过牧导致不少草地明显退化。

历史上本地区以放牧为主,随着内地人口增加,清廷被迫开放蒙荒与关东,大量内地农民"走西口、下关东",使内蒙古草原东南部边缘部分形成农牧交错带,牧区向更北的草原退缩。大面积草原开垦为农田后由于失去草被覆盖,冬春土壤裸露,风蚀沙化日益严重,土壤水分含量不断减少,土地生产力明显下降。气候暖干化则进一步加剧了农牧交错带的生态恶化。

北方农牧交错带为半干旱中温带大陆性季风气候。根据本地区 33 个气象站 1960—2010 年资料,多年平均气温上升 2 ℃左右,年降水量减少约 40 mm,呈持续暖干化趋势。以冬季增温和夏季降水减少最为明显。气候变化对农牧交错带的农牧业和生态环境产生了深刻影响,农牧交错带有整体向东南移动的趋势,草地发生旱生化演替,生物多样性下降。有些地区大量抽取地下水扩大灌溉,已造成地下水位急剧下降与河流断流。为此,农牧业生产和生态治理应采取以下适应对策。

(1)调整产业结构,建立农业与牧业、农区与牧区协调的可持续发展模式

目前北方农牧交错带已基本变为纯农区,这是违背生态规律的,应还其农牧过渡交错的本来面目。改变广种薄收粗放经营方式,在水土条件较好地段建设高产基本农田,低产农田退耕还草。提倡农区与牧区联合实行易地育肥,实现农区与牧区畜牧业资源的优化配置与高效利用。随着区域经济发展和农村劳动力向城镇的转移,基本农田逐步实行适度规模集约经营,并逐步推行草田轮作和围栏轮牧,建立农牧有机结合的可持续发展模式。

(2)调整种植结构,构建抗旱防沙农业技术体系

随着气候变暖和适当扩大玉米和马铃薯的种植,适应市场需求,早熟玉米品种不能成熟的地区可适当种植青饲玉米。推广集雨补灌、带水播种、带状留茬间作、生物篱、施用土壤改良剂扩蓄增容、化学抗旱等抗旱防沙技术。少数灌溉农田的面积与水量要严格控制在水资源承载力以内不得超采。

(3)加强生态治理,促进植被恢复

继续实行退化农田与草地退耕退牧还草,对严重退化草地围栏封育,初步恢复后,在保持草畜平衡的前提下实行季节性适度放牧利用。乔灌草结合,以灌草为主,促进植被恢复。退耕还草应以耐旱耐瘠牧草或灌木为先锋植物,不可片面追求表面形象盲目强行种植速生耗水树种。根据不同地形的草地类型,尽可能划分出冬季和夏季草场以便合理利用。气候暖干化使草原火灾风险加大,要加强草原防火部署,适当提早和延长春季防火期。

牧区的适应对策如下。

(1)要强化草畜平衡管理,控制饲养规模,鼓励夏秋打草贮备用于冬春舍饲,以减轻冬季白灾、黑灾和春旱的危害。

(2) 严重退化草地围栏封育，沙化严重地区生态移民，建设林草结合防风固沙阻沙带，保持风沙灾害总体减轻势头。

(3) 鼓励牧区与邻近粮食主产区合作，采用资源优势互补的易地育肥模式。推行划区轮牧和冬春舍饲。

(4) 加强草地防火和鼠虫害防治，加强防疫管理，防范人兽共患病的入侵与蔓延。

## 163. 华东地区适应对策要点

包括上海市，江苏、安徽两省淮河以南地区、浙江全省和福建、台湾两省大部。是经济发展水平最高，综合实力最强地区和长江经济带的龙头。其中又以长三角的经济活力最足，开放程度最高，创新能力最强，将以世界级大城市群为发展目标，建设有全球影响力的先进制造业和现代服务业基地、全国科技创新与技术研发基地，成为全国经济发展的重要引擎。

本地区属北亚热带到中亚热带湿润季风气候，近60年升温速率略高于全国平均，年降水量变化趋势不明显，但强降水事件频发，城市暴雨内涝加重，总体呈暖湿化态势。城市热岛效应与雾霾污染加重。台风登陆次数虽未增加，但强度与危害加重，加上海平面持续上升，海洋灾害对海岸带和沿海地区的威胁日益加大。

华东地区适应气候变化的对策要点如下。

(1) 科学规划和建设气候韧性海绵城市群

调整城市产业规划与布局，健全基础设施，保持城市功能适度冗余，提高蓝绿空间占比，构建气候风险和极端事件隐患排查防控体系，提高抗御台风、内涝、热浪、寒潮、雾霾污染与风暴潮的监测预警和应急救援能力。加强气象灾害对经济社会发展和城市安全影响评估与预警，修订健全应急预案，加强区域协调，建立重大气象灾害多部门跨省市应急联动机制，最大限度减轻各类灾害损失。创建气候适应型社区，建设韧性宜居城市。充分利用江湖广布，水源充足有利条件，研发以水调温技术，推广浙江丽水利用山谷水库深层冷水资源、营造人工雾带、修订防暑劳动保护标准等综合措施，减轻盛夏高温热浪危害的经验。

(2) 加强长江流域水资源与水生态保护

针对气候变暖加剧水体富营养化，加强大江大河和湖泊湿地生态保护治理，全面落实长江十年禁渔，保护渔业资源和水生生物多样性，控制化肥农药用量，严禁工业与城市超标排污，实施水系通江达海工程，清淤疏浚河道，提高水生态系统自净能力，全面消除水体黑臭。

(3) 提高应对海平面上升与海洋灾害的能力

沿江城市加强后备水源建设与保护，依托江心岛修建水库和利用上游水库调蓄以淡压咸，防控咸潮上溯，确保枯水季节饮用水源安全。提高海岸防护标准，营造防护林，保护自然岸线、近海湿地、红树林、珊瑚礁与海草床，控制人工岸线过度扩张，减轻风暴潮与海岸侵蚀危害。严控地下水开采，促进自然降水下渗补给和雨洪蓄水人工回灌,控制建筑物密度与压强,遏制沿海地面沉降。严控工业与城市超标排污入海,减轻赤潮与绿潮危害。加强近海气象灾害与海洋灾害监测预警,提高海洋经济活动与海上旅游的安全保障水平。

(4)调整农业结构,创建绿色与气候智慧型农业发展先行区

适度提高复种指数,恢复扩大双季稻种植。选用耐湿品种,采用深沟高厢栽培,健全农田排水系统,减轻越冬作物湿害。促进夏收作物早熟,使洪涝敏感期避开雨季高峰。调整品种、播栽期和采用日灌夜排等措施减轻水稻热害。调整病虫害防治时间与重点对象。加强高温、阴雨和低压天气监测预警,及时采取增氧措施,减轻因气候变暖加剧的淡水养殖泛塘死鱼。

(5)构建适应技术体系,率先实现气候智慧型经济转型

调整气候敏感型产业结构,平原发挥春秋气候宜人优势,山区和滨海发展夏季避暑旅游。健全交通系统灾害风险数据库和信息决策系统,提高危险天气的交通安全气象保障水平。针对气候变化引起的消费需求改变,调整季节性商业销售策略与贸易格局。调整贸易结构与外向型经济布局,加强东亚气象和海洋减灾的国际合作,充分发挥全球经贸枢纽和海上丝绸之路核心区作用。构建主要气候敏感产业适应技术体系,率先建成具有较强气候韧性的区域经济体系。

## 164. 华中地区适应对策要点

华中包括湖北、湖南和江西全省及河南省淮河以南地区,位于我国东部与西部、南方与北方的过渡地带,是中部崛起核心区域,也是新一轮工业化、城镇化、信息化和农业现代化,以及支撑我国经济保持中高速增长的重要区域。

华中地区属北亚热带到中亚热带湿润季风气候。近60年来气温持续升高,其速率接近全国平均水平。降水量总体呈略增,但近年来有所减少。长江中游平原是我国洪涝灾害发生最频繁和危害最严重的地区,随着气候变化,副热带高压增强北扩,夏季高温伏旱也有加重趋势。气候变化和历史上的围湖造田导致华中湖泊与湿地严重萎缩,调蓄功能明显下降,水旱灾害都有所加重。由于平原地势开阔有利于冷空气长驱直下,冬季低温冰雪灾害也较严重。随着气候带北移,血吸虫等有害生物等也有向北扩展的趋势。

华中地区适应气候变化应做到以下几点。

(1)加强湿地保护、水环境治理与生态系统保护

深入推进长江大保护,实施重点湖区水环境综合治理,全面整治农村环境,严控超标排污,控制面源污染,适度退田还湖,实行湿地生态修复,保护湿地生物多样性。加强山区植被营建,恢复与增强生态服务功能,保持区域生态环境质量处于全国一流水平。

(2)综合整治河湖水系与大气环境,提高抗旱防汛和应对高温低温灾害能力

加强山区水土保持与水利基础设施建设,实施一批重大拦蓄和调水工程,提高

水库河湖与蓄滞洪区调度能力。平原加固堤防,完善排灌系统,疏浚江湖淤积泥沙,清除河道行洪障碍。应用现代信息技术提高雨情汛情监测预警能力,完善应急预案,减轻旱涝威胁。加强城市群大气环境联防联控,基本消除重污染天气。根据冬夏气温变化调整建筑物供暖、制冷和劳动保护标准,增加城市绿地,实现立体绿化覆盖,使用隔热建材,改善住宅通风与遮阴。利用当地相对丰富水源以水调温,减轻夏季高温热浪和冬季寒潮对人体健康的不利影响。

(3)构建华中农业适应技术体系,发展气候智慧型农业

随着气候变暖适度恢复扩大双季稻面积,增加冬季蔬菜绿肥种植,提高复种指数。根据有害生物发生与活动规律变化调整防治时机与措施。适当提早早稻播期以规避抽穗灌浆期热害,水网地区以水调温,辅之化学制剂,减轻早稻五月寒与晚稻寒露风危害。南部热量丰富地区推广中晚稻灾后种植再生稻救灾技术。调整病虫害防治策略与部署,构建主要作物适应气候变化应变栽培技术体系。山区应用现代信息技术进行精细气候区划,发展立体特色种养和林果业。水网地区推广稻渔、稻虾蟹、稻荷等综合种养稳粮增收模式,建成南方最大粮油渔高产优质基地,提升粮食安全保障能力。

(4)完善疾病防控体系,防止媒传疾病与有害生物北扩蔓延

开展中长期气候变化对有害生物和媒传疾病影响的预估,全面总结应对新冠疫情经验教训,进一步完善疾病防控体系,防止血吸虫等媒传疾病北扩。加强对脆弱人群气候敏感疾病发病条件的监测预警和气象舒适度预测评估,提供气候变化条件下的保健与营养指南,全面提高城乡居民的健康水平。

(5)建设海绵城市,增强城市韧性,促进气候智慧型经济转型

将适应气候变化纳入城市发展规划,合理布局城市群,改造城市基础设施,适当增加城市绿地与水体面积,增强防洪排涝与防暑抗冻能力,综合治理城市水污染和大气污染,增强城市经济应对气候变化与极端事件的韧性。建成区域应急物资供应链、集配中心和国家应急产业示范基地。评估气候变化对消费需求与敏感产业的影响,调整能源、产业结构和布局与季节性产销策略,促进城市经济的气候智慧转型。修订工程技术标准,确保华中作为全国水陆交通、航空、电网、天然气网与物流枢纽的安全运行,建成引领中部、辐射全国、通达世界的现代化综合交通运输体系与能源体系。

## 165. 西北干旱区适应对策要点

西北干旱区包括新疆、内蒙古西部、宁夏绝大部分及甘肃的河西走廊。大部地区为干旱温带大陆性气候,以灌溉农业为主,少数为旱作农业,一年一熟,牧业占较大比重。新疆南部为干旱暖温带大陆性气候,农业集中于有灌溉的绿洲,可一年两熟,牧业占一定比重。

西北干旱区的太阳辐射强烈,昼夜温差大,风能资源丰富,但降水稀少,水资源不足。广布沙漠与戈壁,风蚀沙化严重。近几十年来气候明显变暖,大部地区降水

增加,但融雪性洪水频发,水资源状况有所改善,但不稳定性增加。沙尘暴次数减少,但由于不合理的人类活动,局部地区的沙漠化仍然严重。

西北干旱区适应气候变化的主要对策如下。

(1)建设水利枢纽工程,实现地表水-地下水联合调度,建设节水型社会

充分利用西北干旱区降水增加和冰雪消融加快的机遇,建立冰雪消融监测系统,预估未来水资源变化趋势。针对原有平原水库大多老化淤塞,新建一批山区水库和水利枢纽工程,除险加固现有水库和水利工程。适度利用浅层地下水补充灌溉,实施地表水-地下水联合开发,缓解春季作物灌溉和城市工业与生活的缺水。所有河流实行按流域统一管理与优化配置水资源,增强水资源联合调度和防洪抗旱能力,减轻干旱和洪涝灾害损失。在有条件的地区实施跨流域调水工程。推广膜下滴灌等高效节水灌溉与节水农艺,绿洲扩大垦荒要在节水的基础上量水而行。工业实行循环用水,提倡生活节水,建成节水型社会。

(2)发挥气候资源优势,调整种植结构,发展特色农业

西北干旱区光照充足,昼夜温差大,有利于优质瓜果、夏淡季蔬菜和棉花种植,近年来新疆连续保持粮食作物单产全国领先。要充分利用积温与降水增多的有利因素,调整种植结构,在确保粮食安全的基础上大力发展特色农业及其加工业。随着气候变暖和降水增加,新疆可适度扩大灌溉面积和使用生育期更长的品种。在建成全国最大优质棉花与瓜果生产基地的基础上,建成新的商品粮生产基地。

(3)加强防沙治沙,促进生态恢复

风蚀沙化严重地区实行退耕还林还草和退化草地的禁牧封育,严禁超采地下水,促进植被恢复。在绿洲外围营造植被保护带,综合治理沙荒地和盐碱地。加强对干旱区生物多样性的保护,适当扩大各类自然保护区的范围。重要交通要道两旁和工程项目周围使用草方格和种植沙生植物以固定流动沙丘。

(4)发挥气候资源优势,发展自然生态与历史民族文化特色旅游

评估气候变化对自然景观、历史遗迹、民族文化等旅游资源的影响,加强基础设施与交通建设,准确提供极端天气预警与气象保障服务,大力发展区域特色旅游,根据气候景观与物候变化调整旅游点布局、项目内容与开放季节。加强敦煌石窟、楼兰遗址、冰雪景观和湿地等气候敏感脆弱旅游资源和珍稀物种的保护。

(5)抓住丝绸之路经济带的发展机遇

气候变暖有利于我国西北和中亚地区增加出行与活跃经济,要抓住丝绸之路经济带开拓的历史机遇,加强对西开放,积极开展与周边国家的交流与合作,实现西北地区的跨越式发展。

## 166. 西南地区适应对策要点

西南地区包括四川、重庆、云南和贵州,人口约2亿,多民族聚居,是我国的战略后方工业基地和面向东南亚与南亚的开放前沿。地形复杂,兼有高山、高原、盆地与

河谷平原,气候呈立体分布,是我国最重要的生物多样性和民族文化宝库。成渝双城经济圈将形成具有全国重要影响力的新增长极,整个西南地区将成为实施一带一路倡议的重要枢纽和辐射中心。

西南地区是我国地质灾害最严重的地区。东南部为石灰岩地貌,水土流失与石漠化严重。近几十年气候变暖,但四川盆地局部地区不明显。总降水量变化不大,但云贵与川西冬春干旱及重庆与川东伏旱加重,由于地势高差大,同等降水量的洪涝灾害要比东部地区重。旱涝急转导致水土流失加重。气候变化还严重威胁生物多样性。

西南地区适应气候变化的主要对策如下。

(1) 完善生态系统和生物多样性保护系统

气候变化造成许多物种生境与食物链关系迅速改变而不能适应,为防止自然生态系统退化和珍稀物种灭绝,要加强自然保护区管理,周围建立缓冲区,严格限制人类活动干扰。综合治理气候环境恶化的自然保护区,修建生态廊道以促进各类自然保护空间的协调。加大珍稀动植物物种资源保护力度,建立种子库和基因库,必要时实行迁移保护,建成世界高水平生物多样性保护样板。监测防控外来有害生物入侵,根据林线上升调整造林与旱季森林防火部署。加强珠江和长江上游生态治理修复,工程措施与生物措施相结合恢复岩溶山区植被,综合治理石漠化,因地制宜退耕还林和生态移民。

(2) 提高粮食自给水平,发展区域特色立体农业

充分发挥生物多样性和气候资源丰富优势,应用现代信息技术进行精细农业气候区划,发展高效特色立体农业,建成经济作物优势产区。加快四川盆地与高原坝子农业现代化进程。引进和培育产量潜力高、品质优良、综合抗性突出且适应性广的作物品种。山区针对冬春干旱频发加重和田高水低提水困难,加强水利工程与设施的短板建设,以集雨、拦蓄、提水与灌溉等小型工程为主,开展坡改梯和中低产田改造,普及节水灌溉、集雨补灌和旱作节水农艺,研发适应旱作坡地的小型农机具,提高粮食自给水平。

(3) 加强自然遗产与民族文化保护,促进区域特色旅游业发展

将生态建设与旅游经济建设相结合,促进生态旅游业发展。加强气候敏感生态脆弱地区特色景观保护,改善基础设施与交通条件,提高极端事件监测预测预警精细化与气象安全保障水平。加强民族文化抢救和生态环境保护,深入挖掘民族历史文化精髓,尽量保留与现代文明相容的民族习俗,旅游建筑设施和活动内容要体现地方民族风俗,并与当地自然景观相协调。根据气候变化对自然物候和气象景观的影响,调整开放时段与项目内容。发挥高原夏季相对凉爽的气候优势,打造全国最大最优避暑旅游基地,建成世界知名生态与民族文化旅游基地。

(4) 加强经济社会气候韧性建设

扩大气候适应型城市试点,改进城乡基础设施,倡导绿色生活方式,普及气象灾害防御和适应气候变化知识与技能。加强高原山地基础设施与重大工程建设的气

候论证,适当调整布局,修订工程技术标准。加强气象灾害与地质灾害监测预警,进行灾害风险精细区划,完善应急预案,山地灾害与洪灾多发区的村镇都应设避险场所。成渝经济圈调整产业结构与布局,率先实现气候智慧型经济转型。调整面向南亚和东南亚的商贸与经济合作格局,共同应对区域气候变化挑战。

### 167. 华南地区适应对策要点

华南地区包括广东、广西、海南、香港、澳门,地理上广义的华南还包括台湾、福建和云南三省的南部。大部地区属南亚热带季风气候,湛江及以南的雷州半岛和海南岛、台湾南端、云南南部和南海诸岛属热带季风气候。冬暖夏热,虽有雨季和旱季之分,但全年雨量充沛。升温速率略低于全国平均,北部大于南部,内陆大于沿海,城市大于乡村。年降水量变化趋势不明显,但降水日数减少强度增大。冬春干旱与盛夏炎热加重。台风生成个数和登陆次数虽然没有增加但强度增大。海平面持续上升加剧了沿海台风、洪涝、咸潮与风暴潮危害。

华南是我国对外开放先行地区和"一带一路"建设的战略枢纽,对全国经济社会发展有重要引领作用,但沿海与内陆差距拉大,发展很不平衡。未来粤港澳大湾区将通过三地经济融合和一体化发展,构建有全球影响力的先进制造业和现代服务业基地、全国科技创新与技术研发基地和经济发展重要引擎。

华南地区适应气候变化的主要对策如下。

(1) 加强气象与海洋灾害监测预警和防范,保护海洋生态

健全气象与海洋环境监测与灾害风险评估、预测和预警系统,加强防灾设施建设,加强水利工程与海绵城市建设,提高防洪抗旱能力。统筹江河上游水库调度,以淡压咸,控制旱季咸潮上溯,确保饮用水安全。加高加固海堤和其他防护设施,减轻台风、风暴潮与赤潮危害,特别要加强台风引发山区地质灾害的预警和防范。控制人工岸线过度扩张,推进海洋自然保护区建设,保护自然岸线、红树林、珊瑚礁与海洋生物多样性。根据海平面上升、台风强度和风暴潮动态确定岛礁设施的建设与防护标准。对靠近岛礁周围的生态系统采取保护措施,禁止乱捕滥采。逐步建成具有世界先进水平的大湾区现代气象业务、服务、科技创新和管理体系并辐射整个华南地区。

(2) 防范媒传疾病北扩与生物入侵,健全公共卫生与疾病防控体系

监测登革热等媒传疾病、人兽共患病北扩和外来有害生物入侵,研发推广防控疫病与有害生物蔓延的高新生物技术,宣传普及保护野生动植物与生物多样性的知识,树立与大自然和谐相处的理念,杜绝捕食野生动物的不文明行为。综合治理富营养化水体,确保城乡居民饮用水安全。修订突发公共卫生事件应急预案,完善公共卫生体系,从以治病为中心转向以健康为中心。修订劳动保护标准,推广绿色建筑,加强高温热浪天气预警与脆弱人群健康保护的气象服务。

(3) 建设气候智慧型优质高产特色热带亚热带农业基地

充分利用天然大温室气候优势，扩大菜、瓜果、马铃薯、绿肥等冬种农业生产规模，建成国际先进种业基地。研发推广桑基、蔗基、果基鱼塘和稻鱼共生等多种资源循环高效利用生态农业模式。调整热带亚热带经济林果布局，利用山区有利地形适度北扩，减轻冬季寒害和荔枝、龙眼暖害。

(4) 综合治理山区水土流失与石漠化，振兴山乡经济

丘陵山区合理利用土地，提高植被覆盖率，生物措施与工程措施相结合，巩固华南西部北部山区石漠化治理与脱贫成果。发挥立体气候资源优势，开发特色农林业与旅游产品，增强生态服务功能并实行生态补偿，完善山村基础设施，大幅度缩小与城市和平原农村的发展差距，同步实现现代化。

(5) 调整产业结构与布局，增强区域经济气候韧性

发挥社会经济资源密集与先行开放优势，调整气候敏感型产业结构与布局，打造国际先进制造业与海洋产业高地及现代服务业基地，发挥低纬度沿海气候优势，加强旅游与交通基础设施建设，发展避寒避暑与海洋生态旅游。以大湾区带动华南和南方经济双循环发展。依托大湾区科技密集优势，创建具有中国与华南特色的适应气候变化体制、机制、理论和技术体系。加强与东南亚与印太地区的国际合作，共同应对全球气候变化挑战。

## 168. 青藏高原适应对策要点

青藏高原地区包括西藏、青海两省（区）全境和甘肃西南部、四川西部和云南西北部等藏区，是世界面积最大、海拔最高的高原，也是国家重要的生态屏障和亚洲水塔，具有不可替代的生态安全与国土安全战略地位。

近60年来青藏高原气候迅速暖湿化，升温速率为全球平均的两倍，降水量显著增多，加上冰雪消融加快，在植被状况改善的同时，还导致径流量增加，湖泊扩张，地质灾害频繁，冻土退化与不稳定给工程建设带来隐患。高原气候与地表状况变化深刻影响亚洲甚至全球的气候演变，使得青藏高原的气候变化研究与适应气候变化工作具有特殊重要的意义。

青藏高原适应气候变化的主要对策如下。

(1) 加强高原气候变化及影响监测评估，确保国家水资源与重大工程安全

增设观测站点，采用先进技术，加强高原气候系统构成要素与地表状况的监测，为预估全国气候变化及影响和制定适应战略提供坚实科学依据。利用有利天气在三江源和其他江河上游实施人工增雨作业，确保"中华水塔"的永续利用。加强水源地生态、冰雪灾害、融雪性洪水与地质灾害监测预警和应急响应，编制风险区划，重点治理高危冰湖。针对冻土变浅、不稳定和多灾频发，加强基础设施与重点工程气候风险评估与气象保障服务，调整工程布局与技术标准，确保重大交通、水利、发电、建筑等基础设施的安全运行。

(2) 加大高原生态系统与生物多样性保护力度

健全高原生态保护体系,严禁和惩办非法捕猎,建设生态廊道,改善珍稀动物栖息地环境,保护高原生物多样性和藏族生态文化遗产。根据林线上升、降水增多与物候变化调整造林树种与植树期,改善林分结构。防控森林火灾与虫鼠害,综合治理土地沙化与草原退化。完善市场化、多元化生态补偿机制,适度开发生态旅游与民族文化旅游,保持生态环境质量的全国领先水平,努力实现青藏高原生态价值的最大化。

(3) 发挥气候优势,加快高原特色农牧业现代化进程

充分利用积温与降水增加和低纬度高原冬温夏凉、光合作用没有午睡现象的气候优势,调整作物与品种布局,适度扩大河谷平原种植规模和灌溉面积,利用充足阳光推广转光薄膜,发展设施农业,提高粮食与农产品自给率。加强高寒草地保护,以草定畜,提高饲草转化率,在保护生态的基础上拓宽牧民生计,普及牧户太阳能与风能利用。

(4) 增强高原经济社会的气候韧性

健全公共卫生系统,改善医疗卫生条件,减轻高原气候相关疾病危害。调整气候相关可再生能源开发布局,建成国家重要清洁能源示范与接续基地。提高高原特色农畜产品加工水平与商品率,促进区域产业多元化发展,研发推广气候敏感产业的适应气候变化技术,拓宽农牧民生计,加快城市化进程,繁荣发展铁路经济带。

## 169. 生态脆弱与气候贫困地区怎样适应气候变化?

气候贫穷(climate poverty)是指由于全球气候变化带来的影响及产生的灾害所导致的贫穷或使得贫穷加剧的现象,由国际慈善组织乐施会于2007年首次提出。根据世界卫生组织统计,全球每年有30万人因气候变化而死亡。2009年5月乐施会发布的《生存的权利》报告预计,到2015年,全球气候危机影响的人数将增长54%,达到3.75亿人;到2050年,全球估计将有2亿人沦为"气候难民"。

气候贫困的产生,大多是由于气候变化导致本地区资源禀赋减少或生存环境恶化,以至生产水平与收入降低而陷入贫困,也有一些国家是由于在不合理的国际经济社会制度下,气候变化加剧发展不平衡,或因资源争夺引发动乱和战争所造成。

在中国,贫困地区与生态与环境脆弱地带具有高度的相关性,据刘长松(2019)统计,我国的生态脆弱地区有92%的县是贫困县,83%的人口属贫困人口。生态脆弱区(ecotone)是指两种不同类型的生态系统的交界过渡区域,具有系统抗干扰能力弱,对全球气候变化敏感,时空波动性强,边缘效应显著和环境异质性高等特征。我国生态脆弱区主要分布于北方干旱半干旱区、南方丘陵区、西南山地区、青藏高原区及东部沿海水陆交接地区,其中以黄土高原、西南岩溶石漠化山区、西北干旱和沙漠化地区及部分农牧交错带地区为最突出,华北土石山区、南方红黄壤丘陵区和秦巴山区也有一些深度贫困地区。这些生态脆弱贫困地区普遍存在水土流失和植被破

坏严重,常年干旱缺水和灾害频发,生物多样性锐减等问题。

经过多年努力,中国到 2020 年底已整体消除绝对贫困,成为最早实现联合国千年发展目标中减贫目标的国家。但基础仍不稳固,发生重大灾害或疫病流行时部分农村还有返贫的可能。此外,相对贫困人口所占比例还很大,实现共同富裕还有很长的路要走。

刘长松(2019)根据成因把气候贫困分为以下三类:重大灾害造成的突发性气候贫困、长期生态环境恶化造成的缓发性气候贫困、基础设施薄弱和应对能力差造成的适应型气候贫困。并提出七条对策建议:制定评价指标,建立气候贫困监测评估预警机制;加强政策协同,建立气候贫困的综合应对体系;同步推进低碳发展与气候适应,提升贫困地区的物质资本;加大资金投入,提升气候贫困群体的金融资本;加强教育培训,提升气候贫困群体的人力资本;推进生态治理,提升气候贫困群体的自然资本;完善治理体系,提升气候贫困群体的社会资本。

为巩固脱贫成果和加快农村现代化,党的十九大提出了乡村振兴战略的 20 字方针:"产业兴旺、生态宜居、乡风文明、治理有效、生活富裕",并宣布脱贫摘帽不脱帮扶。

针对气候贫困,除一般贫困地区的基本减贫对策外,还需要针对气候变化的影响采取以下适应措施。

(1)监测当地气候变化特征及其对自然资源、生态环境和居民生计的影响,评估气候风险、可能致贫因素与有利因素。

(2)针对当地生态恶化的主要表现与成因,因地制宜推进生态建设。如黄土高原开展小流域综合治理水土流失,西南岩溶山区生物措施与工程措施相结合综合治理石漠化,西北干旱区营造防风固沙植被,遏制土地沙漠化。干旱缺水地区推广集雨补灌与旱作保墒技术,开发利用非常规水资源等。

(3)根据气候变化引起的农业气候资源改变,编制精细农业气候区划,调整产业结构、作物布局、品种配置与播种期,充分利用积温增加和当地特殊气候优势,生产特色名优产品。

(4)加强气象灾害监测预警,加强水利、交通、供电、环境卫生和救灾物资储备等农村基础设施建设,提高灾害应急能力,推广普及农林牧业减灾技术。

(5)发生不可抗拒特大灾害或生态极端恶化,基本失去生存条件的地区,有序组织异地搬迁,根据迁入地资源与社会经济条件开拓生计和进行技术培训,促进气候移民尽快融入当地社会和适应迁入地气候与环境条件,不致成为气候难民。

## 170. 怎样抓住"一带一路"倡议实施的机遇促进区域经济发展?

"一带一路"是丝绸之路经济带和 21 世纪海上丝绸之路的简称。其中,丝绸之路经济带重点畅通中国经中亚、俄罗斯至欧洲,经中亚、西亚至波斯湾、地中海,中国至东南亚、南亚、印度洋等线路。21 世纪海上丝绸之路重点方向是从中国沿海港口过南海到印度洋并延伸至欧洲与过南海到南太平洋等航线。"一带一路"贯穿亚欧非大陆,一头是活跃的东亚经济圈,一头是发达的欧洲经济圈,中间广大腹地国家的经济发展潜力巨大。虽然"一带一路"借用古代丝绸之路的历史符号,但与历史上中亚等丝绸之路沿途地带只是作为东西方贸易和文化交流的过道不同,而是要发展与沿线国家的经济合作伙伴关系,共同打造政治互信、经济融合、文化包容的利益共同体、命运共同体和责任共同体,推动建立持久和平、普遍安全、共同繁荣的和谐世界。

"一带一路"倡议对中国经济发展也是极大的机遇。中国目前拥有巨量资本与过剩产能,具备大规模进行基础设施建设的技术能力。为避免中等发展陷阱也必须开拓海外空间。这一倡议涉及我国沿海、沿边十多个省、自治区、直辖市,并以内地省市为起点或支撑,形成全方位对外开放的格局,势必全面带动我国尤其是西部沿边和东部沿海地区的经济发展。

古代丝绸之路在气候温暖湿润的汉唐时期十分繁荣,随着中世纪中亚气候干冷化而逐渐衰落。海上丝绸之路在宋元时期贸易发达,郑和下西洋达到顶峰,随着明朝后期气候恶化和闭关自守而逐渐冷落,被西方的炮舰霸权与殖民主义所取代。虽然现代社会具有高度发达的生产力,气候变化仍然对"一带一路"战略的实施将产生重要的影响。

陆上丝绸之路经济带位于中高纬度,变暖更为突出,中亚和东欧的降水也在增加,气候变化总体有利于区域资源开发与经济发展,并起到衔接欧亚大陆东西两端两大经济圈的作用,给我国西部向西开放与北部向北开放提供了重要机遇。

截至2021年3月,中国已与171个国家和国际组织签署205份共建"一带一路"合作文件,构建"人类命运共同体"理念深入人心。除政策、法律、人力、财力、物资、技术等方面外,如何适应气候变化,更加有序和高效地实施这一倡议也应提上日程。

(1) 适应气候变化与实施陆上丝绸之路经济带倡议

① 气候变化对陆上丝绸之路沿线国家资源开发与经济发展的影响。

② 气候变化对我国西部和北方省区资源、生态与经济发展的影响。

③ 气候变化前景下"一带一路"国家经济互补性和贸易前景与对策。

④ 气候变化对沿线交通运输基础设施建设的影响与适应对策。

(2) 适应气候变化与实施21世纪海上丝绸之路倡议

① 气候变化与海平面上升对东南亚、南亚、中东、东非与南太平洋国家资源格局和经济发展的影响。

② 气候变化对我国东南沿海和西南沿边地区资源、生态与经济的影响。

③ 气候变化背景下,海上丝绸之路周边国家与我国经济互补性和贸易前景及对策。

④ 国际减排对石油输出国经济的影响及转轨发展途径研究。

⑤ 海上丝绸之路应对极端天气气候事件与海洋灾害的国际保障系统建设。

# 八、气候变化对农业的影响与适应对策

## 171. 怎样评估气候变化对我国农业的总体影响？

现代农业系统由农业生物、农业自然资源与农业生态环境、农业设施与工程、农业服务业及其他涉农产业构成,已发展成横跨一二三产业,运用先进技术、装备与管理,兼具生产、生态与社会服务功能,高度发达的新型综合性产业。尽管如此,农业仍然是对气候变化最为敏感的产业部门,这是由于农业以生物为生产对象,而且主要在露天下进行,暴露度大。气候变化还带来了农业自然灾害的一些新特点,对农业系统的各个方面产生深刻的影响(郑大玮 等,2013)。

从对农业生物的影响看,有利有弊。二氧化碳浓度增高可促进植物光合速率并提高作物水分利用效率,积温增加有利于提高复种指数和改用生育期更长品种,作物可种植界限北移,从而增大了作物生产潜力;冬季变暖可减轻作物越冬冻害,缓解动物冷应激,降低牲畜越冬死亡率和掉膘率。但气候变暖也增加了有害生物越冬基数,使植物病虫害和动物疫病发生提前,危害期延长,发生范围北扩,损失加大;极端天气气候事件增多,北方大部地区的干旱、南方大部地区的洪涝与季节性干旱加重;虽然低温灾害总体减轻,但霜冻灾害反而加重,过去危害不大的作物高温热害与动物热应激频繁发生。

从对农业自然资源与生态环境的影响看,虽然气候变化导致温度资源和二氧化碳浓度增加,但由于升温后耗水量增加导致经济发展挤占农业用水,致使水资源日益紧缺,极大限制了上述有利因素的利用;气候明显暖干化地区的水资源更加紧缺,森林与草原退化;气温升高还加速了土壤有机质分解,尤以东北黑土地的退化明显;水温升高加速微生物繁衍,促进水体富营养化,水体溶解氧减少使泛塘死鱼的风险增加;海平面上升对沿海地区种植业和养殖业都构成极大威胁,海水吸收和溶解二氧化碳使海水酸化,威胁甲壳类养殖动物的生长;极端降水与旱涝急转事件加大了山区水土流失;气候的急剧变化不但导致野生生物多样性的减少,同时也加快了农业生物多样性的流失和外来有害生物的入侵。

从对农事作业和工程设施的影响看,气候变暖使农耕期延长,耕作、播种、移栽、收获等农事时间相应改变;气温升高使化肥加速分解,利用率降低,挥发和渗漏损失增加,并使农药毒性增大,挥发和分解加快;高寒地区冻土层变浅,有利于减轻翻浆对农事作业和运输的影响;气候变暖使农田基本建设和水利工程的施工期得以延长,但极端天气不利于各种田间作业,且容易损害各种农业设施。

从对农业生产布局、市场需求和贸易的影响看,气候变暖对高寒地区的农业生产有利因素较多,而对低纬度和沿海地区农业生产的威胁较大。气候继续变暖必然会影响区域和全球的农业生产布局与结构,一些热带地区和降水量明显减少的地区农业生产将更加困难,过去高寒地区的一些不毛之地有可能成为新的农产品生产基地。农产品优势产区的转移会影响到国内和国际农产品贸易格局。气温升高还影响到人们的食欲、饮食习惯和对纺织品消费需求的改变,对高脂肪和高热量摄入的需求降低,但二氧化碳浓度增高导致许多农产品的蛋白质含量降低,又不得不通过增加摄入量来弥补。

总之,气候变化对农业系统的影响十分复杂,许多问题有待深入研究。总体上看,对低纬度和降水量减少地区的农业不利因素较多,对高纬度地区农业的有利因素较多;近期的影响有利有弊,远期的影响有可能弊大于利;未采取适应对策或气候变化的速率过快,有可能弊大于利;将气候变化的速率控制在一定范围内并采取适当的适应对策,也有可能争取中国大部分地区在一定时期内的利大于弊(许吟隆 等,2014)。

## 172. 气候变化对我国的农业气候资源有什么影响？

农业气候资源(agroclimatic resources)是指对农业生产有利的气候条件组合与大气中可被农业利用的物质与能量,是农业自然资源的重要组成部分。由于农业气候资源具有空间分布的不均衡性,导致大范围内光热水资源存在不同程度的区域差异性,根据杨晓光等(2011,2014)的研究,气候变化导致农业气候资源时空分布格局的改变,对不同地区和不同季节的农业生产产生了复杂的影响。

(1)温度资源的变化

1961—2007 年,我国年平均气温、≥0 ℃积温总体均呈增加趋势。以东北增幅最大,依次为西北、华北、长江中下游、华南和西南,但≥10 ℃积温增幅最大是华南,依次为长江中下游、华北、东北、西北、和西南。

(2)光照资源的变化

1961—2007 年,全国年日照时数、喜凉作物和喜温作物生长期内日照时数总体均呈减少趋势。年日照时数以华北减幅最大,依次为长江中下游、华南、东北、西南和西北。喜凉作物生长期日照时数华北减少,西北增加。喜温作物生长期日照时数除西北和东北增加外,其余区域均减少,华南减幅最大,其次为长江中下游、华北和西南。年日照时数的减幅大于喜温作物生长期日照时数,更大于喜凉作物生长期日照时数。喜凉作物生长期日照时数减幅以华北最大,喜温作物生长期日照时数减幅则以华南最大,但二者在西北地区均呈增加趋势。

(3)水分资源的变化

1961—2007 年年降水量、喜凉和喜温作物生长期内降水量总体均呈减少趋势,但减幅较小。年降水量增加的有华南、长江中下游和西北,其余地区减少,减幅最大是华北,其次为东北和西南。华北喜凉作物生长期降水量减幅度达每十年 18.2 mm。喜温作物生长期降水量增加区域有华南、长江中下游和西北地区,华北、东北和西南地区呈减少趋势,但近年来有所回升。喜凉作物生长期降水量减幅大于喜温作物生长期和全年,尤以华北的减幅最大,华南、长江中下游和西北地区年降水量和喜温作物生长期降水量均呈增加趋势,但近年来华中夏季降水减少。

1961—2007 年参考作物的年蒸散量、喜凉和喜温作物生长期蒸散量全国总体均为减少趋势。年蒸散量以华北减幅最大,依次为长江中下游、西北、西南、华南和东北。但由于生长期延长,东北、华南、西南和西北地区喜温作物生长期参考作物的蒸散量却呈增加趋势,增幅最大为东北。

(4) 总体评价

气候变化表现为暖干趋势的地区有西南、华北和东北,西北、长江中下游和华南表现为暖湿趋势。喜凉作物生长期内华北为暖干趋势,西北总体呈暖湿趋势。喜温作物生长期内与全年趋势相同。气候变化对我国东北、西北和青藏高原农业的影响总体上利大于弊,对黄淮海地区和南方农业的影响有利有弊,未来不利影响还会增大。

(5) 未来趋势

根据赵俊芳等(2010)的研究,A2 和 B2[①] 情景下与基准状态(1961—1990 年)相比,预估 2011—2050 年我国大部分地区平均无霜期日数明显延长,温度资源显著增加。各地农耕期(日均气温稳定通过 0 ℃的持续日数)将有不同程度的延长。全国大部分地区降水量与基准状态相比将增加,增加量将小于 100 mm。农耕期间太阳总辐射量和潜在蒸散量有所增加。

## 173. 气候变化对我国的粮食安全有什么影响?

粮食安全是指能确保所有的人在任何时候既买得到又买得起他们所需的基本食品。粮食安全是人类生存发展的首要问题,与社会和谐、政治稳定、经济持续发展息息相关。目前全球仍有 10 亿人口忍受饥饿,绝大多数位于撒哈拉以南和南亚的发展中国家。中国虽然以占世界 8%的耕地和人均不足世界 1/4 的水资源养活占世界 19%的人口并逐步实现小康,但粮食增产仍赶不上消费增长,粮食供销处于紧平衡,农产品进口逐年增加。除土地资源和水资源约束外,气候变化也带来了新的不确定因素。作为一个人口大国,中国如出现粮食危机,会引发世界粮价上涨和粮食短缺,因此,必须确保较高的粮食产能、自给能力和储备水平。

---

① 政府间气候变化专门委员会(IPCC)为科学预估未来的气候变化及其影响,基于全球温室气体排放的不同情景构建了未来气候情景的不同模式。其中第四次评估报告采用的 SRES 排放情景包括 A1、A2、B1、B2 四个情景族,A1 情景强调不同能源类型与平衡的作用,A2 情景强调区域性经济、社会发展;B1 情景强调全球趋同的经济、社会与环境可持续发展,B2 情景强调区域性经济、社会与环境可持续发展。不同情景下得出的全球和区域增温幅度有很大差别。

气候变化对粮食安全的影响包括对产量及其稳定性、品质、分布与贸易格局、生态脆弱贫困地区的民生等方面。

气候变化对粮食作物生产的影响有利有弊。

不利影响：气温升高导致喜温作物发育加快，生育期缩短；作为我国粮食主产区的东北与华北气候明显暖干化，降水量持续减少，气候变暖却导致生产生活耗水量不断增加，日益挤占农业用水；极端天气气候事件加大了粮食生产的不稳定性，尤其是北方大部地区的干旱、南方洪涝与季节性干旱及高温热害加重；气候变暖使有害生物的越冬基数增大，病虫害发生提前，范围扩大，危害期延长；气温日较差缩小和太阳辐射减弱不利于光合积累；气温升高将加速土壤有机质分解和土地退化；二氧化碳浓度增高会加大 $C_3$ 类杂草的竞争力。

有利因素：积温增加有利于提高复种指数，改用生育期更长和增产潜力更大的品种，有利于高寒地区粮食作物的扩种；气候变暖使冻害和冷害等低温灾害减轻；二氧化碳浓度增高具有施肥效应，可促进光合作用，并可提高作物的水分利用效率；太阳辐射与风速减弱抑制了植被蒸腾和土壤蒸发，可减轻干旱胁迫。

对粮食作物产量的实际影响将取决于上述因素的综合效应和是否采取合理的适应措施。气候变化影响在区域之间差异明显，对于高纬度地区的粮食生产有利因素较多，低纬度地区则不利因素更多。采取适应措施将能更加充分地利用高纬度地区的有利因素和减轻低纬度地区的不利因素。

研究表明，如现有种植制度、作物品种布局和栽培管理不变，气候变暖对我国主要粮食作物生产力的影响以负面为主。全球气温升高 2.5 ℃时，中国的小麦、玉米、水稻等三种主要粮食作物的单产水平都将下降。加上农业用水量的减少和城市化导致耕地面积下降，未来中近期，粮食供给总量最大可下降 20%。

农业生产气候条件的利弊是相对的，原因在于农业系统和农业生物都存在多样性。如谷子和甘薯等作物相对耐旱，水稻、油菜等相对耐湿；小麦、油菜等作物相对喜凉，棉花、甘蔗等作物相对耐热。气候变化使得原有的农业结构不适应，通过调整种植结构、作物布局、品种类型和栽培管理等趋利避害措施，就有可能使农业系统能够适应新的区域气候环境。在此基础上，再采取增加粮食储备，改进粮食管理与调配，沿海地区适度进口和利用国外资源建立粮食生产基地等措施，在气候变化的一定幅度以内是能够确保中国的粮食安全的。

## 174. 气候变化对我国的种植制度有什么影响？

种植制度是一个地区或生产单位作物种植结构、配置、熟制与种植方式的总体，其中种植方式又包括轮作、连作、间作、套作、混作、单作和复种等多种形式。由于我国人多地少，为确保农产品的供给，种植制度调整与改革集中体现在提高复种指数和推广多熟制。气候资源是推广多熟种植最重要的条件，全球气候变暖改变了各地的农业气候资源格局，对中国的种植制度带来了深刻的影响。

20世纪60年代以来,气候变暖导致我国≥0 ℃、≥5 ℃和≥10 ℃界限的积温增加,无霜期延长,使我国种植制度发生了深刻变化,一年两熟和三熟种植界限北移,复种指数提高。其中一年两熟可种植北界位移最大区域为陕西省和辽宁省,一年三熟可种植北界位移最大区域在云南、贵州、湖北、安徽、江苏和浙江等省。在不考虑作物品种变化和社会经济等因素的前提下,随着气候变暖,这些区域将由一年一熟改变为一年两熟或由一年两熟改变为一年三熟,主体种植模式单位面积周年产量可不同程度提高。推广双季稻后,虽然一季中稻的产量分别高于早稻和晚稻,但仍明显低于早稻和晚稻产量的总和。华北中北部地区过去以两年三熟制或小麦—玉米套种为主,复种指数约为1.5。随着气候变暖,自20世纪80年代以来逐渐改为小麦—玉米平作一年两熟制为主,产量大幅度提高。

降水的变化也会影响到界限制度界限的移动,未来降水量的增加将使大部分地区雨养冬小麦—夏玉米稳产种植北界向西北方向移动。但内蒙古中东部气候的暖干化将迫使农牧交错带整体向东南方向移动,农区面积进一步缩小。

在温度条件一茬有余,两茬不足,或两茬有余,三茬不足的地区,为充分利用气候变暖增加的温度资源,间作套种有显著的扩展,如华北平原北部和低山丘陵、黄土高原等地,小麦套种玉米比较普遍。川中丘陵在降水减少的气候背景下,"水路不通走旱路",改传统的冬水田种植一季水稻为小麦、玉米、甘薯三种作物套种,粮食产量显著提高(郑德刚,2007)。

气候变化使有害生物入侵的威胁和植物病虫害危害加大,气温升高还加剧了土壤有机质的分解,降低了化肥与农药的效力,加重了农业废弃物污染。在长期单作与连作的情况下,土地退化和生产潜力下降更为明显。为此,需要探索合理的轮作休闲与间作方式,保持农业生态系统的平衡与协调。

## 175. 气候变化对我国的作物和品种布局有什么影响?

气候变化对作物和品种布局的影响主要表现在种植界限、分布区域和品种类型等几个方面。

(1)作物种植界限北移

气候变暖使我国冬小麦种植界限在辽宁、甘肃和宁夏都不同程度北移,在青海省西扩明显。不考虑其他因素影响的前提下,以冬小麦替代春小麦可带来单产与品质的提高。黑龙江省的水稻种植已北扩到50°N以北,成为世界上水稻种植纬度最北的产区。热带作物安全种植北界在广西和广东北移明显,种植面积增加,但由于气候波动加剧,北界附近敏感区域的寒害风险明显增大。

(2)作物种植区域分布的改变

气候变暖使东北水稻和玉米种植区域明显北扩,春小麦种植转移到更高纬度与海拔地区。冬小麦在辽宁南部种植面积也有所扩大(张玉书,2016)。西北地区气候变暖和降水增加有利于扩大水稻生产,但水资源紧缺仍是最主要的限制因素。气候变暖使青藏高原作物种植向更高海拔扩展,原来以种植青稞为主,现在大面积扩种了小麦和油菜。西南的高原和山区随着冬季变暖,冬种马铃薯面积显著扩大。气候变暖使黄淮海平原的棉铃虫危害明显加重,加上西部地区温度与水分条件改善,20世纪90年代后期我国棉花主产区转移到新疆,取得了显著的增产效果。

(3)作物品种类型及分布的改变

在复种指数难以提高的地区,对气候变暖所增加温度资源的利用方式主要是改用生育期更长和增产潜力更大的品种,如东北玉米早熟品种安全种植北界由1961—1980年的49.3~50.6°N北移到1981—2007年的52°N,中熟品种在黑龙江省南部北移约0.8°N,在吉林省东移约1.0°E;晚熟品种分别北移0.5°N,东移1.3°E。在其他条件满足的情况下,东北地区年平均温度每升高1℃,水稻品种熟型可变化一个熟级。在相同的土壤和气候条件下,生育期延长会相应增加产量,但如使用生育期过长的品种,也会增加低温冷害与干旱的风险。

冬小麦晚熟品种与早熟品种之间全生育期长度的差别很小。由于小麦品种的冬性与丰产性之间存在负相关,随着冬季变暖和冻害减轻,北方小麦生产上普遍改用冬性适度降低的品种,可使穗分化期提前和延长,有利于增加粒数。但在黄淮麦区,由于冬前旺长引发越冬冻害和春季霜冻害成为重要威胁,有些地方对于偏早播种的小麦反而改用了冬性适当增强的品种。

## 176. 农业系统适应气候变化的基本对策和技术途径有哪些?

农业是对气候变化最为敏感和受气候影响最大的产业。与其他产业不同,农业适应气候变化存在三种机制:

(1)农业设施的弹性

农业设施是非生命系统,对外界环境干扰具有一定弹性。在不超过阈值的范围内,干扰解除后仍能恢复原状,超过阈值会遭到破坏。

(2)农业生物与复杂设施系统的自适应机制

农业生物能够对环境干扰做出响应,通过自身行为、生理或生化的调整来适应环境的变化。这种能力源自自身固有的遗传特性。农业生物的自适应机制成本最低且较稳定,应充分利用,但任何农业生物的自适应能力同样存在阈值。农业生物的自适应机制又分为基因、个体、群体等不同层次。

复杂设施系统由于人为设计一系列反馈和响应机制,具有类似的自适应机制,但不可能像生物那样具有多种灵活的适应功能,而且需要较高成本。

(3)人类支持适应机制

包括增强农业生物自适应能力和改良农业系统局部生境两类措施。由于当代气候变化经常超出农业生物的自适应能力,人为支持适应机制显得尤其重要,但也需要付出成本并具有一定阈值。

根据上述三种机制,不难引申出农业适应气候变化的基本技术途径(图8-1):

# 八、气候变化对农业的影响与适应对策

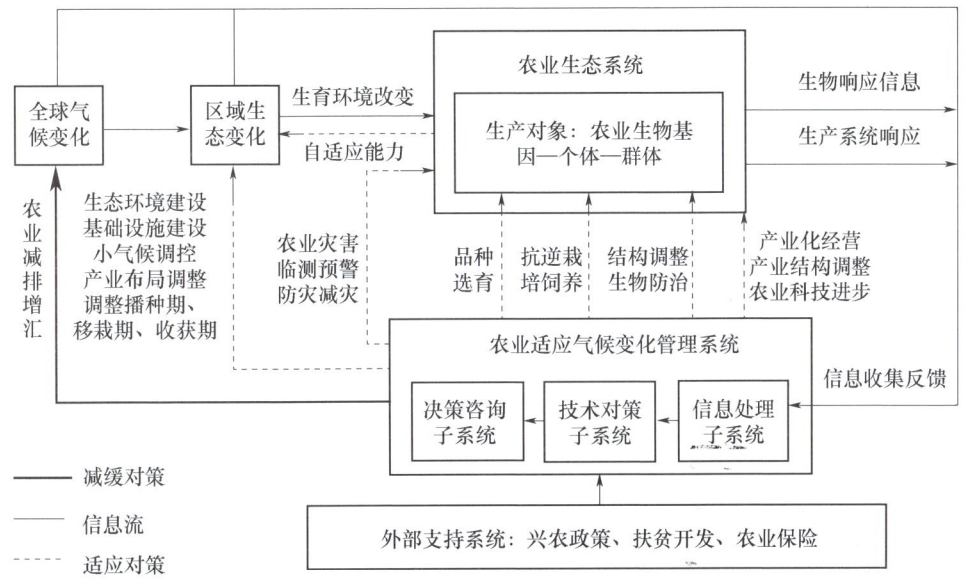

图 8-1　农业系统适应气候变化的技术途径

(1)了解和利用农业生物的自适应能力,适用于气候变化胁迫不大时。如对现有作物品种进行抗旱、抗寒、耐热、耐湿性等的鉴定,选用适度抗逆品种。

(2)在基因层次上提高自适应能力:培育推广与改变了的气候环境相适应的高产优质抗逆品种。如2021年11月袁隆平杂交水稻创新团队宣布已育成耐热超级稻新品种,在38.9℃高温下比别的品种结实率提高30%以上。

(3)在个体层次上提高自适应能力:抗逆与适应性栽培和饲养管理。有些物种的自适应机制需要在一定环境条件诱导下才能表现出来。如小麦抗寒品种在夏季播种,出苗后遇0℃低温就会冻死;但如在冬前较低零上温度经充分抗寒锻炼,隆冬能抗-17~-20℃低温。早春蔬菜大棚育苗移栽前揭膜放风也是一种抗寒锻炼。干旱少雨水条件下,通过中耕切断春播作物部分浅根,可促进根系下扎以利用深层土壤水分,提高抗旱与抗倒能力。

(4)在群体水平上提高自适应能力:如调整种植结构或饲养结构,进行有害生物的综合防治。合理的间套种与轮作可以提高农田生态系统的抗灾能力和土壤养分利用能力。

(5)增强整个农业生态系统的自适应能力:包括产业化经营、产业结构调整、农业科技进步,以及国家的兴农政策、扶贫措施、推广农业保险等。

(6)降低农业系统对于气象灾害的脆弱性:加强灾害监测、预警,推广各类农业防灾减灾措施。

(7)改善农业系统局部生境:一种是改良局部区域气候,如人工增雨作业,水土保持与植树造林。前者只能在有利天气下进行,后者需较长时间和巨大成本,而且树木生长和水土保持本身也要消耗大量水分。另一种是更经常使用的改良农田或畜舍局部生境,包括农业基础设施建设、农田与畜舍小气候调控、作物布局调整、播种期与移栽期的调整等。其中改良局部生境的措施按照气象要素分为:

提高温度的措施:农田覆盖薄膜或地膜,设风障,畜舍建背风向阳处、加温;

降低温度的措施:农田灌溉、遮阴、通风,畜舍通风、遮阴、喷洒;

提高湿度的措施:农田灌溉、覆盖、施保水剂,畜舍喷洒;

降低湿度的措施:农田松土、揭膜,畜舍通风、撒干燥剂;

调节光照的措施:调整植株密度、果树整枝,畜舍补光或遮阴,大棚内设置反光地膜;

调节气体成分的措施:温室大棚二氧化碳施肥或通风排湿度,畜舍通风增氧排出废气,鱼塘搅拌增加溶解氧,菜窖通风防腐排出乙烯,蔬果贮藏充氮等。

应对大风的措施:农田防护林、风障,温室与畜舍加固。

## 177. 什么是气候智慧型农业,怎样发展气候智慧型农业?

针对气候变化对农业的影响日益凸显,联合国粮农组织(FAO)在 2010 年 10 月 28 日提出"气候智慧型农业(climate-smart agriculture,CSA)"的发展模式,以应对日益变暖的世界并养活日益增加的人口。2011 年召开的第一届全球农业、粮食安全与气候变化大会通过"农业、粮食安全与气候变化行动路线图",指出通过开发新技术,增加资金投入来发展气候智慧型农业,从而化解气候变化带来的负面影响和粮食增产之间的巨大矛盾。2013 年召开的第三届大会继续探讨了如何在全球推广。联合国粮农组织给出的气候智慧型农业的定义是:能够可持续地提高工作效率,增强适应性,减少温室气体排放,并可以更高目标地实现国家粮食生产和安全的农业生产发展模式(陈阜 等,2020)。

虽然"气候智慧型农业"的概念也涉及减排农业源温室气体,但主要还是从适应的角度提出来的,正像"低碳农业"的概念也涉及适应的内容,但主要还是从减排的角度提出来的。

为实现农业的可持续发展,近几十年来还先后提出过生态农业与智慧农业的概念,前者强调运用生物技术与生态技术,后者强调信息技术的应用。气候智慧型农业既包含着生态农业的理念,即通过调整农业生态结构与优化协调功能实现与生态环境协调发展,也包含智慧农业的理念,即充分应用现代信息技术和通过风险管理来实现农业的智能化。可以说,气候智慧型农业是生态农业与智慧农业在适应气候变化领域的综合。

发展气候智慧型农业,第一,要在深入研究农业生物与气象环境相互关系的基础上,弄清农业系统适应气候变化的机制与技术途径,形成一整套应对气候变化基本趋势的适应性技术措施,并构建适应已发生气候变化的分区域、分产业,具有可操作性的技术体系。在此基础上，结合对未来气候变化情景的预估，制定农业适应未来气候变化的中长期规划。

第二，针对气候波动与极端天气气候事件对农业的影响，要应用物联网与可视化信息传输技术进行农情与农业气象要素的远程监控，并与气象部门的常规监测、预报相结合，进行气候变化的农业风险分析评估和风险管理。

第三，要在现有作物栽培、动物饲养和病虫害防治技术的基础上，开发出针对气候波动与极端天气气候事件的应变栽培、饲养和植物保护技术体系。提高工厂化设施农业的自动化与智能化管理水平。

第四，积极探索与开发适合中国国情的农业保险体制，扩大作物天气指数保险的试点。

第五，气候智慧型农业也包含检测和减排农业源温室气体的内容。由于农业源温室气体的排放远比工业部门复杂和分散，需要研发智能化和高效率的检测手段和减排技术途径。

## 178. 怎样利用生物多样性原理促进农业适应气候变化与波动？

生物多样性（biodeversity）是生物（动物、植物、微生物）与环境形成的生态复合体以及与此相关的各种生态过程的总和。生物多样性是人类赖以生存的条件，是经济社会可持续发展的基础，是生态安全和粮食安全的保障。

我国是世界上生物多样性最为丰富的 12 个国家之一，是水稻、大豆等重要农作物的起源地，野生和栽培果树的主要起源中心，还是世界上家养动物品种最丰富的国家之一。

生物多样性由遗传（基因）多样性、物种多样性和生态系统多样性三个层次组成。遗传（基因）多样性是指生物体内决定性状的遗传因子及其组合的多样性。物种多样性是生物多样性在物种上的表现形式，也是生物多样性的关键，它既体现了生物之间及环境之间的复杂关系，又体现了生物资源的丰富性。生态系统多样性是指生物圈内生境、生物群落和生态过程的多样性。

生物多样性是地球生命的基础，生物多样性对于人类具有直接使用价值、间接使用价值和潜在使用价值。直接价值指生物为人类提供食物、纤维、建筑和家具材料及其他生活、生产原料。间接使用价值指生物多样性的生态功能，生态系统提供了人类生存的基本条件，还减轻了自然灾害和疾病对人类对危害。潜在使用价值指目前还不清楚的适应价值。

农业生物多样性是人类与自然相互作用形成的文明成果，除与一般生物多样性类似的品种遗传多样性、农业物种多样性和农业生态系统多样性三个层次外，还增加了一个农地景观多样性。现代农业为追求高效率，系统结构与功能过于单一，对于气候变化、自然灾害、经济波动等外来干扰十分脆弱，很不稳定，不得不依靠大量人为投入来维持系统的运转。

地球自生命产生以来经历了多次巨大的气候环境突变,生物在适应气候变化的过程中不断进化,多样性日益丰富。自然生态系统随着气候变化会发生生态演替。如内蒙古草原随着气候暖干化,耐旱牧草种类增加并成为主要建群种。东北南部的森林随着气候变暖,阔叶树种比例增大,针叶树种比例减小。显然,自然生态系统正是利用生物多样性来调整系统结构以适应气候的变化,保持生物与环境之间的协调。

农业系统同样可以应用生物多样性原理来适应气候变化,所不同的是,农业生物多样性不是自然产生,而是人为培育和选择的结果。农业生态系统的适应性演替难以自然进行,需要通过人为措施来实现。

农业气候资源不同于其他自然资源的一个显著特点是其相对性。由于生物多样性的存在,对于此种物种或品种有利的气候条件,对于另一种物种或品种却是不利的。如较高的温度对喜温作物有利,对耐寒作物不利;谷子适宜在半干旱气候区种植,水稻适宜在湿润气候下栽培;光照不足会导致棉花大量蕾铃脱落,人参栽培却非搭棚遮阴不可。同一种作物的不同品种也有相当大的差异。如在无霜期短的地区只能种植早熟玉米品种,如种植中熟品种还没有成熟就会遇到秋霜冻;而在无霜期较长的地区如改种早熟品种,会因生育期缩短而减产,种植生育期较长的品种能获得高产。小麦品种的区域性更强,1975年北京市通州曾有人从河南引种高产品种,尽管是暖冬麦苗仍然全部冻死。

农业气候资源的这种相对性源于农业生物的多样性。只要农业生物的多样性与气候的多样性能够协调一致,就能适应气候的变化。为此,第一,要对农业生物多样性资源进行调查和鉴定,明确在什么气候环境下适宜哪些物种和品种的生长发育和生产。第二,要明确气候变化的趋势,以便选择与变化了的气候环境相适应的物种或品种。第三,由于气候的波动加大,农业生产单位要储备不同类型作物和品种的种子来应对气候的波动和极端天气气候事件的发生。如预测当年降水偏少,就要多种耐旱的作物和品种;如预测降水偏多,就可多种水稻和蔬菜等耗水较多的作物。第四,农业部门还要准备一些特早熟的救灾作物种子。由于目前短期气候预测的准确率不高,极端天气气候事件突发造成绝收后,往往已经不能种植常规品种,只能种植特早熟谷子品种或豆类、荞麦等,这些品种由于低产,农民一般不会自己储备,农业部门有责任建立适当的储备。除基因和物种层次外,调整系统结构,如合理的间套作与轮作制度、农牧结合和种养加结合的生态模式等,也都具有良好的适应气候变化效果。

自然生态系统在气候变化幅度超过其自适应能力时将发生逆向演替而导致退化甚至崩溃。同样,农业生态系统在气候变化幅度过大时,利用生物多样性的适应能力也是有限的。如某个地区气候变得十分干旱,即使能找到比较耐旱的植物或品种,但产量明显下降仍蒙受巨大经济损失。因此,以农业生物多样性适应气候变化与波动还需要与区域生态环境建设及改善局部生境的措施相结合,才能取得更好的适应效果。

除充分利用农业系统内部的生物多样性外,还要充分利用农业系统周边的自然生物多样性。有些野生物种可用来改良农业物种,农业有害生物的天敌要重点保护,某些野生动物与昆虫能帮助作物传粉。农区附近的森林、草原和湿地等自然生态系统还能为当地农业生产提供涵养水源、减轻土壤侵蚀、降解污染物等多种生态服务。

为保护生物多样性,国务院于 2010 年通过了《中国生物多样性保护战略与行动计划》(2011—2030 年)(简称《计划》)(环境保护部,2011),并于 2021 年发布《关于进一步加强生物多样性保护的意见》,要求形成生物多样性保护推动绿色发展和人与自然和谐共生的良好局面。在《计划》中对农作物与林木种质资源建库、开发利用和创新研究都做出了具体部署。近年来,农业部门开展了一系列保护和利用农业生物多样性的行动,提出生态集约化农田系统重构是生物多样性农业的核心,在条带化轮间作、生态斑块、生态廊道、乔灌草立体生态网构建技术、自然半自然斑块生态修复技术的研发,生物多样性与农田生态系统功能,集约化生态农田系统构建研究等方面都取得了一定进展,增强了农田生态系统适应气候变化的韧性。

## 179. 气候变化对我国的小麦生产有什么影响和适应对策?

小麦是我国三大粮食作物之一和北方人民的主粮,气候变化对小麦生产的影响表现在以下几个方面。

(1)对冬小麦种植区域的影响

冬小麦种植北界主要取决于能否安全越冬,春小麦则主要取决于生长季积温能否满足正常成熟。随着气候变暖,冬小麦种植北界将不同程度北移西扩。

(2)$CO_2$ 浓度变化对小麦生长发育和产量的影响

小麦属 $C_3$ 植物,$CO_2$ 浓度升高的施肥效应要比 $C_4$ 植物更加突出,同时还促进了氮素吸收利用、营养生长和发育进程,有利于产量提高。由于同等光合速率所需气孔开度变小,还抑制了蒸腾,可提高水分利用效率。

(3)温度变化对小麦生长发育、播种期和产量的影响

小麦为喜凉作物,最高气温超过 32 ℃产量会显著降低。研究表明,黄淮海地区秋冬季适度增温有利于产量提高,但春季升温愈高减产愈多。

秋季温度升高后,按照原有播期,麦苗冬前会生长过旺,越冬容易遭受冻害。

(4)光照变化对冬小麦生长发育和产量的影响

冬小麦是喜光作物,研究表明弱光显著影响生长发育,产量下降幅度与小麦基因型、弱光程度、历期、时期及周围环境密切相关。1961—2000 年全国平均太阳辐射以每十年 2.54% 的速率下降,不利于光合作用,加上温度日较差缩小不利于光合产物积累,一定程度上抵消了 $CO_2$ 浓度增高的施肥效应。

(5)降水变化对冬小麦生长发育和产量的影响

北方冬小麦生长基本处于旱季,降水远不足以弥补蒸散,需要补充灌溉。生育前期降水增加有利于产量提高,但灌浆后期降水过多因光照不足、贪青晚熟和不利

于机械收获会导致减产。

(6)极端天气气候事件对冬小麦生长发育和产量的影响

气候变化背景下极端天气气候事件发生频率和强度增大,特别是黄淮麦区的霜冻、北方与西南的冬季干旱、长江流域的高温逼熟与冬春湿害、黄淮与长江流域收获期间的连阴雨、西北干旱区的融雪性洪水等灾害都有加重趋势。

(7)气候变化加剧了小麦病虫害

由于生育后期降水增多,原来主要在长江流域蔓延的小麦赤霉病在黄淮南部趋于严重。随着气候暖干化,北部麦区的吸浆虫、蚜虫和红蜘蛛等虫害也有加重趋势。

针对气候变化对我国小麦生产的影响,各地已经采取了以下适应措施。

(1)种植界限与区域的调整

随着冬季变暖,我国冬小麦种植界限不断北移西扩,如辽宁20世纪末冬小麦种植界限比50年代北移一两个纬度,宁夏北移一百多千米。过去青藏高原以种植青稞为主,现在春小麦扩种到更高海拔地区,一些河谷地区还种植了冬小麦。华南由于冬温过高已不适宜种植冬小麦。江南中南部因春雨过多,冬小麦种植日益被油菜所替代。西南山区冬春干旱加重,许多地方的小麦被马铃薯替代。随着气候变暖,东北春小麦分布整体向北移动,内蒙古由于干旱加重和气候变暖,不少地区的春小麦被早熟玉米品种所替代。华北北部由于严重缺水,小麦种植面积被迫减少,地表水资源与地下水资源均贫乏的黑龙港地区改种相对耐旱的谷子和棉花。

(2)小麦品种的调整

华北随着冬季变暖,生产上使用的品种冬性普遍有所下降,由极强冬性或强冬性改为强冬性或冬性,有利于提早开始幼穗分化,增加粒数。黄淮麦区由于秋冬变暖后容易冬前生长过旺,霜冻风险增大,早播小麦品种由春性或弱春性改为弱春性或弱冬性,以推迟穗分化。北方春小麦品种选择更加强调抗旱性。

(3)播种期的调整

随着秋季变暖,北方冬小麦播种期普遍推迟5~10 d,可避免冬前生长过旺。由于化冻提前,北方灌溉地春小麦播种普遍提前,但内蒙古旱地春小麦为避开初夏的"卡脖旱",播种期明显推迟。

(4)栽培技术的调整

北方大部分地区由于降水不断减少和地下水位不断下降,小麦生产普遍推广了管灌、喷灌、滴灌等节水灌溉方式,同时还采取了拔节前中耕蹲苗、喷洒抗旱剂、增施磷肥等措施。冬春湿害是长江流域小麦的主要灾害,除继续狠抓麦田排水降湿外,近年来江苏省推广了摆种[①]以替代传统的撒播,播种质量显著提高。

---

① 针对南方稻茬麦因地湿无法机播,传统撒播方式种子分布不均,麦苗生长不齐,江苏省研制了摆播机,可以在稻田作业,将种子成行均匀摆放土壤表面,增产效果显著。

(5)病虫害防治技术的调整

随着气候变暖,病虫害发生范围整体北移,发生提前,防治重点与策略、技术也相应调整。如小麦锈病的越冬基数明显增加,过去在长江流域经常发生的赤霉病,现在河南、山东也频繁发生。

## 180. 气候变化对我国的玉米生产有什么影响和适应对策?

玉米是我国第一大粮食作物和最重要的饲料粮,属喜温短日照作物,以日平均10 ℃为生物学零度,稳定通过 10 ℃以上持续日数为可种植期,在最热月平均气温高于 20 ℃的地区可广泛种植。我国玉米生产分布广泛,但主产区位于东北、华北、黄淮、西北东部到西南的东北-西南向带状分布。按照播种期大部为春玉米,但黄淮海平原为夏玉米,西南、华南还有一些秋玉米和冬玉米。随着气候变暖,玉米可种植期延长,但日照时数减少,主产区生育期间降水量呈下降趋势。

温度资源增加导致玉米可种植北界进一步北移,面积不断扩大。气候变暖使同一品种的生长发育加快,全生育期明显缩短,但有利于改用生育期更长和产量潜力更大的品种。$CO_2$ 浓度增高也有利于增强光合作用和提高水分利用效率。

气候暖干化导致东北、华北和西南部分地区的降水量减少是对玉米生产最大的制约因素。过去北方以春旱为主,现在经常发生春夏连旱且与高温相结合,抗旱难度加大。夏秋气温升高和降水量减少还缩短了灌浆期,降低灌浆速率,使粒重下降。气候变暖虽然减少了气候学意义上冷害与霜冻的发生概率,但改用生育期更长品种、播种期提前和收获期延后,加上气候波动加剧,实际生产上冷害与霜冻仍时有发生,成熟度不好的玉米含水量过大也难以储存。

气候变暖还使玉米大斑病、小斑病、褐斑病、粗缩病、黑穗病、玉米螟、黏虫、红蜘蛛等主要病虫害的越冬基数增加,危害期提前和延长,发生范围北扩。如过去黏虫主要在华北危害,东北很少发生,但 2012 年在东北也大面积发生。

针对气候变化对玉米生产的影响,应采取以下适应措施。

(1)种植界限与分布区域调整

随着气候变暖和市场需求扩大,原来不能种植玉米的东北北部和内蒙古阴山北麓已成为特早熟玉米品种或青贮玉米的种植区。气候变暖促使华北地区种植制度由二年三熟改为一年两熟,夏玉米面积明显扩大,但近年来有些地区因严重缺水又改回春玉米一熟。

(2)品种调整

随着无霜期的延长,春玉米产区普遍代之以生育期更长的品种。为避免盲目引种,东北地区气象部门按照每 100 ℃·d 间隔划分成若干积温带,提出气候变暖后与原有品种分区相比,可以跨一到两个积温带引种,但跨越三个积温带仍有发生冷害与霜冻的危险。由于小麦的播种期显著推迟和成熟期略有提前,给黄淮海地区夏玉米种植让出了更多积温,各地普遍改用生育期更长的品种。如北京地区过去夏播使用特早熟玉米品种,在小麦适播期前仍经常不能成熟。现在小麦播种已从9月下旬初推迟到10月上旬,普遍改种的中早熟品种玉米已能正常成熟。

(3) 推广促早熟技术

尽管温度条件改善,但气候波动也在加剧。为确保品种调整后仍能正常成熟,东北各地推广了一系列促早熟技术。包括发生春涝时及时排水,大喇叭口期氮磷结合追肥促进心叶伸出和叶面积扩大,抽雄前后隔行去雄,遇旱千方百计抗旱保苗,灌浆中后期浅锄、割除空秆及病株、打底叶、除无效穗、站秆剥皮晾晒、喷施磷酸二氢钾、收获前10 d喷施玉米脱水剂等。

(4) 抗旱技术的改进

针对春旱影响出苗普遍推广了玉米带水播种机。推广沟植垄盖技术可集雨增墒,极大提高微量降水的有效性。行间覆盖碎秸秆也有明显保墒效果。深松耕可提高土壤蓄墒能力。

(5) 病虫害防治技术的调整

气候变暖使玉米的病虫害发生规律有所改变,病虫害防治对象和防治期都需要适当调整。如黏虫的发生比过去提前,防治需要相应提前。

## 181. 气候变化对我国的水稻生产有什么影响和适应对策?

水稻是我国居民的主粮之一,气候变化对我国水稻生产的影响有利有弊。

虽然水稻是喜温作物,但国际水稻研究所报告,由于夜间温度升高,日平均气温每升高1 ℃,水稻产量将下降15%。气温升高还使热带、亚热带地区水稻生育期缩短,产量和品质下降。高于36 ℃授粉将无法进行。气候变暖使早稻高温热害日趋严重,灌浆期缩短,空瘪率增大,粒数和粒重下降。

$CO_2$浓度增高有利于增强光合作用、抑制呼吸和提高水分利用效率,随着$CO_2$浓度增高,水稻发育加快,生育期缩短,株高和总生物量增加,但持续处于较高浓度下施肥效应将变得迟钝,还有可能降低稻米的蛋白质含量。$CO_2$浓度增高还促进了稻田中$C_3$杂草的生长和稻瘟病的发生。

臭氧层破坏使到达地面的中波紫外辐射UV-B增加,抑制水稻幼苗叶片生长,使植株变矮,产量降低,在低温寡照年份的危害更大。

极端天气气候事件对水稻生产的威胁加大,特别是华北和西北东部降水减少,水资源日益紧缺,许多地区水稻种植面积下降甚至绝迹,黄淮地区也不得不采取节水栽培或湿润管理。长江流域伏旱威胁也十分严重。南方春夏的洪涝经常淹没或冲击稻田,东南沿海的台风强度增大,除引发洪水和致使水稻倒伏外,还诱发稻飞虱与稻纵卷叶螟等"两迁害虫"从东南亚大举侵入。气候变暖虽然使低温灾害总体上减轻,但改用中晚熟品种后仍存在冷害与霜冻的风险。

气候变化对我国水稻生产的有利因素主要是积温增加。气候变暖使得东北地区的无霜期明显延长,夏季温度升高使冷害明显减轻,水稻种植北扩至50°N以北,原来的不适宜区成为可种植区,次适宜区变成适宜区。目前黑龙江省水稻种植面积比30多年前增加了十几倍,成为我国粳稻和商品大米最大产区。虽然长江流域不存在扩种水稻的可能,但气候变暖使满足双季稻安全种植所需条件,即$\geq$10 ℃积温$\geq$5300 ℃·d的区域向北扩展,有利于通过提高复种指数来扩大水稻播种面积和增加总产。

长江中下游早稻播种每10年提前3~7 d,开花期提前3~8 d;晚稻开花期提前2~4 d。与20世纪60—70年代相比,南方水稻寒露风灾害明显减轻。但气温进一步升高后,高温热害和生育期缩短的不利影响将更加突出。

水稻生产适应气候变化的主要对策。

(1)调整生产布局

气候变暖有利于水稻种植面积北扩,黑龙江省已成为我国最大商品大米产区,但有些地区超采地下水和牺牲湿地不可持续,水资源恶化地区必须压缩种植。

(2)种植制度的调整

随着温度条件改善,淮河流域部分地区由小麦、玉米一年两熟改为小麦、水稻一年两熟。长江中下游部分原双季稻产区改为小麦、水稻两熟制,虽然主要是为节省劳力和农资投入,但也可避免早稻烂秧、灌浆期热害和晚稻冷害。随着气候进一步变暖和机械化水平提高,目前双季稻种植面积已有所回升,有的积温不够充足地区还实行早稻+再生稻的种植制度。四川中部丘陵因降水减少,传统的冬水田改为旱三熟制。

(3)品种的调整

随着温度条件改善代之以生育期更长的品种,如1950—2008年东北新选育水稻品种的生育期平均延长了14 d。

(4)调整播种期

针对长江流域高温伏旱加重,适当提早早稻播期争取在高温期到来前成熟。中稻适当推迟播种可减轻伏旱威胁。北方一季稻产区普遍将播期提前以利用增加的积温,近20年来,东北水稻实际播种期提早了3.7 d,收获期推迟了1.7 d,三江平原21世纪初的水稻插秧期比10年前提早了10 d。长江中下游早稻播种每10年提前3~7 d,增产效果显著。

(5)水稻节水灌溉与节水栽培

针对北方的干旱缺水,大面积推广了水稻节水灌溉与节水栽培技术。除返青、孕穗和灌浆期等需水高峰期保持浅水层外,其他时间均实行干湿交替管理,分蘖后期到拔节期适当晒田。有些地区甚至实行水稻旱种,即只在移栽后保持薄水层返青活苗,此后除施药追肥外各生育阶段都不再维持水层,仅保持土壤表面湿润即可。南方丘陵采用地膜覆盖也可节水35%~50%。北方缺水地区还有改种旱稻的,但目前产量水平仍低于水稻。秧田施旱地龙,实行旱育秧,以水带肥,控制氮肥用量,增施有机肥、磷肥、钾肥和硅、钙、锌及微量元素,配合蹲苗晒田,都可促进根系发育,提高植株抗旱能力。

(6) 调整育种目标

20 世纪 60 到 70 年代由于冷害频发,水稻育种强调早熟抗冷,现在强调耐旱、耐热、抗病与高光效育种。

(7) 调整病虫害防治策略

冬季变暖使越冬基数增加和台风活动强度增大,导致南方水稻灰飞虱和稻纵卷叶螟等"两迁害虫"空前猖獗,某些过去的次要病虫害上升为主要病虫害。需要调整防治重点与时期,特别是加强越冬病虫源和台风过后的防治。

## 182. 气候变化对我国的大豆生产有什么影响和适应对策?

大豆原产我国,是最重要的饲料蛋白来源,既是粮食作物,也是重要的油料作物。但因增产潜力低于玉米和水稻,种植面积不断下降,产量远不能满足国内需求,2021 年进口量突破 1 亿 t,主要来自巴西、美国和阿根廷。大豆种植分为春大豆与夏大豆。春大豆分布在较高纬度与海拔,夏大豆主产区在安徽、河南与长江流域,为小麦收获以后复种。

大豆喜温怕热,种子在 10~12 ℃开始发芽,以 15~20 ℃最适,生长适温 20~25 ℃,开花结荚期适温 20~28 ℃,低温下结荚延迟,低于 14 ℃不能开花。种子发芽要求较多水分,开花期要求土壤含水量在 70%~80%。温度过高和干旱时落花落荚增多并影响受精。

气候变暖有利于较高纬度与海拔地区大豆生长,尤其黑龙江省中北部增产显著。但高温使夏大豆生育期缩短且不利于根瘤菌存活而造成减产,夏季 35 ℃以上还会导致落花落荚。气候暖干化地区由于干旱加重威胁大豆生长,尤其豆荚形成期和鼓荚期受旱,限制分枝生长,降低根瘤固氮能力。鼓粒期受旱使籽粒蛋白质含量上升,脂肪含量下降。$CO_2$ 浓度增高可促进大豆光合作用,由于使气孔开度减小,植物蒸腾下降,使作物水分利用效率(water use efficiency,WUE)升高,有利于节水。蒸腾减弱后叶温适度升高对高寒地区大豆生长有促进作用,夏大豆产区叶温过高则可能引起热害。但在高浓度 $CO_2$ 下的受害明显轻于低浓度 $CO_2$。田间增施 $CO_2$ 试验表明,高浓度 $CO_2$ 对大豆蛋白质含量没有影响,却可使油酸含量增加。

针对气候变化的影响,大豆生长应采取以下适应对策。

(1) 调整大豆生产布局。春大豆产区向更高纬度与海拔地区扩展,冬小麦种植北扩地区可在麦收后复种夏大豆。

(2) 调整大豆品种结构。春大豆产区根据积温的增加改用生育期更长的相对晚熟品种,夏大豆需培育耐热耐旱品种。

(3) 调整大豆播期。春大豆产区适当提早播种,但干旱缺水地区和夏季高温伏旱严重地区可能需要适当推迟播种,使开花期和豆荚形成期避开最热时段。

(4) 气候暖干化地区推广节水灌溉与旱作保墒技术以减轻干旱胁迫。

(5) 培肥土壤和改良土壤结构,为根瘤菌创造更好生境,培育具有更强固氮能力和少消耗光合产物的固氮菌种。

## 183. 气候变化对我国的棉花生产有什么影响和适应对策？

棉花是种植面积最大的经济作物和纺织工业的主要原料,棉花喜温喜光,是对气候变化比较敏感的作物。

(1) $CO_2$ 浓度增高对棉花生长发育的影响

$CO_2$ 浓度增加导致棉株生育加快,蕾铃脱落减少,生物量、有效铃、单铃重、籽棉和皮棉产量及纤维长度增加,且对地下部分的影响大于地上部分。但 $CO_2$ 升高促进营养生长也会使冠层通风透光变差,僵烂铃率提高。

(2) 温度增高对棉花生长发育与产量的影响

温度增高使棉花播种期提前和生育期积温增加,发育提前,开花和结铃期延长,可增加蕾铃数量。秋季低温霜冻延迟有效增加了干物质积累,提高了霜前花产量,改善了棉花品质。

(3) 年降水分布变化对棉花生长发育、产量和品质的影响

气候变化导致降水时空分布不均衡,干旱胁迫主要发生在华北棉区的春季到初夏,长江流域主要发生在伏旱期间。渍涝主要发生在长江流域的春夏。干旱使绿叶面积减少,光合速率降低。盛花期缺水使单株成铃率降低,盛铃至始絮期受旱减产导致铃重下降。土壤水分不足或过多均能导致纤维粗短,马克隆值[①]增大,比强度减小。

(4) 光照变化对棉花生长发育与产量的影响

随着气候变化,大部地区太阳辐射减弱。光强不足可导致光合产物减少,蕾铃脱落率上升,纤维比强度和马克隆值下降,短纤维增加,长度整齐度下降。光照时数不足导致僵烂铃率及脱落率升高,铃重、衣分、总纤维量降低,光照不足与温度偏低相结合会使纤维伸长速率下降,纤维长度缩短。

(5) 极端天气气候事件对棉花生产的影响

随着气候变化,短期极端高温、极端干旱、暴雨、台风及强对流天气日趋频繁。花铃期渍水导致蕾铃大量脱落,棉花品质变劣。棉花对低温十分敏感,任何阶段遭遇短期极端低温都将使产量和品质显著下降。

高温胁迫概率增加或时间延长也会导致棉花产量品质显著下降。气温38℃以上光合作用受抑,呼吸强度升高。高温还增大了棉叶蒸腾,使棉株水分供求失衡,花粉生活力下降,不孕籽粒增加,蕾铃大量脱落,铃重下降。

暖冬使棉铃虫越冬基数增加,春暖使发生期提前,孵化率和虫株率提高,20 世纪 90 年代以来华北棉铃虫危害明显加重。气温升高和 $CO_2$ 浓度增高导致棉蚜种群发

---

① 马克隆值是棉花纤维细度和成熟度的综合反映,可作为评价棉纤维内在品质的综合指标,直接影响纤维色泽、强力、细度、天然性、弹性、吸湿、染色等,以取值范围 4.1~4.3 皮棉品质最好。

生和危害加重,还使干旱半干旱棉区的红蜘蛛危害加重。

棉花生产适应气候变化应采取以下对策。

(1) 调整棉花生产布局。气温升高和降水增多进一步扩大了西北棉区的优势,促使棉花生产重点明显西移,在节水和提高作物水分利用效率的基础上扩大种植面积。冀东南和鲁西北降水减少,棉花相对于其他作物具有优势。春秋季降水明显增加和高温伏旱明显加重的长江流域部分地区棉花种植面积将会压缩。

(2) 利用冷尾暖头天气适当提早播种,争取早发棵早现蕾。积温偏少地区可采用早熟品种,覆盖地膜,温棚营养钵育苗移栽。长江中下游力争棉花早发棵有利于使现蕾期避开梅雨和使吐絮躲开秋季早霜冻。

(3) 选育抗旱、耐涝、耐热和抗虫等多抗性品种。

(4) 随着气候变暖,棉花发育提前,应适当降低密度,加强整枝与化控。

(5) 加强极端天气的监测、预报和预警,为棉花播种、移栽、灌溉、施肥、收获、晾晒等农事作业提供趋利避害的适宜时机。加强病虫害测报与综合防治。

## 184. 气候变化对我国的果树生产有什么影响和适应对策?

果树大多为多年生乔木,也有一些是灌木或草本。气候变化对我国果树生产的主要影响表现在以下几个方面。

(1) 气候变暖使高温危害更加突出

持续高温引起早熟幼果脱落甚至坐不了果。果实膨大期平均温度,尤其是最热月温度升高会加速果实成熟,对水果的香气质量和酚类物质含量产生较大影响,导致品质下降。许多果树的花芽分化需要一定强度与时间的适度低温刺激,气候变化使华南频繁出现暖冬,荔枝、龙眼等因花芽分化不良而减产,称为暖害。暖冬还导致致病菌孢子和虫卵越冬基数增加,加剧了病虫害风险。

(2) 气候波动与低温冻害

气候波动加剧使北方果树冻害并未减轻。严重的越冬冻害大约十年左右发生一次,如1957年、1968年、1977年、1991年、1999年和2010年等。1977年和1991年南方的冻害造成大量柑橘树枯死,2008年的南方低温冰雪灾害使许多果树的枝干折断和枝叶冻枯。有些年份秋季气温过高,果树营养生长旺盛,冬前抗寒锻炼不足,花芽提前分化和萌发也不利于安全越冬。

气候变暖还使果树的物候期整体提前,花芽分化与开花提前增大了霜冻的风险。2010年4月28日陕西苹果产区在开花期下雪并发生霜冻,导致明显减产。果实成熟期霜冻则会使果实冻裂甚至变质。

(3) 北方大部地区降水减少增加了干旱风险

春季缺水会造成物候期延迟,芽体发育不良,影响新梢生长,往往引起落花落果。夏季高温干旱,果树会出现卷叶、落叶、小果甚至落果,引发果实灼伤等干旱并发症。秋季果实成熟期缺水则影响果实膨大,造成落果。土壤缺水常导致果树幼嫩枝条或幼树在冬季或早春失水干枯,发生抽条现象。

(4) 其他极端天气气候事件

暴雨、大风、冰雹和冻雨都会造成枝叶及果实的机械损伤和生长发育不良。

(5) 生产布局

长期的气候变化可能会改变果树的种植边界和果树品种,导致产区向更高纬度或海拔迁移。如苹果主产区在20世纪80年代以后由环渤海地区转移到黄土高原中南部。过去河北坝上地区和东北中北部只能种植太平果、海棠等小苹果,目前耐寒苹果品种秋栽成活率已由过去的50%提高到80%,坐果率和产量都明显提高。华南的热带、亚热带水果种植也明显北扩。

果树生产适应气候变化的对策如下。

(1) 适度调整果树种植区域分布

虽然气候变暖促使果树种植整体北移,但由于气候波动与极端天气气候事件,调整布局应留有余地,充分利用冷空气难进易出和水体附近有利地形,结合应急防寒措施,方能取得最佳适应效果。

(2) 调整果树生产作业方法与时间

如随着气候变暖,河北坝上葡萄除一年生幼树仍需埋土越冬外,其他树龄常规管理即可越冬,幼树栽植改传统春栽为秋栽,有利于根系发育和安全越冬。北方秋季浇灌冻水和培土时间应适当推迟,春季施肥、灌溉等管理相应提前。由于开花坐果提前,收获也相应提前,要有计划栽植部分偏晚熟品种以利均衡上市。发育提前还使果实收获后的营养生长期延长,要注意掌握营养生长与生殖生长的平衡,适时整枝,防治枝叶徒长。

(3) 加强防冻防寒

除果园建设合理选址和选用耐寒品种外,北方可将树干刷白,冬前及时浇冻水和培土,覆盖地膜、碎秸秆和干草。南方可采用浇水、熏烟、覆盖等应急措施。早春喷洒抑制生长剂推迟花芽分化可防霜冻。开花期遭受霜冻后,如花药冻坏,柱头尚好,可放蜂或人工授粉;如柱头损伤子房完好,可喷洒生长刺激素促进子房膨大结果。

(4) 北方果树加强抗旱

推广节水灌溉、地膜、秸秆覆盖和盖草。冬季变暖有可能加大早春抽条风险,冬前要及时浇好冻水和培土,必要时向树体喷洒抑制蒸腾剂。

(5) 南方果树高温热害的防御

针对长江流域高温伏旱加重,果园要种植高大的防护林,适当增大枝叶繁茂度。高温时采取喷淋措施降温。

## 185. 气候变化对我国的蔬菜生产有什么影响和适应对策?

蔬菜是日常生活必需品,中国是世界最大生产国。蔬菜作物种类多,季节性强,大多柔嫩多汁,难以长期贮藏和长途运输,对气候变化要比大田作物更敏感。

(1) 对蔬菜生长发育、光合作用和产量的影响

气候变暖使蔬菜作物的可种植期延长,生长发育加快,加上 $CO_2$ 浓度的增高,有利于增强光合作用和增加干物质积累。无限生长型蔬菜由于生长期延长有利于提高产量。但有限生长型蔬菜则由于发育加快生长期缩短产量会降低。夜温升高增大呼吸消耗和具有催熟作用的乙烯释放,不利于贮藏和运输。

(2) 对蔬菜生产布局的影响

虽然蔬菜作物种类繁多能够适应不同气候,但需求量最大的是喜温果菜类和耐寒叶菜类。大多数耐寒叶菜类在日平均气温 5 ℃ 以下停止生长,大多数果菜类在日平均气温 25 ℃ 以上和多雨季节生长不良,导致我国大部地区蔬菜供应存在淡季和旺季的差异。长城以北有漫长的冬淡季,夏季是蔬菜旺季;华北到江南存在冬末早春和夏末初秋两个淡季和其间的两个旺季;华南以冬季为旺季,夏季为淡季。随着气候变暖,夏淡季发生区域将扩大,时间延长;冬淡季范围将缩小,时间变短。夏淡季蔬菜生产基地向更高纬度与高海拔地区转移,冬淡季生产基地由华南向西南和江南扩大。各类蔬菜的种植界限总体北移。气候变暖还导致北方冬季保护地蔬菜生产的规模扩大,极大改善了冬季蔬菜的市场供应。

(3) 暖冬对蔬菜生产的影响有利有弊

冬季变暖有利于温室、大棚、地膜等保护地蔬菜生产,使产量增加,上市提早,保暖成本降低。但提前在冬季育苗的春播果菜常因反复经受低温刺激而提前抽薹,令品质下降或难以越冬。暖冬年有的蔬菜会因缺乏足够的低温刺激未能顺利通过春化,翌年结果不大影响产量。冬季苗床温度过高促使菜苗发育提前并徒长,抗寒力减弱。冬季变暖还有利于南方利用冬闲期进行蔬菜生产和南菜北运。

(4) 对病虫害的影响

温度升高使病原菌和害虫越冬基数增加,春夏发生提前,分布范围北扩,繁殖世代增加,为害加重。$CO_2$ 浓度增大使得植株含碳量增高,含氮量下降,害虫通过增大采食量来满足对蛋白质的需求,也使得对蔬菜的为害加重。

(5) 极端天气气候事件的危害加重

气候变暖使夏季高温热害明显加重,台风强度增大对沿海蔬菜生产造成威胁,如 2019—2021 年台风暴雨多次袭击山东寿光等设施蔬菜主产区与批发地,影响华北与华东的城市蔬菜供应。2012 年 7 月下旬北京与河北中部特大暴雨洪涝灾后,绝收农田大多种植大白菜,因市场饱和销不出去,虽获丰收但收不抵支。气候变暖后虽然春季终霜冻提早结束,但蔬菜播种、移栽和生长发育也同步提前,加上前期在较温暖环境下生长脆弱性增大,春季低温危害反而在加重。华北气候暖干化加剧了水资源的紧缺,对需水量明显大于粮食作物的蔬菜生产形成明显制约。随着保护地栽培面积迅速扩大和太阳辐射减弱,初冬和早春的低温寡照已成为北方大棚和日光温室蔬菜生产的主要灾害。

蔬菜生产适应气候变化的主要对策如下。

(1) 调整蔬菜生产布局

利用我国幅员辽阔,各地气候差异大的有利条件,充分发挥各地气候优势,发展旺季蔬菜生产,压缩淡季生产,建立全国性的淡季或反季节蔬菜生产基地。随着气候变化,北方夏淡季和南方冬淡季蔬菜基地适当北扩。

(2) 适当调整播种期、移栽期和品种类型

随着气候变暖,冬季保护地蔬菜育苗期要适当推迟,选用冬性更强的品种,控制苗床温度和适时放风锻炼,以避免发育过快与徒长,春季蔬菜播种和移栽适当提前。秋季蔬菜播种根据秋季变暖程度适当推迟。

(3) 加强对高温热害的防御

夏季蔬菜生产推广遮阳网和适时喷淋降温。选育耐旱或耐热蔬菜品种。

(4) 加强保护地应对极端天气的能力

针对各地不同气候变化特点改进大棚和日光温室的结构与材料,增强隔热性和抗风、抗雪压性能,高寒地区应以耐寒叶菜类生产为主,如生产喜温果菜类应配置临时加温设备。建立健全蔬菜生产灾害性天气的预警机制。

(5) 改进蔬菜生产的病虫害防治

针对气候变暖加剧蔬菜病虫危害,加强高效、低毒、无污染新型农药和生物防治制剂的研发。根据病原和害虫发生规律的变化,调整防治时机和重点。大棚和日光温室要利用夏季高温闷棚进行土壤消毒。

## 186. 气候变化对我国的花卉生产有什么影响和适应对策?

观赏植物包括花卉、草坪、观叶植物和景观树种,以花卉生产为主体,其中在人工设施内种植的十分讲究对环境的调控。不同种类的观赏植物与花卉的生物学性质各异,气候变化的影响也不尽相同。

(1) 气候变化对花卉生产的影响

① 对花卉类型与分布的影响

花卉产业以生产色彩丰富的鲜花、干花和其他观赏植物提供人们美学享受。随着生活水平提高消费量迅速增长,我国已成为世界最大花卉生产国。数十万种被子植物中,花朵具有较大观赏价值的不下几千种。按其原产地可分为大陆东岸气候型、温带海洋性气候型、地中海气候型、墨西哥气候型、热带气候型、沙漠气候型和寒带气候型等。我国大部属大陆东岸气候型,也有少数地区属寒带气候型、沙漠气候型和热带气候型,云贵高原气候与墨西哥有相似之处。在自然条件下只有同一气候型的花卉才能正常生长和开花,其他气候型的花卉则需要在人工控制小气候环境下才能生长和开花。数十年尺度的气候变化一般不至导致区域气候类型的根本改变,但可以导致某种气候类型区的边界有所变动。使各种植物的分布向更高纬度与海拔扩展,同一种花卉植物种植向更高海拔扩展,由于紫外辐射增加,花朵将更加鲜艳。但夏季炎热也将不利于喜凉花卉植物的生长发育。降水量的变化也将影响花

卉与观赏植物的分布。

② 对花卉生长发育的影响

气温升高使桃花、牡丹等长日照植物春季开花提前,菊花等短日照植物秋季开花延后。气候变暖和 $CO_2$ 浓度增高使植物光合作用增强,枝叶更繁茂,容易发生营养生长与生殖生长的失衡。低纬度地区有些植物可能因缺乏必要的低温刺激不能顺利通过春化阶段而导致花芽分化不良。

气候变暖,提早萌芽使得早春开花的植物花卉观赏期得以延长,但晚春和初夏开花的植物则因发育加快,观赏期明显缩短。冬季变暖还使得有些花卉植物过早萌芽,增加了早春霜冻危害的风险。

人工控制环境的花卉生产受外界气候的影响较小,但气候变暖将增加温室夏季花卉生产的空调降温成本,降低冬季温室保暖的成本。由于温室内的花卉植物要比自然条件下生长的植物更加脆弱,一旦受灾损失将更加惨重。

气候变化导致极端天气气候事件的危害加大,2008年的南方持续低温冰雪天气使大量温室倒塌,花卉植物受冻减产甚至死亡。有的温室虽然植物受冻不明显,但持续低温寡照使发育迟缓,错过了春节上市最佳时机,仍然蒙受了巨大经济损失。霜冻、暴雨、大风、冰雹、高温、干旱等灾害也经常使露地花卉严重摧残大煞风景。气候变化还将增大花卉病虫害的危害。

(2) 花卉生产适应气候变化的对策

① 调整花卉生产布局,原有产地适度向北扩展。充分发挥各地气候资源优势,重点发展不同地区的特色花卉生产,利用各地的花期时间差调剂淡旺季市场,尤其要发挥云南纬度较低海拔较高和气候类型与生物多样性丰富的得天独厚优势,建成我国最重要的花卉生产基地。

② 温度与光照长度是控制花期的主要环境因素,气候变化使原有的开花期发生改变,为此要调整花卉生产的季节安排,针对当年气候冷暖对光照、温度、水分等环境因子采取调控措施,使各类花卉在气候变化背景下仍能应时开花,需要时甚至能做到反季节投放市场,尤其是确保重大节日期间的花卉消费。

③ 建立花卉生产极端天气气候事件的预警系统,扩大保护地花卉生产,增强花卉生产抵御各种自然灾害的能力。

### 187. 气候变化对我国的草坪生产有什么影响和适应对策?

(1) 气候变化对草坪的影响

草坪在现代城市环境美化中具有不可替代的景观与生态效应,绿期长度是衡量草坪草美化与生态价值的主要指标。草坪草主要分为暖地型和冷地型两大类。前者适宜生长温度是 25～30 ℃,大于 38 ℃ 仍能生长而不黄枯;后者适宜生长温度是 15～20 ℃,低于 -20 甚至 -30 ℃ 仍可越冬。冷地型草坪草在较低温度下能保持较长绿期,暖地型草坪草则在较高温度下能保持较长绿期。草坪草要保持鲜绿需要适宜的土壤和空气湿度。水分亏缺会导致草坪草枯萎甚至死亡,水分过多则失绿烂根,并诱发多种病虫害。由于不同类型的草坪草对环境条件的要求不同,不同气候区的主流草坪草种也有所不同。

气候变暖使高纬度城市冷地型草坪越冬冻害减轻,春季返青提前,秋末停止生长推迟,全年绿期延长。但冷地型草坪草在低纬度地区更加不适应,长江流域的盛夏高温对冷地型草坪草的安全越夏带来一定威胁。温带和北亚热带地区兼有冷地型和暖地型草坪,未来冷地型草坪草的比重将有所降低。

华北和西北东部气候暖干化趋势明显,西南的冬春干旱和长江流域的伏旱也在加重,干旱缺水对城市草坪的发展是极大的制约。

(2)草坪生产适应气候变化的对策

① 调整草坪草的布局,华北到江南适当减少冷地型草坪的比重,增加暖地型草坪的比重。

② 适度提早春季草坪栽植时间,北方适当推迟冬前浇冻水时间。

③ 推广草坪节水技术。气候暖干化地区推广节水灌溉方式,尽量利用城市中水灌溉,严重缺水地区要严格限制喜湿草坪的面积。

④ 长江流域要选用耐热草种,夏季及时喷淋降温。

## 188. 气候变化对我国油料作物生产有什么影响和适应对策?

油料作物以生产植物油为目的,主要有油菜、花生、芝麻、向日葵、胡麻等。大豆和玉米等粮食作物也是植物油的重要原料,但通常是作为副产品。

花生是北方暖温带地区的主要油料作物。气候变暖和$CO_2$浓度增高等有利因素不足以弥补雨养花生生育期明显缩短的不利影响,夏季高温导致受精不良甚至败育,地表高温干燥常使已受精果针接触地表时灼伤不能入土膨大。

花生生产适应气候变化的对策如下。

(1)调整种植区域布局,适度北扩,南部气温过高降水过多地区适当压缩。

(2)调整播期。根据各地气候特点,分别提前或推迟播期以使开花下针期避开高温干旱。

(3)改善灌溉与排水条件,减轻旱涝灾害损失。尤其开花下针期遇旱要及时灌溉,遇涝要迅速排水。

(4)选育生育期更长和耐热耐旱的品种。

油菜是南方和北方高寒地区主要油料作物,南方为冬油菜,北方为春油菜。油菜相对喜凉喜湿。气候变暖使油菜生长期延长,并向更高纬度和海拔扩展。气候变暖在积温不足地区有利于增产,但在积温充足地区因发育加快导致减产。营养生长阶段高温不利于产量形成,花期高温比灌浆期对籽粒产量形成影响更大。高温、干旱和强降水事件频发使油菜产量波动加大。暖冬使病虫越冬基数增加,发生提前,危害期延长。

油菜生产适应气候变化的对策如下。

(1) 选育高抗品种。四川盆地、长江中下游和华南沿海以抗病、耐渍、抗旱、耐寒、抗倒、生育期短、适应机械化和轻简化生产的品种为主；黄土高原、黄淮平原和云贵高原亚区以抗病、抗旱、耐寒品种为主；春油菜产区以抗旱、耐瘠、播种出苗抗冻品种为主。

(2) 调整肥料运筹方式。针对气温升高加速养分和土壤有机质分解，采取有机无机结合，速效长效结合，采用控释、缓释技术，适度深施，延长肥料有效利用时间，提高肥料利用效率。灾后及时追施速效肥以促进恢复生长。

(3) 适期晚播。针对长江中下游播种期降水量偏少影响出苗和生长，冬季气温升高诱使早薹早花，适当推迟播期，并使用早熟品种和高效抗旱剂、种子包衣剂、抗蒸腾剂等，以提高种子发芽率。

(4) 适当增加密度。减少单株分枝数，促进角果同期成熟，减少收获落粒损失，利于机械化收获，也可提高肥料利用效率，促进尽早封行，减轻杂草竞争。

(5) 提早病虫草害防治，发生极端天气气候事件时更要及时防治次生病虫害。

## 189. 气候变化对我国糖料作物生产有什么影响和适应对策？

糖料作物以生产食糖为目的，以甘蔗和甜菜为主，甘蔗产区分布在华南，甜菜分布在黑龙江、内蒙古和新疆等高寒地区。此外，各地还种植一些甜高粱。糖料作物的产出包括生物量与含糖率两个方面。

(1) 气候变化对甘蔗生产的影响与适应对策

甘蔗是多年生亚热带作物，全年分为蔗茎生长期和糖分积累期两个阶段。龙国夏等(1994)利用甘蔗主产区产量与气候资料统计分析，发现10月平均气温和11月气温日较差与甘蔗糖分含量显著正相关，10月极端最低气温则呈负相关。9—11月气温日较差≥10 ℃为蔗糖分高值年。蔗糖分积累需要凉爽干燥天气，要求昼夜温差较大，雨日较少，光照充沛。广西南宁等地糖厂榨季蔗糖含量与10—11月降水量及雨日、10—12月平均相对湿度等呈显著负相关，但降水量过少也导致含糖分下降。未来气候变化情景，华南蔗区特别是其南部积温可能偏高，降水继续增加，对甘蔗糖分积累不利。但西南蔗区和华南北部目前糖分积累时期温度偏低地区，未来温度和水分条件都较适宜，适宜种植区有可能北移。

甘蔗生产的适应对策：调整布局，适度北扩；加强秋季雨后排水降湿；随着秋季变暖适当推迟榨糖季节。

(2) 气候变化对甜菜生产的影响与适应对策

气候变化导致华北春旱加重，对播种出苗形成重要障碍，叶丛繁茂期和块根糖分增长期遇旱对产量有较大影响。目前降水趋势东多西少。未来除东北和西北部分地域外降水都将减少，干旱加重。但主产区黑龙江省降水将有所改善。此外，随着温度升高，有可能产生高温危害。李季贞(1993)认为，由于黑龙江省降水略增，褐斑病等有加重趋势。未来随着气候变暖甜菜适种区可北移至48°N以南地区。

甜菜生产适应气候变化的对策如下。

(1)调整生产布局,适宜种植区进一步北移,尤其黑龙江省。

(2)防御高温危害,培育选用耐高温品种。

(3)未来多数产区降水减少,干旱加重,要加强水利建设。

(4)推广秋翻、秋耙、秋施肥、秋起垄和地膜覆盖,实现一次播种保全苗。

## 190. 气候变化对我国茶叶生产有什么影响和适应对策?

茶叶、咖啡、可可号称世界三大饮料作物,但只有茶叶在中国具有特殊的重要性,属"出门七件事"之一,更是牧民的生活必需品。

茶树是亚热带喜温灌木,相对耐阴,弱光与散射光下有利于增加茶叶中的含氮物质和芳香物质,形成优良品质。中国茶叶总产超过100万t,为世界第一。气候变暖使茶树生长提前,生长期延长,产量增加,品质改善。茶树种植向更高纬度与海拔扩展。由于茶叶采摘期提前,过去人们讲究清明前后品尝新茶,现在春节就有新茶上市,使得茶叶价格难以上涨。

影响茶树分布北界的主要限制因素是越冬冻害,目前山东省日照市已成为淮河以北最大产区。如五莲县1970—2000年−10 ℃以下最低气温出现天数从20世纪70年代的91 d减少到90年代的26 d,−15 ℃以下低温90年代以后再未出现。但降水持续减少,高温天气增多,对茶树光合作用与品质均不利。蒸发量有所减少,相对湿度变化不大,对高温干旱威胁有一定缓解。

南方茶区也在变暖,如江西省修水县宁红名茶主产区稳定通过10 ℃日期提前9 d,生长期延长,但生长最旺的5月、6月气温变化不明显,有利于产量和品质提高。冬季冻害减轻,夏季高温威胁加重。年降水量变化不大,3—6月降雨充沛有利于茶叶保持鲜嫩和优良品质。但相对湿度略降和日照时数增加对茶叶品质稍有不利。

极端天气气候事件威胁加重,2008年持续低温冰雪和2016年初的超级寒潮使头茬茶叶基本绝收,部分茶树冻死。

茶叶生产适应气候变化的对策如下。

(1)调整生产布局。随着气候变暖,茶树种植可向更北更高地区适度扩展,但应选择降水增加或至少下降不明显,相对湿度较大,多云雾的山区。

(2)调整采摘时间。由于茶树发育提前,春季采摘和茶园管理都要提前,过去以明前茶为新茶品牌,现在需要创造新的品牌。

(3)针对部分茶区夏季高温干旱加剧,要在茶园中间植乔木遮阴,加强喷淋灌溉,以保持茶叶的产量和品质不下降。

(4)由于目前农药残留严重制约我国茶叶出口和市场对有机茶的需求旺盛,针对气候变暖导致茶树病虫害发生提前和扩大蔓延,要大力推广生物防治和综合防治,严禁滥用农药。

### 191. 气候变化对我国烟叶生产有什么影响和适应对策？

烟草是我国最主要的嗜好作物和国家重要税源。烟草喜温喜光,优质烤烟对温度的要求前期较低后期较高。气候变暖和 $CO_2$ 浓度增高有利于增强光合作用与烟叶产量,提高水分利用效率,但也将导致 C/N 值升高,影响烟叶品质。气候变暖使烟草种植区向更高纬度与海拔地区扩展。

气候变化导致不同产区气候资源与气象灾害发生特点改变,影响优势产区的转移。如河南省平顶山市 1961—2008 年平均气温上升 0.70 ℃,春夏季延长,秋冬季缩短。年降水量变化不大,但夏季暴雨增多,春秋常出现干旱。大风与冰雹减少,近 10 年病虫害明显加重。云南、贵州等西南烟区冬春干旱明显加重,严重影响烟草幼苗生长。张超等(2012)分析,湖南省近 50 年烟草大田期日照减少,降水增加,尤其是成熟期;湘西北和郴州种植适宜度降低,湘西南和长沙提高,湘西中部、邵阳、永州变化不大;并提出烟草生产适应气候变化的对策如下。

(1)调整布局,适度北扩,但气候明显干旱化地区要适当压缩。

(2)选育相对晚熟、耐旱和抗病虫的品种。

(3)春旱严重地区适当推迟移栽期,使旺盛生长期与雨季基本吻合。推广地膜和秸秆覆盖,揭膜后要及时中耕培土,促进根系发育,增强抗涝能力。

(4)加强病虫监测,调整防治适期。北方烟田冬灌可消灭部分越冬害虫。

### 192. 气候变化对我国中药材生产有什么影响和适应对策？

气候变化对中药材的影响包括对药用植物的影响和对中药材市场需求的影响两个方面。

(1)气候变化对药用植物及其有效成分的影响

中药材形成受到多个外部环境因子的综合影响,包括温度、湿度、降水、风、地形、土壤、微生物等。不同的气候与水土条件通过影响中药材化学成分而影响药性发挥。通常道地药材都是在最适宜气候与水土条件下栽植和炮制的。

气候变暖导致药用植物发育提前,生长期延长。加上 $CO_2$ 浓度增高将促进药用植物的生长。但不同药材的入药器官和部位不同,枝繁叶茂对于以枝叶入药的药用植物有利,但对以其他器官入药的药用植物不利,需加强营养生长与生殖生长的协调。气候变暖使可种植区北移扩大,但药用植物种类很多,对气候与土壤的要求各异且十分严格,改变后的气候适宜区不一定能保持道地药材的效能。

气候变暖还将使药用植物的病虫害发生提前,范围扩大,危害加重。

(2)气候变化对中药材市场的影响

气候变化对疾病传媒与人体健康的影响导致常发疾病类型发生改变,从而影响到对不同类型中药材需求的改变,如冬季变暖可减轻呼吸道和心脑血管疾病,夏季高温加剧易加大中暑风险,气候变暖使得病菌和害虫等传染病媒介的传播提前并向北蔓延,都会影响到市场对于不同种类中药材的需求改变。由于新冠肺炎病毒相对怕热不怕冷,通常进入冬季疫情会出现高峰,对特效中草药的需求量相比夏季剧增。

(3)中药材生产适应气候变化的对策

随着气候变化,中药材生产基地的布局需要适当调整,总的趋势是向更高纬度与海拔地区转移。但传统道地药材的形成还与水土条件及栽培方式有关,需要进行全面试验研究才能确定。针对气候变化对药性的影响,需要加强药效机理的研究,探索在气候变化背景下保持和加强中药材药效的栽培措施。中药材是市场和单产年际波动最大的农产品,不少药农因盲目跟风种植导致滞销而蒙受损失。因此,必须建立兼顾市场信息与气候信息的监测和预警系统。

## 193. 气候变化对植物病虫害有什么影响,怎样调整防控措施?

农作物病害是指作物在生物或非生物因子的影响下发生一系列形态、生理和生化上的病理变化,阻碍了正常生育进程,从而影响种植业的产量和效益。农作物病害的流行程度与侵染循环周转速度密切相关。病原物的越冬越夏、传播和初侵染、再侵染是制约病害侵染循环周转的关键,其中气象条件起主导作用。农作物虫害是指害虫危害作物导致减产和品质降低的程度超出允许范围并造成经济损失的现象,影响其发生的主要气象因子有温度、降水、湿度、光照、风等。

(1)温度的影响

暖冬使病虫害越冬基数增加,次年危害加重。气候变暖和植物的物候提前使大部地区的病虫害发生期或迁入期提前,危害期延长。温度偏高伴随阶段性干旱时,病虫害种群世代数量呈上升趋势,繁殖数量倍增,往往造成病虫害的大发生。气候变暖使病菌和虫卵生长发育加快,繁殖一代经历时间缩短,发生世代增多。气候变暖促使病虫害发生范围北扩,如小麦赤霉病和白粉病以前在黄河流域很少发生,但近年在华北大面积流行,产量损失巨大。葛根是大豆锈病病的候补宿主,暖冬促使分布范围北扩,使美国伊利诺伊州大豆锈病发生提前到早期生长阶段。

(2)水分的影响

通常干旱少雨有利于大多数虫害生长发育和繁殖,但黏虫和某些水稻害虫需要相对湿润的条件。潮湿多雨有利于细菌类和真菌类病害的传播,但主要以虫媒传播的大多数病毒类病害在干旱年发生加重。春季干旱少雨对麦蚜和麦蜘蛛等虫害的发生繁殖有利,但连续干旱对有些病害的发生有抑制作用,如2003年的连绵秋雨导致棉花叶斑病和铃病在华北大发生,但随后几年秋雨偏少未再发生,2010年华北再度秋雨连绵,发病率达15%~30%。山西省因连年干旱不利于油松生长,导致红脂大小蠹大面积发生。

(3)$CO_2$和$O_3$浓度增高的影响

植物在高$CO_2$浓度环境中生长更快,植被茂密荫蔽环境有利于多数病害的发生,但气孔开度缩小也有助于防止一些病原体入侵,如可抑制叶斑病的发生。$CO_2$浓度还使植物体和许多农产品的碳氮比增大,害虫为满足体内蛋白质需求往往要加大摄食量。

臭氧浓度增高会抑制植物生长,使生育期缩短,但可减缓某些病原体的生长和繁殖。

(4) 极端天气气候事件的影响

植株因台风、暴雨、冰雹等极端天气受到损伤使抵抗力减弱,有害生物易于侵入。如2009年受"莫拉克"台风影响,江苏省棉花黄萎病大面积流行,一些抗病性差的品种落叶成光杆,不少棉田绝产。台风侵袭时东南亚的稻飞虱和稻纵卷叶螟会利用气流大举侵入我国东南沿海,严重危害水稻生产。

防控对策的适应性调整如下。

(1) 针对气候变化引起主要植物病虫害发生规律的改变,调整植物保护的重点对象与工作部署。

(2) 随着气候变暖导致作物与有害生物发育与物候期的改变,调整病虫害测报时间、周期与方法。

(3) 调整天敌保存与培育时期和方法,使之与有害生物的发育同步。

(4) 调整种植制度与轮作方式,使敏感期避开病虫害发生高峰期。

(5) 根据气候变化对药性与分解速度的影响,调整化学防控的时间与农药类型。

## 194. 气候变化对我国草地畜牧业生产有什么影响和适应对策?

我国拥有各类草原近4亿$hm^2$,是重要的生态屏障,其中可利用草地约占一半,约2000万人以草地畜牧业为生,以内蒙古草地面积最大,载畜量最多。新疆草地分布在高山与盆地绿洲之间,青藏为高原草地。气候变化对草地畜牧业的影响在三大牧区各不相同。内蒙古牧区气候趋向暖干化,降水明显减少,加上长期超载过牧,草地严重退化。近十多年落实草畜平衡与退牧还草,生态开始好转。新疆气候趋于暖湿化,降水增加,冰雪消融加快,草地植被总体改善,但大部仍属荒漠草原,生物量与载畜能力增加有限。青藏高原大部气候也趋向暖湿,利于高寒草地牧草生长,但到达地面紫外辐射增加对牧草生长有一定抑制作用。

气候变化对草地畜牧业的影响表现在以下几个方面。

(1) 对牧草物候期的影响

牧草生育期延长。近10年内蒙古车前草春季物候提前1.9~9.3 d,秋季延后3.7~10.7 d。水分对牧草物候也有明显影响,锡林浩特羊草常因干旱停止生长不能开花,针茅较羊草耐旱,开花期也被推迟。雨热匹配好的年份牧草成熟期和黄枯期较晚,再生性强的牧草可继续生长。

(2) 对草地生物多样性的影响

随着气候暖干化,内蒙古湿润度等值线东移。科尔沁沙质草原长期定位试验结果,2006年草地物种丰富度和植物多样性较2000年分别下降21.2%和9.9%。降水增多有利于提高植物多样性,主要优势植物对水分的敏感性高于温度。

(3)对草地生物量的影响

气候暖干化地区的草地生物量和生态系统恢复力下降,存在永久性退化风险,尤其内蒙古中部。干旱频繁发生抑制牧草返青和生长,春夏严重干旱使牧草休眠,虽然雨后能恢复生长,但如牲畜过量啃食再遇干旱极易导致牧草死亡。干旱导致牧草产量和品质下降,干旱频繁将导致草地植被严重退化,风蚀加重甚至荒漠化。

(4)对草食牲畜的影响

牲畜是草地第二性生产力的载体。气候变化除通过影响牧草生长和品质而间接影响牲畜生长发育外,还直接影响动物疫病、牲畜生产性能、产肉量和繁殖等。

干旱导致饲草和饮水不足,牲畜掉膘甚至死亡。冬春气温升高有利于降低牲畜越冬死亡率和掉膘率,提高母畜繁殖率和幼畜成活率。如黄河首曲流域藏系绵羊的羔羊成活率每10年增加7.19%,幼畜成活率1984年以后保持在80%以上。

(5)草地畜牧业自然灾害

气候变化导致内蒙古草原寒潮、大风、冰雹、沙尘暴等灾害发生次数减少,但干旱、黑灾、草原火灾等增加。虽然近十多年来北方土地荒漠化开始得到遏制,但气候明显暖干化的内蒙古中西部部分草地荒漠化仍在蔓延。20世纪80年代以后虽然白灾频次增多,但由于冬季变暖和抗灾能力增强,危害程度有所减轻。暴风雪在20世纪后半叶趋于减少,但近十多年来内蒙古东部和北部又有增多,有的地区甚至连年出现冬季极寒。

1981—2010年,内蒙古旱灾成灾面积每十年增长61.59万 $hm^2$。冬季持续无雪或积雪过少,牲畜因缺乏饮水导致进食障碍、掉膘和体重下降称为黑灾,气候暖干化使北方温带草原的黑灾增多,但由于牧区加大打井建设饮水点,20世纪80年代以后,黑灾危害明显减小。

虽然内蒙古牧区冷雨和湿雪发生次数增加不明显,但由于冬春变暖,牲畜皮层逐渐发松,发生同等冷雨和湿雪时将造成更大危害。

气候暖干化还使内蒙古草原火险和火灾次数呈上升趋势。

气候变暖使内蒙古和新疆风沙灾害总体减轻,但新疆融雪性洪水明显加重。

(6)草地畜牧业生物灾害

冬季增温和干旱有利于虫卵越冬和鼠类与害虫的繁殖,加上天敌减少,导致草原鼠虫害日益加重。尤其20世纪80年代以来,草原蝗虫危害总体趋于上升,干旱年份有害毒草的比例也明显增加。

气候暖干化与过度放牧使草地退化,为害鼠栖息繁衍提供了条件。近30年来草原鼠害面积由20世纪90年代年均0.27亿 $hm^2$ 上升至21世纪初期的年均0.40亿 $hm^2$。

气候变化使动物疫病流行发生明显变化,隐性感染病例增多,新老疫病同时共存又交叉发生。许多病原体向更高纬度和海拔蔓延并不断发生变异,使动物疫病发病率上升。过去30多年出现了40多种新病原。

草地畜牧业适应气候变化的主要对策如下。

(1) 草地保护经营适应对策

① 坚持草畜平衡原则,按照牧草再生能力严格控制载畜量。严重退化农田退耕还草,严重退化草地退牧还草,轻度退化草地实行季节性放牧和围栏划区轮牧。减少越冬头数,提高母畜比例,减轻草地放牧压力。退牧草场恢复到一定程度应适度利用,否则会由于枯枝落叶覆盖、缺乏采食践踏刺激和粪便养分回归,导致牧草生长不良,产生新的草地退化。

② 调整草原火灾防御与扑救对策。全面评估气候变化背景下草原火灾态势与特点,适当提早和延长草原防火期和警戒期,适当调整重点防火区,加强消防队伍与设施建设。加大边境草原防火力度,建立隔离区,铲除一切地面可燃物,加强火情瞭望观察,拒火情于国门之外。加强牧民防火意识与技能培训。

③ 提高气象灾害与虫鼠害抗御能力。健全监测、预警和防治体系,调整救灾物资储备和应急救援体系布局;根据虫鼠害发生规律变化调整防治时期和方法,加强对蛇、鹰等天敌的保护。结合退化草地恢复改良破坏鼠类的生存环境。

④ 加强人工草地和饲料生产基地建设以弥补气候暖干化导致的草地生物量下降,增加饲草储备以抗御夏季干旱与冬春黑灾、白灾。

⑤ 建立健全科学管理、保护、利用草地资源的法律、法规和规章制度,严禁滥垦、滥挖等对草地的破坏。

(2) 草地畜牧业饲养适应对策

把舍饲畜牧业的集约化经营和畜舍保护等优点与草地放牧利用天然资源的高效率和低成本优势相结合,是草地畜牧业的发展方向。

① 加强牧业基础设施建设,提高牲畜防灾能力。北方牧区冬季寒冷漫长多风。尽管冬季总体变暖,但气温波动也更加剧烈,加强牧区棚圈建设是防御雪灾、冷雨、湿雪等灾害的重要措施。应选择背风向阳地形,就地取材选用隔热挡风材料,并兼顾夏季遮阳和通风排湿。为防御冬季黑灾和白灾,需要加强饲草料库和饮水点的建设。气候变暖有利于动物疫病病原和寄生虫的传播,需要加强疫病监测防治体系和药浴池建设。

② 调整畜群结构,提高畜群整体适应气候变化能力。牛、马、驼、山羊、绵羊等五畜是草原生态系统长期进化和自然选择的结果。山羊和骆驼能适应以灌木和旱生、盐生牧草为主的荒漠化草地;牛、马喜食高大、多汁、适口好的优良牧草,适宜草甸草原放牧;绵羊善食短草,喜食多汁与有气味、含盐或有苦味的牧草,适宜各类草原,特别是干草原放牧。牛的采食能力与抗雪灾能力最弱,马的采食与奔跑能力最强。发生雪灾后,牧民总是先放马破雪,再放羊,最后才牧牛。随着气候暖干化和草原旱生化演替,需减少牛马,增加绵羊比例;干草原转化为荒漠草原的地方还应增加骆驼和山羊的比例。雪灾多发草原不宜多养牛。当地牲畜品种抗灾能力通常强于外来品

种,应以高产优质良种畜与本地土种畜杂交改良以兼顾增产与抗逆。引进高产良种的同时也要保持一定比例的传统地方品种。

③ 推广易地育肥。充分利用草原夏秋资源放牧,秋季牧草枯黄后将架子牛羊输出到农区,利用秋收后的丰富饲料资源快速育肥出栏,以满足消费高峰期的市场需求。由于资源互补和优化配置,能取得最佳经济效益,越冬载畜量减少也有利于草场的生态恢复。

## 195. 气候变化对我国的农区畜牧业有什么影响和适应对策?

农区畜牧业是我国畜牧业的主体,以舍饲为主,虽然暴露度小于草地畜牧业,但仍受到环境条件的很大影响。气候变化对农区畜牧业的影响包括饲料生产、饲养动物生理、畜牧生产环节和动物疫病几个方面。

(1) 对饲料作物生产的影响

农区畜牧业配方饲料包括以玉米为主的能量饲料、以大豆为主的蛋白饲料和含有维生素、矿物质、微量元素等的饲料添加剂,奶牛饲养还需要大量青绿饲料。不同饲料作物对环境气象条件的要求不同。

气候变化对玉米生产的影响前文已阐述。总的来看,气候变暖和 $CO_2$ 浓度增高有利于北方玉米增产,降水减少和显著增加地区的旱涝灾害对玉米生产不利。气候变暖虽然同样有利于大豆增产,但单产仍明显低于玉米,在土地资源紧缺的情况下,各地往往压缩大豆种植面积,导致蛋白饲料日益依赖进口。气候变暖使南方双季稻产区冬闲时间延长,有利于种植短日期绿肥或饲料作物,但 $CO_2$ 浓度增高将使饲料作物的蛋白质含量降低。

(2) 对动物生理的影响

气候变暖导致中低纬地区动物热应激事件增多,气候波动加剧导致中高纬地区冷应激事件仍频繁发生。除影响动物健康外,畜舍环境调节成本也因此上升。

高温使动物食欲、饲料利用率和畜牧生产率下降,高温天气公畜精液质量和母畜受胎率下降。现代奶牛业大多使用喜凉怕热的荷兰黑白花牛改良种,北京地区2000—2012年平均每年有139 d最高气温大于25 ℃,处于热应激状态,有36 d最低气温低于5 ℃,处于冷应激状态。高温对养鸡业的危害更大。由于鸡没有汗腺,炎热天气靠喘气蒸发水分来降低体温,呼吸频率由每分钟20多次加快到数百次,排出大量 $CO_2$ 使血液碳酸浓度降低,影响对钙的吸收,使蛋壳变薄;食欲也随之下降,导致产蛋量和增重下降。炎热天过量饮水还会导致腹泻和垫料潮湿,饲料容易发霉,鸡舍污染加重,疫病容易流行。

低温下虽然饲养动物的食欲增加,但体能消耗更快,导致增重率和饲料利用率下降。动物的个体越小抗寒力越差。新生仔猪−6 ℃就冻僵,−8 ℃冻死;30 日龄仔猪冻僵和冻死的临界温度分别降低到−8 ℃和−12 ℃,90 kg重育肥猪在气温4 ℃时日增重只有适温21 ℃下的一半。潮湿环境和有风时猪的体能消耗更大。严寒天气患黄白痢是冬季仔猪的主要死亡原因。由于气候波动加大,极端寒冷事件仍时有发生,牲畜在前期温暖的情况下气温骤降,冷应激反应也更加强烈。

(3) 对畜牧生产环节与畜产品消费的影响

气候变暖使微生物活动加强,高温高湿条件下饲料和垫料易霉变,动物粪便容易发酵产生有害气体,使畜舍环境受到污染。气候变暖使动物春季脱毛、换羽、发情、配种的时间提前,各项牧事生产作业活动也相应提前。

气候变暖对人们的食欲产生一定影响,炎热季节对牛羊肉等高热量畜产品的需求量将会下降,对奶制品的需求量将会增加。

冬季变暖使高寒地区冷冻贮藏自然条件变差,高温天气制冷贮藏耗能增加。

(4) 对动物疫病的影响

气候变暖导致病原体生物链和生物学特性改变,动物活动区域变迁也给传染病传播流行创造了条件。病原体尤其是病毒突破原有寄生、感染分布区域,生态环境改变迫使自然疫源性病原微生物发生基因突变和重组、转移等遗传性变化,从不致病变成致病或毒力增强而引起新的危害。如禽流感当平均温度 20 ℃ 时发生蔓延可得到有效控制,但气温上升和变干燥加速鸟类粪便挥发,加上候鸟迁徙时间和路径改变,使禽流感传播更加广泛。气候变化使原本冬季死亡或休眠的传病害虫安全越冬并提早活动。气候变化引起的动物生存环境改变和脆弱性增大,也增加了疫病发生的风险。

农区畜牧业适应气候变化要从以下四个方面着手。

(1) 饲料作物生产

在气候变化有利地区扩大饲料玉米生产。充分应用现代生物技术,加快高产大豆品种选育,改变蛋白饲料严重依赖进口局面。随着作物生长期的延长,南方双季稻产区可利用冬闲种植绿肥和青绿饲料作物,北方一年一熟区南部也要利用剩余积温种植饲料作物。针对 $CO_2$ 浓度增高使植物体蛋白质含量降低,调整饲料配方,确保必要氨基酸和维生素含量,增加炎热季节青绿饲料的供给。

(2) 针对气候变化对动物生理的影响

应对热应激天气,一方面要改良畜禽舍环境,另一方面要改善饲养管理。以养鸡为例,降低舍温措施包括鸡舍阳面种树或搭凉棚遮阴、通风、喷水、舍顶刷白、设置水帘等;选用高能量低蛋白饲料,以植物蛋白饲料替代动物蛋白饲料,以颗粒饲料替代粉状饲料,改饲喂干料为湿料,改白天饲喂为早晚饲喂,补充 $KCl$、$NaHCO_3$ 和含钙饲料,添加防病药剂;提供清洁饮水,适当降低饲养密度,加强鸡舍消毒,及时清扫,防止噪声干扰。奶牛对热应激最为敏感。随着气候变暖,奶牛业要向更高纬度与海拔地区发展,控制炎热地区饲养规模。炎热地区和季节饲养奶牛要改良牛舍环境,利用太阳能、水帘蒸发、通风、空调和植树来遮阴降温。要调整饲料配方,增加青绿饲料作物的生产。

冬季虽然变暖,但气温突降时动物仍会发生明显的冷应激。首先要加强畜禽舍保暖。陕西省推广塑料薄膜覆盖暖棚,最高气温比敞棚平均高 8.1 ℃,最低气温高 3.9 ℃,养猪日增重提高 133 g,每增重 1 kg 节约饲料 1.3 kg,仔猪成活率由 54% 提高到 80%。冬季畜禽舍地面要保持干燥,勤换垫料,堵塞漏洞,防风侵袭。适当增加精饲料和蛋白饲料的比例。

(3) 生产环节的适应性调整

畜禽舍要及时清扫和经常消毒。夏季适当降低饲养密度,增加添加饲喂次数,每次量不宜过多。适应市场需求调整畜牧业结构,扩大奶牛业规模,牛羊肉主要用于冬季市场供应。春季人工授精、配种、剪毛、抓绒、产仔等生产活动的时间要根据当地回暖趋势适当提前,同时做好防寒保暖。

(4) 动物疫病防控

大力加强动物疫病,特别是人兽共患病监测、预警、检疫和防控体系建设,调整重点疫病防控季节与区域。对发生重大疫情的畜禽场采取封锁、扑杀和消毒等措施。对国外已经发生,国内尚未发生的重大动物疫病和人兽共患病尽早开展病原特性、诊断方法、治疗药物及疫苗研制等的研究。

根据当地气候变化特点,加强畜舍环境综合治理,减少污染源和病原滋生地,加强畜舍清洁和消毒,严格防止候鸟粪便污染养禽场传染禽流感。

改进饲料配方,确保种畜禽和幼畜禽必要的活动空间,以增强动物对疫病的抵抗能力。严格限制抗生素的应用,防止因滥用导致病原耐药性的增强。

## 196. 气候变化对我国的淡水养殖业有什么影响和适应对策?

我国淡水渔业规模为世界最大。由于水生动物生长发育处于水体中,气候变化引起水环境要素的改变,进而影响到水生动物的生长发育、繁殖和洄游习性。

(1) 水温升高的影响

除水生哺乳动物外,绝大多数水生动物为变温动物。不同水生动物及不同发育阶段对水温的要求不同。气候变暖引起水温升高,使水生动物生存适宜水域发生改变,导致渔业资源分布和生产布局的改变,同种水生动物将向更高纬度水体或冷水区迁移,如原产热带的罗非鱼已在我国南方大规模养殖。水温升高使一年中水生动物的生长期和摄食期延长,越冬休眠期缩短,发育加快,洄游活动提前。水温升高还导致藻类植物生长发育提前和加快,为水生动物提供更多饵料,有利于渔业增产。但由于微生物加快繁殖和人类排放污染物造成水体富营养化,容易因藻类过度繁殖堆积腐烂使水质恶化导致死鱼。南方盛夏水温常达 35 ℃ 以上,鱼类消化力和食欲明显下降甚至停止摄食。如张家港市 2006 年炎热天气过长,河蟹与青虾成熟提前,个头变小,单产和经济价值显著降低。气候变暖还使细菌、病毒和寄生虫等病原容易越冬,繁殖加快,各类水产病害发生日益频繁。

(2) 降水量改变的影响

北方由于降水减少水资源短缺,淡水养殖面积减少且不能及时更新水体。南方虽然降水充沛,但季节性干旱同样制约养殖规模。夏秋淡水养殖用水高峰期长江中下游因伏旱缺少更新用水,有时外塘水质还不如内塘,经常出现泛塘死鱼。

(3)溶解氧减少的影响

水温升高会降低水体溶氧能力,太阳辐射和风速减弱降低了水体溶解氧浓度,极大增加了低压阴雨天气泛塘死鱼的风险,尤其是富营养化水体。

(4)极端天气气候事件的影响

陆地旱涝、低温与热浪的频繁发生明显加大淡水养殖业的不稳定性。如2008年初的南方持续低温冰雪天气淡水养殖鱼类大量冻死。强台风登陆常造成淡水养殖设施损坏。极端降水冲击养殖水体可造成设施损坏和鱼类流失。

淡水养殖业适应气候变化要采取以下对策。

(1)调整淡水养殖布局与规模。干旱缺水的北方发展规模要量水而行;南方要加强水环境保护,有条件的可打井以地下水补充旱季养殖水源。随着气候变暖,喜温性鱼类养殖适当向北扩展。

(2)改善养殖环境。如长江流域鱼塘推广改浅塘为深塘,改小塘为大塘,改死水塘为活水塘,高温时期增加换水次数。加大基础设施投入,添置增氧机、水泵、投饵机等渔业机械硬件,采取植树、搭棚、清淤除泥、护坡固岸防渗等措施以保持水质新鲜和降低夏季高温危害。

(3)高温天气适当降低放养密度,根据天气掌握投饵次数和数量。闷热天气和水体溶氧低时少投或不投,用药前后少投;晴朗天气,昼夜温差大,水体清洁时适当多投。适当降低饵料蛋白质含量,添加维生素。

(4)贯彻"以防为主、以治为辅,无病先防、有病早治"的方针,加强高温季节鱼病防控。由于炎热天气上下水层对流几乎停止,下层水体经常缺氧并分解有害物质。应选用环保型底质改良剂,配合增氧剂和开动增氧机以调节水质,不提倡全池投放化学药剂,以免水质突变造成养殖对象药物中毒或缺氧窒息。必须使用药物治病时可选用中草药拌饵投喂或小范围泼洒。

(5)加强对暴雨、台风、热浪等灾害性天气的预测和预警,及时采取防范措施。

## 197. 气候变化对我国海洋水产业有什么影响和适应对策?

海洋水产业包括近海养殖业和海洋捕捞业。

(1)气候变化对近海养殖业的影响

近海养殖包括筑塘引进海水养殖对虾、海蟹等,海岸带养殖鲍鱼、贝类和网箱养鱼,以及海带、紫菜等海水栽培植物。

气候变暖导致海平面上升,台风、风暴潮、海浪等海洋灾害的威胁明显增大,尤其近年来强台风和超强台风频繁发生,严重摧毁海上养殖设施。近年来渤海、黄海的海冰呈回升态势,对近海养殖的威胁也很大。

海温升高和陆地向海洋污染物排放增加使得沿海赤潮发生频率增大,导致养殖对象缺氧窒息或因饵料不足而生长不良。

珊瑚礁和红树林是许多海洋生物的栖息地或附着地,海水酸化导致珊瑚礁白化和萎缩,海平面上升导致红树林退化和消失,将严重影响近海生物多样性和鱼类产量。海水酸化还将严重影响海洋生物对钙质吸收和生长发育及繁殖。

海岸带的暴雨和洪水使养殖池水体盐度发生突变,可造成对虾身体强烈吸水膨胀导致死亡。水温过高易导致养殖水体缺氧,养殖动物窒息死亡。

(2)近海养殖业适应气候变化的对策

调整生产布局,养殖品种随海温上升适度北扩,适度调整投苗和收获时间。

加强近海养殖设施的防风防浪加固保护。加强台风、暴雨、热浪等灾害性天气与风暴潮、海冰、赤潮等海洋灾害的监测和预警并及时传递到养殖户。

高温天气加强养殖池水体换水次数,适当加大水深。投放饵料时间改在早晚。

加强海岸带环境保护,防止沿海水质恶化。及时清理漂浮污染杂物和油污。

(3)气候变化对海洋捕捞业的影响

气候变暖导致海水升温,冷暖洋流路径与强度改变,导致不同鱼类适宜生活区域和洄游路线改变并向更高纬度海域迁徙。某些传统渔场削弱甚至消失,某些渔场增强并出现一些新的渔场,引起世界渔业资源分布格局的改变,引发渔业资源争夺和渔权纠纷。如中国舟山渔场各种经济鱼类正向外海和更高纬度迁移,冰山消融为南极周围海域提供营养物质促进了浮游生物繁殖,吸引磷虾到来并招来鲸类等大型动物,成为资源丰富的渔场。斑海豹每年冬季向中国沿海迁徙,海冰减少使斑海豹无法找到合适产仔场,濒危程度明显加剧。海温升高导致鱼类春季洄游提早,秋季延迟,使传统的季节性渔场和鱼汛期发生改变。

气候变化与波动导致厄尔尼诺和拉尼娜等海温异常现象频繁交替发生,通常厄尔尼诺年赤道东太平洋海温异常偏高,涌升流减弱,海水上层藻类生长不良,渔业资源萎缩;西太平洋暖池东扩,鲣鱼高产渔场随之东移。拉尼娜年则相反,辐合区和鲣鱼渔场西移,赤道东太平洋海域涌升流增强饵料丰富,渔业丰收。

海平面上升使得各种海洋灾害对海岸和渔港设施的破坏增大,但吃水加深也减少了低潮位时搁浅的危险。

海水增温和气候异常导致热带风暴强度明显增大,对海洋捕捞作业安全构成极大威胁。冷空气势力减弱导致部分海域秋冬浓雾增加,易酿成海难事故。

气候变化导致陆地降水时空分布更加不均,长江入海径流季节差异明显增大,海河除上游发生暴雨天气外几乎没有径流入海。由于江河水含丰富有机物,入海径流减少或不稳定将使海洋渔业资源的季节分布改变且更不稳定。江河中的污染物对河口附近海域和海岸带的海洋生物也构成了严重威胁。

(4)海洋捕捞业适应气候变化的对策

① 调整生产布局。气候变化改变了洄游鱼类的迁徙规律,根据气候变化导致的渔业资源时空分布改变,要及时调整鱼汛期和重点捕捞作业海域。我国近海渔业资

源因长期掠夺式捕捞而濒临枯竭。虽然国家规定了不同海域的休渔期,仍不能改变近海渔业资源萎缩趋势。为此,要加强国际合作,积极开拓远洋渔场,特别是由于气候变化渔业资源增加的海域。

② 严格遵守休渔和禁止滥捕的有关规定,通过人工养殖鱼苗定时投放到沿海海域,以遏制渔业生物资源枯竭的势头。

③ 加强渔港基础设施建设,改进渔船安全防护设施。加强海洋灾害和海上极端天气事件的监测、预报和预警,减少海洋捕捞业的海难事故。

④ 沿海城市和工业向入海河流大量排放污染物导致近海水质恶化,赤潮频繁发生。要大力加强环保执法与综合治理,还我碧海蓝天,恢复海洋渔业资源。

## 198. 气候变化对养虫业有什么影响和适应对策?

养虫业主要包括养蚕与养蜂,严格意义上不属畜牧业,但目前归口畜牧业管理。此外还有可食用的龙虱与蝎子、用作饵料的蝇蛆与黄粉虫、用于粪便处理的蚯蚓与蛆虫,以及某些药用昆虫,但养殖规模与重要性都无法与桑蚕和蜜蜂相比。

(1) 气候变化对养蚕业的影响与适应对策

桑树适宜在暖温带和亚热带栽植,桑蚕以桑叶为食料,在室内饲养,饲育适温为 20~30 ℃。气候变暖导致桑树提前发芽和展叶,桑蚕适宜饲育期相应提前,发育加快。柞蚕以柞树叶为食料,在中温带半湿润气候的柞树林中放养,更易受环境变化影响与天敌危害,仅在辽东等少数地区养殖。虽然气候变暖促使适宜养蚕区域整体北移,但华北和西北东部降水减少对桑树栽植不利,养蚕业有所萎缩,长江流域的夏季高温也不利于桑蚕养殖。

随着气候变暖和春季植物物候提早,蚕卵孵化、桑叶采摘和桑蚕、柞蚕饲养都相应提前。桑蚕随着个体长大和虫龄增加,饲育适温逐步降低,但环境气温却逐步升高,要求在蚁蚕期加强蚕室保温,大龄蚕期加强通风降温,尤其是春末夏初迅速升温之际。气候变化导致气温波动加剧,给桑蚕饲养带来困难。要密切注意天气变化和桑树发芽展叶进程,调整孵化、饲养和上蔟时间。要加强大风、寒潮、热浪、暴雨等极端天气事件的监测、预报和预警,及时采取防范措施。四川省南充市将原有春、夏、秋三季养蚕中的秋蚕调整为晚秋蚕,使养蚕用叶与桑叶适熟高产期吻合,减轻了夏秋高温天气的影响,还缓解了农蚕劳力矛盾。晚秋期留叶养树增加来年春叶和全年桑叶产量,有利于增加春蚕和全年蚕茧产量。

(2) 气候变化对养蜂业的影响与适应对策

气候变化影响到蜜源植物分布的改变。随着气候变暖,同种蜜源植物的分布向更高纬度与海拔地区扩展,温带植物冬季休眠期缩短,蜜蜂冬季消耗减少,春季开花提前,某些植物的花期可能延长。降水增加地区植被更加繁茂,但也可能使某些蜜源植物的竞争力减弱,湿润条件下花蜜浓度降低。降水减少地区蜜源植物茂密程度下降,花期缩短,花蜜分泌数量下降,但浓度提高。气候变暖导致植物开花期与数量变化,使不同蜜源植物的适宜采蜜期改变。气温剧变、高温或低温胁迫、暴雨、大风等都会对蜜蜂生存和采蜜活动造成不利影响。

由于气候波动加剧和不同蜜源植物的响应不同,对于流动养蜂要建立不同地区蜜源植物花期与花量的信息系统,以充分利用气候变暖带来的有利机遇和蜜源植物资源,避开不利天气。随着春秋季物候改变,蜂群北移相应提前,秋季适当延后。本地饲养蜜蜂要根据蜜源植物花期、数量及种植结构的改变,合理安排全年生产。气候干旱化和炎热地区不宜养殖西蜂,只有一种主要蜜源植物的地区应以饲养适应性较强的中蜂为主,饲养成本低,病虫害相对较少。

## 199. 气候变化对观光农业有什么影响和适应对策?

(1) 气候变化对居民出行规律与消费需求的影响

观光农业是以农业自然资源为基础,农业文化和农村生活文化为核心,通过规划、设计与施工吸引游客前来观赏、品尝、购物、习作、体验、休闲、度假,农业与旅游业相结合的一种新型生产经营形态。随着社会经济发展与农业的现代化,农业功能从单纯的经济功能扩展到社会功能、文化功能和生态功能,当代农业已不限于第一产业,已成为集一二三产的综合型产业。

随着气候变暖,高纬度高海拔地区的居民冬季交通条件改善,出行活动增加。低纬度地区夏季高温时段出行减少。随着人们生活水平与教育水平的提高,消费农产品不仅是为解决温饱,越来越讲究质量与特色。而且越来越愿意观赏和体验与农业生产相联系的农业生态景观和农业文化。工作时间缩短,节假日增多和交通条件改善也使人们拥有更多时间到农村和农田旅游。

(2) 气候变化对自然物候与农业景观的影响

观光农业与自然物候和田园景观密切相关,气候变化引起自然物和农业景观的很大变化。年平均温度上升1℃,木本植物物候期春季一般提前3~4 d,秋季推迟3~4 d,绿叶期延长6~8 d。大部分植物始花期提前3~6 d。气候变暖还使北方冬季封冻期和积雪期缩短。

观光农业不少项目与植物春季展叶、开花、结果,秋季叶片变色和冬季冰雪景观相联系,气候变化导致植物生长发育进程和物候发生改变,最佳观赏或体验期也相应改变。如北京郊区尽管种植冬小麦经济效益不高,但由于是冬季唯一覆盖土壤并保持一定绿色的作物,具有遏制本地起沙尘和拦截外来沙尘等生态效益和景观效果,政府给予农民一定的生态补偿,仍保留一定种植面积。

气候暖干化地区的水资源日益紧缺,使得北京西郊玉泉山下专供皇宫的京西稻无水可种,天津小站稻种植面积也大幅度萎缩,尽管如此,当地仍保留小面积种植作为农业历史文化遗产加以保护。华北明珠白洋淀的水面不得不依靠调黄河水和南水北调的长江水来维持。

（3）观光农业适应气候变化对策

调整观光农业旅游项目的布局和时间。随着气候变暖,如清明踏青、北京平谷桃花节、洛阳牡丹节等都要适当提前并根据当年气候加以调整,秋天观赏红叶最佳时期相应延迟,冬季欣赏冰雕、雪雕、冰灯、雾凇及开展滑冰、滑雪等活动的时期缩短或向更高纬度和海拔转移。北京市的香山红叶观赏期比20世纪50年代大约推迟了5～7 d,观赏期只有十多天。北京市气象局利用郊区不同海拔高度的物候差异,建议园林部门种植有关树种,使红叶观赏期扩展到从9月上旬到11月上旬的2个月之久。

气候变化导致极端天气气候事件增加,对观光旅游者的人身安全造成一定威胁。北京市在开发山区沟域经济时不少观光农业旅游点设在沟边,在2012年7月21日的特大暴雨和山洪灾害中受到严重摧残并发生多起伤亡事故。擅自攀爬野长城的游客因雷击伤亡也已发生多起。因此,随着观光农业规模的日益扩大,必须加强对极端天气事件的监测、预警和加强对景点的管理。

观光农业必须具有特色才有吸引力。许多名特优农产品的形成都与当地特殊的气候优势有关。随着气候变化,某些名特优农产品的生产可能更加有利,可扩大生产规模;有些则更加不利,需要研发相应栽培技术或向更适宜地区转移。

## 200. 气候变化对农业服务业有什么影响和适应对策?

农业服务业指为产前提供生产资料,产中提供技术服务,产后提供运输、贮藏、初加工、包装、营销,以及金融等多种服务性产业的总称。气候变化对各类农业技术服务业也带来了复杂的影响,需要采取相应的适应对策。

（1）农机服务业

气象条件不仅影响农作物生长,也影响农机田间作业效果。气候变化导致种植结构和作物布局的改变,加上作物发育进程和土壤状况的改变,都要求农机服务的内容需要相应调整。如气候变暖有助东北平原增产并成为最大商品粮基地,需投入更多大型农机发展规模经营。黄淮海平原冬小麦播种期明显推迟,成熟期略提前,播种机和收割机等大型农机具调度和布局要相应调整。冬季变暖使冬旱加重,但隆冬又不宜灌溉,京津等地研制了镇压器,可显著缓解冬旱威胁。气候变暖使高寒地区冻土变浅,早春翻浆提前,播种机必须趁冻土尚坚硬时方能承载。

（2）农用化学品

农用化学品包括化肥、农药、兽药、薄膜、饲料添加剂等。

① 肥料。市场经济条件下由于农产品全部输出带走大量养分,必须投入化肥或有机肥补偿。气候变暖使土壤有机质加速分解,化肥加快挥发。由于大多数农民播种时一次施足底化肥,然后出去打工不再追肥,养分大部在苗期释放,作物旺盛生长期缺肥,产量和肥效都不高。缓释化肥可使供肥高峰与作物需肥高峰相吻合,但需进一步降低成本才能大面积推广。畜牧业生产主体已由户养改变成工厂化规模养

殖，大量畜禽粪便成为主要的农业污染源，气候变暖更加剧了养殖环境污染。欧洲各国采取限制养殖规模，将畜禽粪便用作农田有机肥作为主要去向，中国则主要用于设施农业。

② 农药和兽药。气候变暖使得农药和兽药挥发分解加快毒性增强，作物和动物及有害生物的发育进程也有所改变。需要调整喷洒农药和服用兽药的对象和时机，尽量使用高效低毒农药、兽药和生物农药、生物兽药。

③ 农膜。气候变暖有利于中高纬地区发展冬季设施农业，农膜需求量迅速增长，但"白色污染"成为影响土地可持续利用的重大障碍，需研制增温保墒效果不差和成本较低的可降解薄膜。

④ 饲料添加剂。气候变暖对饲养动物的食欲和养分需求产生影响，热胁迫增加，$CO_2$ 浓度增高使饲料蛋白质含量下降，需要对饲料配方进行调整，增加必要氨基酸含量和有助于应对热胁迫的安全药物。

(3) 作物栽培和动物饲养技术咨询

气候变化，特别是极端天气气候事件增加，要求对常规栽培和饲养技术做出调整，加强针对气候波动和极端天气气候事件的应变栽培技术和饲养技术的研发和咨询。

(4) 水利和气象部门

水资源管理部门要针对气候变化引起的水资源时空分布格局改变，调整农用水资源季节和区域分配方案，大力推广农业节水技术。气象部门要加强灾害性天气监测、预测和预警，积极开展农业气候资源开发利用业务与服务。

(5) 农产品贮藏、运输和加工

气候通过对农产品成分、色泽、形态的影响而影响农产品的品质，气候变暖改善了高寒地区的交通条件，但大风、暴雨、雾霾等极端天气气候事件的影响加大。气温升高后农产品易加快后熟和霉变，对产后处理和贮藏提出了更高要求，农产品冷藏耗能和成本增加，对加工防腐和包装的要求也相应提高。为此，应调整各类农产品运输、贮藏和加工的环境调控技术标准，加强农业基础设施建设，鲜活农产品大力发展采收、处理、包装、运输、贮藏一条龙的冷链势在必行。

(6) 农产品营销和贸易

市场经济条件下农产品行情多变，气候变化和极端天气气候事件更增加了产量和品质的不稳定性。很多农民常因行情突变虽获丰收但卖不出去反而赔本。同种农产品不同年份的产量和品质也有很大波动。为此，必须建立能通达所有农户的市场与气象信息系统，根据市场行情和当年气象条件选择适宜的作物或饲养动物。需要注意的是市场信息往往具有一定的滞后性，短期气象预测还比较准确，长期预报目前还不过关。因此，还需要对各种农产品生产的市场风险和自然风险进行分析评估，选择风险较小受益较大的决策方案。市场波动有一定周期性，通常在市场行情开始上升时选择最为有利，行情最好时却需要慎重，不要盲目扩大规模。气候波动也有一定的准周期性,除干旱在北方是常态外,其他气候现象连续发生的概率较低,如久旱之后要警惕暴雨洪涝,气温反常升高往往是冷空气到来的前兆。

气候变化引起许多农产优势产地的转移。如俄罗斯与加拿大的可耕种土地面积和谷物出口有可能大幅度增加。热带地区粮食生产有可能进一步萎缩。西欧大面积扩种油菜和美国大量玉米作为生物燃料生产,引起世界粮食和油料市场格局改变。厄尔尼诺年赤道东太平洋渔获量大幅下降,赤道西太平洋渔业资源却显著上升。拉尼娜年则反之。因此,需要研究气候变化对世界主要农产品生产和贸易格局的影响,修改原有贸易对策。国内随着气候变暖,东北粮食生产的优势更加凸显,华南冬季生产更为红火。但西南冬春干旱有加重和常态化趋势,将严重影响冬淡季蔬菜生产与输出。由于新疆气温升高和降水增加,在修建控制性拦蓄工程和大力推广农业节水的前提下,有可能适度扩大耕地面积,大量输出商品粮棉与特色瓜果。由于气候变化导致的资源优势和主产区转移,国内农产品贸易格局也要调整。

(7) 农业金融和保险业

气候变化引起农业生产格局的改变必然会影响到农业金融服务的调整。东北等商品粮基地的拓展和现代化,特别是规模经营的迅速推进,要求提供更多的金融支持。黄土高原和西南岩溶山区等气候变化敏感脆弱地区为稳定脱贫和巩固现有减贫成果,需要提供小额贷款。气候变暖有利于设施农业的发展,需要大量的资金投入,但只要市场对路,回报也是丰厚的。上述种种都需要金融产业调整支农对策,更好地促进农业的产业化和现代化。

极端天气气候事件频发和危害加大,迫切要求全面开展农业保险业务。但小规模经营的保险业务难度很大。一方面要积极推进土地流转和适度规模经营,另一方面也要探索在经营规模较小情况下,开展农村合作灾害保险的路子。天气指数保险可以避免逆向选择和道德风险,且大大降低了勘损成本,是未来农业灾害保险的发展方向,已在国内外逐步推广。

# 九、适应气候变化的中国行动

## 201. 我国应对气候变化有哪些组织机构？

应对气候变化工作覆盖面广、涉及领域众多。为加强协调、形成合力，中国成立了国家应对气候变化及节能减排工作领导小组，各省（区、市）均成立了省级应对气候变化及节能减排工作领导小组。2021年，为指导和统筹做好碳达峰碳中和工作，中国成立碳达峰碳中和工作领导小组。各省（区、市）陆续成立碳达峰碳中和工作领导小组，加强地方碳达峰碳中和工作统筹。

（1）国家应对气候变化及节能减排工作领导小组

"国家气候变化协调小组"1990年设立于国务院环境保护委员会，负责统筹协调我国参与应对气候变化国际谈判和国内对策措施。"国家气候变化对策协调小组"1998年成立，作为部门间的议事协调机构。

为切实加强应对气候变化工作的领导，2007年6月，国务院决定成立国家应对气候变化及节能减排工作领导小组，由国务院总理任组长，主管副总理和国务委员任副组长，成员包括各相关部、委、局的领导人。作为国家应对气候变化工作的议事协调机构，国家发展和改革委员会具体承担领导小组的日常工作。主要任务是：研究制订国家应对气候变化的重大战略、方针和对策，统一部署应对气候变化工作，研究审议国际合作和谈判方案，协调解决应对气候变化工作中的重大问题；组织贯彻落实国务院有关节能减排工作的方针政策，统一部署节能减排工作，研究审议重大政策建议，协调解决工作中的重大问题。协调联络办公室2010年在国家应对气候变化领导小组框架内设立，以加强部门间协调配合。由国家发改委分管应对气候变化工作的领导同志担任主任，外交部、科技部、财政部、环境保护部、中国气象局、国家林业局、国家能源局分管部（局）担任副主任，领导小组各成员单位有关负责同志为成员，国家发改委主管司负责同志为秘书长。2018年国务院根据机构设置、人员变动情况和工作需要，决定对国家应对气候变化及节能减排工作领导小组组成单位和人员进行调整，由新组建的生态环境部负责应对气候变化工作，强化了应对气候变化与生态环境保护的协同，节能减排的具体工作由生态环境部、国家发展和改革委员会按职责承担。

（2）国家气候变化专家委员会

2005年6月，叶笃正、刘东生、孙枢、孙鸿烈、巢纪平、何祚庥、吴国雄、秦大河八位中国科学院院士联名向国家领导人提出设立国家气候变化科学特别顾问组的建议。有关领导作出重要批示,成立气候变化专家委员会。中国气象局受国家气候变化对策协调小组委托,负责组建跨部门、跨学科的气候变化专家委员会,从科学层面为党和政府的决策提供科学咨询与服务,有助于增强政府决策的民主化、科学化和法制化,从而进一步提高我国科学应对气候变化的能力。专家委员会共11人,孙鸿烈院士为主任委员,丁一汇院士、何建坤教授为副主任委员。2010年9月14日,经国家应对气候变化领导小组批准,组成了31人的第二届专家委员会,包括气候变化科学、经济、生态、林业、农业、能源、地质、交通、建筑以及国际关系等领域的院士和高级专家,专家委员会主任由中国工程院原副院长杜祥琬院士担任,中国科学院副院长丁仲礼、国家气候中心原主任丁一汇、清华大学原副校长何建坤教授担任副主任。专家委员会日常工作由国家发展和改革委员会和中国气象局负责,中国气象局副局长沈晓农担任办公室主任,办公地点设在中国气象局。作为国家应对气候变化领导小组的专家咨询机构,专家委员会主要职责是就气候变化的相关科学问题及我国应对气候变化的长远战略、重大政策提出咨询意见和建议。

(3)应对气候变化研究机构

为加强国家应对气候变化战略研究,推动国际应对气候变化合作,2012年6月11日国家发改委所属国家应对气候变化战略研究和国际合作中心正式揭牌,后改属生态环境部,是我国应对气候变化的国家级战略研究机构和国际合作交流窗口。中心职责包括组织开展应对气候变化政策、法规、战略、规划等方面研究;承担国内履约、统计核算与考核、碳排放权交易管理、国际谈判、对外合作与交流等方面的技术支持工作;开展应对气候变化智库对话、宣传、能力建设和咨询服务;承担清洁发展机制项目管理工作;承办生态环境部交办的其他事项。

科学技术部等14个部门于2007年6月联合发布了《中国应对气候变化科技专项行动》,有力促进了我国应对气候变化科技工作的开展。各地科研机构和高等院校纷纷成立应对气候变化科研机构,其中比较重要的有中国科学院气候变化研究中心、清华大学气候政策研究中心、北京大学气候变化研究中心、北京师范大学全球变化与地球系统科学研究院、中国气象局气候变化中心、水利部应对气候变化研究中心、中国农业科学院农业与气候变化研究中心、国家林草局应对气候变化专家咨询委员会等,此外,中国农业科学院农业环境与可持续发展研究所设有气候变化与减排固碳科研团队,2021年中国气象局－中国农业大学农业应对气候变化联合实验室获批成立。

(4)生态环境部应对气候变化司

2008年由国家发改委设置,负责统筹协调和归口管理应对气候变化工作。各省、自治区、直辖市的发改委也相应成立气候变化处或明确由资源环境处负责应对气候变化工作。应对气候变化主管机构的建立与明确有力促进了全国节能减排与适应气候变化工作的全面开展。2018年国务院机构改革将环境保护部的职责与国家发展和改革委员会的应对气候变化和减排等职责整合,组建生态环境部作为国务院组成部门,增设应对气候变化司。该司负责应对气候变化和温室气体减排工作,综合分析气候变化对经济社会发展的影响,组织实施积极应对气候变化国家战略,牵头拟订并协调实施我国控制温室气体排放、推进绿色低碳发展、适应气候变化的重大目标、政策、规划、制度,指导部门、行业和地方开展相关实施工作。牵头承担国家履行联合国气候变化框架公约相关工作,与有关部门共同牵头组织参加国际谈判和相关国际会议。组织推进应对气候变化双多边、南南合作与交流,组织开展应对气候变化能力建设、科研和宣传工作。组织实施清洁发展机制工作。承担全国碳排放权交易市场建设和管理有关工作。承担国家应对气候变化及节能减排工作领导小组有关具体工作。

(5)碳达峰碳中和工作领导小组

"碳达峰碳中和"对应着我国 2020 年提出的"二氧化碳排放力争于 2030 年前达到峰值,努力争取 2060 年前实现碳中和"的目标。为落实这一新任务,2021 年成立了碳达峰碳中和工作领导小组,统筹国内国际工作协同和部署落实,研究提出全面贯彻新发展理念做好碳达峰碳中和工作的意见,加快编制 2030 年前碳达峰行动方案和分行业分领域碳达峰实施方案。各省(区、市)陆续成立碳达峰碳中和工作领导小组,加强地方碳达峰碳中和工作统筹。

## 202. 我国在应对气候变化方面采取了哪些行动,取得了什么效果?

中国作为仍处于工业化和城市化阶段的发展中大国,是受气候变化影响最大的国家之一。中国高度重视气候变化问题,把积极应对气候变化作为国家经济社会发展的重大战略,把绿色低碳发展作为生态文明建设的重要内容,采取了一系列行动,为应对全球气候变化做出了重要贡献。

中国积极参与了应对气候变化的国际谈判,包括努力促进巴黎气候大会取得成果在内,为推动公平公正的全球气候治理做出了重要贡献。中国是《气候变化框架公约》的首批缔约方之一和 IPCC 的主要发起国之一,积极参与了历次 IPCC 评估报告的编写,已发布了三次《气候变化国家评估报告》,第四次评估报告即将于 2022 年发布。早在 1998 年就设立了由当时的国家发展计划委员会主任为组长的国家气候变化对策协调小组,2007 年成立了由国务院总理任组长的国家应对气候变化领导小组。2010 年发布了《中国应对气候变化国家方案》,是最早制定和实施应对气候变化国家方案的发展中国家。从 2008 年起,每年发布《中国应对气候变化的政策与行动》的白皮书。2014 年又制定了《中国应对气候变化规划(2014—2020 年)》。2015 年 6 月向联合国提交了中国国家应对气候变化自主贡献的文件。努力促成 2015 年《巴黎协定》和 2021 年《格拉斯哥协议》等重大国际文件通过。中国积极开展了应对气候变化的国际合作,特别是大力促进南南合作,宣布将设立 200 亿元人民币的中国气候变化南南合作基金，并从2016年起在发展中国家启动低碳示范、减缓、适应和培训等大批合作项目。2011年以来，累计安排约12亿元用于开展应对气候变化南南合作。

在减缓方面，2009年我国政府承诺到2020年单位GDP二氧化碳排放要比2005年下降40%～45%，到2017年就已提前额完成，2020年的碳排放强度比2005年下降48.4%，超额完成承诺目标，累计少排放二氧化碳约58亿t。2020年，中国非化石能源占能源消费总量比重提高到15.9%，比2005年大幅提升了8.5个百分点。中国风电、光伏发电设备制造形成全球最完整产业链，技术水平和制造规模居世界前列。中国还是全球森林资源增长最多和人工造林面积最大的国家，成为全球"增绿"的主力军(国务院新闻办，2021)。

2020年9月22日，中国国家主席习近平在第七十五届联合国大会一般性辩论上郑重宣示：中国将提高国家自主贡献力度，采取更加有力的政策和措施，二氧化碳排放力争于2030年前达到峰值，努力争取2060年前实现碳中和。中国宣布的国家自主贡献新目标举措还包括：到2030年，中国单位GDP二氧化碳排放将比2005年下降65%以上，非化石能源占一次能源消费比重将达到25%左右，森林蓄积量将比2005年增加60亿 $m^3$，风电、太阳能发电总装机容量将达到12亿 kW 以上。2021年，中国宣布不再新建境外煤电项目。

中国不断加大资金投入，支持应对气候变化工作。截至2020年末，中国绿色贷款余额11.95万亿元，其中清洁能源贷款余额为3.2万亿元，绿色债券市场累计发行约1.2万亿元，存量规模达8000亿元，位于世界第二。

在适应方面，针对气候变化，特别是极端天气气候事件的影响，中国各地和各行各业已经采取了大量适应措施。2013年中国发布了《适应气候变化国家战略》，全面部署主动和有计划的适应行动，2022年发布了《国家适应气候变化战略2035》，进一步推动适应气候变化工作的全面开展。

## 203. 我国在适应气候变化方面采取了哪些行动，取得了什么效果？

中国是全球气候变化的敏感区和影响显著区，始终把主动适应气候变化作为实施积极应对气候变化国家战略的重要内容。

(1) 适应气候变化政策体系基本形成

1994年颁布的《中国二十一世纪议程》首次提出适应气候变化的理念，2007年公布的《中国应对气候变化国家方案》系统阐述了各项适应任务。2013年发布《国家适应气候变化战略》，明确了适应气候变化的总体要求、重点任务与区域格局。2016年相继发布城市、林业等领域适应气候变化行动方案，气象、农业、水利、海洋、基础设施、城乡建设、生态保护等相关政策文件也纳入适应气候变化理念和要求，有关部门发布气候可行性论证规范及技术指南，修订水利、建筑、公路和航道等技术标准规范。2020年启动编制《国家适应气候变化战略2035》,加强统筹指导和沟通协调,强化气候变化影响观测评估,提升重点领域和关键脆弱区域适应气候变化能力。

(2)强化监测预警,提高防灾减灾能力

完善自然灾害监测预报预警和综合风险防范体系。建立全国范围多种气象灾害长时间序列灾情数据库,完成国家级精细化气象灾害风险预警业务平台建设。建立空天地一体化自然灾害综合风险监测预警系统,定期发布全国自然灾害风险形势报告。制定综合防灾减灾规划,指导气候变化背景下防灾减灾救灾工作。实施自然灾害防治重点工程建设,持续提升自然灾害防治能力,重点加强强对流天气、冰川灾害、堰塞湖等监测预警和会商研判。实现基层气象防灾减灾标准化全国县(市、区)全覆盖。

(3)推进重点领域适应气候变化行动

转变农业发展方式,实施秸秆处理等农业绿色发展五大行动。研发推广防灾减灾增产、气候资源利用等农业气象灾害防御和适应新技术,完成农业气象灾害风险区划5000多项。因地制宜、适地适树造林绿化,优化造林模式,培育健康森林,全面提升林业适应气候变化能力。加强各类林地保护管理,构建以国家公园为主体的自然保护地体系,实施草原保护修复重大工程,恢复和增强草原生态功能。完善防洪减灾体系,加强水利基础设施建设,提升水资源优化配置和水旱灾害防御能力。实施国家节水行动,建立水资源刚性约束制度,推进水资源消耗总量和强度双控,提高水资源集约节约利用水平。开展气候变化健康风险评估,提升适应气候变化保护人群健康能力。启动实施"健康环境促进行动",开展气候敏感性疾病防控工作,加强应对气候变化卫生应急保障。截至2020年底,已完成8亿亩高标准农田建设任务,农田灌溉水有效利用系数达到0.559,森林覆盖率达到23.04%,草原综合植被盖度56.1%,湿地保护率达到52.2%。

(4)开展重点区域适应行动

制定城市适应气候变化行动方案,开展海绵城市以及气候适应型城市试点,提升城市基础设施建设的气候韧性,通过城市组团式布局和绿廊、绿道、公园等绿化环境建设,有效缓解城市热岛效应和相关气候风险,提升交通网络对低温冰雪、洪涝、台风等极端天气适应能力。开展海平面变化监测、影响调查与评估,严格管控围填海,加强滨海湿地保护,提高沿海重点地区抵御气候变化风险能力。开展青藏高原、北方农牧交错带、黄土高原、西南石漠化地区、长江与黄河流域等生态脆弱地区气候适应与生态修复工作,协同提高适应气候变化能力。

(5)适应气候变化意识逐步增强

推动重点城市气候变化影响分析和风险评估,充分利用世界气象日、国际减灾日、全国防灾减灾日、世界水日、中国水周、植树节、世界防治荒漠化与干旱日、生物多样性日、世界环境日等契机,全方位多渠道开展适应气候变化相关培训和宣传教育。积极组织开展联合国生物多样性十年中国行动,以自然保护区、动物园、植物园、森林公园等为依托,系统性开展生物多样性保护与适应气候变化宣传。积极开展学校、社区综合防灾减灾宣教活动,形成全社会广泛参与的良好局面。

(6)适应气候变化国际合作日益深化

积极参与《联合国气候变化框架公约》等国际谈判与历次 IPCC 评估报告编制,发挥建设性作用,推动国际社会坚持减缓与适应并重,强化全球适应气候变化行动。与有关国家共同发起全球适应委员会,促进大规模适应气候变化行动和伙伴关系,加强国际合作,推介我国适应气候变化经验和典型案例,积极推动适应气候变化南南合作,帮助其他发展中国家提高适应气候变化能力。

## 204. 现有适应气候变化工作存在哪些不足?

《国家适应气候变化战略 2035》指出,当前和未来一段时期我国适应气候变化工作仍面临诸多挑战。

(1)对气候变化影响和风险的分析评估不足,对气候变化直接和间接威胁自然生态系统和经济社会系统的复杂性、广域性和深远性的认识亟待提升

虽然近年来日益频繁和加重的极端天气气候事件引起人们的高度关注,但对于气候变化影响和风险的认识大多停留在表面,有关气候变化对自然生态系统影响和向社会经济系统传递渗透和未来可能演变趋势的认识模糊,尤其缺乏对级联效应和气候临界点的分析评估。

(2)适应气候变化治理体系有待完善,适应工作尚未全面纳入相关部门和地方的工作重点,也未形成气候系统观测-影响风险评估-采取适应行动-行动效果评估的工作体系

适应气候变化法律法规不够健全,各类规划制定过程对气候变化因素考虑不足,多数地区和部门尚未编制专门的适应气候变化规划或行动计划。各类灾害与气候变化影响的综合监测系统建设与适应需求有较大差距。各级应对气候变化行政机构中适应工作职责不够落实,体制机制不健全。适应资金机制十分薄弱,企业与社会适应资金机制基本空白,与减缓投入差异悬殊。

(3)现有适应气候变化行动力度仍不足以支撑高质量发展和美丽中国目标实现,重点领域、区域适应气候变化能力仍有待提升

虽然各地在相关领域实际已开展大量适应气候变化行动,但绝大多数是自发进行,带有一定盲目性。基础设施建设、城市生命线系统和若干气候敏感产业应对极端天气气候事件和气候风险的保障能力不足。气候变化对人体健康影响和气候敏感疾病的监测、评估和预警系统尚未建立。生物多样性减少和部分地区的生态恶化趋势尚未根本扭转。经济与社会领域的适应工作明显滞后,有些产业和领域的适应工作甚至尚未起步。

(4)适应气候变化基础性工作欠账较多,相关理论研究与技术研发相对薄弱,知

识和经验供给仍不充分,全社会适应气候变化意识和能力仍有较大提升空间

与减缓相比,适应气候变化的科研投入相对薄弱。如图 9-1 所示,中国作为第一作者的引文数量要比 IPCC 第五次评估报告其他三个工作组报告的引文数量少得多,第六次评估报告中国引文虽有增加,但仍与中国的大国地位很不相称。

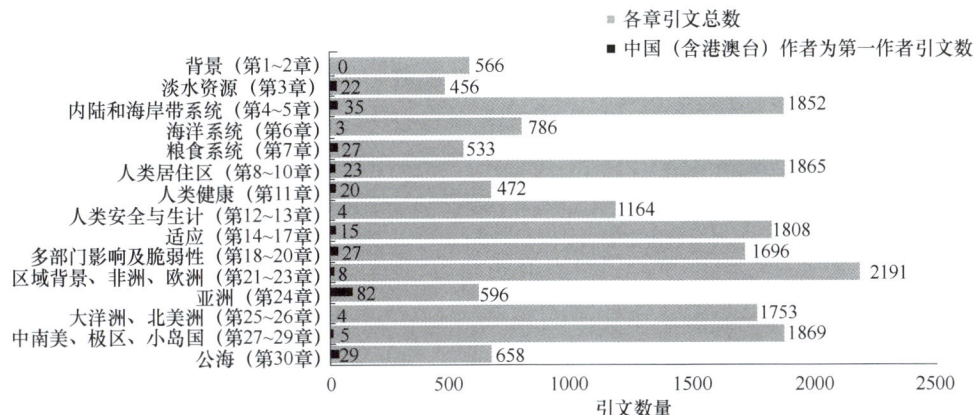

图 9-1　IPCC 第五次评估报告第二工作组报告各章中国作者引文数统计(何霄嘉 等,2017)

虽然近 20 年来有关气候变化影响、脆弱性与气候风险评估、以及适应对策与气候韧性培育的论文不断增多,也发表了一些学术著作,但深层次基础性研究的进展不明显,构筑具有中国特色的适应理论体系和构建比较完整的适应技术体系还有很长的路要走。由于适应气候变化科普宣传十分薄弱,很多人对于应对气候变化只知减排不知适应。

## 205. 现有适应气候变化工作与相关研究存在哪些误区和问题?

目前适应工作的滞后与对于适应存在若干认识误区有关。

(1) 与常规工作混淆

适应气候变化虽然涉及生产、生活与生态的几乎所有方面,与日常工作有着密切的联系,但必须是针对气候变化带来的影响对日常工作做出的调整与补充才属于适应工作。在实际工作中有些人把适应看成是一个筐,什么都往里装,把什么工作都说成是适应,看起来似乎是重视适应工作,实际是把适应气候变化工作架空和取消,很容易变成无须开展适应工作。

(2) 与减灾工作的混淆

把适应气候变化与防灾减灾混为一谈也是经常出现的误区。适应气候变化固然包括应对极端天气气候事件和气候波动的内容,与防灾减灾工作具有明显的交叉,但适应工作并不包括与气候变化无关的灾害事故防范,也不能代替经常性的减灾工作。因为没有气候变化时也存在各种自然灾害与人为事故。适应工作要做的只是针对气候变化带来的灾害新特点,对原有的防灾减灾工作做适当调整和补充。

其实,气候变化更深层次的影响在于全球变暖及其他气候变化基本趋势引起自然系统和人类系统的各种变化。过分强调适应气候变化与减灾的交叉,会忽视最基础和长远的适应工作。

(3) 与减缓的混淆

适应工作与减缓气候变化是有分工的,不应混淆和相互代替。有些适应行动兼有减缓效果,如植树造林改良局地生态的同时也增加了碳汇,秸秆还田既针对气温升高加速有机质分解,也具有碳汇功能。采用隔热建筑材料在提高居室舒适度的同时也具有节能效果。但大多数行动的效果是适应还是减缓还是比较容易区分的,不应厚此薄彼。但目前仍然普遍存在重视减缓,轻视适应的现象。

(4) 影响归因的混淆

当前人类面临的问题是多种原因造成的,有些确与气候变化有关,有些则关系不大或并无关系。不能把所有的问题都归结于气候变化,忽视人类或与其他因素的影响。如华北的水资源日益紧缺,既有气候暖干化,降水量持续减少的原因,更有超强度的人类活动过量开采和浪费地表水和地下水资源的原因。如果不作全面分析,只是设法补足气候变化所减少的水资源部分,并不能从根本上解决华北的缺水问题。南方许多水体的富营养化也是人类大量排放污染物造成的,气候变暖只是加快了富营养化过程。正确进行归因和评估气候变化和人类活动的各自影响,是采取准确和适度的适应措施的前提。

(5) 过分强调气候变化的外因,忽视受体脆弱性

矛盾论指出,外因只是事物变化的条件,内因才是事物变化的根本原因。有的文章只看到冬季变暖无霜期延长就断言霜冻灾害减轻。实际农业生产上大部分地区的霜冻灾害反而是在加重。这是由于随着气候变暖,自然物候也在同步改变。春霜冻提前结束的同时,植物的发芽和开花也提前了;秋霜冻推迟出现,自然物候也在延迟。加上气候波动的加剧和植物变得更加脆弱,导致农业生产上冬小麦和果树的霜冻灾害反而加重。又如有的文章笼统地讲随着气候变暖,作物的生育期都会缩短。其实这只是对有限生长的一年生作物而言,对于无限生长的棉花、豆类等作物,随着无霜期的延长,作物的生育期也在延长。

(6) 不考虑受体系统的适应能力简单下结论

有的文章运用作物模式计算结果断言气候变暖将导致东北地区粮食大幅度减产,全然不顾三十多年来东北粮食总产增长速度为全国平均两倍的事实。诚然,如果气候变暖后不进行品种与播期等的调整,由于作物生育期缩短,在其他管理措施与投入不变的情况下会导致减产。但即使是文盲也会随着气候变暖自发改用生育期更长的品种和适当提早播种,以充分利用气候变暖所增加的热量资源。

(7) 只注重避害,忽视趋利

现有关于气候变化影响和适应对策的研究绝大部分是针对负面影响的,鲜有针对气候变化带来有利因素及机遇利用的研究。

(8) 盲目和过度的适应

实际工作中大量存在过度适应现象。如华南尽管冬季变暖，20世纪90年代热带、亚热带作物寒害却空前严重发生，究其原因，与过高估计气候变暖和忽视气候波动，将种植范围过度北扩有关。在气候变暖背景下，东北有些农民种植玉米仍然不能在秋霜冻到来前正常成熟，原因是使用了生育期过长的品种。有些农民过高估计冬季变暖程度，使用抗寒性过弱的小麦品种，也是仍然发生越冬冻害死苗的主要原因。许多农民照搬上年经验过晚或过早播种，但下一年气象条件往往与上年不同，主观上想适应，客观效果却是不适应。

上述种种误区和偏差与适应气候变化研究不够深入，对适应概念和机制认识不清有关。

## 206. 科技部组织编写的《适应气候变化国家战略研究》主要内容是什么？

《适应气候变化国家战略研究》是科技部在"十一五"期间安排的一项研究课题，经过2年多的研究，完成了研究报告并于2011年以中英文出版，分为以下五个部分。

(1) 中国适应气候变化的现状

报告回顾了全球化中国气候变化的观测事实，分析了社会经济发展趋势和未来气候变化的可能情景，评估了气候变化对主要领域已观测到的和未来的可能影响，综述了国际国内外适应气候变化的现状，肯定已有适应行动的效果，指出中国适应气候变化的存在问题，包括缺乏国家层面的适应规划与战略，适应决策的科学基础薄弱，缺乏资金保障机制，缺乏适应技术体系的集成，公众意识有待增强，国际合作不够广泛，资源约束瓶颈突出，贫困地区适应能力薄弱。

(2) 中国适应气候变化的需求和目标

着重从防灾减灾、水资源安全和生态安全的角度论述了中国适应气候变化的需求。提出国家适应气候变化的指导思想：以科学发展观为统领，以科技进步为支撑，统筹协调各部门各地区的适应气候变化行动，不断增强中国适应气候变化的能力。积极采取适应气候变化的有效措施和实际行动，通过适应气候变化增强应对极端天气、气候事件的能力，通过适应气候变化与国家扶贫行动相结合保障2020年消除绝对贫困目标的实现，通过合理的适应规划降低社会经济和生态系统对气候变化的脆弱性。充分利用气候变化带来的某些有利因素和机遇，促进经济增长方式的转变和经济社会的可持续发展，增加社会就业率，提倡生态文明、绿色消费模式和生活方式，推动构建资源节约型、环境友好型和谐社会。

适应气候变化应遵循以下原则：公平、公正和可持续发展；中央统筹协调，地方与部门具体实施；主动和无悔；科学适应；规划适应；积极广泛参与国际合作。报告还对近期(2020年)和中长期(2050年)的适应目标提出了具体建议。

(3) 主要领域适应气候变化的重点任务与行动方案

报告选择农业、水资源、林业、海岸带、人体健康、自然生态系统与生物多样性、重大工程、能源和其他领域,分别论述了该领域气候变化影响的重大问题和适应气候变化的重点任务,并提出了行动方案。

(4) 区域适应气候变化的重点任务与行动方案

根据综合区划,按照东北、华北、华东、华中、华南、西南、西北、青藏高原、海域等九类地区,分别阐述了每个地区气候变化影响的重大问题,提出了区域适应气候变化的重点任务和行动方案。

(5) 国家适应气候变化的综合任务与行动方案

提出了跨领域、跨区域的国家综合适应气候变化重点任务和行动方案。关于适应气候变化的能力建设与保障措施,报告提出要进一步完善相关政策与法规,加强统筹协调,全面提高国家适应气候变化的科技能力,加强相关科技基础设施与平台建设,多途径增加资金投入,加强人才队伍建设,建立有效与快速响应的监测预警系统,加强科普,提高公众适应意识,推动多种形式的国际合作。

该报告由时任科技部部长万钢签署序言后,于2011年由科学出版社分别以中英文出版向国内外发行。这是我国第一部全面论述适应气候变化原理与国家战略的专著,为以后国家发改委组织正式编制于2013年发布的《国家适应气候变化战略》文件提供了重要科技支撑。

## 207.《国家适应气候变化战略》(2013)编制的背景是什么,有什么实施效果?

由于一些发达国家逃避气候变化的历史责任,减排国际谈判进展缓慢。随着全球气候变化的影响日益凸显,国际社会普遍认识到应对气候变化的减缓与适应两大对策相辅相成、缺一不可,对于大多数发展中国家,适应气候变化是更加紧迫的任务。近年来,国际社会加快了适应气候变化的工作部署与谈判进程,发达国家纷纷编制适应气候变化的国家战略,许多发展中国家也在联合国的帮助下制定了本国的适应行动计划。

在全球气候变化的大背景下,中国几十年来的气候也发生了显著变化:平均气温明显升高,北方和青藏高原尤为明显;降水和水资源的时空分布更加不均,极端天气气候事件的危害加重。自20世纪90年代以来,所造成的年均直接经济损失超过2000亿元,死亡2000多人。未来全球气候还将进一步变暖,不利影响更加凸显,国内和国际不同区域的资源格局与环境条件将发生改变,极端天气气候事件的损失将更加严重,尤其是对气候敏感地区的生存环境和社会经济发展将形成明显的挑战。全面分析评估气候变化对不同领域和区域的影响和受体的脆弱性,采取必要的适应措施以减轻负面影响,并利用气候变化带来的某些有利因素势在必行。无论是为了本国社会经济的可持续发展,还是为了积极参与国际社会应对气候变化的努力,树立负责任发展中大国的形象,都需要大力加强对于适应工作的指导。

由于气候变化影响的复杂性,长期以来社会各界对减缓的认识比较清楚,目标与考核指标清晰,措施比较明确。但对于适应的认识模糊,缺乏明确的目标与考核指标,更缺乏总体指导和统一规划。现有的适应行动大多是自发和分散的,影响了适应行动的有效开展和国家适应能力的提升。

我国在应对气候变化的工作中一直坚持减缓与适应并重的原则,并已将适应气候变化纳入国家发展规划。《中华人民共和国国民经济和社会发展第十二个五年规划纲要》提出"制定国家适应气候变化总体战略,在生产力布局、基础设施、重大项目规划设计和建设中充分考虑气候变化因素,提高农业、林业、水资源等重点领域和沿海、生态脆弱地区适应气候变化水平"。为贯彻落实上述要求,国家发改委在与有关部门充分沟通和协调的基础上,组织编制了《国家适应气候变化战略》,并在编制的过程中,为了给编制工作提供科学依据和调研资料,利用清洁发展基金赠款,同步安排了《国家适应气候变化整体战略研究》的课题,为正式编制《国家适应气候变化战略》提供了科技支撑。

2013年《国家适应气候变化战略》发布后,国家发改委组织编写并在《中国改革报》发表了一批解读文章,分片组织了宣讲和培训,少数省份专门编制了本地区适应战略或规划,多数省份在本地区应对气候变化规划中写进了适应气候变化的一章。国家发改委和住房与城乡建设部联合开展了"气候适应型城市建设试点"。农业、林业、生态环境、水利、海洋等部门组织了一些适应气候变化活动,上述活动都取得了一定成效。有关气候变化影响、风险评估和适应对策的论文著作的数量显著增长,适应气候变化的国际合作活动明显增多。

## 208. 气候适应型城市建设试点取得了哪些进展和经验?

国家发展改革委、住房和城乡建设部2017年印发《气候适应型城市建设试点工作的通知》,将呼和浩特、大连等28个城市列为试点,几年来取得以下进展(付琳 等,2020)。

(1)强化城市适应气候变化理念。几乎所有试点城市都编制实施方案,部分城市制定了专项规划,在生态文明建设考核办法与城市生态环境保护总体方案中加入了适应内容。如辽宁省朝阳市把适应气候变化相关指标纳入城乡规划体系、建设标准和产业发展规划。

(2)提高气候变化监测能力。优化监测布局,提高监测密度,构建覆盖全区域的气候变化监测体系。加强气象灾害预警与应对能力,建立气象防灾减灾管理系统,成立气象防灾减灾中心,编制气象灾害风险规划与城市内涝预警应对机制。如库尔勒市布设了40个自动气象站,实现各乡镇全覆盖,建成3个农田小气候观测站,成立市气象灾害防灾减灾指挥部,气象灾害监测、预报和服务能力明显提高。

(3)开展重点适应行动。主要包括增强基础设施、建筑与城市生态环境对气候变化的适应能力,同时还加强了宣传与培训。

(4)城市基础设施。建立了城市生命线安全运行监测网络和电力巡查定检机制,改造排水管网,完善防洪排涝体系,加强道路排查修复及地下综合管网管理。

(5)城市建筑。主要包括老旧小区改造及推广装配式建筑。

(6)城市生态环境。改善水体水质,提升城市生态系统服务功能,加强城市湿地建设与保护。

(7)气候变化宣传培训。举办专题培训,建立应急管理体制机制,举办各类宣教活动。如岳阳市每年利用世界气象日、防灾减灾日、全国低碳日、全国科技活动周、全国节能宣传周等开展应对气候变化科普宣传。

(8)创建政策试验基地。开发农业气象指数灾害保险,自然灾害公众保险等,筹集救灾资金。建立适应气候变化信息共享平台。如新疆石河子市建成广播电视台、报纸、通信运营企业、门户网站管理单位等重大气象灾害预警信息发布"绿色通道"。湖南省岳阳市建设气象综合业务平台和省-市-县三级高清视频会商系统,依托湖南省气象灾害预警信息发布平台面向决策用户及时发布气象灾害预警信息。

(9)打造国际合作平台。部分试点城市积极承办各类气候适应型城市建设相关国际交流活动,与世界一流智库开展深入合作。

在气候适应型城市建设方面取得进展的同时,各地也积累了宝贵经验。首先,适应气候变化策略制定需要因地制宜,根据本地区气候状况、地理特征、经济水平与基础设施建设,明确气候适应型城市建设的目标与内容,制定符合当地实际情况的气候适应规划。其次,建设气候适应型城市需要将气象灾害防范与应对作为重点。由于气象灾害具有种类多,范围广,频率高,持续时间长,群发性突出,连锁反应显著,灾情重的特点,一旦发生将对城市产生不可估量的后果。因此,需要建设完整的气候变化监测体系,增强对气象灾害的预警与应对能力,将气象灾害防范与应对作为适应性城市建设的重点内容。最后,建设气候适应型城市要发挥多部门协同合作的重要作用,完善政府统一领导,各部门紧密配合,全社会共同参与的气候适应型城市建设。

### 209.《国家适应气候变化战略2035》编制的背景是什么?

我国一贯坚持减缓和适应并重,实施积极应对气候变化国家战略。为统筹推进适应气候变化工作,2013年我国首次发布《国家适应气候变化战略》,明确了2014至2020年适应气候变化的总体要求、重点任务、区域格局和保障措施,为开展适应气候变化工作提供了指导和依据。《国家适应气候变化战略》发布以来,我国适应气候变化工作取得积极成效,但面对气候变化长期性、复杂性等特点,当前对气候变化影响和风险的分析评估仍然不足,对适应气候变化的重视程度和行动力度仍亟待提升。

当前至2035年,是我国基本实现社会主义现代化和建设美丽中国的关键时期。《中华人民共和国国民经济和社会发展第十四个五年规划和2035年远景目标纲要》明确提出要加强全球气候变暖对我国承受力脆弱地区影响的观测,提升城乡建设、农业生产、基础设施适应气候变化能力。《中共中央 国务院关于深入打好污染防治攻坚战的意见》将制定《国家适应气候变化战略 2035》、大力推进适应气候变化试点工作作为一项重要任务。近年来习近平主席先后提出构建"人类命运共同体"和"地球生命共同体"的理念,为应对包括气候变化在内的各类全球性挑战提供了重要的指导思想。

在国际上,世界面临百年未有之大变局。实现中华民族伟大复兴处于关键时期,既面临难得的历史机遇,也面临一系列重大风险考验。2021年发布《IPCC第六次评估报告》第一工作组报告《气候变化 2021:自然科学基础》指出,人类活动致使气候以前所未有的速度变暖。2022年《IPCC第六次评估报告》的第二工作组报告《气候变化 2022:影响、适应和脆弱性》,阐述了当前和未来气候变化影响和风险、适应措施及其实施条件、气候韧性发展的现状和未来等,揭示了气候、生态系统和生物多样性以及人类社会之间的相互依存关系,特别关注了陆地、海洋、沿海和淡水生态系统,城市、农村和基础设施,以及工业和社会系统转型的重要性和紧迫性。欧盟在2013年适应战略实施取得效果的基础上,于2021年2月发布了《打造具有气候韧性的欧洲——新的欧盟气候变化适应战略》,旨在通过更明智、更系统和更快速的适应以及加强国际行动,实现具有气候恢复力的欧盟2050年愿景。上述文献给中国新版适应气候变化国家战略的编制提供了重要参考。

2018年国务院组建新的生态环境部,将国家发展和改革委员会的应对气候变化和减排职责整合纳入其中。几年来,适应气候变化工作与生态文明建设的结合更加紧密。考虑到2013年《国家适应气候变化战略》已经到期,在新的形势下,生态环境部于2020年初启动了《国家适应气候变化战略 2035》编制工作。

## 210.《国家适应气候变化战略 2035》提出适应工作的指导思想和原则是什么?

《国家适应气候变化战略 2035》(简称新版《战略》)提出的适应气候变化工作的指导思想是:以习近平新时代中国特色社会主义思想为指导,全面贯彻党的十九大和十九届历次全会精神,深入贯彻习近平生态文明思想,按照党中央、国务院决策部署,紧紧围绕统筹推进"五位一体"总体布局和协调推进"四个全面"战略布局,坚持以人民为中心的发展思想,完整、准确、全面贯彻新发展理念,统筹发展与安全,实施积极应对气候变化的国家战略,坚持减缓和适应并重,把握扎实开展碳达峰碳中和工作契机,将适应气候变化全面融入经济社会发展大局,推进适应气候变化治理体系和治理能力现代化,强化自然生态系统和经济社会系统气候韧性,构建适应气候变化区域格局,有效应对气候变化不利影响和风险,降低和减少极端天气气候事件灾害损失,助力生态文明建设、美丽中国建设和经济高质量发展,为实现中华民族伟大复兴做出积极贡献。

新版《战略》提出的基本原则有4点。

(1)主动适应,预防为主

充分认识强化适应气候变化行动的重要性和紧迫性,主动投入、积极作为,利用有利因素、防范不利因素,最大限度采取趋利避害的适应行动。坚持预防为主,树立底线思维,提升自然生态系统和经济社会系统气候韧性,努力防范和化解气候变化的不利影响和风险。

(2)科学适应,顺应自然

科学评估气候变化影响和风险,基于经济社会发展状况和资源环境承载能力,积极采取合理有效的适应举措。将基于自然的解决方案与适应气候变化有机结合,通过加强生态系统保护、修复和可持续管理,有效发挥生态系统服务功能,增强气候变化综合适应能力。

(3)系统适应,突出重点

将适应气候变化与生态文明建设、美丽中国建设和经济高质量发展相关部署有机衔接,逐步形成全社会、各领域、各区域积极适应气候变化的局面。聚焦气候敏感脆弱领域和关键区域,重点开展适应气候变化行动,提升重点领域和重大战略区域适应气候变化水平。

(4)协同适应,联动共治

坚持适应和减缓协同并进,优先采取具有减缓和适应协同效益的行动举措。统筹考虑国内和国际、全局和局部、远期中期近期之间的关系,强化协调联动和资源共享,强化信息互通和交流互鉴,推动多主体参与,形成适应气候变化工作合力。

## 211.《国家适应气候变化战略2035》提出的适应工作战略目标是什么?

《国家适应气候变化战略2035》按照近期、中期和长期的部署,并与《中华人民共和国国民经济和社会发展第十四个五年规划和2035年远景目标纲要》相衔接,分别制定了到2025年、2030年和2035年的主要目标。

到2025年,适应气候变化政策体系和体制机制基本形成,气候变化和极端天气气候事件监测预警能力持续增强,气候变化不利影响和风险评估水平有效提升,气候相关灾害防治体系和防治能力现代化取得重大进展,各重点领域和重点区域适应气候变化行动有效开展,适应气候变化区域格局基本确立,气候适应型城市建设试点取得显著进展,先进适应技术得到应用推广,全社会自觉参与适应气候变化行动的氛围初步形成。

到2030年,适应气候变化政策体系和体制机制基本完善,气候变化观测预测、影响评估、风险管理体系基本形成,气候相关重大风险防范和灾害防治能力显著提升,各领域和区域适应气候变化行动全面开展,自然生态系统和经济社会系统气候脆弱性明显降低,全社会适应气候变化理念广泛普及,适应气候变化技术体系和标准体系基本形成,气候适应型社会建设取得阶段性成效。

到2035年,气候变化监测预警能力达到同期国际先进水平,气候风险管理和防范体系基本成熟,重特大气候相关灾害风险得到有效防控,适应气候变化技术体系和标准体系更加完善,全社会适应气候变化能力显著提升,气候适应型社会基本建成。

上述目标的实现,将使我国的适应气候变化能力有较大幅度的提高并达到世界先进水平,为2035年基本实现社会主义现代目标提供重要保障,并从应对气候变化的角度,为2050年实现中华民族伟大复兴的第二个百年宏伟目标奠定重要基础。

## 212.《国家适应气候变化战略2035》提出了哪些重点领域的适应任务?

《国家适应气候变化战略2035》将不同领域的适应气候变化任务分解为"提升自然生态系统适应气候变化能力"和"强化经济社会系统适应气候变化能力"两章阐述。

其中第四章"提升自然生态系统适应气候变化能力"提出要"统筹推进山水林田湖草沙一体化保护和系统治理,全方位贯彻'四水四定'原则,统筹陆地和海洋适应气候变化工作,实施基于自然的解决方案,提升我国自然生态系统适应气候变化能力",主要包括水资源、陆地生态系统、海洋与海岸带三节。

水资源领域的主要适应任务是构建水资源及洪涝干旱灾害智能化监测体系,推进水资源集约节约利用,实施国家水网重大工程,完善流域防洪工程体系与洪水风险防控体系,强化大江大河大湖生态保护治理能力。

陆地生态系统包括森林、草原、湿地、海洋、土壤、冻土、岩溶、冰川、荒漠等,主要适应任务是构建陆地生态系统综合监测体系,建立完善陆地生态系统保护与监管体系,加强典型生态系统保护与退化生态系统恢复,提升灾害预警、防御与治理能力,实施生态保护和修复重大工程规划与建设,加强陆地生态系统生物多样性保护。

海洋与海岸带的主要适应任务是完善海洋灾害观测预警与评估体系,提升海岸带及沿岸地区防灾御灾能力,加强沿海生态系统保护修复,持续改善海洋生态环境质量。

第五章"强化经济社会系统适应气候变化能力"针对气候变化对人类系统的影响和主要风险,说明应采取的主要对策,包括农业与粮食安全、健康与公共卫生、基础设施与重大工程、城市与人居环境、敏感二三产业等五节。

农业与粮食安全领域的主要适应任务是优化农业气候资源利用格局,强化农业应变减灾工作体系,增强农业生态系统气候韧性,建立适应气候变化的粮食安全保障体系。

健康与公共卫生领域的主要适应任务是开展气候变化健康风险和适应能力评估,加强气候敏感疾病的监测预警及防控,增强医疗卫生系统气候韧性,全面推进气候变化健康适应行动。

基础设施与重大工程领域的主要适应任务是加强基础设施与重大工程气候风

险管理,推动基础设施与重大工程气候韧性建设,完善基础设施与重大工程技术标准体系,突破基础设施与重大工程关键适应技术。

城市与人居环境领域的主要适应任务是强化城市气候风险评估,调整优化城市功能布局,保障城市基础设施安全运行,完善城市生态系统服务功能,加强城市洪涝防御能力建设与供水保障,提升城市气候风险应对能力。

敏感二三产业一节提出的主要适应任务包括提升气象服务保障能力,防范气候相关金融风险,提高能源行业气候韧性,发展气候适应型旅游业,加强交通防灾和应急保障。

可以看出,与2011年出版的《适应气候变化国家战略研究》和2013年发布的《国家适应气候变化战略》相比,适应气候变化的内涵从传统的以自然系统适应为主向人类系统即社会经济领域大幅度延伸和扩展。在自然系统适应任务的阐述中,更加鲜明地体现习近平生态文明建设的思想,并突出了基于自然解决方案的思路。在人类系统适应对策的阐述中,与《中华人民共和国国民经济和社会发展第十四个五年规划和2035年远景目标纲要》提出的目标与任务紧密衔接,在适应气候变化的相关文件中首次提出敏感二三产业的概念并阐述了若干重点产业的适应对策,体现出我国适应气候变化工作不断深入和与时俱进。

## 213.《国家适应气候变化战略2035》的区域格局是怎样规定的?

《国家适应气候变化战略2035》的第六章阐述了如何构建适应气候变化的区域格局。

首先从国土空间规划的角度指出,要统筹考虑自然资源分布、资源环境承载能力和气候适应能力,在国土空间规划实施评估与城市体检、资源环境承载能力和国土空间开发适宜性评价中,加强气候资源条件、气候风险评估和影响评价,科学有序统筹布局农业、生态、城镇等功能空间,划定永久基本农田、生态保护红线、城镇开发边界等空间管控边界及各类海域保护线。要完善和落实主体功能区战略,全面提升不同主体功能区的适应能力。提出城镇空间以降低人口、社会经济和基础设施的气候风险影响为重点,建设气候适应型城市,提升城市气候风险防控能力。农业空间以增强农业生产适应气候变化能力为重点,保障国家粮食安全和重要农产品供应。生态空间以保护生态环境、增强生物多样性、提供生态产品供给为重点,维护国家生态安全。

考虑到各地气候变化、自然条件和经济社会发展状况不同,新版《战略》指出应兼顾气候特征相对一致性和行政区域相对完整性原则,推动构建全面覆盖、重点突出的适应气候变化区域格局。适应气候变化区域格局必须建立在气候区划的基础上,分析评估气候变化特征、生态、经济和社会影响及主要气候风险,提出适应需求与途径,制定区域适应战略与行动计划。

本次区域适应战略参考了IPCC评估报告第二工作组报告的全球区划思路,以

2011年《适应气候变化国家战略研究》和《中国气候变化蓝皮书 2020》的分区方案为基础适当调整,将全国分为东北、华北、华东、华中、华南、西北、西南、青藏八个大区,分别说明每个大区的地理范围和重点适应任务,具体说明见本书第七部分的相关内容。考虑到华北地区的牧区与农牧交错带及西北地区黄土高原的生态环境与经济社会的特殊性,在本书中单独说明,在新版《战略》文本中则分别并入华北大区和西北大区说明。

除各大区内的各省、自治区、直辖市要分别确定与地方经济社会发展与生态建设规划相配套的适应行动计划外,党的十九届五中全会还提出要坚持实施区域重大战略和区域协调发展战略,加快国家重大战略项目实施步伐。新版《战略》第七章的第三节以"提升重大战略区域适应气候变化能力"为题,阐述了京津冀、长三角、粤港澳、长江经济带、黄河流域五个国家重大战略区的适应气候变化重点任务。其中前三者是我国最重要的人口与经济密集区和带动全国经济社会发展的主要经济增长极,后两者既是重要的经济发展带,也是重要的生态保护与治理带。要针对气候变化对实施区域重大战略的影响,有重点地组织开展适应气候变化工作,确保国家区域重大战略的落实。除上述五个战略区外,国家还先后提出西部大开发、东北振兴、中部崛起、成渝经济区、海南自由贸易试验区等,各地还提出广西北部湾经济区、福建海峡西岸经济区、中原经济区、山东半岛蓝色经济区、黄河三角洲高效生态经济区等,新版《战略》对于上述国家重大战略区适应任务的阐述可为各地明确经济区适应任务提供参考。

### 214.《国家适应气候变化战略 2035》提出了哪些保障措施?

《国家适应气候变化战略 2035》在第七章战略实施中全面阐述了新版《战略》实施的保障措施,共分五节。

在"加强组织实施"一节中提出,强化组织领导,加强机制建设,推动试点示范。

在"加强财政金融支撑"一节中提出,完善财政金融支持政策,推动绿色金融市场创新,构建气候投融资保障体系。

在"强化科技支撑"一节中提出,加强基础科研,加快技术研究推广,强化科技资源配置。

在"加强能力建设"中提出,加强宣传教育,加强队伍建设,加强公众参与。

在"深化国际合作"一节中提出,积极参与多边框架下适应气候变化工作,拓宽适应气候变化国际合作机遇,加强适应气候变化南南合作。

与 2011 年出版的《适应气候变化国家战略研究》和 2013 年发布的《国家适应气候变化战略》相比,各项保障措施更加充实,如在加强组织实施一节中明确规定由生态环境部负责牵头编制本战略所涉重点任务部门分工方案,研究制定地方适应气候变化行动方案编制指南,与 2013 年版中的提法相比,更能保障新版《战略》提出各项行动的落实。在强化科技支撑一节中细化了适应气候变化基础性研究的内涵,并明确提出构建分领域分产业分区域的适应气候变化技术体系的任务。在加强能力建设一节中提出推动适应气候变化进校园，加强适应气候变化典型案例的经验交流与宣传推广，引导绿色消费和气候适应型生活方式等。在深化国际合作一节中，明确指明主要合作国际机构，尤其是结合全球适应中心中国办公室挂牌，进一步拓展与全球适应中心的合作领域。与2013年版《战略》发布相比，新版《战略》有望得到更好的贯彻与落实。

### 215. 实施《国家适应气候变化战略2035》与构建"人类命运共同体"和"人与自然生命共同体"有什么关系？

习近平主席继2015年提出建设人类命运共同体的倡议之后，又在2021年4月举行的领导人气候峰会上发表《共同构建人与自然生命共同体》的重要讲话（人民网，2021）。两个共同体理念的提出是中国对于世界文明与可持续发展的理论创新与重大贡献，"人类命运共同体"侧重从经济社会的角度，"人与自然生命共同体"侧重从自然生态系统的角度，为人类应对包括气候变化在内的各种全球性挑战指明了方向。

人类生活在同一个全球生态系统中，各类环境问题和超强度的人类活动还带来各种全球性社会问题。全球化背景下人类命运的共同性更深刻体现在经济的全球化，各国一损俱损，一荣俱荣。世界各国应当共同努力来解决全球性问题，完善全球治理体制，促进全球经济社会可持续发展。2021年10月25日，习近平在中华人民共和国恢复联合国合法席位50周年纪念会议上的讲话中强调，"人类是一个整体，地球是一个家园。任何人、任何国家都无法独善其身。人类应该和衷共济、和合共生，朝着构建人类命运共同体方向不断迈进，共同创造更加美好的未来。"

气候变化是当前人类面临的最大环境挑战。由于温室效应具有全球性，世界各国必须共同承担减排增汇责任，才能从根本上遏制全球变暖。虽然气候变化对世界各地生态环境与经济社会影响的具体表现有所不同，但基本趋势是相似的。由于全球经济与环境日益一体化，气候变化对一地或一国的影响会沿着灾害链、信息链、物流与贸易链传递他地或他国，尤其是气候变化引发加重自然灾害影响到地球上所有国家。气候变化还导致区域资源禀赋、环境容量和通达条件发生变化，引起地区间与国家间经济政治格局改变并引发利益冲突。适应气候变化同样必须秉承人类命运共同体理念，趋利避害，确保气候变化挑战下的全球经济社会可持续发展，尤其要大力援助受不利影响最大的发展中国家。

大自然是包括人在内一切生物的摇篮，是人类赖以生存发展的基本条件。全球GDP总量的1/2以上高度或部分依赖于地球自然资源的供给。人类活动与以气候变化为重要驱动力的全球环境变化正导致生物多样性锐减、自然资源枯竭和生态环境恶化，无视大量物种的濒危和灭绝，最终将导致人类自身的毁灭。构建人与自然生命共同体的理念是习近平生态文明思想的新发展。适应气候变化要超越人类中心主义,以尊崇自然的平等眼光看待地球生物,保护生物多样性就是保护人类自己的生存发展条件。为此,适应气候变化行动要尽可能采取基于自然的解决方案,遵循和顺应自然规律,秉承"绿水青山就是金山银山"的理念,实行"山水林田湖草沙"综合治理,实现人与自然的和谐共生与可持续发展。

《国家适应气候变化战略2035》明确以习近平新时代中国特色社会主义思想为指导。通过此新版《战略》的全面贯彻实施,努力减轻气候变化的不利影响和充分利用气候变化带来的某些有利因素,将有力促进2035年基本实现社会主义现代化与美丽中国建设的宏伟目标。同时也将为全球气候治理贡献中国智慧,为构建人类命运共同体和人与自然生命共同体起到引领作用和作出重要贡献。

## 216.《国家适应气候变化战略2035》与以往相关文件相比有哪些主要的创新点?

《国家适应气候变化战略2035》是在我国胜利实现全面建成小康社会奋斗目标,开启实现中华民族伟大复兴第二个百年目标新征程,世界面临百年未有之大变局和全球气候变化影响更加凸显的背景下,在习近平生态文明思想和提出构建人类命运共同体和地球生命共同体的新理念指导下组织编制的,与2013年版相比有以下明显的创新。

(1)实施期由原来仅7年的中短期延长到2021—2035年,作为中长期战略与国民经济和社会发展第十四个五年规划和2035年远景目标纲要相衔接。

(2)在指导思想上,明确提出以习近平新时代中国特色社会主义思想为指导,全面贯彻党的十九大和十九届历次全会精神,深入贯彻习近平生态文明思想,体现构建人类命运共同体和地球生命共同体的理念。

(3)在战略目标上,兼顾近期、中期和长期,分别提出2025年、2030年和2035年的阶段性目标,提出2035年基本建成具有中国特色的气候韧性经济体系和气候适应型社会的总体目标,比2013年版《战略》和以往相关文件的阐述更加明确和具体。在重点任务的阐述中,部分领域还提出了若干定量目标。

(4)对基本原则的阐述更加全面,并吸收了基于自然的解决方案与适应气候变化有机结合,提升自然生态系统和经济社会系统气候韧性等国际先进理念。

(5)新版《战略》把"加强气候变化监测预警和风险管理"单独设为第三章,以加强应对气候变化的基础性工作和适应国际减灾战略向风险管理的转变,增强了适应气候变化的主动性。

(6)将自然系统与人类系统的重点适应任务以两章分别阐述,体现适应气候变化工作从原有以自然系统为主向社会经济系统的扩展和不断深入。

(7)多层面构建适应气候变化的区域格局。从2013年版的单纯以三类主体功能区划分改变为以兼顾气候变化特征相对一致性与行政区域相对完整性的区划为基础,兼顾不同类型主体功能区与国家重大战略区的适应任务,更加全面和系统。

(8)保障措施更加关注适应能力提升和战略的切实落地,着重提出要创新我国适应气候变化体制机制,形成多部门参与、协调联动的工作机制和全社会广泛参与的行动机制。科技支撑与财政金融支持的内容也比过去更加充实。

新版《战略》发布后还将进行一系列的宣传报道,组织有关部门和各地方编制本领域、本区域的适应气候变化行动方案并建立联系工作机制。整个实施期间还将结合国内外适应气候变化形势的发展,适时进行补充和修订。

### 217. 全球适应中心中国办公室揭牌以来开展了哪些工作?

荷兰、中国等17国于2018年联合发起成立全球适应委员会,旨在推动国际社会提高适应气候变化力度和加强伙伴关系,帮助气候脆弱型国家提升适应能力,实现可持续发展目标。全球适应委员会主席由联合国前秘书长潘基文担任,生态环境部前部长李干杰担任中方委员。全球适应中心(Global Center on Adaptation, GCA)是全球适应委员会的执行机构,先后在中国、非洲及南亚设立了地区办公室。2020年12月,GCA发布旗舰报告《2020年适应现状与趋势》,指出气候变化带来的威胁正在增加,但气候行动适应资金却大大低于所需,需要坚持应对新冠疫情的协同合作精神,加速气候变化适应行动。2021年初,GCA在荷兰阿姆斯特丹举办了气候适应峰会,同年9月又举办首届气候适应部长级对话,为11月在格拉斯哥召开的联合国第二十六届气候变化峰会(COP26)的适应议程打下坚实基础。

作为GCA在全球的第一家区域性机构,全球适应中心中国办公室(简称GCA中国办公室)于2019年6月在北京成立,中国国务院总理李克强、荷兰首相马克·吕特及前联合国秘书长潘基文共同出席了揭牌仪式。GCA中国办公室致力提供一个国际合作平台以支持中国气候适应工作的推进,同时也帮助中国与各国分享自己的经验和专业知识,帮助它们有效应对气候变化的影响。

2019年9月,中国生态环境部原部长李干杰、前联合国秘书长潘基文在北京主持发布了全球适应委员会《立即适应:全球呼吁气候韧性领导力》的报告。报告重点阐述全球气候适应行动现状;针对气候适应关键领域提出具体见解和建议,包括粮食安全、自然环境、水、城市、基础设施、灾害风险管理以及资金;激励各界各级决策者采取行动。2020年,GCA中国办公室从客观条件(包括农业、水资源、土地和海岸线以及城市地区)、宏观政策、地区能力建设、气候风险评估、气候资金、气候适应意识、知识经验以及南南气候变化合作分享等层面,全面分析了中国气候适应领域的优先需求,确定了从GCA专家资源、地区适应行动以及将气候适应全面纳入各级政府与部门的政策等方面支持中国政府加速适应行动的框架和方法。

2021年,作为中国生态环境部的重要国际合作伙伴,GCA中国办公室为中国制定《国家适应气候变化战略2035》积极组织国际专家建言献策。通过生态环境部举办的2021年城市适应气候变化国际研讨会,为试点地区提供国际案例指导;为中外专家提供技术经验交流平台,2021年3月、10月和2022年3月,全球适应中心三次举办国际城市气候适应治理圆桌论坛,为北京水生态修复设计规划项目提供支撑。IPCC第六次评估报告第二工作组报告刚发布,GCA中国办公室立即发表了面向中国受众的"关于IPCC AR6最新报告,你应该知道五件事!"的解读文章。经过两年多的发展,GCA中国办公室已成为中国与国际社会交流互鉴、分享气候变化适应经验的重要窗口,未来还将进一步深入支持中国政府气候变化适应工作,为推进各级气候风险评估、国家气候适应平台以及气候适应试点城市等工作提供有力支撑。[①]

### 218. 怎样开展适应气候变化的南南合作?

南南合作指发展中国家之间的合作。中国是世界上最大的发展中国家,与大多数发展中国家同样处于工业化与城市化的发展阶段,国情相近,又都受到气候变化的显著影响,适应气候变化是可持续发展战略的必然选择。除与发达国家开展适应气候变化的国际合作外,开展南南合作也十分必要,可以起到相互学习和借鉴的作用,同时也有利于在国际环境外交中取得相互理解与支持。中国作为一个负责任的大国,在做出重大努力减排增汇的同时,也应该在适应领域做出自己的贡献。虽然在某些高新技术领域与发达国家之间还存在一定差距,但中国在基础设施建设与低成本劳动密集型实用技术方面更加适合许多发展中国家的需求。习近平主席在2015年巴黎气候大会上宣布将设立200亿元的中国气候变化南南合作基金,并将于2016年启动在发展中国家开展10个低碳示范区、100个减缓和适应气候变化项目及培训1000个应对气候变化名额。2011年以来,中国累计安排约12亿元用于开展应对气候变化南南合作,与35个国家签署40份合作文件,已经为近120个发展中国家培训了约2000名应对气候变化领域的官员和技术人员。2021年,中国与28个国家共同发起"一带一路"绿色发展伙伴关系倡议,呼吁各国应根据公平、共同但有区别的责任和各自能力原则,结合各自国情采取气候行动以应对气候变化。

开展适应气候变化的南南合作必须遵循优势互补,合作共赢;立足当前,兼顾长远;区别对待,分类指导;政府引领,企业开发等原则。

目前世界上的发展中国家分为六大类:干旱地区受荒漠化威胁的国家、沿海低地与小岛屿国家、热带亚热带农业国、石油输出国、经济转型国家、新型工业国。前三类是受气候化不利影响最为突出的国家,也是我国对外援助的重点,后三类国家也要在平等互利的基础上相互学习和借鉴。在实施南南合作项目时,要尽可能与国际组织及发达国家集团的相关援助项目相结合,开展多种形式的双边与多边合作,以达到优势互补、形成合力、提高效率和扩大影响的目的。

开展适应气候变化的南南合作,首先,要调研气候变化对发展中国家社会经济与生态环境的主要影响,以农业、基础设施建设、民生工程、灾害监测预警和应急响应、生态治理等领域为重点,抓住对该国可持续发展影响最大和我国在该领域适应气候变

---

① 本问由全球适应中心中国办公室代晶晶编写,编者做了少量修改。

化取得一些成效或具有一定技术优势的领域。为此,需要对适应气候变化的南南合作进行通盘的规划,明确适应气候变化南南合作的发展战略、总体目标、工作原则、重点领域、区域布局、合作机制与实施步骤,确定重点项目和分国别的实施方案。

其次,要构建适应气候变化南南合作的保障体系,加强组织、资金、技术、人才和物资的全方位支撑。应在国家应对气候变化领导小组的框架下,由国家发展改革委牵头建立部际协调机制。建立包括中央与地方财政拨款、企业与社会赞助、国际组织与发达国家资助等在内的适应气候变化南南合作基金。要全面梳理国内现有的适应技术,了解国际适应技术的研发动态,筛选成效显著和适合其他发展中国家采用的适应技术,其中比较成熟的技术可在发展中国家建立示范基地逐步推广。对于受援国急需而国内目前尚无的适应技术,要组织有关科研机构尽可能与受援国合作研发。还要适应南南合作规模逐年扩大的形势,加快培养适合承担和参与适应气候变化南南合作的各类人才,健全南南合作所需物资的保障机制与储备库。

## 219. 中国在适应气候变化方面应该怎样体现大国担当和历史责任?

国家主席习近平2020年9月22日在第七十五届联合国大会发表重要讲话指出,中国将提高国家自主贡献力度,采取更加有力的政策和措施,二氧化碳排放力争于2030年前达到峰值,努力争取2060年前实现碳中和,充分体现了中国不断加强生态环境保护、推动实现绿色发展、建设生态文明、和国际社会一道共建人类命运共同体的坚定决心,展现了中国作为一个发展中国家的负责任大国的担当。

从1992年的《联合国气候变化框架公约》,到1997年的《京都议定书》,再到2015年的《巴黎协定》和2021年的《格拉斯哥气候协议》,中国一直是全球应对气候变化的贡献者和参与者。目前,中国已成为利用清洁能源第一大国,累计减排二氧化碳也居世界第一,2019年中国单位国内生产总值二氧化碳排放比下降48.1%,非化石能源占一次能源消费比重15.3%,分别超过对外承诺2020年下降40%~45%和提高到15%左右的目标。森林覆盖率由新中国成立初期的8.6%提高到21.66%,人工林保存面积居世界首位。中国积极倡导绿色低碳生活方式,鼓励公众参与,并为其他发展中国家应对气候变化提供力所能及的支持。很明显,在减缓气候变化方面,中国已经从全球应对气候变化的积极参与者转变为重要的引领者。在适应气候变化方面中国也在发挥越来越大的作用。中国积极参与了适应气候变化的国际谈判和政策制定,为许多发展中国家提供技术与设备援助。中国在生态建设、防灾减灾和减贫等方面取得的巨大成就,为发展中国家提供了依靠政策与科技适应气候变化的范例。

随着全球环境的迅速变化和经济日益全球化,中国作为人口与经济规模占世界近五分之一的大国、最大工业制造国和贸易国,努力克服气候变化的不利影响,对于促进全球生态环境改善和经济社会可持续发展都具有十分重大的意义。虽然由于气候变化影响和经济社会发展水平不同,适应气候变化的具体做法在不同国家与地区间有很大差异,但统筹协调、趋利避害、优化配置适应资源、加强气候风险管理、尽量采用基于自然的解决办法等基本原则是相通的。由于气候类型和经济发展水平不同,发达国家的一些适应对策不能简单挪用到大多数发展中国家。而中国的许多适应案例,由于气候变化特点与国情相近,以及中国的和平外交政策,更容易被发展中国家所接受。在适应气候变化方面体现大国担当和历史责任,中国一方面要做好自己的事,在适应全球气候变化的条件下实现中华民族的伟大复兴;另一方面要尽可能帮助广大发展中国家克服气候变化的不利影响,努力实现全人类的共同繁荣。

为此,应做好以下几件事。

(1)健全适应气候变化的体制、机制,全面贯彻落实《国家适应气候变化战略2035》,制定和实施各部门、各地区的适应行动计划,取得与2035年基本实现社会主义现代化目标相称和世界领先的适应气候变化效果。

(2)开展重点领域和敏感产业适应气候变化的基础理论和适应技术研究,构建具有中国特色和对广大发展中国家具有借鉴价值的适应气候变化科技体系。

(3)充分发挥中国在工业制造、基础设施建设、农业实用技术、生态环境治理与防灾减灾等领域的技术优势和丰富经验,为发展中国家提供力所能及的援助。

(4)秉承习近平生态文明思想和构建人类命运共同体与地球生命共同体的理念,积极参加国际适应气候变化领域的外交活动,促进公平合理全球气候治理体系的构建,为发展中国家争取更多的话语权、决策权和资金来源。

(5)积极开展与发达国家和其他发展中国家适应气候变化的合作与交流,吸收国外的先进理念、成功经验和适用技术。

# 参考文献

安国英,韩磊,涂杰楠,等,2019.中国喜马拉雅山地区冰川 1999—2015 年期间动态变化遥感调查[J].现代地质,33(5):1086-1097.

白俊,叶素锦,2021.联合国气候大会观察(六)适应目标的差距[J/OL].中外能源经济观察,2021-10-16,19:26.

毕思文,2004.地球系统科学综述[J].地球物理学进展,19(3):504-514.

柴麒敏,何建坤,2013.气候公平的认知、政治和综合评估——如何全面看待"共区"原则在德班平台的适用问题[J].中国人口·资源与环境,23(6):7.

陈阜,吴晓春,王全辉,2020.气候智慧型农业的理论与模式[M].北京:中国农业出版社.

陈鸿起,汪妮,2007.基于欧式贴近度的模糊物元模型在水安全评价中的应用[J].西安理工大学学报,1:37-42.

陈怀亮,李树岩,2020.气候变暖背景下河南省夏玉米花期高温灾害风险预估[J].中国生态农业学报,28(03):337-348.

大自然保护协会,2021.基于自然的解决方案:研究与实践[M].北京:中国环境出版集团.

储诚山,高玫,2013.我国适应气候变化的资金机制研究[J].甘肃社会科学(04):203-206.

丁一汇,2016.地球气候的演变——过去、现在和未来[M].北京:科学普及出版社.

付琳,曹颖,杨秀,2020.国家气候适应型城市建设试点的进展分析与政策建议[J].气候变化研究进展,16(6):770-774.

符淙斌,2000.全球变化科学的发展[J].科学,52(06):3-5.

高丽,滕奎秀,陈宏森,2021.吉林省黑土地保护"梨树模式"解析[J].山西农经(20):104-106.

巩文,任继文,赵长青,等,2004.甘肃省大熊猫生境分析[J].中南林学院学报,24(4):76-80.

国家发展改革委员会,2014.国家应对气候变化规划(2014-2020 年)[Z].

国家发展改革委员会等,2013.国家适应气候变化战略[Z].

国家气候中心,2020.中国气候变化蓝皮书[Z].

国家气候中心,2021.中国气候变化蓝皮书[Z].

国务院关于加快发展现代保险服务业的若干意见.国发〔2014〕29 号.国务院公报 2014 年第 24 号.http://www.gov.cn/gongbao/content/2014/content_2739848.htm.

国务院新闻办,2021.中国应对气候变化的政策与行动白皮书[Z].

Hannah L,2014.气候变化生物学[M].赵斌,明泓博,译.北京:高等教育出版社.

郝璐,高景民,杨春燕,2006.草地畜牧业雪灾灾害系统及减灾对策研究[J].草业科学,23(6):51-57.

何霄嘉,郑大玮,许吟隆,2017.中国适应气候变化科技进展与新需求[J].全球科技经济瞭望,32(2):58-65.

胡鞍钢,2010.建气候适应型社会或成"十二五"发展新支柱[J/OL].2010.03.27.15.34.29 和讯财经.http://www.techweb.com.cn/commerce/2010-03-27/567689.shtml.

环境保护部,2011.中国生物多样性保护战略与行动计划[M].北京:中国环境科学出版社.
黄奇帆,2021."双碳"目标的实现将产生200万亿元投资需求[N/OL].证券时报,2021-12-27 11:37;09. https://www.eco.gov.cn/news_info/51773.html.
IPCC,2014.第五次评估报告第二工作组报告《气候变化2014:影响、适应和脆弱性》[R].
IPCC,2019.气候变化中海洋和冰冻圈特别报告(IPCC Special Report on The Ocean and Cryosphere in A Changing Climate,SROCC)[R].
IPCC,2021. IPCC第六次评估报告第一工作组报告[R].
IPCC,2022. IPCC第六次评估报告第二工作组报告[R].
江世亮,2007.与"暖"共舞:建设气候变化适应型社会——中国气象局国家气候中心副主任罗勇访谈录[J].世界科学(7):25-26.
姜晓群,周泽宇,林哲艳,等,2021."后巴黎"时代气候适应国际合作进展与展望[J].气候变化研究进展,17(4):484-495.
居辉,秦晓晨,李翔翔,等,2016.适应气候变化研究中的常见术语辨析[J].气候变化研究进展,12(1):1-5.
科技部社会发展科技司,中国21世纪议程管理中心,2011.适应气候变化国家战略研究[M].北京:科学出版社.
李保国,刘忠,黄峰,等,2021.巩固黑土地粮仓 保障国家粮食安全[J].中国科学院院刊,36(10):1184-1193.
李季贞,1993.未来气候变化对黑龙江省甜菜种植业的影响及对策[J].中国甜菜糖业(05):45-47.
李俊峰,李广,2020.中国能源、环境与气候变化问题回顾与展望[J].环境与可持续发展,45(5):8-17.
联合国环境规划署,2021.2021年适应差距报告(中文执行摘要)[R/OL].2021-11-05 09:49:57, https://www.doc88.com/p-99339058391933.html
联合国环境规划署,2021.2020适应差距报告[R/OL].2021-01-16 09:45,https://www.sohu.com/a/444866298_650444
联合国气候变化框架公约[Z].1992.
刘戟环,高健荣,陈俞娜,2016.2014年广州地区登革热流行疫情处置回顾与分析[J].中华卫生杀虫药械,22(3):304-305.
刘硕,张宇丞,李玉娥,等,2018.中国气候变化南南合作对《巴黎协定》后适应谈判的影响[J].气候变化研究进展,14(2):210-217.
刘长松,2019.我国气候贫困问题的现状、成因与对策[J].环境经济研究,4(04):148-162.
龙国夏,李桂峰,程延年,1994.气候变化对我国甘蔗生产的影响[J].中国农业气象,15(4):23-25.
绿色和平,乐施会,2009.气候变化与贫困—中国案例研究[J].世界环境(4):52-55.
买生,汪克夷,匡海波,2011.企业社会价值评估研究[J].科研管理,32(6):100-107.
潘志华,郑大玮,2013.适应气候变化的内涵、机制与理论研究框架初探[J].中国农业资源与区划(6):15-20.
彭斯震,何霄嘉,张九天,等,2015.中国适应气候变化政策现状、问题和建议[J].中国人口、资源与环境,25(9):3-9.
钱宇航,2014.《中国气候变化政策:减缓还是适应?》英译及翻译报告[D].昆明:云南师范大学.
秦大河,2017.冰冻圈科学概论[M].北京:科学出版社.

青连斌,2016. 贫困的概念与类型[N]. 学习时报,02-19.

曲建升,葛全胜,张雪芹,2008. 全球变化及其相关科学概念的发展与比较[J]. 地球科学进展,23(12):1277-1284.

生态环境部,2021. 2020中国生态环境状况公报[R].

生态环境部,等,2020. 关于促进应对气候变化投融资的指导意见[Z/OL]. 生态环境部官网 2020-10-20,https://www.mee.gov.cn/xxgk2018/xxgk/xxgk03/202010/t20201026_804792.ht.

世界银行,2009. 气候变化适应型城市入门指南[M]. 北京:中国金融出版社.

宋蕾,2018. 气候政策创新的演变:气候减缓、适应和可持续发展的包容性发展路径[J]. 社会科学(03):29-40.

宋晓猛,张建云,占车生,等,2013. 气候变化和人类活动对水文循环影响研究进展[J]. 水利学报,44(7):779-790.

苏明,王桂娟,陈新平,等,2013. 国际社会适应气候变化的资金机制[J]. 环境经济(10):30-39.

孙成永,康相武,马欣,2013. 我国适应气候变化科技发展的形势与任务[J]. 中国软科学(10):187-190.

孙傅,何霄嘉,2014. 国际气候变化适应政策发展动态及其对中国的启示[J]. 中国人口、资源与环境,24(5):1-9.

孙宁,2011. 气候变化对制造业的经济影响研究[D]. 南京:南京信息工程大学.

孙颖,2021. 人类活动对气候系统的影响——解读IPCC第六次评估报告第一工作组报告第三章[J]. 大气科学学报,44(05):654-657.

王国庆,张建云,张九天,等,2008. 气候变化和人类活动对河川径流影响的定量分析[J]. 中国水利(2):79-82.

王江波,苟爱萍,2019. 气候变化影响下城市基础设施规划战略的国际经验与启示[J]. 四川建筑,39(06):11-15.

王伟光,郑国光,2014. 气候变化绿皮书:应对气候变化报告(2014). 北京:社会科学文献出版社.

王雅琼,2009. 宁夏北移冬小麦适应气候变化的成本效益分析[D]. 北京:中国农业科学院.

王有明,2018. 苹果早春开花期霜冻寒潮冻害危害调查及预防对策[J]. 农业科技与信息(14):78-82.

王瑀,李巧萍,2009. 国际减灾术语(2009年版)[J]. 防灾博览(5):42-43.

吴建国,2008. 气候变化对陆地生物多样性影响研究的若干进展[J]. 中国工程科学,10(7):60-68.

吴绍洪,高江波,邓浩宇,等,2018. 气候变化风险及其定量评估方法[J]. 地理科学进展,37(1):28-35.

吴绍洪,潘韬,贺山峰,2011. 气候变化风险研究的初步探讨[J] 气候变化研究进展(5):363-368.

效存德,苏勃,窦挺峰,等,2020. 极地系统变化及其影响与适应新认识[J]. 气候变化研究进展,16(02):153-162.

辛雨,2020. "人类世"来了? 人造物质量首超生物量[N]. 中国科学报,12-11 第1版.

新华网,2015. 中美元首气候变化联合声明[Z/OL]. 9月26日 10:23:49. ww.xinhuanet.com//world/2015-09/26/c_1116685873.htm.

新浪财经头条,2017. 迈向气候智慧型世界:创造有韧性未来的12条举措[Z/OL]. 2017年12月05日 11:45. https://cj.sina.com.cn/article/detail/1735501411/512215

许吟隆,郑大玮,李阔,等,2013a.边缘适应——一个适应气候变化新概念的提出[J].气候变化研究进展,9(5):376-378.

许吟隆,吴绍洪,吴建国,等,2013b.气候变化对中国生态和人体健康的影响与适应[M].北京:科学出版社.

许吟隆,郑大玮,刘晓英,等,2014.中国农业适应气候变化关键问题研究[M].北京:气象出版社.

许吟隆,潘婕,冯强,2016.中国未来的气候变化预估:应用PRECIS构建SRES高分辨率气候情景[M].北京:科学出版社.

央视新闻,2021.环球网.联合国发布《2021年适应差距报告》发达国家应承担更多责任[R/OL].2021-11-05 09:44. https://world.huanqiu.com/article/45STq2K3q5Q.

杨多贵,牛文元,2001.可持续发展公理破缺与修正的理论探讨[J].生态经济(1):7-9.

杨晓光,李勇,代姝玮,等,2011.气候变化背景下中国农业气候资源变化Ⅸ.中国农业气候资源时空变化特征[J].应用生态学报,22(12):3177-3188.

杨晓光,陈阜,2014.气候变化对中国种植制度影响研究[M].北京:气象出版社.

叶笃正,符淙斌,季劲钧,等,2001.有序人类活动与生存环境[J].地球科学进展,16(4):453-460.

叶笃正,严中伟,2008.全球变暖的有序适应问题[J].气象学报,66(6):855-856.

翟盘茂,2021.气候变化科学方面的几个最新认知[J].气候变化研究进展,17(6):629-635.

张超,彭莉莉,黄晚华,等,2012.1961—2010年湖南气候变化特征及其对烟草种植的影响[J].湖南农业大学学报(自然科学版),38(5):32-36,117.

张玉书,2016.东北粮食生产格局的气候变化影响与适应[M].沈阳:辽宁科学技术出版社.

张正勇,何新林,刘琳,等,2018.中国天山冰川生态服务功能及价值评估[J].地理学报,7(5):856-867

张志强,肖卓慧,雷洁琼,等,2021.气候变化对于贫困社区的影响及对策[J].世界环境(01):29-31.

赵俊芳,郭建平,马玉平,等,2010.气候变化背景下我国农业热量资源的变化趋势及适应对策[J].应用生态学报(11):2922-2930.

赵树云,孔铃涵,张华,等,2021.IPCC AR6对地球气候系统中反馈机制的新认识[J/OL].大气科学学报.https://doi.org/10.13878/j.cnki.dqkxxb.20210920001.

赵晓妮,卢健,李慧,2021.2021极端天气气候档案(下)分析篇[N].中国气象报,10-25第4版.

郑大玮,李茂松,霍治国,2013.农业灾害与减灾对策[M].北京:中国农业大学出版社.

郑大玮,潘志华,2015.适应气候变化的意义[J].中国西部科技,14(04):40-41.

郑大玮,韦潇宇,潘学标,等,2018.灾害链网概念的扩展及其在减灾中的应用[M]//国家减灾委办公室、国家减灾委专家委员会编.2017年国家综合防灾减灾与可持续发展论坛文集.北京:中国社会出版社.

郑德刚,2007.四川春耕"水路不通走旱路"科学避灾保证丰产[N/OL].中央政府门户网站 www.gov.cn 2007-4-16人民日报记者 http://www.gov.cn/jrzg/2007-04/16/content_583606.htm.

郑艳,梁帆,2011.气候公平原则与国际气候制度构建[J].世界经济与政治(6):69-90,158-159.

郑艳,林陈贞,2021.我国适应气候变化经济措施的回顾与评析[J].城市(04):66-72.

中国21世纪议程管理中心,2016.国家适应气候变化科技发展战略研究[M].北京:科学出版社.

中国环境与发展国际合作委员会,2009.中国发展低碳经济途径研究——国合会2009年政策研究报告[R/OL].中国发展低碳经济途径研究2009年年会. https://www.docin.com/p-395426725.html.

中国气象局,2006. 热带气旋等级国家标准:GB/T 19021—2006[S]. 北京:中国标准出版社.

中华人民共和国国民经济和社会发展第十四个五年规划和2035年远景目标纲要. 2021.3.11

中华人民共和国国务院新闻办公室,2021. 中国的生物多样性保护[R/OL]. 国务院新闻办公室网站,10-08. http://www.scio.gov.cn/zfbps/32832/Document/1714274/1714274.htm

中华人民共和国生态环境部,2020. 2019年中国海洋生态环境状况公报[Z].

朱诚,等,2017. 全球变化科学导论[M]. 北京:科学出版社.

朱剑峰,2019. 跨界与共生:全球生态危机时代下的人类学回应[J]. 中山大学学报(社会科学版),59(4):133-141.

周兴民,2009. 生态系统的服务功能Ⅰ:生态系统服务的概念与特性[J]. 青海环境,19(1):28-30.

邹骥,傅莎,陈济,等,2015. 论全球气候治理[M]. 北京:中国计划出版社.

CAI Y, LENTON T M, LONTZEK T S, 2016. Risk of multiple interacting tipping points should encourage rapid $CO_2$ emission reduction[J]. Nature Climate Change, 6(5): 520-525.

COSTANZA R, d'ARGE R, de GROOT R S, et al, 1997. The value of the world's ecosystem services and natural capital [J]. Nature, 387: 253-260.

DAILY G C, 1997. Natures Services: Societal Dependence on Natural Ecosystems [M]. Washington DC: Island Press.

HOLDREN J, EHRLICH P, 1974. Human population and global environment [J]. American Scientist, 62: 282-297.

IPCC, et al, 2014. Climate change 2014. In: Field, C. B., Barros, V. R., Dokken, D. J. (Eds.), Impacts, Adaptation, and Vulnerability. Part A: Global and Sectoral Aspects. Contribution of Working Group II to the Fifth Assessment Report of the Intergovernmental Panel on Climate Change. Cambridge: Cambridge University Press.

IPCC, 2019. IPCC Special Report on the Ocean and Cryosphere in a Changing Climate.

LENTON T M, HELD H, KRIEGLER E, et al, 2008. Tipping elements in the Earth's climate system [J]. Proceedings of the national Academy of Sciences, 105(6): 1786-1793.

LENTON T M, ROCKSTRÖM J, GAFFNEY O, et al, 2019. Climate tipping points — too risky to bet against[J]. Nature, 575: 592-595.

LI Y, PIZER W A, WU L, 2019. Climate change and residential electricity consumption in the Yangtze River Delta, China[Z].

LOBELL D B, BANZIGER M, MAGOROKOSHO C, et al, 2011. Nonlinear heat effects on African maize as evidenced by historical yield trials[J]. Nature climate change, 1(1): 42-45.

SMITH E R, TRAN L T, et al, 2003. Regional Vulnerability Assessment for the Mid-Atlantic Region: Evaluation of Integration Methods and Assessments Results[Z]. EPA Regional Vulnerability Assessment program.

# 术语表

## B

白灾 white disaster　牧区冬季积雪过厚和时间过长,牲畜因饥寒交迫和冻伤而瘦弱、患病、掉膘和死亡增加的一种自然灾害。

保险 insurance　投保人根据合同约定,向保险人支付保险费,保险人对于合同约定可能发生的事故因其发生所造成财产损失承担赔偿保险金责任,或者被保险人死亡、伤残、疾病或者达到合同约定年龄、期限等条件时承担给付保险金责任的商业保险行为。

　　巨灾保险 catastrophe insurance　对可能造成巨大财产损失和严重人员伤亡的巨大灾害进行风险分散和转移的一种保险制度。

　　天气指数保险 weather insurance　以一个或者几个气象要素为触发条件,达到触发条件即天气指数后,无论受保者是否受灾,保险公司都将根据气象要素指数向保户支付保险金。

　　再保险 reinsurance　保险人在原保险合同基础上,通过签订分保合同将所承保部分风险和责任向其他保险人进行保险的行为,通常作为单个保险公司无法承受巨灾风险的保险手段。

濒危物种 endangered species　由于自身原因或受人类活动或自然灾害的影响,野生种群不久将面临很高绝灭概率的物种。

冰期 glacial period　地质史上气候寒冷、冰川广泛发育的时期。

间冰期 interglacial period　两个冰期之间气候比较温暖的时期。

冰雪灾害 ice and snow disasters　由冰川、降雪或积雪引起的一系列灾害的总称。

不良适应 maladaptation　可能导致与气候相关不利后果风险增加的行动,包括增加温室气体(GHG)排放,增加或改变对于气候变化的脆弱性,更不公平的结果,现在或未来的福利减少等。

不确定性 uncertainty　指不完全认知的状态,其原因可归结为信息匮乏,或在哪些是已知的、哪些是可知的问题上出现分歧,可采用概率密度函数量化或定性的表述方式。

## C

成本效益分析 cost-benefit analysis　对与适应行动相关的所有负面和正面影响进行

货币化的定量评估。

**城市气候效应 urban climate effects**　由于城市经济活动和特殊下垫面结构使大气边界层特性发生变化,从而对气候要素产生影响,形成有别于郊外的城市区域特有的气候效应。

**城市热岛 urban heat-island**　城市气温明显高于郊外,成岛状分布的现象。

**城市生命线系统 urban lifeline system**　维持城市居民生活和生产活动必不可少的交通、能源、通信、给排水等城市基础设施的统称。

**承灾体 hazard-affected body**　承受灾害的对象。

**尺度、规模 scaling**　考察事物或现象特征与变化的时间与空间范围。

　　**降尺度 down scaling**　把大尺度、低分辨率的全球气候模式输出信息转化为小尺度、高分辨率区域地面气候变化信息的一种研究方法。

　　**升尺度 up scaling**　把小尺度气候模式输出信息转化为大尺度区域或全球气候变化信息的一种研究方法。

**脆弱性 vulnerability**　受到气候变化不利影响的倾向,包括对伤害的敏感性及缺乏应对和适应能力。

# D

**大气 atmosphere**　环绕地球的气体包层,由对流层、平流层、中层、热层和外层组成,其中对流层占地球大气质量的一半,外层为大气层上限。干燥大气的主要成分是氮气(78.1%体积混合比)和氧气(20.9%体积混合比),还有一些微量气体如氩气(0.93%体积混合比)、氦气和辐射活性温室气体(GHGs)如二氧化碳($CO_2$)(0.04%体积混合比)和臭氧($O_3$)等。大气中的水汽($H_2O$)也是一种温室气体,其含量变化很大,通常在1%左右。大气中还有一些气溶胶和尘埃。

**大气环流 atmospheric circulation**　具有世界规模的大范围大气运动现象。

**大气污染 air pollution**　由于人为或自然原因使大气污染物浓度达到有害程度,对生态系统和人类正常生存发展条件造成破坏的现象。

**地球圈层 layers of the earth**　地球系统的结构由若干基本圈层组成的现象,包括由大气圈、水圈、岩土圈、冰冻圈、生物圈和人类圈组成的外部圈层和由地壳、地幔、地核组成的内部圈层两大部分。

　　**冰冻圈 cryosphere**　地球表层连续分布并具有一定厚度的负温圈层,包括冻结状态的冰雪和地表水与其他物质混合而成的冻结体。

　　**大气圈 atmosphere**　在地球引力作用下积聚在地球表面以上的混合气体层。

　　**人类圈 anthroposphere**　以人为自然实体和人类通过社会生产和生活的各个方面对自然界施加影响的部分所组成的地球系统演化最新圈层。

　　**生物圈 biosphere**　地球上所有生物与其环境的总和。

水圈 hydrosphere  地球表面上下，由液态、气体和固态水形成，几乎连续但不规则的圈层，其主体是大洋。

岩土圈 geosphere  地球最外层由平均厚度约 100 km，带有弹性的坚硬岩石和最表层土壤组成的圈层。

**地球系统科学 earth system science**  研究组成地球系统的各圈层子系统之间相互联系、相互作用与运转机制、地球系统变化规律和控制机理，为全球环境变化预测建立科学基础，并为地球系统的科学管理提供依据的一门新兴学科。

**低碳经济 lower carbon economy**  以减少温室气体排放为目标构筑的，以低能耗、低污染为基础的经济发展体系。

**低碳社会 lower carbon society**  通过创建低碳生活，发展低碳经济，培养可持续发展、绿色环保、文明的低碳文化理念，形成具有低碳消费意识的"橄榄形"公平社会。

**代表性浓度路径 Representative Concentration Pathways（RCPs）**  包括全部温室气体、气溶胶和化学活性气体排放和浓度的时间序列以及土地利用与土地覆被的效应，每个 RCP 只提供导致特定辐射强迫特性许多可能情景中的一种，通常指浓度路径延伸至 2100 年的部分，IPCC 第 5 次评估报告使用了 4 条路径如下。

| 路径类型 | 辐射强迫与扩展浓度路径 |
| --- | --- |
| 低排放 RCP2.6 | 3 $W/m^2$ 达峰，2100 年下降到 2.6 $W/m^2$，2100 年以后排放恒定 |
| 中低排放 RCP4.5 | 2100 年达峰 4.5 $W/m^2$，2150 年后浓度恒定 |
| 中高排放 RCP6.0 | 2100 年达峰 6.0 $W/m^2$，2150 年后浓度恒定 |
| 高排放 RCP8.5 | 2100 年＞8.5 $W/m^2$，2100—2150 排放恒定，2250 后浓度恒定 |

**冻害 freezing damage**  零下低温对生物造成的伤害。

# E

**厄尔尼诺 El nino**  赤道中、东太平洋海表大范围持续异常偏暖的现象。

拉尼娜 La Nina  赤道太平洋东部和中部海表大范围持续偏冷的现象。

南方涛动 southern oscillation  发生在东南太平洋与印度洋及印尼地区之间的反相气压振动现象。

恩索现象 El Nino-Southern Oscillation  厄尔尼诺与南方涛动的合称，是发生于赤道东太平洋地区的风场和海面温度振荡，是一种低纬度海-气相互作用，在海洋方面表现为厄尔尼诺-拉尼娜的转变，在大气方面表现为南方涛动。

**二氧化碳 carbon dioxide（$CO_2$）**  一种碳氧化合物，常温下为气体，约占大气总体积 0.04%，天然产生或通过燃烧化石燃料和生物质、土地利用变化和工业过程产生，是影响地球辐射平衡的主要温室气体和测量其他温室气体的参照气体。

**二氧化碳施肥 carbon dioxide fertilization** 向作物生长环境补充 $CO_2$ 以促进光合作用的施肥措施。

# F

**反馈 feedback** 系统与环境相互作用的一种形式,使系统输出成为输入部分,反过来作用于系统本身,从而影响系统的输出。

  **正反馈 positive feedback** 初始扰动被它引起的变化而加强的过程。

  **负反馈 negative feedback** 初始扰动被它引起的变化而削弱的过程。

**反照率 albedo** 表面或物体反射阳光的比例。地球行星反照率因云量、雪、冰、叶面积和土地覆盖而变化。

**泛塘 suffocation of fish pond** 养殖水体溶氧量低于最低限时引起鱼类大规模窒息死亡的现象。

**非传统安全 non-traditional security** 人类社会过去没有遇到或很少见过的安全威胁。

**风暴潮 storm surge** 剧烈大气扰动导致海水面异常升降的现象。

**风化 weathering** 通过溶解硅酸盐和碳酸盐岩而逐渐去除大气中的二氧化碳,涉及物理过程或化学活动。

**风廊 wind corridor** 地形或地物作用下形成风速明显增大的狭长地带。

**风险 risk** 某种特定危险事件发生的可能性与其产生后果的组合。

**风险因子 risk factors** 导致风险事件发生的潜在因素。

  **危险 hazard** 可能发生,可造成生命与财产损失的自然或人为事件。

  **暴露度 exposure** 暴露在致灾因子或气候变化影响下的承灾体或气候变化受体数量或价值。

  **敏感性 sensitivity** 由承灾体或受体自身性质决定的,遭受灾害或气候变化影响的程度。

  **脆弱性 vulnerability** 受体易受负面影响的倾向或习性,是受体系统对于扰动的敏感性及缺乏应对能力而使系统结构与功能易被改变的一种属性。

**风险管理 risk management** 基于评估或感知风险的后果,减少潜在不利因素的可能性和/或程度的计划、行动、战略或政策,包括风险监测、辨识、分析、评估、决策、应对等步骤。

**风险转移 risk transfer** 通过合同或非合同方式将风险转嫁给他人或其他单位的风险处理方式。

**风险图 risk map** 借助于风险管理信息系统的支持,用图形技术识别出的风险信息以直观展现风险发展趋势,以利管理者采取适当的风险控制措施。

**复合天气气候事件 compound weather/climate events** 由多个驱动因素引发的天气或气候事件组合。

**辐射强迫 radiation forcing** 气候变化驱动因子造成的能量通量变化,可通过对对流层或大气层顶计算得出,单位是 W/m²。

**富营养化 eutrophication**　水体中氮和磷等营养物质的过度富集,是造成水质恶化的主要原因之一,主要症状是缺氧和产生有害藻华。

**复种指数 multiple crop index**　一年内同一耕地种植农作物的平均次数,等于年内农作物总播种面积与耕地面积之比。

**福祉 well-being**　满足人类各种需求的生存状态,包括物质生活条件和生活质量,还有追求自己目标的能力,茁壮成长的能力,以及对自己生活的满足感。

## G

**干旱 drought**　因长期无雨或少雨,水分不足以满足人类生存和经济发展的气候现象。

　　**农业与生态干旱 agricultural and ecological drought**　因降水不足和过度蒸散导致土壤水分亏缺而影响作物生产或生态系统功能的干旱现象。

　　**气象干旱 meteorological drought**　降水量异常亏缺的时期。

　　**水文干旱 hydrological drought**　河流、湖泊、水库和地下水流失量大,水量亏缺的时期。

**共享社会经济路径 Shared Socio-economic Pathways（SSPs）**　对 IPCC 第五次评估报告所用代表性浓度路径 RCPs 的改进和替代,广泛应用于气候影响和政策分析文献并应用于第六次评估报告。以具有社会经济发展和不同排放水平两个维度矩阵方式表示,其中 SSP1,SSP2,…,SSP5 表示五个社会经济情景族。使用缩写 SSP1-1.9、SSP1-2.6,…,SSP5-8.5 表示综合评估模型实施 SSP 结果的新开发排放情景,结合共享政策假设（SPAs）,到 21 世纪末将分别达到 1.9 W/m²、2.6 W/m²、…、或 8.5 W/m² 的各种近似辐射强迫水平。

**国家自主贡献 Nationally Determined Contributions，NDCs**　缔约各方根据自身情况确定的应对气候变化行动目标,根据巴黎大会决议和《巴黎协定》有关要求,缔约方每 5 年应通报一次国家自主贡献。

**观光农业 sightseeing agriculture**　把观光旅游与农业结合在一起的旅游活动,是以农业和农村为载体的新型生态旅游业。

**归因分析 attribution analysis**　在一定置信度水平下评估各种影响因子对某种变化或某一事件的相对贡献率的过程。

## H

**海平面上升 sea level rising**　由于全球气候变暖和极地冰川融化,使上层海水的水量增多和受热膨胀而引起全球性海平面上升的现象。

**海岸侵蚀 coastal erosion**　海岸主要受海水动力因素侵蚀所产生的各种形态。

**海洋层化 ocean stratification**　海水的温度、盐度和密度等热力学状态参数形成随深度分布层次结构的现象。

**海洋热浪 marine heatwave** 水温相对于历史上异常温暖的时期,持续数天至数月,可出现在海洋任何地方甚至长达数千千米。

**海洋酸化 ocean acidification** 由于吸收溶解大气过量二氧化碳导致海水逐渐变酸的过程。

**海洋脱氧化 ocean deoxygenation** 由于水温升高和富营养化导致海水溶解氧浓度下降并威胁海洋生物生存的现象。

**黑灾 black disaster** 北方草原冬季少雪或无雪使牲畜缺水,疫病流行,膘情下降,母畜流产,甚至造成大批牲畜死亡的自然灾害。

**洪涝 flood** 因大雨、暴雨或持续降雨引起山洪暴发或河水泛滥,造成低洼地区淹没和渍水的自然灾害。

**荒漠化 desertification** 包括气候变异和人类活动在内的种种因素造成的干旱、半干旱和亚湿润干旱地区的土地退化。

**汇 Sink** 从大气中去除温室气体、气溶胶或温室气体前驱物的任何过程、活动或机制。

**火险天气 fire weather** 有利于野火触发和持续的天气条件,指标包括温度、土壤湿度、空气湿度和风等。

## J

**基础设施 infrastructure** 城市生存发展所必需的各类基础设施的总称。

　　**灰色基础设施 gray infrastructure** 城市中的工程性基础设施,主要包括交通、能源、通信、给排水、消防等。

　　**绿色基础设施 green infrastructure** 为保障城市生态功能正常运行并使居民持续获得生态服务的自然与半自然系统,如林地、草地、湿地、河湖、生物滞留池、绿色屋顶等。

**极端强降水事件 extreme/heavy precipitation event** 指当地历史上罕见的高强度降水事件。由于降水的地区差异很大,极端降水事件不能用统一的日降水量简单定义。目前通常是把日降水量历史资料按升序排列,取日降水量$\geqslant 0.1$ mm 的子样本第 95 个百分位值定为极端降水阈值,作为极端降水事件的标准。

**极端天气气候事件 extreme weather and climate events** 一年中特定时间和地点发生的罕见天气或气候事件,通常按照发生概率达到观测值估算概率密度函数的第 10 或 90 个百分位数来确定。其中持续时间较短(如几天内)称极端天气事件,持续时间较长(如一个月以上)称极端气候事件。

**级联影响 cascading impacts** 一个事件的发生影响系统而导致一系列意外事件发生的效应,产生影响复杂多维,往往远大于最初的影响,更多与脆弱性有关而不是危险。

**积温 thermal time** 又称热时,某一时段内的平均气温对时间的积分,单位为 ℃·d 或 ℃·h,实际计算采取数值积分方法,对相关时段内的平均气温逐日或逐时累加。

**基于自然的解决办法 nature-based solutions** 采取保护、可持续管理、恢复自然或改善生态系统的行动,高效解决气候变化、粮食安全、水安全、人类健康、自然灾害、社会和经济发展等社会问题,以提供人类福祉和生物多样性带来的福利。

**机遇 opportunity** 有利的条件和环境,通常有一定的时间或有效期限制。

**减缓 mitigation** 减少温室气体排放或增强温室气体汇的人为干预。

**减灾 disasters reduction** 减少灾害发生和减轻灾害损失的活动。

**净初级生产力 Net Primary Productivity, NPP** 植物或微生物通过光合作用或利用化学能合成有机物,扣除自身呼吸消耗后,能用于生长、发育与繁殖的能量。狭义指绿色植物在单位面积和单位时间内所积累的有机物数量。

**距平 anomaly** 在一个参考期内,一个变量与其平均值之间的偏差。

# K

**可持续发展 sustainable development** 既能满足当代人的需要,又不对后代人满足其需要的能力构成危害的发展。

**可持续性 sustainability** 一种可以长久维持的过程或状态,包括确保自然系统和人类系统的持续性,意味着生态系统功能的持续,高度的生物多样性保护,自然资源循环利用和在人类系统中实现正义与公平。

**颗粒物 Particulate Matter (PM)** 生物质和化石燃料燃烧过程释放出非常小的固体颗粒,对健康影响最大的是直径小于等于 10 nm 的颗粒 $PM_{10}$ 和小于等于 2.5 nm 的细颗粒物 $PM_{2.5}$。

# L

**蓝碳 blue carbon** 海洋系统中所有由生物驱动的碳通量和储存。

**粮食安全 food security** 保证任何人在任何地方都能得到未来生存和健康所需足够食品的一种人类基本生活权利。

**旅游气候资源 tourist climate resources** 能够满足人们正常生理需求和特殊心理需求功能的有利于旅游活动的气候条件。

**绿色消费 green consumption** 从满足生态需要出发,以有益健康和保护生态环境为基本内涵,符合人的健康和环境保护标准的各种消费行为和消费方式的统称。

# M

**媒传疾病 vector-borne disease** 寄生虫、病毒和细菌直接或通过媒介物传播引发的疾病。

**灭绝 extinction** 一个种群、物种或更具包容性分类群体的所有个体都死亡时的状态。

## N

**能力建设 ability construction** 提高个体、群体、社会或组织应对变化能力和特性以及可用资源的实践。

**能源 energy sources** 能为人类利用并可获得能量的资源。

  **化石能源 fossil energy** 从化石碳氢化合物沉积物提取的碳基燃料,包括煤、石油和天然气。

  **可再生能源 renewable energy** 在自然界中可以不断再生、永续利用、取之不尽、用之不竭的能源资源,对环境无害或危害极小且分布广泛。

  **非碳能源 non-carbon energy** 除碳基化石能源以外的其他能源,包括可再生能源与核能。

**能源安全 energy security** 一个特定国家或整个国际社会维持充足、稳定和可预测能源供应的目标。措施包括保障能源资源的充足性,以具有竞争力的稳定价格满足能源需求,保持能源供应的弹性;促进技术开发和部署;建立足够的基础设施生产、储存和传输能源,并确保可执行的交付合同。

**农产品气候品质认证 climate quality certification of agricultural products** 为天气气候对农产品品质影响的优劣等级做出评定的过程。

**农牧交错带 farming-pastoral ecotone** 我国东部农耕区与西部草原牧区相连接的半干旱生态过渡带,是农业生产的边际地带和生态脆弱带。

**农业服务业 agricultural service** 服务于农业生产并兼顾农村经济社会发展和农民生活改善的各类第三产业的统称。

## P

**贫困陷阱 poverty trap** 在社会科学中描述个人、家庭或社区缺乏生产力或资源难以开发而无法摆脱贫困,低于某个最低资产门槛时,家庭无法成功教育子女和积累生产资料,也缺乏参与社会的手段来摆脱贫困。在经济学中通常指一个国家的经济陷入恶性循环,遭受持续不发展的情况。

## Q

**气候 climate** 一个地区大气的多年平均状况,主要气候要素有温度、降水和光照等,根据世界气象组织的规定,以最近三个完整年代的 30 年气候要素平均值来描述。

**气候变化 climate change** 经过相当一段时间的观察,在自然气候变化之外由人类活动直接或间接地改变全球大气组成所导致的气候改变。

**气候变化风险 risk of climate change** 由于全球气候变化引起的一系列生态与社会

经济风险。

**气候变化过冲风险 overshoot risk of climate change** 由于全球气候变化相关参数,包括温室气体排放量、浓度或全球平均温度等,暂时超过或超出长期目标,即使将来能实现预定目标也仍然会带来的额外风险。

**气候变化机遇 opportunity of climate change** 气候变化带来的某些有利因素或正确应对气候变化带来的发展机遇。

**气候变化临界点(气候变化阈值) tipping point of climate change, threshold of climate change** 全球或区域气候变化从一种稳定状态演化到另外一种稳定状态的关键门槛。

**气候变化剩余风险 residual risk of climate change** 采取适应措施和减少风险的努力之后仍然存在的气候变化风险。

**气候变化受体 receptor of climate change** 受到气候变化影响的对象。

**气候变化影响 climate change impacts** 气候变化对自然系统和人类系统产生的影响,可以是不利的或有利的。

**气候变化影响链 impact chain of climate change** 气候变化对自然系统或人类系统正面或负面影响的链式传递现象。

**气候波动(气候变率)climate variation** 单一天气事件以外各种空间和时间尺度上的气候平均状态变化,以及其他相关统计量(如标准差、极端事件发生率等)的变化。

**气候反馈 climate feedback** 气候系统中各种物理过程之间的相互作用机制。指一个初始物理过程触发了另一过程的变化,这种变化反过来又对初始过程产生影响的相互作用。正反馈增强最初的物理过程,负反馈则使之减弱。初始扰动可以是外部强迫的,也可以是内部变化引起。

**气候服务 climate services** 以协助个人和组织决策的方式提供气候信息。气候服务需要基于科学可信的信息和专业知识,有关各方共同参与,具备有效获取机制并响应用户需求。

**气候公正 climate justice** 气候变化领域的公平正直价值取向,关键是分清当前气候变化的主要责任者和主要受害者,并在全球温室气体减排和适应气候变化方面公平划分责任。

**气候环境容量 climate environmental capacity** 在确保人类生存、发展不受危害,自然生态平衡不受破坏的前提下,在气候变化背景下某一环境所能容纳污染物的最大负荷值。

**气候基金 climate fund** 专门用于应对气候变化而设立的具有一定数量的资金。

**气候可行性论证 climate feasibility demonstration** 对与气候条件密切相关的规划和建设项目进行气候适宜性、风险性以及可能对局地气候产生影响的分析与评估活动。

**气候模式 climate model** 建立在气候系统各部分物理、化学和生物学特性及其相互作用和反馈过程的基础上并解释其部分已知特性的气候系统数值表现形式。

**气候难民 climate refugee** 由于气候异常变化被迫离开本国而跨境迁移的难民群体。

**气候敏感产业 climate sensitive industries** 对气候变化相对敏感,受影响较大的产业。

**气候能源 climate energy** 利用气候要素变化而被开发利用的能源,主要包括太阳能、风能和水能,具有分布广泛但能量密度低而相对不稳定的特点。

**气候贫困 climate poverty** 由于全球气候变化的影响及产生的灾害所导致的贫穷或使贫穷加剧的现象。

**气候迁徙 climate migrant** 动物与人类因气候变化而进行的迁徙活动。

**气候倾向率 climatic tendency rate** 表征气候要素变化趋势的物理量,通常以气候要素随时间变化的一元线性方程的斜率表示。

**气候强迫 climate forcing** 气候系统之外,引起气候系统变化的强迫因素。

**气候驱动力 climate driver** 气候系统中影响自然系统或人类系统某个组分的不断变化的部分。

**气候韧性 climate resilience** 受体系统削弱气候变化干扰和利用气候变化机遇的能力。

**气候速率 climate velocity** 由于气候变化,特定气候变量的等值线在陆地与海洋的空间移动速度或某地气候变量的时间变化速率。如等温线的温度空间梯度(℃/km)和时间变化(℃/年)。

**气候投融资 climate investment and financing** 为实现国家自主贡献目标和低碳发展目标,引导和促进更多资金投向应对气候变化领域的投资和融资活动,是绿色金融的重要组成部分。

**气候突变 abrupt climate change** 气候从一个平衡态到另一个平衡态的急剧转变,表现为气候变化的非线性和不连续性。

**气候系统 climate system** 包括大气圈、水圈、陆地表面、冰冻圈和生物圈在内,能够决定气候形成、分布和变化的统一物理系统。

**气候预测 climate predict** 根据过去气候演变规律推断未来某一时期(通常为旬以上、月、季或年)气候趋势的一项气象业务。

**气候预估 climate projection** 根据气候系统对温室气体、气溶胶及土地利用变化响应建立的气候模型测算,对未来较长时期可能出现气候状况做出的估计。

**气候智慧型经济 climate smart economy** 能够持续促进生产发展和不断提高适应气候变化能力,并实现低碳转型与可持续发展目标的国民经济体系。

**气候智慧型城市 climate smart city** 充分利用现代信息技术与集成创新,具有较强城市气候韧性,能够实现低碳转型与经济社会可持续发展的城市。

**气候智慧型农业 climate smart agriculture** 能够持续提高生产能力、收入和适应气候变化能力,减少乃至消除温室气体排放,促进粮食安全与可持续发展目标实现的农业。

**气候适应型社会 climate adaptive society** 具有较强气候韧性和适应气候变化能力，生态系统和资源得到有效保护，建立起绿色生产与生活方式的可持续发展的社会。

**气候治理 climate governance** 引导社会系统为预防、减缓或适应气候变化带来的风险而有目的实施的机制和措施。

**气候资源 climate resources** 大气圈中可以通过开发利用为人类形成使用价值的物质、能量和有利气候条件。

  **农业气候资源 agricultural climate resources** 大气圈中可以为农业生产所利用的物质、能量和有利气候条件。

**气溶胶 aerosol** 悬浮在空气中的固体或液体颗粒，可自然或人为形成，粒径从几纳米到 $10\mu m$，在大气中至少可停留几个小时，并对气候产生多种影响。

**气象商机 meteorological business opportunities** 基于气象因素的可开发利用商业机遇。

**清洁发展机制 Clean Development Mechanism, CDM** 《京都议定书》中引入的灵活履约机制之一，核心内容是由工业化发达国家提供资金和技术，在发展中国家实施具有温室气体减排效果的项目，所产生减排量列入发达国家履约承诺。

**情景 scenario** 基于对具有连贯性和内部协调性的关键驱动因素及相互关系的一组假设，对事物未来如何发展的一种合理描述。

  **基准情景 baseline scenario** 也称参考情景 reference scenario，作为两个或多个情景间比较的起点或参考点情景。

  **气候情景 climate scenario** 在一组内部一致的气候学关系的基础上，对未来气候做出的一种合理但通常简化的表述。

  **社会经济情景 socio-economic scenario** 对区域或国家未来经济、社会发展状况的合理描述，通常用作气候预估的相关气候模式所依赖温室气体浓度或辐射强迫的假设基础。

**权衡 trade-off** 决策时如不同目标之间存在竞争，追求某个目标将影响其他目标的实现，这时决策者需要比较不同决策的利弊，采取利益相对较大，害处相对最小和兼顾不同目标实现的优化方案。

**全球变化 global change** 气候系统、生态系统及社会经济系统的全球尺度变化的统称。

**全球变化学 global change science** 研究地球系统整体行为的一门科学。把地球各圈层作为一个整体，研究地球系统变化的原因、规律和控制机制，建立全球变化预测的科学基础，并为地球系统管理提供科学依据。

**全球增暖 global warming** 一段时间中地球的大气和海洋因温室效应而造成温度上升的气候变化。通常以最近 30 年平均值与工业化前水平做比较。

## R

**热带气旋 tropical cyclone** 发生在热带或副热带洋面上的低压涡旋。

   **台风 typhoon** 赤道以北,日界线以西,亚洲太平洋国家或地区对热带气旋的一个分级,中心附近最大风力达到12级或以上。

**热浪 hot wave** 一段时间内异常炎热且使人感到不适的天气。

**人类纪 anthropogen** 或人类世 anthropocene,由显著人类驱动引起地球系统结构与功能变化所导致的新地质时代,在第四纪中属更新世与全新世之后的第三个世。也有人认为是继第四纪之后与之并列的一个新地质纪。

**人类系统 human system** 人类组织与机构发挥主要作用的系统。

**韧性 resilience** 相互关联的社会、经济和生态系统以响应或重组的方式保持其基本功能、性质与结构,通过适应、学习和转型来应对危险事件、趋势或干扰的能力。

**溶解氧 dissolved oxygen** 溶解在水中的分子态氧。

## S

**沙尘暴 sand-dust storm** 沙暴和尘暴的总称,指强风从地面卷起大量沙尘,使水平能见度小于1 km,具有突发性和持续时间较短特点,概率小和危害大的灾害性天气现象。

**生计 livelihood** 人们为了生存而使用的资源和进行的活动。

**生态脆弱区 eco-fragile region** 两种不同类型生态系统的交界过渡区域,具有抗干扰能力弱,对全球变化敏感,时空波动性强,边缘效应显著和环境异质性高等特点。

**生态健康 ecosystem health** 对生态系统良好状况的描述,该生态系统是活跃、稳定和可持续的,能维持组织结构,在压力下能自我恢复。

**生态平衡 ecological balance** 在一定时间内,生态系统的生物与环境之间和生物各种群之间,通过能量流动、物质循环和信息传递,使它们相互之间达到高度适应、协调和统一的状态。

**生态系统 ecosystem** 生物群落与其环境中非生物组成部分相互作用形成的一个系统。

   **陆地生态系统 terrestrial ecosystem** 陆地生物群落与其非生物环境相互作用形成的自然系统,主要包括森林、草原、湿地、沙漠和农田等类型。

   **海洋生态系统 marine ecosystem** 海洋生物群落与其非生物环境相互作用形成的自然系统,包括河口、沿岸与内湾、红树林、海草床、藻场、珊瑚礁、大洋、上升流、深海、海底热泉等类型。

**生态系统服务 ecosystem service** 人类从生态系统获得的所有惠益,包括供给服务、调节服务、文化服务和支持服务。

**生态演替 ecological succession** 随着时间推移,一种生态系统类型或发展阶段被另一种类型或发展阶段替代的过程。

**生物多样性 biodiversity** 陆地、海洋和其他生态系统所有生物差别的总称,包括基因多样性、物种多样性和生态系统多样性三个层面。

 农业生物多样性 agricultural biodiversity 与农业有关的生物多样性,除农业生物的遗传、物种和农业生态系统的多样性外,广义的农业生物多样性还包括农业可利用的生物基因和与农业生产相关联的物种和自然生态系统的多样性。

**生物节律 biological rhythm** 生命现象中的节律性变化。

**生物量 biomass** 某一时间单位面积或体积栖息地内所含一个或多个物种,或所含一个生物群落中所有物种的总个数或总干重。

**生物质能 bioenergy** 任何由生物质或其代谢副产品形成的能量。

**生长发育界限温度(三基点温度) critical temperature of plant growth and development(three basic critical temperature)** 植物和变温动物生命活动过程最适温度、最低温度和最高温度等三个基点温度的总称。

 最低界限温度(生物学零度) the minimum limit temperature(biological zero temperature) 植物与变温动物停止生长发育,但仍能维持生命的下限低温。

 最适温度 the optical temperature 植物与变温动物生长发育速率最快或某种生命活动最活跃的温度。

 最高界限温度 the maximum limit temperature 植物与变温动物停止生长发育,但仍能维持生命的上限高温。

**湿地 wetland** 陆生生态系统和水生生态系统之间的过渡性地带,泛指暂时或长期覆盖水深不超过 2 m 的低地、土壤充水较多的草甸、以及低潮时水深不过 6 m 的沿海地区。

**时空尺度 spatial and temporal scales** 气候可能在很大范围时空尺度发生变化。空间尺度可从局部(小于 10 万 $km^2$)到区域(10 万~1000 万 $km^2$)到大陆(1000 万 $km^2$ 以上)。时间尺度范围从季节到地质时期(最高可达数亿年)。

**适应 adaptation** 对实际或预期的气候变化及其影响进行调整的过程。

 无悔适应 non-regret adaptation 针对后果不确定的气候变化影响,无论效果如何都能获得正面效益的适应措施。

 有序适应 order adaptation 纠正和制止一切违背自然规律和社会经济规律的无序活动,以有序人类活动开展的适应气候变化行动。

**不良适应 maladaptation** 可能导致与气候相关不利后果风险增加的适应行动,包括增加温室气体排放,增加或改变对于气候变化的脆弱性,更不公平的结果,现在或未来的福利减少等。大多数情况下,适应不良是一种意想不到的后果。

 增量适应 incremental adaptation 只对常规措施的力度或规模适当调整,使受体系统的功能得以增强,但基本结构与性质不发生改变的适应气候变化行动。

 转型适应 transformational adaptation 由于气候变化的影响巨大,受体系统已不能适应改变了的气候环境,需要从根本上改变受体系统的性质才能适应新气候环境的行动。

**自适应 autonomous adaptation** 无需从系统外施以援手,通过受体自身对气候变化引起的环境扰动做出反馈和响应,能在新的气候环境条件下正常运转和发挥其功能的适应行为。

**人工辅助适应 artificial assisted adaptation** 气候变化胁迫超过受体韧性或自适应机制时,增强受体韧性与自适应能力或改善受体所处环境以应对气候变化影响的人为适应措施。

**边缘适应 edge adaptation** 由于气候变化引起的环境胁迫使系统状态产生某种不稳定性,尤其是两个或多个不同性质系统边缘部分对气候变化的影响异常敏感与脆弱;首先在系统边缘的交互作用处采取积极主动的调控措施,带动整个系统的结构与功能与变化了的气候条件相协调,从而达到稳定有序新状态的过程。

**适应差距 adaptation gap** 实际实施的适应措施与社会设定目标之间的差距,很大程度取决于对气候变化影响的忍受力并反映出资源限制和竞争重点。

**适应赤字 adaptation deficit** 系统现状与能够将现有气候条件和变率的不利影响降低到可能的最低状态之间的差异。

**适应管理 adaptive management** 制定适应气候变化战略与规划并根据实施效果的反馈不断调整方法和修改完善的过程。

**适应规划 adaptation programme** 为适应气候变化而专门制定的比较全面和长期的发展计划。

**适应技术 adaptation technology** 针对气候变化影响并具有适应效果的技术。

**适应极限 adaptation limits** 无法通过适应行动确保受体免遭难以承受气候变化风险的临界点。

**适应机制 adaptation mechanism** 受体通过与气候环境相互作用达到适应目的的方式与过程。

**适应路径 adaptation pathways** 通过权衡短期与长期目标和深思熟虑来找出有意义的适应气候变化解决方案,并避免潜在的伪适应的过程。

**适应能力 adaptive capacity** 受体适应气候变化的影响与后果及趋利避害的能力。

**适应行动 adaptation action** 为适应气候变化的影响采取的趋利避害措施。

**适应限制 adaptation limits** 无法防止气候变化破坏性影响和进一步风险的适应限度。如能克服约束,进行额外适应时会出现软限制;当不可能进行额外适应时会出现硬限制。

**适应需求 adaptation needs** 为应对气候变化影响和确保人民生命财产安全采取行动的需要。

**适应选项 adaptation options** 一系列满足适应气候变化需求,可供选择的策略和可行措施,包括结构性、制度性、生态性或社会性的行动。

**适应战略 adaptation strategies** 国家或区域针对气候变化影响与风险制定的整体策略与谋划。

**适应治理 adaptive management** 公共或私营部门调整结构与采取行动减缓和适应气候变化的过程。

**霜冻 frost** 植物在接近零摄氏度的零下低温受到的伤害。

**水分利用效率 water use efficiency** 植物光合固碳量与蒸散耗水量之比,或生态系统净初级生产力或农作物产量与用水量之比。

**水环境 water environment** 自然界中水的形成、分布和转化所处空间的环境。

**水体富营养化 eutrophication of water body** 水体矿物质和营养物质过多导致藻类过度生长的现象,可导致水体缺氧,通常由含硝酸盐或磷酸盐洗涤剂、肥料或污水排入引起。

**水资源 water resource** 人类能够直接或间接利用,具有使用价值的地球表层各种形态的水。

# T

**碳达峰 peak carbon dioxide emissions** 某个地区或行业年度二氧化碳排放量达到历史最高值,然后经历平台期进入持续下降的过程,标志着碳排放与经济发展实现脱钩,达峰目标包括达峰年份和峰值。

**碳汇 carbon sink** 从空气中清除二氧化碳的过程、活动和机制。

**碳源 carbon source** 向大气中排放二氧化碳的过程与活动。

**碳三植物 $C_3$ plants** 光合作用中同化二氧化碳最初产物是三碳化合物3-磷酸甘油酸的植物,具有光呼吸与二氧化碳补偿点高和光合效率相对偏低的特点。

**碳四植物 $C_4$ plants** 光合作用中同化二氧化碳的最初产物是四碳化合物苹果酸或天门冬氨酸的植物,具有光呼吸与二氧化碳补偿点低,光合效率和水分利用效率相对较高的特点。

**碳中和 carbon neutrality** 通过节能减排、替代能源和碳汇活动抵消二氧化碳排放量,达到净零排放的状态。

**碳足迹 carbon footprint** 企业或个人生产与消费活动直接间接引起温室气体排放量的测度。

**土地利用和土地覆盖变化 Land Use and Cover Change, LUCC** 人类有目的开发利用土地资源活动的变化与自然或人为引起地表覆盖状况的改变二者的合称,是引起包括气候变化在内的各种全球环境变化的主要驱动因素之一。

**土地退化 land degradation** 由包括气候变化在内的直接或间接人为过程引起的土地条件负面发展趋势,表现为生物生产力、生态完整性或对人类价值的长期减少或丧失。

**土壤肥力 soil fertility** 土壤提供作物生长所需各种养分的能力,是土壤物理、化学和生物学性质的综合反映。

**脱碳 decarbonization**　国家、个人或其他实体实现经济与生活以非碳能源替代的转型过程。

## W

**温度过冲 temperature overshoot**　全球变暖暂时超过设定目标,然后再通过人为清除二氧化碳使全球变暖得到缓解。

**温室气体 greenhouse gases**　大气中自然或人为产生,能够吸收和释放地表、大气和云发出的特定波长辐射,即具有温室效应的气体成分。

　　**温室气体汇 sink of greenhouse gases**　去除温室气体、气溶胶或污染物前体的过程、活动或机制。

　　**温室气体源 source of greenhouse gases**　将温室气体、气溶胶或温室气体前体释放到大气中的过程或活动。

**温室效应 greenhouse effect**　大气层中温室气体浓度增加导致的地表增温现象。

**物候 phenomena**　受环境影响形成以年为周期的自然现象。

**无量纲化 nondimensionalize**　通过合适的变量替代将涉及物理量方程的部分或全部单位移除,以简化实验或计算的过程。

## X

**习服 acclimatization**　自然环境中的生物通过一年中一次或多次的功能或形态特征改变而能够在不同环境下生存。

**咸潮 salt tide**　淡水河流水量不足时,因潮汐作用发生海水倒灌或咸淡水混合,造成上游河道水体变咸的现象。

**乡土知识 indigenous knowledge**　具有与自然环境长期相互作用历史的社会发展出的认识、技能和思想体系,影响许多土著民族从日常活动到长期行动的各类决策,是世界文化多样性的重要体现。

**信度 confidence**　描述基于证据类型、数量、质量和一致性的有关事物可靠性与稳定性的统计量,统计学中的置信度(confidence level)是指总体参数值落在样本统计值某一区内的概率。

**驯化 acclimatization**　人类饲养培育野生动物使其野性逐渐改变,使之顺从人类驱使利用,以及改变外来植物的遗传性状,使之适应新环境并供人类利用的过程。

## Y

**一带一路倡议 the Belt and Road Initiative**　全称"丝绸之路经济带"和"21世纪海上丝绸之路",中国国家主席习近平于2013年9月和10月分别提出的合作倡议。倡议充分依靠中国与有关国家既有双多边机制,借助既有和行之有效的区域合作平台,积极发展与沿线国家的经济合作伙伴关系,共同打造政治互信、经济融合、文化包容的利益共同体、命运共同体和责任共同体。

**应急管理 emergency management**　政府及其他公共机构在突发事件的事前预防、事发应对、事中处置和善后恢复过程中,通过建立必要的应对机制,采取一系列必要措施,应用科学、技术、规划与管理等手段,保障公众生命、健康和财产安全;促进社会和谐健康发展的有关活动。

**应激 stress**　动物受到频率较大,持续时间长或短时变化剧烈的刺激所引起的机体反应,使动物内环境稳定性、生理和行为等发生改变。

　　**冷应激 cold stress**　动物暴露于寒冷环境所产生的应激反应。

　　**热应激 heat stress**　动物暴露于炎热环境所产生的应激反应。

**有害生物入侵 invasion of harmful organism**　某种生物由原生存地经自然或人为途径侵入新环境,对入侵地生物多样性、农林牧渔生产及人类健康造成经济损失或生态灾难的过程。

**预估 projection**　一个或一组量的潜在未来演化,通常借助模型计算,不同于预测之处是要基于某种假设条件。

**源 source**　温室气体、气溶胶或温室气体前体释放到大气中的任何过程或活动。

**原住民 indigenous peoples**　某地较早定居的族群,与外族入侵与殖民前的社会具有历史连续性,目前处于社会非主导地位,通常决心按照自己的文化模式、社会制度和普通法系,将其祖先的领土和民族身份作为后代继续生存发展的基础。

# Z

**灾害 disaster**　危害人类生命财产和生存条件的各类事件。

　　**气象灾害 meteorological disasters**　气象异常给人类生命财产和生存条件带来明显危害的各类事件。

　　**海洋灾害 marine disasters**　海洋异常给人类生命财产和生存条件带来明显危害的各类事件。

　　**地质灾害 geological disasters**　地质异常给人类生命财产和生存条件带来明显危害的各类事件。

　　**生物灾害 biological disasters**　有害生物给人类生命财产和生存条件带来明显危害的各类事件。

　　**环境灾害 environmental disasters**　由于人类活动超出自然调节与恢复能力,导致环境污染和生态破坏而引发的各类灾害。

**灾害监测 disaster monitor**　对致灾因子与承灾体状况及灾害过程进行的监视性测试活动。

**灾害评估 disaster evaluation**　对灾害发生可能性、灾害后果与减灾效益的评估,包括灾前的灾害风险评估与减灾能力评估,灾中与灾后的直接、间接损失和环境与社会经济影响评估,以及减灾行动的综合效益评估。

**灾害链 disaster chain**　孕灾环境中致灾因子与承灾体相互作用,诱发或酿成原生灾害及其同源灾害,并相继引发一系列次生或衍生灾害,以及灾害后果在时间和空间链式传递的过程。

**灾害预警 disaster prewarning**　由应急网络预先发布的灾害发生警告信息。

**蒸散 evapotranspiration**　包括地面蒸发和植物蒸腾在内的土壤水分损失。

　　**潜在蒸散 potential evapotranspiration**　均匀自然表面保持水分充分供应时由天气和气候条件决定的下垫面蒸散能力,是实际蒸散量的理论上限。

**支撑条件 enabling conditions ( for adaptation and mitigation options)**　支持和加强适应和缓解方案可行性的条件,包括金融、技术创新、政策工具、机构能力、多层次治理以及改变人类行为和生活方式等。

**自然系统 natural system**　自然界中由自然力而非人力形成的各类系统,但目前大多数自然系统已受到人类活动的一定影响。

**种植界限 cropping limit**　某种农作物能够种植的地理范围界限。

**种植制度 cropping system**　一个地区或生产单位作物种植结构、配置、熟制与方式的总体。

# 缩略语

ACCC，Adaptation to Climate Change in China（中英瑞合作）中国适应气候变化项目

AF，adaptation fund 适应基金

AR6 WGⅡ，IPCC第六次气候变化评估报告第二工作组报告

CCS，Carbon Dioxide Capture and Storage 二氧化碳捕获与封存

CDM，Clean Development Mechanism 清洁发展机制

CGA，Commission on Global Adaptation 全球适应委员会

COP26，The 26th United Nations Climate Change conference 第二十六届联合国气候变化大会

CRDPs，climate-resilient development pathways 气候韧性发展路径

CSA，climate-smart agriculture 气候智慧型农业

C/N ratio of carbon to nitrogen 碳氮比

DIVERSITAS，国际生物多样性计划

EBA，Ecosystem-based adaptation 基于生态系统的适应

ENSO，El Niño-Southern Oscillation 厄尔尼诺-南方涛动（恩索事件）

ESM，Earth System Model 地球系统模式

EU，European Union 欧盟

EWS，early warning systems 早期预警系统

FAO，Food and Agriculture Organization of the United Nations 联合国粮农组织

GCA，Global Center on Adaptation 全球适应中心

GCF，green climate fund 绿色气候基金

GCM，global climate model 全球气候模式

GEF，global environmental fund 全球环境基金

GDP gross domestic product 国内生产总值

GHG，greenhouse gases 温室气体

GIS，geographic Information System 地理信息系统

GMST，global mean surface temperature 全球平均地表温度

GPS，global position system 全球定位系统

GSAT，global mean surface air temperature 全球平均地表空气温度

GTP，global temperature change potential 全球温度变化潜势

GWP, global warming potential 全球增暖潜势

IAM, Integrated assessment model 综合评估模型

IEC, International Electrotechnical Commission 国际电工委员会

ICSU, International Council for Science 国际科学理事会

IGBP, International Geosphere-Biosphere Program 国际地圈生物圈计划

IHDP, International Human Dimensions Programme on Global Environmental Change 国际全球环境变化人文因素计划

IO-WGCA, International Organization—World Green Climate Association 国际组织世界绿色气候机构

IPCC, Intergovernmental Panel on Climate Change 政府间气候变化专门委员会

ITU, International Telecommunication Union 国际电信联盟

LDCF, 欠发达国家基金

LUCC, land use/cover change, 土地利用与覆被变化

NAP, National Adaptation Plan 国家适应计划

NAPA, National Adaptation Programme of Action 国家适应行动计划

NBS, nature-based solution 基于自然的解决办法

NCS, Natural climate solutions 基于自然的气候变化解决方案

NDCs, nationally determined contributions 国家自主贡献

NGO, non-governmental organization 非政府组织

NPP, net primary production 净初级生产力

OECD, Organization for Economic Co-operation and Development 经济合作与发展组织

PM, Particulate matter 颗粒物

ppm, part per million 百万分之一

ppb, part per billion 十亿分之一

RCM, global climate model 区域气候模型

RCPs, representative concentration pathways 典型浓度路径

R&D, research and development 研究与开发

RS, remote sensing 遥感

SCCF, special climate change fund 特别气候变化基金

SDGs, sustainable development goals 可持续发展目标

SDPs, sustainable development pathways 可持续发展路径

SPM, Summary for Policymakers 决策者摘要

SROCC, IPCC Special Report on the Ocean and Cryosphere in a Changing Climate 气候变化中海洋和冰冻圈特别报告

SSPs, Shared socio-economic pathways 共享社会经济路径

UHI, urban heat island 城市热岛
UKCIP, UK Climate Impacts Programme 英国气候影响计划
UNEP, United Nations Environment Programme 联合国环境规划署
UNFCCC, United Nations Framework Convention on Climate Change 联合国气候变化框架公约
UNISDR, United Nations International Strategy for Disaster Reduction 联合国国际减灾战略
UV, Ultraviolet Rays 紫外辐射
VOCs, volatile organic compounds 挥发性有机物
WHO, World Health Organization 世界卫生组织
WCRP, World Climate Research Programme 世界气候研究计划
WMO, World Meteorological Organism 世界气象组织
WUE, water use efficiency 作物水分利用效率